アントニオ・リマ＝デ＝ファリア 著

松野孝一郎 監修

土明文 訳

生物への周期律

Biological Periodicity

自然界のリズムと進化

Its Molecular Mechanism and Evolutionary Implications

A. LIMA-DE-FARIA

工作舎

序――016
謝辞――021

I　化学元素と無機物の諸性質の周期性――023

第1章　化学元素の周期性

化学元素の秩序の理解には一〇〇年以上かかった――024
諸性質の周期性――025
化学元素の周期性の裏に潜むメカニズム――026
化学的な周期性の図示――028
多くの性質が周期性を示す――030
例外は化学的な周期性のレベルですでに存在する――030

第2章　無機物の周期性

無機物（鉱物）の周期性は化学的な階層性に基礎を持つ――032
元素の周期性は鉱物の性質の周期性を決定した――033
構造と機能の周期性――クラスの異なる無機物質に出現する同一のパターンと原始機能――034

II　生物の機能の周期性――035

第3章　周期性飛行

生物の周期性を図示するための準備――036
昆虫の飛行はどこからともなく出現した――038
飛行は生物進化において五つの時期に独立して出現した――038

飛行は構造的で機能的なプロセスである——040
飛行は羽以外にも多くの構造と機能を必要とする——042
昆虫と鳥類の飛行の類似性——043
コウモリと鳥の飛行の比較——046
プテロサウルスと鳥の飛行の比較——048
魚類の飛行は環境との直接的な関係から出現したのではない——050
魚の飛行——052
羽もひれも骨の有無にかかわらず形成される——052
昆虫の翅も鳥の翼も同じ遺伝子からつくられることがわかった——054
飛行の周期性の特徴——054

第4章 周期的視覚

光感受性は細胞の構造自体に組み込まれている——056
植物の葉は微細なレンズのモザイクである——056
昆虫の複眼と葉の光感受性細胞との比較——058
視覚の周期性の特徴——060
原生動物から原始的な脊索動物に備わる眼の種類——061
ヒトと頭足類の眼の比較——066
昆虫の視覚は周期性を示す——068
独立した眼の進化——068
視覚と環境——070
昆虫の眼とヒトの眼は、同じタイプの遺伝子の産物である——070
視覚の周期性の一般的な特徴——072

第5章 周期的胎盤

胎盤の定義──073
顕花植物の胎盤──074
無脊椎動物の胎盤──074
魚類に存在する胎盤──075
両生類と爬虫類の胎盤──075
有袋類では、胎盤は存在しないか痕跡的である──076
胎盤の周期性──076

第6章 周期的生物発光

鉱物の発光──083
生物発光に関わる化学的プロセス──084
生物発光の出現──084
生物発光の特徴──086
生物発光の周期性──088

第7章 周期的陰茎

陰茎の出現の周期性──092
ヒトと無脊椎動物の陰茎の類似性──094
水は骨やその他の支持組織と同じくらい有効に機能する──096
陰茎の出現は一般的な環境や生物の複雑さと直接関連しない──098

第8章 水生への周期的回帰

水は鉱物や高分子の構造を変化させる――100
植物は流線型である――100
新しい流体力学的な形態と機能の産出に遺伝的構成の変化は必要ない、ということを植物は明らかにする――101
水中型から水上型へ、水上型から水中型へ、植物の変形――102
水が葉の形状を決定するということの実験的例証――103
無脊椎動物が水に回帰する際に生じた変形は、のちにもっと高等な哺乳類で生起したものに類似している――104
両生類による陸の征服と水への回帰――106
爬虫類が水生に転じた際に生じた構造と機能の変化――106
鳥類の流体力学的な形態と機能は陸生の近縁種に由来する――108
哺乳類はいくつかの目で幾度か水生へと回帰した――110
有蹄動物の水生への回帰：クジラの場合――112
食肉動物の水への回帰：アザラシの場合――116
セイウチはゾウの祖先に由来している――116
ブタとペッカリーがカバの近縁である――118
水生への回帰の周期性――118

第9章 有胎盤類と有袋類の周期的等価性

有胎盤類と有袋類は互いの「カーボンコピー」である――123
サーベルタイガーとアリクイの出現にともなう構造と機能の一貫したパッケージ――126
滑空種で反復した同一の構造と機能のパッケージ――128
周期性はほとんどの性質に影響をおよぼす変化の結果である――128

第10章 周期的高等知能
高等な知能の周期的な出現――130

III 物質とエネルギーに内在する秩序は、いかにして生物の周期性へと続く道を切り開いたか――135

第11章 生物進化に先行した三つの進化
太陽系の構造の秩序――136
原子と太陽系の構造の類似点と相違点――137
素粒子の自律進化を支配する原理――138
化学元素の進化――140
化学元素の電子が、形成しうる鉱物の種類をコントロールした――142
結晶の性質はそれを形成する原子の性質が決定する――143
鉱物の進化の例――144
鉱物の変形を導いてきた厳格な秩序――146
鉱物の進化の原理――146
生物進化に先行した三つの進化の類似点――147

IV 様々な組織レベルにおける「カーボンコピー」の生成――149

第12章 原子と分子と生物の擬態と周期性に対するその重要性
原子は他の原子の性質を擬態する――150
鉱物の分子擬態――151
分子擬態の要因となる電子メカニズム――151
鉱物中の原子プロセスは、最終的なパターンを変化させることなく化学的変異を可能にするとともに、

基本的な分子構成を変化させることなくパターンの変異を可能にする——152
ヨードホルムの結晶は氷の結晶の「カーボンコピー」である——153
植物と動物の擬態が依存しているのは、類似したDNA配列に加え、タンパク質やその他の分子の鍵となる原子の電子構造である可能性がある——153

第13章 鉱物と遺伝子産物の共同
鉱物を構成している金属やその他の元素は細胞の産物ではないし、遺伝暗号の一部でもない——157
鉱物は多くの高分子が持つ触媒作用の鍵となる構成要素である——
遺伝子は必ずしも基本的な機能を生み出さない：単に促進させるだけである——158
カルシウム原子は鉱物のタイプを決定し、タンパク質は生物構造における結晶系を決める——159
鉱物とタンパク質と糖質は、結晶化学的なメカニズムに従って結合し、軟体動物の貝殻を形成する——160
鉱物と遺伝子の協調——162

第14章 素粒子と化学元素から受け継いだ細胞プロセス
右旋型と左旋型を消し去ることはできなかった——それは素粒子からヒトにまで生じている——163
あらゆる組織レベルにおける場の生成——164
物質は量子場から構成される——166
磁場の性質は他のレベルにある場の理解を容易にする——166
結晶と鉱物の場——168
分裂途中にある卵、動物胚、体器官の場——170
分子勾配の存在により、核は分化の場で自身が占めている位置を見つけることができる——171
植物の成長における勾配と場は可視化することができる——172
染色体の場とその場に潜在する分子的な基礎——172
様々なレベルで見つかった場に共通する特徴——174

場は因果的に関連する：あるレベルの場は次のレベルの場を創発する――175
鉱物、細胞、生物が発生する電気――175

第15章 細胞への鉱物の秩序の継承――鉱物から受け継いだ細胞プロセス

細胞内の水はタンパク質とDNAの性質を支配する――178
水に見つかった新しい性質は、細胞の機能を決定する要因として自身の重要性を高めている――179
結晶の複製とDNAの複製との間の基本的な類似性：DNAは鉱物の方向を改良したにすぎない――180
RNA分子の成長には他のレベルで再現する性質を見ることができる――183
筋肉の結晶構造――188
細胞分裂――190
規則的なパターン変化をともなう成長――190
全体的なパターンを維持した成長――192
分岐をともなう成長――192
双生の形成――194
末端領域の再生――195
植物と動物のキメラ――196
動物と鉱物における雑種形成――198
植物と鉱物における雑種――200
優性は結晶レベルでも生物レベルでも生じる――200
鉱物、植物、動物に共通する雑種形成の原子的原理――202

V 差異のある生殖と死の周期性に対する寄与 207

第16章 染色体の振る舞いは内的に統制されたプロセスである
減数分裂における染色体の独立した分配は、方向の決まった事象である——208
交叉は統制された分子プロセスである——209
周期性における生殖の軽微な役割——210

第17章 細菌や高等生物の突然変異は方向性のあるプロセスである
原核生物と真核生物の突然変異——212
遺伝構成の違いと食物摂取との関連——214
方向性のある突然変異の一形式としてのＤＮＡ修復——215
特殊なタンパク質がＤＮＡのパターンを強制的に維持する——215
５ＳリボソームＲＮＡの突然変異の方向はその塩基が決定する——216
分子が示す自律的な進化——217
遺伝的な変化の方向は細胞の内部構成により決定されている——218
差異のある死が進化の周期的傾向に与える影響は少ない——218

VI 周期性の確立における発生の役割 221

第18章 発生と進化は同じ現象の二つの側面である
進化と発生には同一の分子機構が用いられている——222
いわゆる変態とは個体内部で生じる進化である——223
腔腸動物の幼生と考えられていた動物が他の動物門の成体であることが判明する——226
幼生は生殖しないが、成体とほぼ同程度に進化している——227

幼生の進化は自身の経路を辿る――227
昆虫とヒトの進化の源としての幼生と幼若の変形――228

第19章 ある発生時期が進化的事象なのか発生学的事象なのかを決定するのは生殖のはじまりである
発生段階と進化段階との区別は容易でない――230
脊椎動物の祖先は幼生段階を成体へと変化させた――231

第20章 同じタイプの幼生から異なる門が生じる
同じタイプの幼生から異なる目、綱、門に属する全く異なる成体が発生する――232

第21章 同じ種に属する胚や成体でも、遠く離れた動物群に属する個体と同じくらい異なる
自然発生説の受容はパスツールの実験よりも容易だった――237
同じ種に属する幼生と成体は普通、構造的にも機能的にも全く異なっている――238

第22章 尾索動物と脊椎動物の幼生との類似性
尾索動物と両生類の幼生は似ているし、両者とも劇的に変化する――241
ヒトは生後、三つの段階を経る――242

第23章 植物の幼若段階と生殖のはじまり
植物の単相期と複相期は、昆虫と同様に、構造的にも機能的にも異なる――248
植物がいつ生殖しはじめるかは物理的要因や化学的要因が決定している――249
甲殻類と昆虫類の変態のホルモンによるコントロール――250
発生はいかにして、周期性の確立に関与しているのか――251

VII 環境と周期性の関係 253

第24章 環境とともに変化する生物の能力はすでに鉱物に存在している
温度による性質の変化は原子構成によって調節される――254
圧力と原子構成が形を決める――256
塩濃度はすべてのレベルにおいて形を変化させる――258
鉱物と生物の色の変化――258

第25章 遺伝的変化と環境
環境からの分子シグナルが酵母の遺伝子発現を変化させる――261
環境は植物アマのゲノムを永続的に変化させることができる――262
生物には未経験の環境に対応できる内的なメカニズムが備わっている――264
熱ショックタンパク質は体温調節よりも前にあらわれた――264
環境と周期性――265

VIII 構造の周期性：原子、分子、生物に規則正しく付加された構成要素 269

第26章 原子と分子に対し規則正しく付加された構成要素
構造と機能は同一の現象の二つの側面である――270
水は、一定の形状と特定の変異をつくり出すのに遺伝子を必要としない――271
水の結晶の形状における不変性と変異の特徴――271
結晶化学は雪結晶の構成を充分に説明するほど発展していない――274
炭素原子は二〇面球体をつくる――276

ケイ素原子はその数が増加しても放射状の構成を維持する――278
核酸は、その構成要素の数が増えても規則正しい構造を維持する――280

第27章 鉱物の規則正しい変形
結晶の結合プロセス――281
鉱物の双晶化メカニズム――エネルギーは秩序を決定する――282
結晶の物理化学的な性質は、生物の変形に関するわれわれの理解に対して道を開いてくれる――283

第28章 植物の規則正しい変形
鉱物と花の変形――284
鉱物と根の構造――288
葉や果実の構成要素は、鉱物の原子の秩序に従って増加する――290
キク科は花の構造を決める堅固な秩序の一例である――290
偽花は真の花の性質も備えている――294
花の配置は特殊な数列と対数らせんに従う――294
同一の解法が別の亜科や別の器官で生じた――296
キク科の花の変形の特徴――296

第29章 無脊椎動物における構成要素の統合
現生のヒトデと化石のヒトデの腕の数――299
同一の動物群内部における構造の変化の特徴――300
腔腸動物における触手の分布――302

体腔の区画は典型的な数に従う――304
クモと昆虫の脚の数は決まっている――305

第30章 脊椎動物における構成要素の付加
脊椎動物の場合も、付加された構成要素の数は一〇〇に達するかもしれない――306
化石の魚類と爬虫類における骨板の放射状配置――306
脊椎動物の左右対称性はその卵の対称性と直接関係しない――310
ヒトの体は双晶の原子のプランにもとづいてつくられている――310
花とヒトのパターンは同じ遺伝子によって決定されている――312
対称性の変化における遺伝子の役割――314
原子、鉱物、植物、動物に共通した変形規則――316

IX 周期性を生み出す高分子と原子のメカニズム――319

第31章 新しいモザイクタンパク質の形成と古いタンパク質の突如とした再出現
周期性とそのメカニズム――320
タンパク質は細胞内の住所を持っている――320
ヒトのタンパク質は年代によって分類できる――321
新しいモザイクタンパク質は、イントロンとエクソンの組み換えによって、
古いタンパク質から形成された――322
タンパク質の多様性の原因となったその他のメカニズム――324
様々なタンパク質は、その原子の構成にもとづいて、様々な速度で進化する――326
発生と進化におけるタンパク質の多様性は同一の分子メカニズムの産物である――327

イントロンの数は進化とともに増加した――328
イントロンの数が減少している生物集団もいる――329
複合的なメッセンジャーRNAの形成による新しいタンパク質の生産――329
選択的スプライシングとエクソン――イントロンの組み換えの可逆性は、
周期性の出現を理解するために鍵となる現象である――332

第32章 分子と遺伝子の活性化カスケードは、止まることなく機能と構造の統合パッケージを生じる
分子カスケード――一つのホルモンが六種の分子を引き出す――334
血液凝固は一〇種以上のタンパク質がかかわるカスケードによって生じる――335
その他のカスケード――一つのポリペプチドから形成される六つのホルモン――336
細胞には自身の安全装置が備わる――338
遺伝子産物のカスケードは秩序ある発生のメカニズムである――338
ファージが感染する際の遺伝子の活性化カスケード――340
胚発生におけるカスケード――340
ヒトの発生中に新たな遺伝子がつくり出される――341
植物における調節事象のカスケード――342

第33章 化学的周期性と生物学的周期性との関係
形態と機能が従う原則はすべての組織レベルで同一である――343
生物の周期性は、化学レベルの周期性の特徴を継承してきた――347
生物の周期性の要因である分子擬態は、電子構成の似る重要な原子が決めているのかもしれない――353
生物の周期性は一般的な規則に従う――356

第34章 周期性は、生物の新たな変形の予想へとつながる
科学の予想は暫定的なものである——358
医学、畜産業、農業で要望の大きい遺伝子操作は生物の変形へとつながる——359
遺伝子工学により、アザラシとクジラを再びつくり出すことができるかもしれない——360
有袋類を水生に変える——361
有袋類は滑空するが有袋類のコウモリは存在しない——362
生物学的周期表の空欄を埋める——362

第35章 まとめと結論——364

訳者あとがき——436
積極的な欠如——監修者あとがき——438
図版出典——383
参考文献——407
邦訳参考文献——409
索引——434

序

生物の周期性が認識されるようになったのは最近のことであるが、それは周期性の発見には新しいアプローチが必要だったためである。それはつまり、進化生物学、分子細胞遺伝学、結晶の原子構造、元素化学、素粒子物理学などいくつかの領域にある知識のリンクを基盤にするものである。

われわれはまず第一に、進化とは物質とエネルギーに内在した現象であって、生物の進化はこの自律進化プロセスの集大成である、ということを示す証拠が手に入るまで待たなければならなかった。そのような証拠が存在しなければ、生物レベルで生じていると認められる現象を、原子や素粒子の進化と直接結びつけることはできなかった。自律進化の認識は、この発見へとつながる道を切り開いた決定的な要因であったことがわかる。

第二に、化学元素の周期的な性格が今日のように明確に確立されていなければ、生物の周期性は容易に認識されてはいなかっただろう。というのも、それがなければ、首尾一貫した体系が可能にはなり得なかったからである。

第三に、原子の周期性に潜むメカニズムが、素粒子物理学と化学の分野で解明されてきた。これは、生物の周期性に関与する原子と分子のメカニズムを研究するための出発点を与えてくれる。

そして第四に、現在の分子細胞遺伝学は、分子生物学とともに、生物の周期性の出現の一端を担っている遺伝子切片のレベルで生じているメカニズムを明らかにする得がたい機会を提供する。このような四種の情報がなければ、これまでのように、その現象自体が認識されないままでいただろう。

周期性と似たものに収斂がある。収斂は、確かに一見したところ周期性だと思える現象であり、多くの化石や生物について記載されている。収斂とは、「同一の環境に生息する無関連の生物による類似性の形成」(Webster, 1976)として理解されてきた。また、「似たようなニッチを占め、表面的には似たような特徴を備えた無関係な生物の進化」(Taylor, 1983)とも定義される。このことから浮かび上がってくるのは、収斂と呼ばれているものとは、(1)偶発的で、(2)規則的な間隔で出現することもなく、(3)外的環境の作用のみが生み、(4)充分に明確な生物学的プロセスや化学的プロセスと結びついてはいない表面的な類似性を示している、と考えられる。さらに、収斂は(あるいは時にそう呼ばれるように、平行進化は)進化においてはとるに足らない事象であると考えられており、進化プロセスについての一般的な解釈と相容れることはない。

光を当てようとしている生物の周期性は収斂とは完全に異なる現象であり、そこには次のような特徴を見ることができる。(1)反復して生起する。(2)比較的規則正しい間隔で出現する。(3)様々な細胞プロセスの内的な産物としてあらわれる。(4)主に、内部の分子と原子のメカニズムによって決定されている。(5)生物の機能と形態の両者が示す。(6)こうした機能と形態は、「完成した」事象として、突如出現する。(7)構造と機能の複合体が、高度に統合したパッケージとして出現する。(8)周期性の出現は必ずしも、生物の系統学的な位置や複雑さと関係を持つわけではない。(9)周期性は必ずしも、その一般的な環境と関係を持つわけではない。

化学元素をその原子量の順に並べてみると、比較的規則正しい間隔で繰り返し出現する性質があることに気づく。

元素の周期表の確立へとつながったのは、この思いもよらない周期性であった。生物の周期性の特徴も同じように、進化的スケールを通じて生物がより複雑になるにつれて比較的規則正しい間隔で出現する性質群の思いもよらない反復である。その一例が飛行である。この機能は昆虫に起源を持つが、その他の無脊椎動物群には見られず、化石種の爬虫類に再び出現し、あとになって鳥類で充分に確立され、ある種の魚類で生じ、最終的にはコウモリで突然再びあらわれたが、その他の哺乳類にはあらわれなかった。それ以外にも多くの構造と機能が、似たような周期性のパターンを受け継いでいる。

生物の周期性の出現に関するメカニズムは、いくつかのプロセスに依存しているように思える。その中の主要なものを挙げる。

❶――原子擬態がすべてのレベルの組織で生じているように思われる。これは、異なる原子や分子が最終的に同じパターンや機能を生む現象である。それは、単純な分子、無機物(鉱物)、そして生物に見ることができる。同じ解決策の出現は主に、それが構造的なものであれ機能的なものであれ、適切な原子群の存在が原因となっていることがわかる。しかし、最近の分析によると、性質が似るのは単一の原子や重要な原子群の電子的構造がその理由である。化学構成が違う無機物でも同じ性質を示すし、アミノ酸配列の違うタンパク質が同じ構造となり、同じ機能を持つことさえある。細胞は、同じ構造的解決策や機能的解決策を生むために同じ化学物質を合成する必要はない。

❷――遺伝子切片あるいは分断遺伝子レベルでは、新たな組み合わせのDNA配列が規則的に生じている。介在配列(イントロン)とタンパク質をコードしている配列(エクソン)が再編成されるのだ。DNAレベルにおけるエクソンとイントロンの組み換えはモザイクタンパク質の産出へとつながる。このプロセスによって新しい遺伝子がつくり出されるし、この現象は可逆的であることから、古い遺伝子が再現される可能性もある。似たような状況はメッセンジャーRNA

レベルでも生じる。選択的ＲＮＡスプライシングは、遺伝構成を変化させることなく塩基配列の位置を変え、異なるタンパク質を生む。このスプライシングもまた可逆的であるため、特定のタンパク質が再現される可能性がある。こういった事象は、構造と機能の周期的反復を生じる際には、そのＤＮＡの規則正しい再配列と同様、重要な要素であると考えられる。

❸――単一の分子が、様々な器官に影響する分子カスケードへとつながる。一つのポリペプチドが異なる機能を持った六種類のホルモンへと分割しうる。その主要な例が、一連の分割によって六つのホルモンを産出するメラノコルチコトロピンと呼ばれるホルモンである。最終的なアミノ酸配列はそれぞれ異なる器官に作用する。一つの活性型タンパク質が一〇種ものタンパク質の活性化を触媒し、その分子カスケードは細胞の多くのメカニズムを支配していることが知られている。その結果、構造と機能の明確なパッケージが形成され、そのパッケージが相互作用することで、「完成した」解決法となる。

❹――環境の役割。環境の寄与は主に、周期的な性質のパッケージの出現へとつながる特定の分子カスケードを解き放つということに限られているように思える。しかし、主要な環境に直接関係を持つのではなく、正反対の状況に関係を持つような周期性もある。

❺――化学元素の周期性は、鉱物の周期性を生んだ。そして鉱物は細胞の構造の条件を設定し、その周期的な性質はいくつか生命へと継承されている。ヘモグロビンやクロロフィルのような生物に不可欠な高分子の主要な機能は、その長い分子鎖にあるのではなく、それぞれが鉄原子とマグネシウム原子の存在に依存している、ということが思い出されよう。さらに、多くの酵素の機能は亜鉛原子に依存しているし、コバルトはいくつかのビタミンにとっての主要な要素である。こういった金属は、細胞がつくれるものでもないし、遺伝コードの一部でもない。それらは鉱物から受け継いだものである。このことは、鉱物は原子レベルと細胞組織レベルの間にあって自律進化をもたらす架け橋と

して機能してきた、ということを示唆している。その証拠はまた、生物の周期性が化学元素の周期性の多くの特徴を示していることからも明らかになる。その二つのレベルの間のギャップは大きなものであるが、その基本的な特徴はそれぞれ独立に認識することができる。その理由は実にあたりまえであって、その二つのレベルを形成している原子は同じものだからである。

つまり、生物の諸性質は、単一の様々な原子や結晶が命ある細胞のあらわれる前に獲得し、その形成に影響を与えた周期的秩序の反映である。これが本書の最終的な結論である。

謝辞

情報源を照会していただいたルンド大学の同僚であるLars Ivar Elding、Per-Åke Albertsson、Anders Liljas、Roland Gorbatchev、Rune Grubb、Ulfur Arnasonに感謝したい。また、鉱物に関するいくつかの図版の情報をいただいた、ポルトガル、リスボンの結晶学および鉱物学センター長のJosé Lima-de-Faria博士に感謝する。

解剖学研究所のAgneta Perssonにはグラフ作成で、ルンド大学付属図書館メディアセクションのJan LarssonとThomas Alménには図の作成で、ルンド大学遺伝学研究所のJohan Essen-Möllerにはタイピングで、素晴らしい技術補助をしていただいた。スウェーデン自然科学研究委員会の出版奨励金にも感謝する。また、原稿の準備を支援していただいたスウェーデンのCrafoordska基金とErik Philip-Sörensens基金にも感謝する。

本書に用いた図表のうちのいくつかは他の出版物から引用させていただいた。すべて原著を参考文献として掲載している。すべての引用元は、参考文献リストに掲載している。再掲の許可をくださったことに心よりお礼申し上げる。

A. Lima-de-Faria

I

化学元素と無機物の諸性質の周期性

第1章 化学元素の周期性

化学元素の秩序の理解には一〇〇年以上かかった

化学元素の性質は決してでたらめなものではない。というのも、その性質は原子構造に依存し、原子番号に従って秩序正しく変化するためである。重要なのは、その特徴的な性質に周期的な反復が見られる、というところにある。

一八一七年以前、化学元素の特徴はランダムに決定されると考えられていた。化学元素は、秩序の存在が知られはじめると三つの集団に、その後七つの集団に分類された。その結果、性質の類似性が明らかになり、未知の元素が存在しているのではないかという予言が可能になった。これはもちろん、各元素の原子量とその物理的性質と化学的性質の関係を一八六九年に確立したメンデレーエフの功績である。事実、彼は当時まだ見つかっていなかった六つの元素の存在を予言した。そのうちの三つ(スカンジウム、ガリウム、ゲルマニウム)はすぐに発見され、残りの三つはあとになって発見された。それらの性質はメンデレーエフの予言どおりだった。しかし、ボーアが周期表を原子の電子構造によって初めて解釈するのは、一九二二年まで待たなければならなかった(Pauling, 1949)。

元素の秩序を論理的に説明できるようになるまでには一世紀以上を要したのだ。周期性の背後にあるメカニズムは原子の電子構造である、ということは常識となった。しかし、現在でも、この原子の秩序には探究すべき点が多数残されている。

諸性質の周期性

元素の性質は周期ごとに規則的に変化する。これは、それぞれの集団を形成する原子は、似たような物理的性質と化学的性質を持つためである(図1)。

周期表の左側と中央にある元素は金属である。つまりそれらには、高い電気伝導率、高い熱伝導率、金属光沢が備わっている。右側にある元素は非金属である。非金属は中間的な性質を持ち、表中では対角線状の位置を占めている。周期性の例としては希ガスが最適だろう。希ガスには、ヘリウム(He)、ネオン(Ne)、アルゴン(Ar)、クリプトン(Kr)、キセノン(Xe)、ラドン(Rn)がある。これらは一つの元素群を形成していて、化学的には不活性である。電子軌道が満たされているために、それらは非常に安定した仕方で存在しているからである。

周期表の最初の元素群(ⅠA族)に属する元素であるリチウム(Li)、ナトリウム(Na)、カリウム(K)、ルビジウム(Rb)、セシウム(Cs)はアルカリ金属と呼ばれ、柔らかく、銀白色で、高い化学反応性を特徴とする。フランシウム(Fr)もまたこの元素群に属するが、放射性半減期が短いために、一時的にしか存在しない。

ハロゲンは非金属元素であり、金属とは全く異なっている。見てとれるように、それは、フッ素(F)、塩素(Cl)、臭素(Br)、ヨウ素(I)からなる元素群(ⅦA族)に属している。それらの化合物の多くは塩である。すべてが揮発性であり、二つの原子からなる分子を形成する。その色は、原子番号が大きいほど濃いものとなる。VA族(主に非金属)は、窒素(N)、リン(P)、ヒ素(As)、アンチモン(Sb)、ビスマス(Bi)からなり、似たような水素化合物や酸化物を形成する。

アルカリ土類金属、つまりベリリウム(Be)、マグネシウム(Mg)、カルシウム(Ca)、ストロンチウム(Sr)、バリウム(Ba)、ラジウム(Ra)は、ⅡA族に属する。これらは、アルカリ金属よりも固くて反応性も低く、すべて酸化物を形成する。

周期表には、八つの元素からなる二つの短い周期と一八の元素からなる二つの長い周期、そしてそのあとに続く三二の元素からなる非常に長い周期が含まれている(Pauling, 1949; Greenwood and Earnshaw, 1989)。このことは、周期には化学レベルですでに様々な長さがあることを示している。

生物の周期性を理解する上で重要なのは、化学元素という基本的なレベルにおいて、周期性は原子の複雑さとは無関係であるという発見である。ヘリウム(He)のように非常に単純な原子でも、ラドン(Rn)のような非常に複雑な原子と同じ性質を示す。ヘリウム(He)の原子量は四、ラドンは二二二である。その間にあるネオン(Ne)、アルゴン(Ar)、クリプトン(Kr)、キセノン(Xe)の原子量はそれぞれ、二〇・一四、三九・九五、八三・八〇、一三一・二九である。単純さも複雑さと同様に、基本的性質の一致の障害とはならない。

化学元素の周期性の裏に潜むメカニズム

ここで問うべきなのは、化学元素の周期性は実際のところ何を意味しているのか、ということである。単純に答えれば、それは本質的に元素の規則正しい進化の証拠である、ということになる。生物レベルで見られる性質の反復を理解するには、この秩序を理解することが重要である。

化学元素の周期表

IA	IIA	IIIB	IVB	VB	VIB	VIIB	VIII	VIII	VIII	IB	IIB	IIIA	IVA	VA	VIA	VIIA	希ガス	
1 H 1.00797 ±0.00001																1 H 1.00797 ±0.00001	2 He 4.0026 ±0.00005	2
3 Li 6.939 ±0.0005	4 Be 9.0122 ±0.00005											5 B 10.811 ±0.003	6 C 12.01115 ±0.00005	7 N 14.0067 ±0.00005	8 O 15.9994 ±0.0001	9 F 18.9984 ±0.00005	10 Ne 20.183 ±0.0005	2 8
11 Na 22.9898 ±0.00005	12 Mg 24.312 ±0.0005											13 Al 26.9815 ±0.00005	14 Si 28.086 ±0.001	15 P 30.9738 ±0.00005	16 S 32.064 ±0.003	17 Cl 35.453 ±0.001	18 Ar 39.948 ±0.0005	2 8 8
19 K 39.102 ±0.0005	20 Ca 40.08 ±0.005	21 Sc 44.956 ±0.0005	22 Ti 47.90 ±0.005	23 V 50.942 ±0.0005	24 Cr 51.996 ±0.001	25 Mn 54.9380 ±0.00005	26 Fe 55.847 ±0.003	27 Co 58.9332 ±0.00005	28 Ni 58.71 ±0.005	29 Cu 63.54 ±0.005	30 Zn 65.37 ±0.005	31 Ga 69.72 ±0.005	32 Ge 72.59 ±0.005	33 As 74.9216 ±0.00005	34 Se 78.96 ±0.005	35 Br 79.909 ±0.002	36 Kr 83.80 ±0.005	2 8 18 8
37 Rb 85.47 ±0.005	38 Sr 87.62 ±0.005	39 Y 88.905 ±0.0005	40 Zr 91.22 ±0.005	41 Nb 92.906 ±0.0005	42 Mo 95.94 ±0.005	43 Tc (99)	44 Ru 101.07 ±0.005	45 Rh 102.905 ±0.0005	46 Pd 106.4 ±0.05	47 Ag 107.870 ±0.003	48 Cd 112.40 ±0.005	49 In 114.82 ±0.005	50 Sn 118.69 ±0.005	51 Sb 121.75 ±0.005	52 Te 127.60 ±0.005	53 I 126.9044 ±0.00005	54 Xe 131.30 ±0.005	2 8 18 18 8
55 Cs 132.905 ±0.0005	56 Ba 137.34 ±0.005	57 *La 138.91 ±0.005	72 Hf 178.49 ±0.005	73 Ta 180.948 ±0.0005	74 W 183.85 ±0.005	75 Re 186.2 ±0.05	76 Os 190.2 ±0.05	77 Ir 192.2 ±0.05	78 Pt 195.09 ±0.005	79 Au 196.967 ±0.0005	80 Hg 200.59 ±0.005	81 Tl 204.37 ±0.005	82 Pb 207.19 ±0.005	83 Bi 208.980 ±0.0005	84 Po (210)	85 At (210)	86 Rn (222)	2 8 18 32 18 8
87 Fr (223)	88 Ra (226)	89 †Ac (227)																

*Lanthanum Series

58	59	60	61	62	63	64	65	66	67	68	69	70	71	
Ce 140.12 ±0.005	Pr 140.907 ±0.0005	Nd 144.24 ±0.005	Pm (147)	Sm 150.35 ±0.005	Eu 151.96 ±0.005	Gd 157.25 ±0.005	Tb 158.924 ±0.0005	Dy 162.50 ±0.005	Ho 164.930 ±0.0005	Er 167.26 ±0.005	Tm 168.934 ±0.0005	Yb 173.04 ±0.005	Lu 174.97 ±0.005	2 8 18 32 9 2

†Actinium Series

90	91	92	93	94	95	96	97	98	99	100	101	102	103	
Th 232.038 ±0.0005	Pa (231)	U 238.03 ±0.005	Np (237)	Pu (242)	Am (243)	Cm (247)	Bk (247)	Cf (249)	Es (254)	Fm (253)	Md (256)	No (253)	Lw (257)	2 8 18 32 7 9 2

Fisher Scientific 社出版の周期表をもとに作成。

図1　元素の周期表。第11章の図2(p.141)と比較せよ。(Sanderson, 1967より)

元素の周期性は多くの方法で示すことができる。らせん表(第11章、図2を見よ)は、最も単純な元素である水素は他のすべての元素が派生する中核である、ということを強調している。四つの水素原子の融合はヘリウムを生むし、他の一〇五種類の元素もすべてこの単純な化学元素によって形成される(Sanderson, 1967)。これは、最も単純なもの、つまり水素を、ただ組み合わせるだけで複雑な形態をつくり上げることができるということの明確な証明である。そのような単純化が可能なのは、あとに続く秩序が離散的なエネルギーレベルによって規定されているからである。これまでのところ同定されている化学元素は一〇六種で、これらから核種と呼ばれる一五〇〇種強の変異体が生じるが、その中の安定なものは二六九種しかない。変化するのは、おなじみの同位体、同重核、同中性子体で見られるように、陽子と中性子の数である。

ここで浮かび上がってくるのは、化学的な振る舞いの類似性は電子構造の類似性の産物である、という図式である。各群の元素中の外殻の電子配置は通常は同一であり、その基本的な性質を決定するのは外殻の電子である。

化学的な周期性の図示

現在までに提出されている周期表は七〇〇種を超え、それぞれが元素の間に存在する様々な関係を強調している(Mazurs, 1974)。図2に示したのは一般的なものではないが、そこに強調されているのは固体状態にある元素の体積(一モルの体積)とその原子番号(Z)との関係である。アルカリ金属であるリチウム(Li)、ナトリウム(Na)、カリウム(K)、ルビジウム(Rb)、セシウム(Cs)、フランシウム(Fr)がカーブのピークにあらわれているのに対して、各周期の中ほどの元素であるホウ素(B)、炭素(C)、アルミニウム(Al)、ケイ素(Si)、マンガン(Mn)、ルテニウム(Ru)、オスミウム(Os)は低いところにあらわれている。この位置関係は電子の理論にもとづいて解釈される。(ピークにある)アルカリ金属は

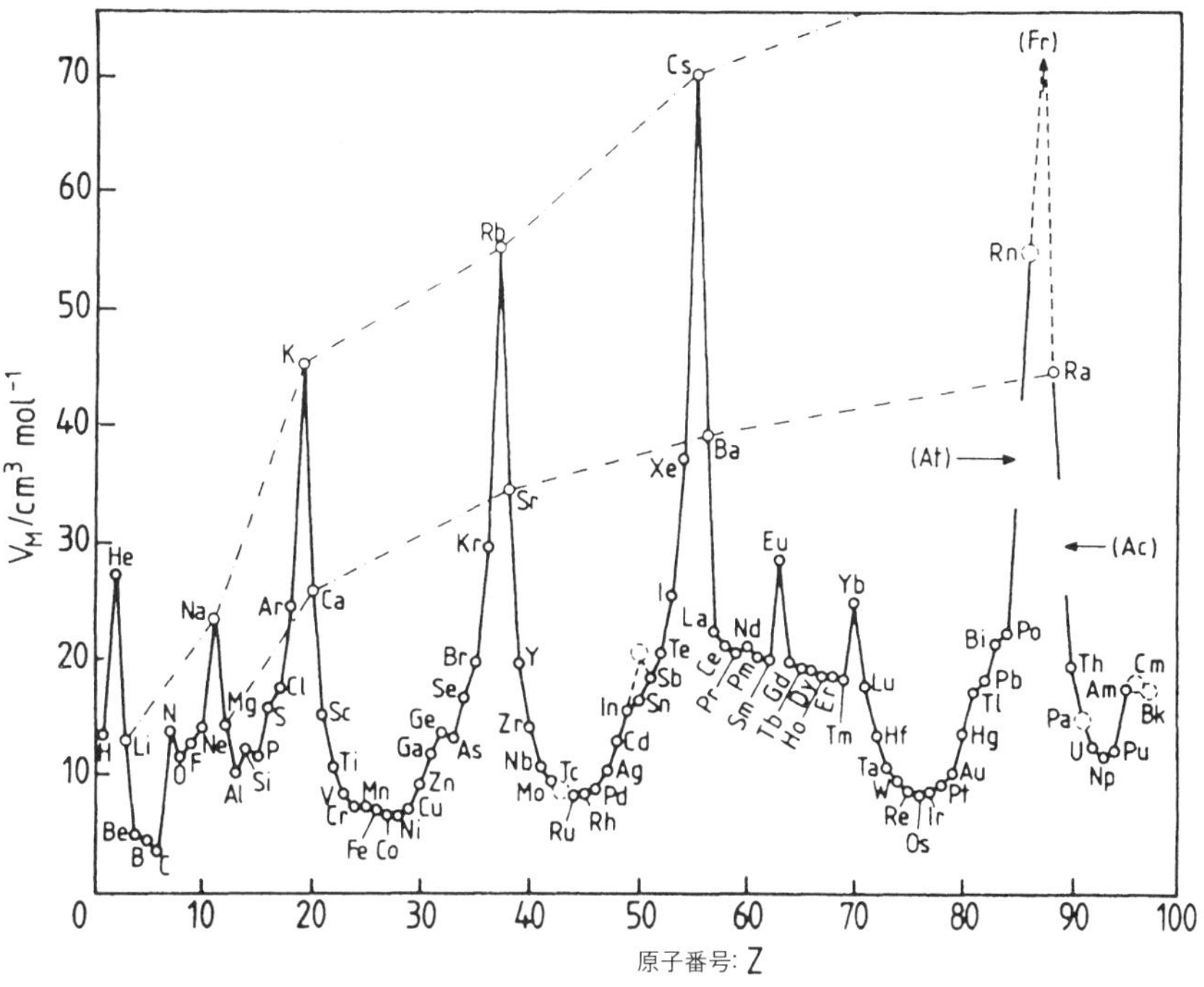

図2　元素の周期性。100種以上の原子に見られる周期性は通常、元素の周期表として図示される。周期性が示しているのは、同じ群中の原子は似たような化学的性質を持つという事実である。新しい表ほど、性質の周期性は巧みに描かれている。元素の原子番号は、その元素の原子核に含まれる陽子の数である。原子番号(Z)に対するモル当たりの体積の変化の図示化。周期性は、Na(ナトリウム)、K(カリウム)、Rb(ルビジウム)、Cs(セシウム)、Fr(フランシウム)でのピークが示している。比較的規則正しい間隔であらわれる小さい領域も周期性を示している。(Greenwood and Earnshaw, 1989を書きなおした)

外殻に一つの電子しか持っていないのに対して、結合に利用できる電子の数は各周期の中央にある元素で最も多い。その線は、マグネシウム(Mg)、カルシウム(Ca)、ストロンチウム(Sr)、バリウム(Ba)、ラジウム(Ra)をつないでいる。これらすべては周期表では同じ元素群に属していて、外殻に二つの電子を持っている。

多くの性質が周期性を示す

一つに限らず、他のあらゆる性質も周期性を示す。それが化学で周期表が重要視される理由である。多くの現象は、その周期表をうまくつくることで突如理解できるようになる。よく取り上げられる原子の振る舞いにはいくつかあるが、それは、(1)原子価(酸化状態)、(2)塩基性度、(3)陽性度、(4)結合のタイプ、(5)化合物の安定性、(6)配位化合物等の安定性である。

一〇を下らない周期性が存在する。

例外は化学的な周期性のレベルですでに存在する

完全に規則的な現象はない。ほとんどの規則的体系には例外と変則が存在する。そのような逸脱は、たとえば生物のような高度な複雑性に備わる特徴であると考えられがちであるが、原子のレベルですでに見られる。いくつか例を挙げることができよう。ヘリウム(He)は周期表(図2)では変則的な位置をとる元素である。同じことはランタノイドに属するユウロピウム(Eu)、イッテルビウム(Yb)にもいえる。他の不規則性はクロム(Cr)と銅(Cu)に見られるが、これらの原子が4s軌道に持つ電子は、二つではなく一つである(Jaffe, 1988)。

すべての現象がダイナミックなプロセスであるということの理解は重要である。秩序はかなり堅固であるものの、ある程度の柔軟性が存在する。それは結果的に新奇で時に例外的な解法を生むが、さもなければ進化が起こることはない。

第2章

無機物の周期性

無機物（鉱物）の周期性は化学的な階層性に基礎を持つ

偶発的な化学組成ではなく、鉱物学的に正当な鉱物種であるとみなされている鉱物は三〇〇〇種ほどあって、その化学的な類似性から一二のクラスに分類される。それは、(1)元素鉱物、(2)硫化鉱物、(3)硫塩鉱物、(4)酸化鉱物、(5)ハロゲン化鉱物、(6)炭酸塩鉱物、(7)硝酸塩鉱物、(8)ホウ酸塩鉱物、(9)リン酸塩鉱物、(10)硫酸塩鉱物、(11)タングステン酸塩鉱物、(12)ケイ酸塩鉱物、である。クラインとフールブットが指摘したように、この分類は主に、支配的なアニオン（陰イオン）もしくはアニオン群が存在することの結果である（Klein and Hurlbut, 1985）。これらの鉱物は、同一のアニオンもしくはアニオン群から構成され、鉱物に、「間違えようのない類似性」を示す。対照的に、カチオン（陽イオン）に同様の効果はない。

鉱物が性質の類似性を基準に分類されることは、一〇六種の化学元素のうち天然には（気体を除いて）二〇種しか生じないことがよく示している。明らかにこの制限のために、多くの鉱物は似たような性質を持たざるをえない。類似性をもたらす他の原因としては、同じアニオンが支配的な鉱物は一般に同じような地質学的環境のもとで生じる、という単純な事実がある。この一例が、同じ地質が形成される際に頻繁に生じる傾向のある硫化鉱物である。

興味深い事実がある。生物学者が動物や植物をその類似性の程度により区別してゆくように、鉱物学者は鉱物のクラスを科、群、種、変種に区別するのだ。この分類からわかる進化上の事実は、鉱物にはすでにその性質を決定する支配的な化学組成(アニオン)が存在しているということである。これはのちに、核酸が生物でおこなっていることである。細胞の中の元素は、鉱物の場合と同じように、すべて等しく重要なわけではないが、そのうちのいくつかは細胞の主要な性質を支配する重要な情報を運ぶようになっている。表現をかえれば、特定の化学物質で見られる階層は、細胞が誕生する以前に存在していたのだ。

元素の周期性は鉱物の性質の周期性を決定した

ヒ素、アンチモン、ビスマスは、化学元素であると同時に鉱物だとみなすことができる。それらは、原子の充填様式が金属とは異なるために半金属に分類される。そこでは原子間に共有結合が形成される。この共有結合は、周期表中のVA族というヒ素、アンチモン、ビスマスの位置に関連している。この強力な結合は原子を層状に配列させ、そのためにこの三つの鉱物は容易に劈開(へきかい)する。また、同一の物理的な性質、つまり低い電気伝導率や、低い熱伝導率、そして低い対称性をもたらす原因となっている。

次に思いつく例が、金、銀、銅である。これらは天然金属の中でも金グループと呼ばれる集団を形成している。この三種の無機物質は、周期表で同じ群に属する原子(Cu、Ag、Au、IB属、第1章図1参照)から構成される。つまり、これらの原子は似た性質を持っている。このことは、鉱物を形成する場合にもあてはまる。この三種には、その原子構造に依存した共通の性質がある。すべてがやや柔軟で、展延性に富み、熱や電気をよく通す。さらにこの三種は、破断面がザラザラで、金属光沢があり、融点が低い。こうした性質は、それら原子の金属結合によることが知られている。ジャフェが述べたように、「電子は、原子の化学的な性質と、その原子がどのように鉱物中に充填されるのかを決定する」(Jaffe, 1988)。

このように、元素の性質の周期性は、そのもともとの電子のメカニズムの結果として鉱物の性質に引き継がれ、その性質の中で永続する、と考えても不合理ではない。

構造と機能の周期性――クラスの異なる無機物質に出現する同一のパターンと原始機能

無機物質が結晶学的な七種の特異的な系(三斜晶系、単斜晶系、斜方晶系、正方晶系、三方晶系、六方晶系、等軸晶系)に結晶化することは、充分に理解されている。天然のすべての金属(金、銀、銅、プラチナ、鉄)は等軸晶系でのみ結晶化する。しかし、等軸晶系の結晶はこのクラスの無機物質以外でもつくられる。黄鉄鉱 FeS_2 は硫酸塩鉱物に属するが等軸晶系の結晶をつくる。磁鉄鉱 Fe_3O_4 は酸化鉱物だが同じく等軸晶系である。このように、全く違うクラスから、同一のパターンが派生することは明らかだろう。これは構造の周期性の出現であり、分子配置が異なっても最終的には同じパターンを生み出しうる、という見解を支持している(Whitten and Brooks, 1988)。

発光のような鉱物の原始機能は、その化学的組成が異なっても生じる。この現象を起こすのは、蛍石 CaF_2 だけではない。それには、灰重石 $CaWO_4$、ケイ酸亜鉛鉱 Zn_2SiO_4、方解石 $CaCO_3$、ユークリプタイト $LiAlSiO_4$、ダイヤモンド(純粋な炭素)があてはまる(Klein and Hurlbut, 1985)。

鉱物においてすでに、異なる化学組成が同一の性質を再現しているのだ。

II

生物の機能の周期性

第3章 周期的飛行

生物の周期性を図示するための準備

いくつかの理由から、考察する各生物集団の出現時期はおおよそのものであると考えられる。その理由の一つは、研究者の間に大きな相違が見られる、ということである。もう一つは、化石記録からはときに非常に大まかな期間しか特定できない。三つ目として、無脊椎動物に属するいくつかの動物門の出現に関しては正確な情報が全く存在しない。本書に示す図は、以下の文献から得たデータにもとづいている(Bell and Woodcock, 1971; Freeman, 1972; Schopf, 1978; Colbert, 1980; Barnes, 1980; McFarland, 1981; Margulis and Schwartz, 1982; Macdonald, 1984; Whitten and Brooks, 1988)。図が大きくなりすぎるのを避けるために、出現時期は均等に縮小していない。単位は一〇〇万年で記してある。

複雑さの程度は大まかに評価し、恣意的な六段階に分類した。その六段階評価は、対象となる器官や器官群に関与する組織の数の多さをあらわしている。器官群に関与する組織については、その機能的な相互作用と同様に測定が容

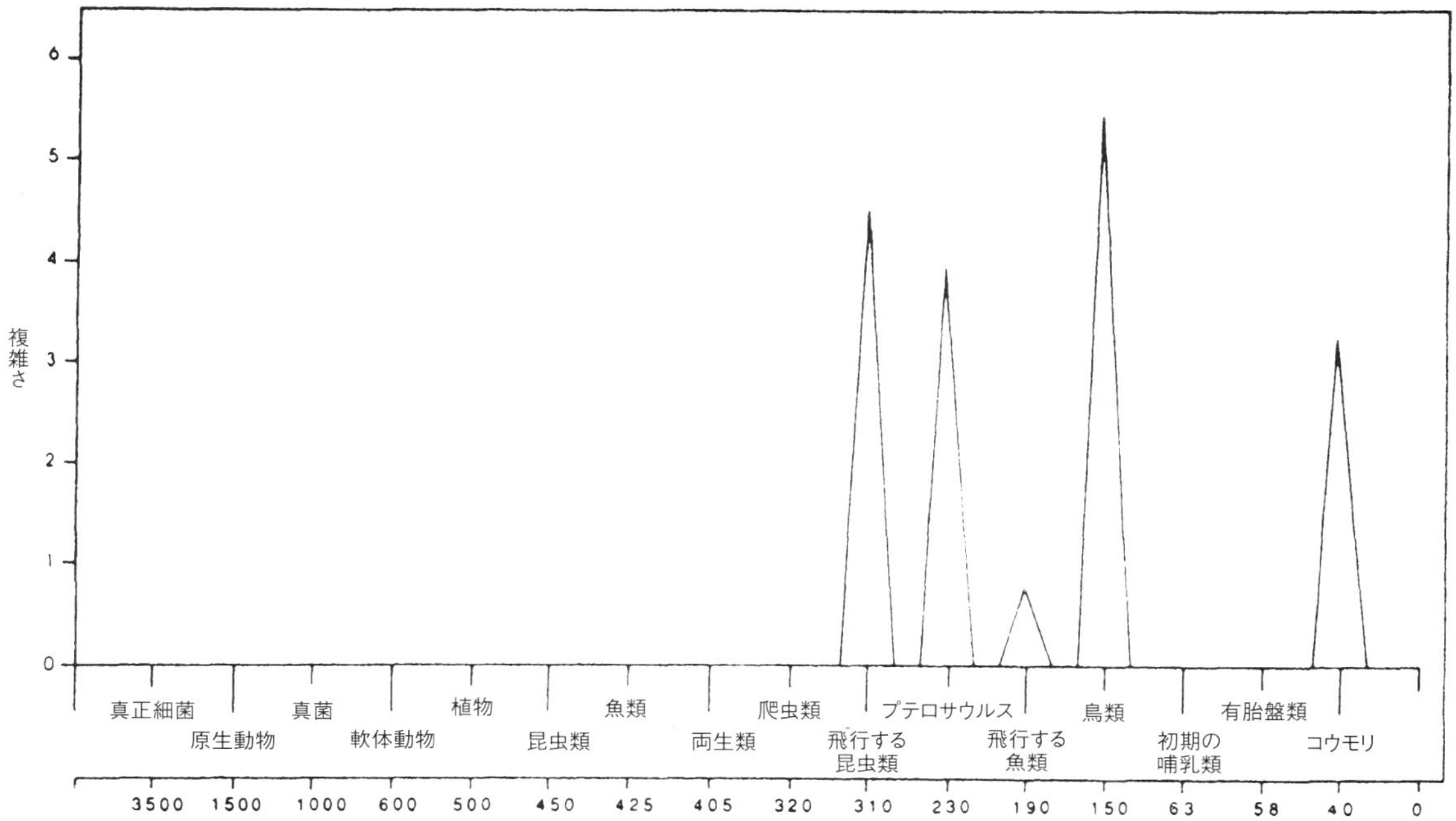

図1 周期的飛行。飛行はどこからともなくあらわれたように見える現象である。無脊椎動物には30の動物門があるが、飛行能力が発達したのはただ1つ。進化上、特に昆虫のこの能力を超えるものはほとんどない。飛行能力は再び、プテロサウルスと呼ばれる爬虫類に(プテロとは翼の意)、トビウオに、そして鳥類と(哺乳類の)コウモリに突然出現した。これらは、先行する飛行生物群とは直接的な関係を持たず、飛行能力のない先祖から進化した。トビウオは硬骨魚類であり、その飛行能力は硬骨魚類の出現後の約1億9000万年前に発達した。複雑さは、対象となる機能に関与する器官にもとづき、大まかに評価してある。出現時期は100万年単位で示してある。図が大きくなりすぎるのを避けるため、縮小は均等ではない。さらに、時間は概算に過ぎず、研究者の間では厳密な一致をみていない。

易ではなく、そのことが評価が大まかであることの理由となっている。

それぞれの図には、詰め込みすぎを避けるためにすべての門や綱を示してはいない。さらに、ある機能を示す種の数を決定することはつねに容易なわけではない。このことから、「ほとんど」の種とか「いくつか」の種といった表現を用いてある。その他にも、その現象がどの程度広範なものであるのかを示す情報が欠けているために、図中に情報を全く示していない場合もある（図1）。

昆虫の飛行はどこからともなく出現した

無脊椎動物には三〇もの動物門があるにもかかわらず、昆虫綱を含む節足動物門を除き、羽を持つ動物を含む門は知られていない。

化石記録によると、最初の昆虫は翅を持ってなかった。つまり、翅を持たない現生種に似ていた。しかし、翅が進化すると、トンボやカゲロウが古生代のシダや針葉樹の森を飛行しはじめた。翅や飛行能力は祖先なしに生じ、中間的な形質もほとんど存在しない。注目すべきは、それらが巨大な構造として出現したことである。たとえば現在において入手可能な化石記録が示しているように、最も始源のトンボは長さ七〇センチの翅を持っていたことが知られている。これは、多くの鳥類やコウモリよりも大きい（図2）。

飛行は生物進化において五つの時期に独立して出現した

飛行は、その複雑な構造と機能にもかかわらず、進化を通じて五回以上、独立して出現した。

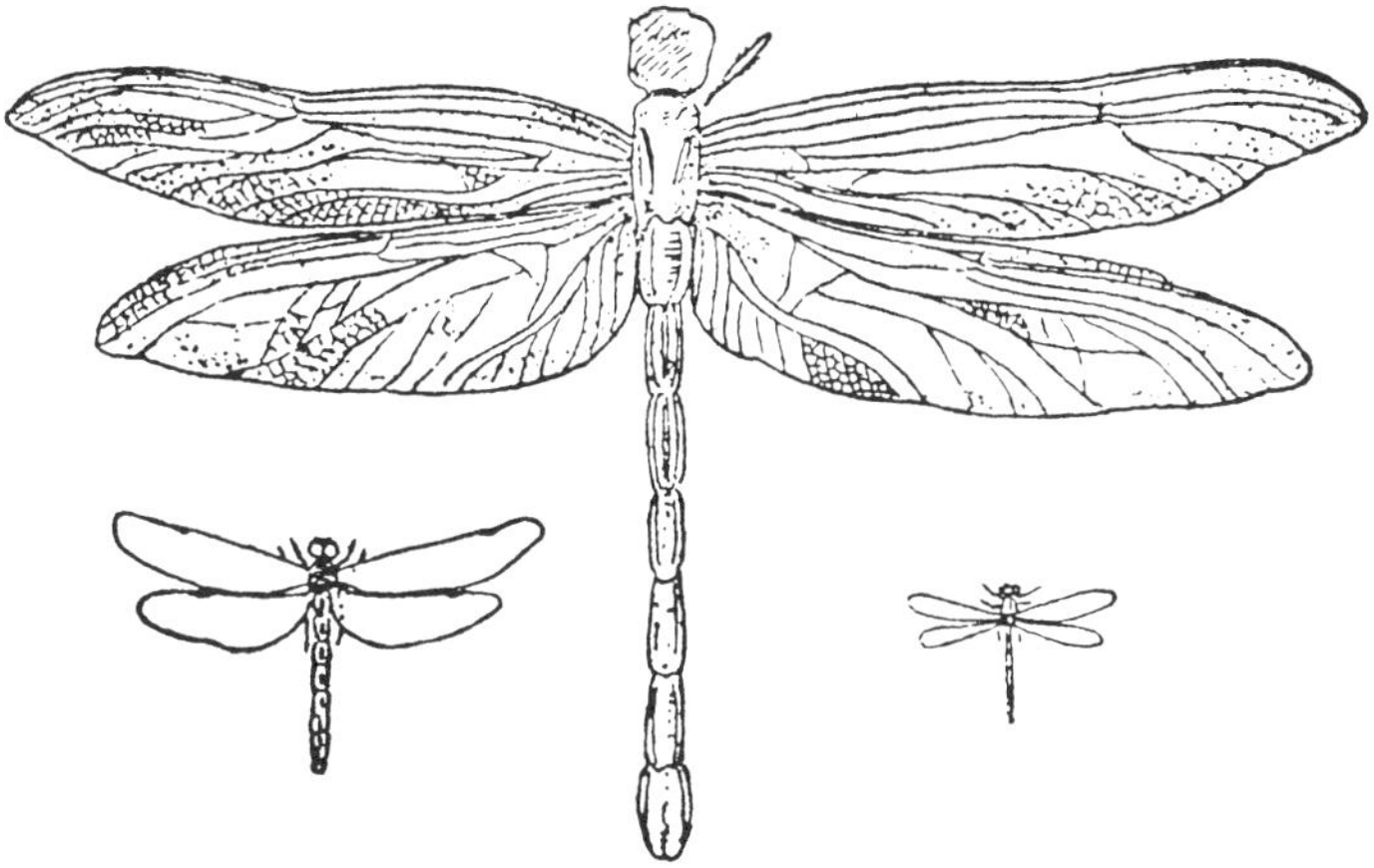

❶

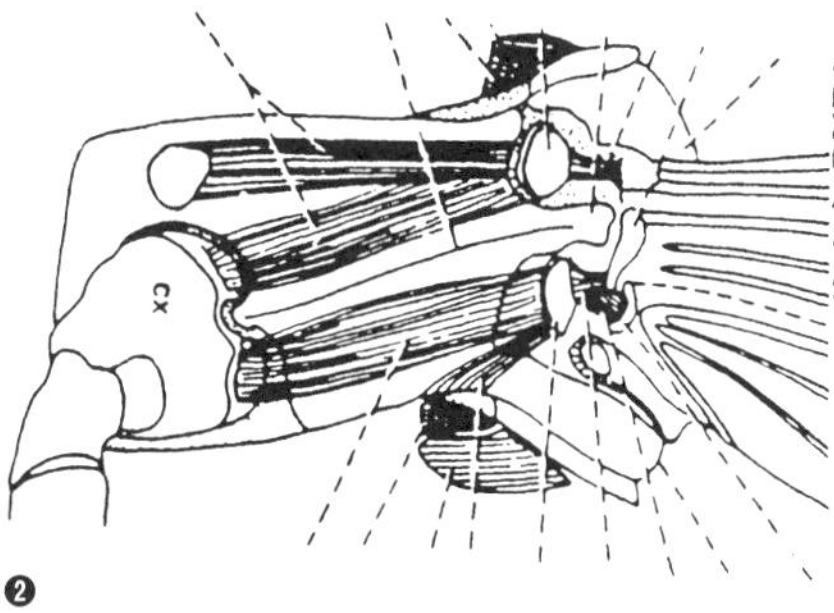

❷

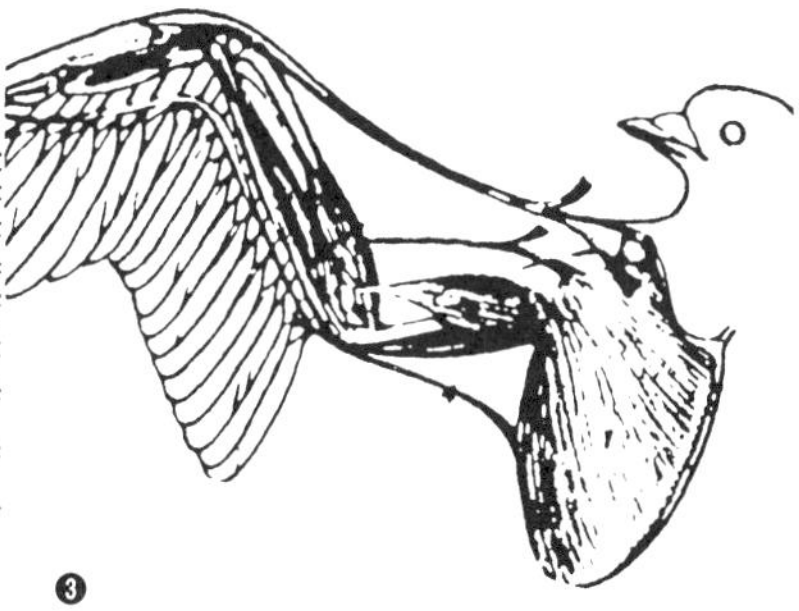

❸

図2　昆虫と鳥類の飛行。❶石炭紀(3億5000万年から2億7000万年前)の森に生息していた巨大なトンボ、*Meganeura*の化石。翅は端から端までで73センチ。比較のため、現生する最も大きなトンボを併記した。1つは南アメリカ産(右)、もう1つはヨーロッパ産(左)。❷昆虫の飛行筋。翅の運動には4種の筋肉が関与している。筋肉と翅の基部の間にあるキチン質のプレートとその結合は、飛行を調整するもう1つの構造である。❸鳥類の飛行筋。羽を動かす3つの筋肉は、胸筋、三頭筋、二頭筋である。いくつかの腱は、羽の位置を一定に保つ補助的な構造である。

最初の事件は無脊椎動物に起きた。昆虫は四億五〇〇〇万年から四億三〇〇〇万年前に出現したが、約三億一〇〇〇万年前になって、トンボ、ゴキブリ、バッタといった翅を持つ昆虫があらわれた(McFarland, 1981)(図1)。

第二の事件は、爬虫類が空飛ぶ脊椎動物へと転ずるおよそ二億三〇〇〇万年から二億年前に目撃される(Barnes, 1980)。昆虫とプテロサウルス(飛行する爬虫類)の出現の間には、他の無脊椎動物、魚類、両生類、飛ぶことのできない最初の爬虫類が出現している。このことから、飛行する爬虫類の出現は独立した出来事であると考えられる。

進化的なスケールにもとづけば、魚類は四億二五〇〇年前に進化したが、現在のところ、飛行する魚類がいつ主要な系統から分岐したかはわかっていない。飛行種は硬骨魚類に属しており、硬骨魚類は一億九〇〇〇万年前にあらわれたことから、空飛ぶ魚類はこの時期以降に出現し(Freeman, 1972)、そしてプテロサウルスとは何の関係もないことが推測される。さらに、プテロサウルスは子孫を残すことなく白亜紀に絶滅してしまった(Walker, 1974)。

鳥類は、槽歯類[訳注：ワニ型の動物で恐竜と鳥類の祖先型]に似た飛行しない爬虫類を起源に持つと考えられている。彼らは約一億八〇〇〇万年から一億四〇〇〇万年前に出現した(Whitten and Brooks, 1988)。

コウモリがついに突如出現し、それはほんの四〇〇〇万年前の始新世のことであった。コウモリとモグラ目(食虫類)などの他の哺乳類との間には、中間的な段階は知られていない(Colbert, 1980)。飛ぶことのできる哺乳類は他には存在しない。ムササビのように、滑空するものがいくつか知られているだけである(図3)。

飛行は構造的で機能的なプロセスである

すべての機能は構造にもとづく。それゆえに、何らかの機能を記述する際にはそれを裏づける構造を考慮しなくてはならない。飛行の場合、通常は羽とのみ関連づけられる。しかし、羽自身が動物を空中に持ち上げることは決してな

図3　飛行の周期性。構造の類似性。❶昆虫のメクラアブ *Chrysops discalis*。❷飛行する爬虫類の絶滅種 *Rhamphorhynque*。❸鳥類、オオヤマセミ *Megaceryle maxima*。❹飛行する魚類セミホウボウ *Dactylopterus orientalis*。❺コウモリ（飛行する哺乳類）。

いし、動物を効率的に移動させることもない、というのは事実である。明らかに、羽を持ちながら飛ぶことのない鳥や昆虫が存在する。鳥に関しては、ダチョウとレアが最も主要な例である。アリの一種*Myrmica scabrinodis*［クシケアリの仲間］とハエの一種*Phasmidohelea wagneri*は大きな翅を持っているものの、飛ぶことはできない（Nachtigall, 1974）。他の一連の構造と機能が羽の出現には関連していることと、それらがすべて存在してはじめて飛行が可能になる、ということの意味は大きい。

進化に関する専門書では、コウモリの翼は鳥の翼と相同であるとされる。それは両者に内骨格が備わっているためである。しかし、昆虫の翅は骨格を持たないために相似構造として分類される。もし羽を単独の構造として見た場合、無脊椎動物と脊椎動物の間にある差は明らかに大きい。他のすべての構造と機能を合わせて詳細に分析すると、その働きは必然的に同一であり、つまりは二つの動物集団で単に異なる形を採用しただけであることがわかる。ひとたび飛行にかかわる特徴がすべて説明されると、相似関係は際立つ相同関係に変化する。相同の程度が昆虫、鳥類、コウモリ、プテロサウルス、魚類の間で異なるだけなのだ。

飛行は羽以外にも多くの構造と機能を必要とする

ここで飛行プロセスに不可欠となる主要な要素を考えてみよう。羽はその一つである。飛行にはそれに加えて、主要な四つの特殊化が必要とされる。それは、（1）骨格、（2）筋肉、（3）血液循環、（4）神経系である。これらすべてが発達して協調しなければ、飛行は不可能である。

❶――羽は、飛行機の翼やプロペラと同様に機能する支持構造である。その構造と形状は、重力の作用に逆らうため

に必要となる上向きの力を提供する。

❷――羽にはその形状を保ち強度を与える骨格系が備わっている。

❸――関節が存在する。さもなくば様々な方向に動かすことはできない。

❹――様々な筋肉が存在し、その拮抗的な機能のために様々な動作が可能になっている。

❺――飛行中は、飛行という多大な労力を支えるために、通常よりも多くのエネルギーが必要となる。

❻――飛行中は、大量の呼吸と血流も必要となる。

❼――感覚神経と受容器からなる神経系が関与する。そのために、方向、安定性、スピードの制御が可能になる。

こういった様々な要素はいずれも、無脊椎動物、脊椎動物の飛行のためには不可欠である。

昆虫と鳥類の飛行の類似性

鳥類の飛行と昆虫の飛行は構造的にも機能的にも極めて類似している。その中でも次の様な特徴が際立っている。(1)飛ぶことのできる動物は、鳥でも昆虫でも紡錘状で流線型の体を持つ。(2)鳥の羽毛や昆虫の体毛は体表面を滑らかにし、空力性能を増す。(3)羽は、無脊椎動物でも脊椎動物でも、重心上方の背側体表面に付着している。(4)飛行中の安定性は、長い尾によって得られている。これは、鳥やカゲロウ(蜉蝣類)に見られ、滑空時や旋回時に用いられる。しかし、尾は絶対に必要なわけではない。スズメやオオクロバエ *Calliphora* はバランスがよいので、尾がなくてもうまく飛ぶことができる(McFarland, 1981)。(5)鳥の翼の近位骨はその中央部が中空であり、また猛禽類の骨格は先端も中空である。昆虫の翅の骨格は翅脈から構成されている。これは堅いクチクラの微細管で、そこにはちょうど哺乳類や鳥類の骨のように、気管、神経、血管も存在している(Abercrombie et al., 1951)。(6)どちらのタイプの羽の運動にも筋肉が関与している。鳥類の翼は二種の主要な筋肉が上下させる。昆虫では、翅を上下する筋肉が二種の主要群を形成している(図2)。(7)鳥類の翼は、骨格に関節がなければ、折りたたむことができない。これは昆虫の場合も同じである。翅の関節は、ゴムのような柔軟性を持つタンパク質であるレジリンと、いくつかの骨板(硬皮)の存在に依存しているからだ(Romoser, 1973)。(8)大量のエネルギーとその迅速な補給がなければ、飛ぶことはできない。鳥類でも昆虫でも、エネルギー源はグリコーゲンである。これは鳥類では肝臓に、昆虫では脂肪体に貯えられている。さらに昆虫でも鳥類でも、長距離移動の開始前には、脂肪の貯蔵量が増加する。(9)飛行する鳥類は大きな気嚢を持ち、そのことで肺に連続的に空気を送り込むことができる。同じようなシステムの気嚢は昆虫にも存在する。飛行中、空気はその中を循環し、腹腔を通って排出される。昆虫の飛行筋の高い呼吸量は、その中に含まれるミトコンドリアの量の多さを反映している(Lehninger, 1975)。(10)鳥類の体温は三五〜四〇℃に上昇し、そのことで筋肉は効率的に機能する。ガやハチなどの多くの昆虫では、気温が五℃しかない時でも、飛行に関与する筋肉の温度は三〇〜四〇℃に保たれる(McFarland, 1981)。(11)鳥類が飛行速度を鼻孔で感知するのに対し、昆虫は頭部の体毛と触角のゆがみにより検知する。(12)鳥類の飛行には四つの主要なタイプ(滑翔、帆翔、搏翔、停滞飛翔)がある(Beazley, 1974)。昆虫も同じように飛ぶことができる(図4)。昆虫もまた、滑空し、旋回し、突進する。こういった飛行動作は、非常に複雑である(Romoser, 1973; Barnes, 1980)。(13)鳥類(アマツバメ)も昆虫(ハチ)も飛行中に交尾することができる。(14)無脊椎動物、脊椎動物を問わず、飛行プロセスにはつねに神経系が関与している。神経インパルスは筋肉に伝わり、拮抗的に機能することもある。そして平衡覚や視覚はつねに機能している(Barnes, 1980)。

類似性に関するこのリストはさらに拡張することができる。しかしこの二つの現象が、時間を隔てながら、また、飛ぶことのできない動物が構成する大きなギャップを挟んでいるにもかかわらず、その構造的レベルや機能的レベル

図4　飛行の周期性。機能的な類似性。❶バッタ（昆虫）の翅の動き。❷鳥類の飛行の高速写真。離陸は通常、空中へのジャンプでおこなわれる。❸トビウオの1種 *Exocoetus callopterus* は加速のために尾びれの推進力を使い、その後、飛行のために胸びれと腹びれを広げる。❹飛行中のコウモリの翼の連続的な位置。

で本質的に同じ解決策に依存しているかを示すにはこれで充分だろう。

コウモリと鳥の飛行の比較

コウモリは哺乳類であるが、その飛行能力は非常に高い。

❶――「コウモリの飛行の進化についての詳細は何も知られていない」(McFarland, 1981)。それは、現在のコウモリは四〇〇〇万年前の最初期の化石と似ているためである。さらに化石記録が貧弱なせいではない。それどころか、そういった化石は非常によい状態で、皮膜のような構造が視認できる状態にあるし、胃の内容物も保存されている。それによれば、原始のコウモリはすでに昆虫を食べていたらしい(Macdonald, 1984)。同じことは鳥類の場合にも見られる。鳥類は、恐竜やワニを含む爬虫類の祖先から進化したと考えられている。始祖鳥*Archaeopteryx*は約一億六〇〇〇万年前のジュラ紀に生息していたが、現在の鳥類との関連は明らかではない。白亜紀までに、鳥類には現代的な特徴である退化融合した指の骨や大きな竜骨が付着した胸骨などがあらわれたが、現代の鳥では形成されない歯は依然備わっていた。始新世以降になると、現代的な鳥類の化石が、明確な先祖を欠いたまま出現した。変化は急激であったと思われる。爬虫類の鱗から鳥類の羽毛への変化に関する化石記録は見つかっていない(Beazley, 1974)。

❷――コウモリの翼の骨は鳥のように中空にはなっていない。しかし、コウモリの肺は鳥と同じような効率で換気をおこなうことができる。

❸――コウモリでは、腕の骨は融合し、手首はかなり縮小している。親指以外の四本の指は長く伸び、翼の表面の半分程度を占める。鳥の場合、手首と「掌部」の骨は融合し、短い三本の指を持つ(図5)。

❶

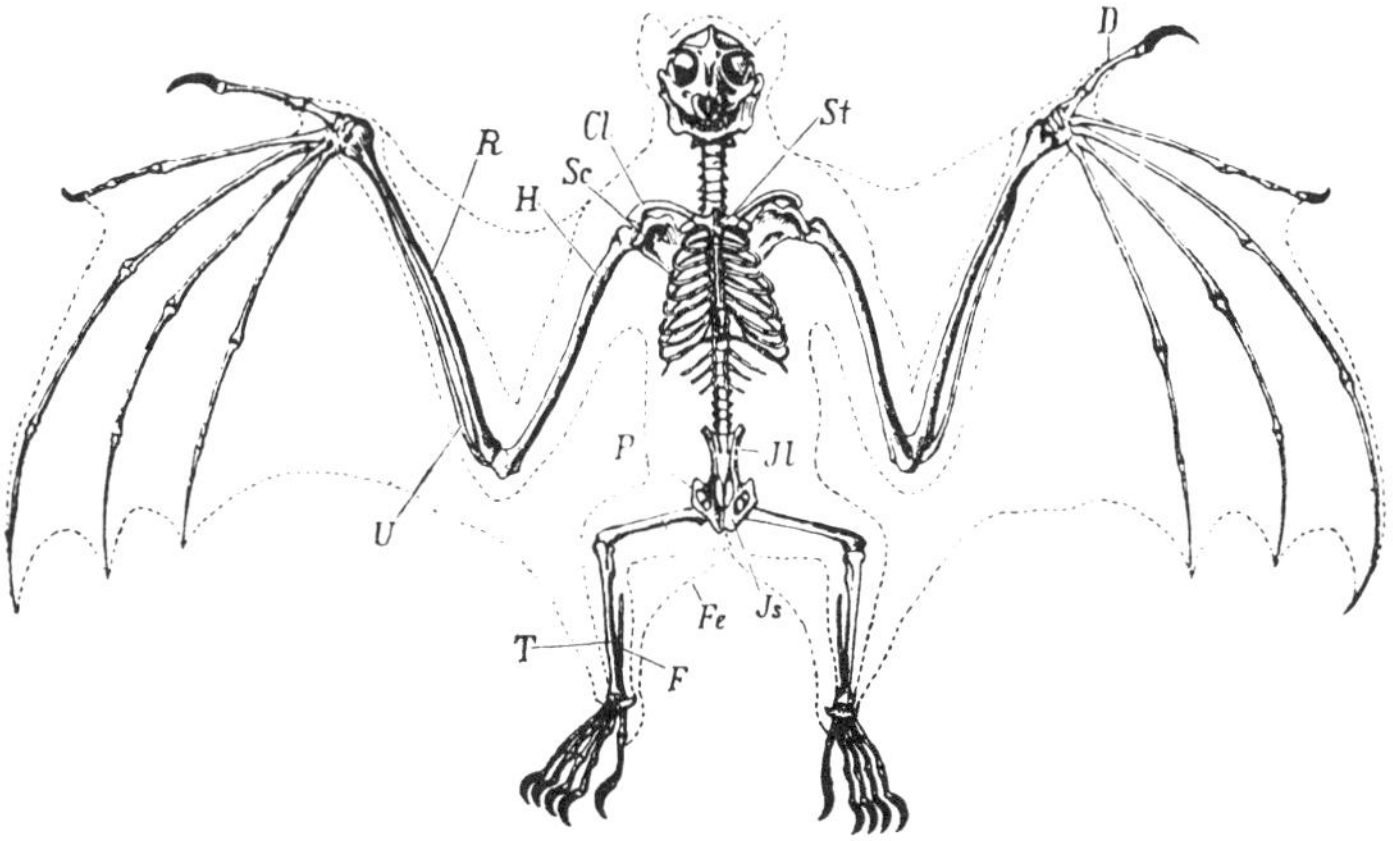

❷

図5　鳥類の翼と哺乳類の翼の類似性。❶ツメバケイ *Ophisthocomus hoazin* の成鳥(左)と、羽の鉤爪で木に登るその幼鳥(右)。❷オオコウモリ *Pteropus edulis* の骨格。上側の2本の指が翼を広げ、鳥類と同じような鉤爪を持つ。

❹——コウモリの翼は、指、腕、肢により支持される膜からできている。その膜は皮膚から構成される。翼の形状は基本的にすべての種で類似している。鳥の翼もまた指と腕（肢は関与せず）により支持される皮膚から構成され、羽毛は高度に角質化した上皮細胞により構成される皮膚の変形である。
❺——翼の上下動は、両者の翼に備わる筋肉によって制御される。
❻——鳥もコウモリも、翼の骨には関節がある。
❼——両者の胸骨には、竜骨がある。

プテロサウルスと鳥の飛行の比較

プテロサウルスとは飛行する爬虫類であり、三畳紀にあらわれ、七〇〇〇万年前に絶滅した。

❶——プテロサウルスはおそらく、鳥やコウモリのように、胸の筋肉を用いることで翼を上下させて移動していた。
❷——プテロサウルスの中には、鳥やコウモリのように、竜骨のついた胸骨を持っているものもいた。
❸——肩帯は脊椎と胸骨に融合していた。骨の融合は、鳥にもコウモリでも起こっている。
❹——進化したプテロサウルスの脊椎は、鳥のように互いに融合していた。
❺——翼の骨は中空であり、これは鳥の翼の骨と同様である。
❻——プテロサウルスの翼の膜は、きわめて長くなった薬指だけで支持されていた。この点において、彼らは鳥よりもコウモリに似ている（Carroll, 1987）。

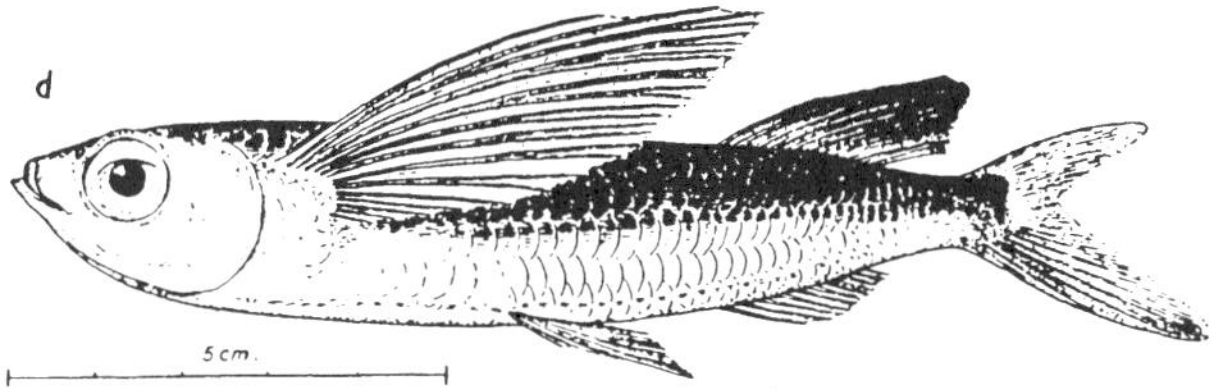

❶

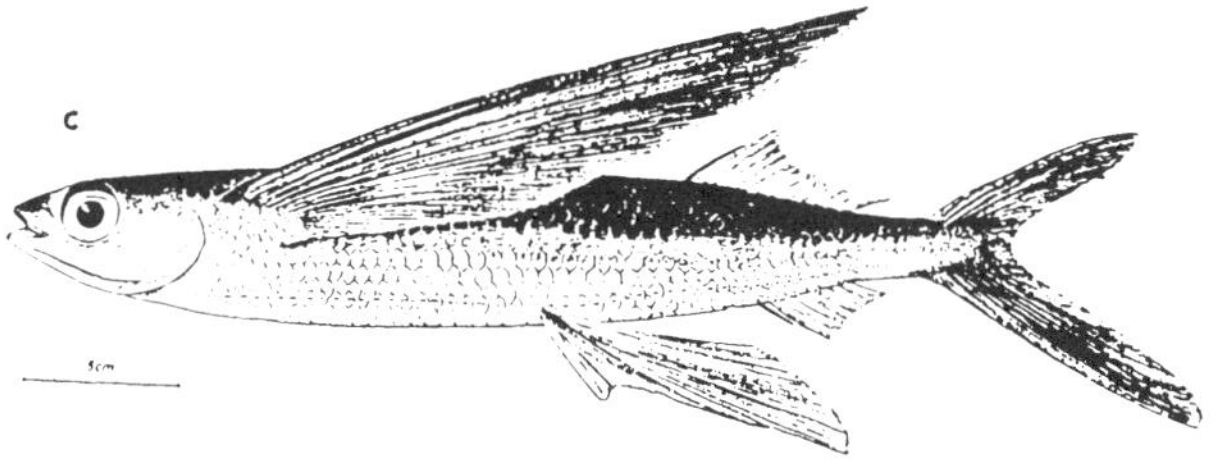

❷

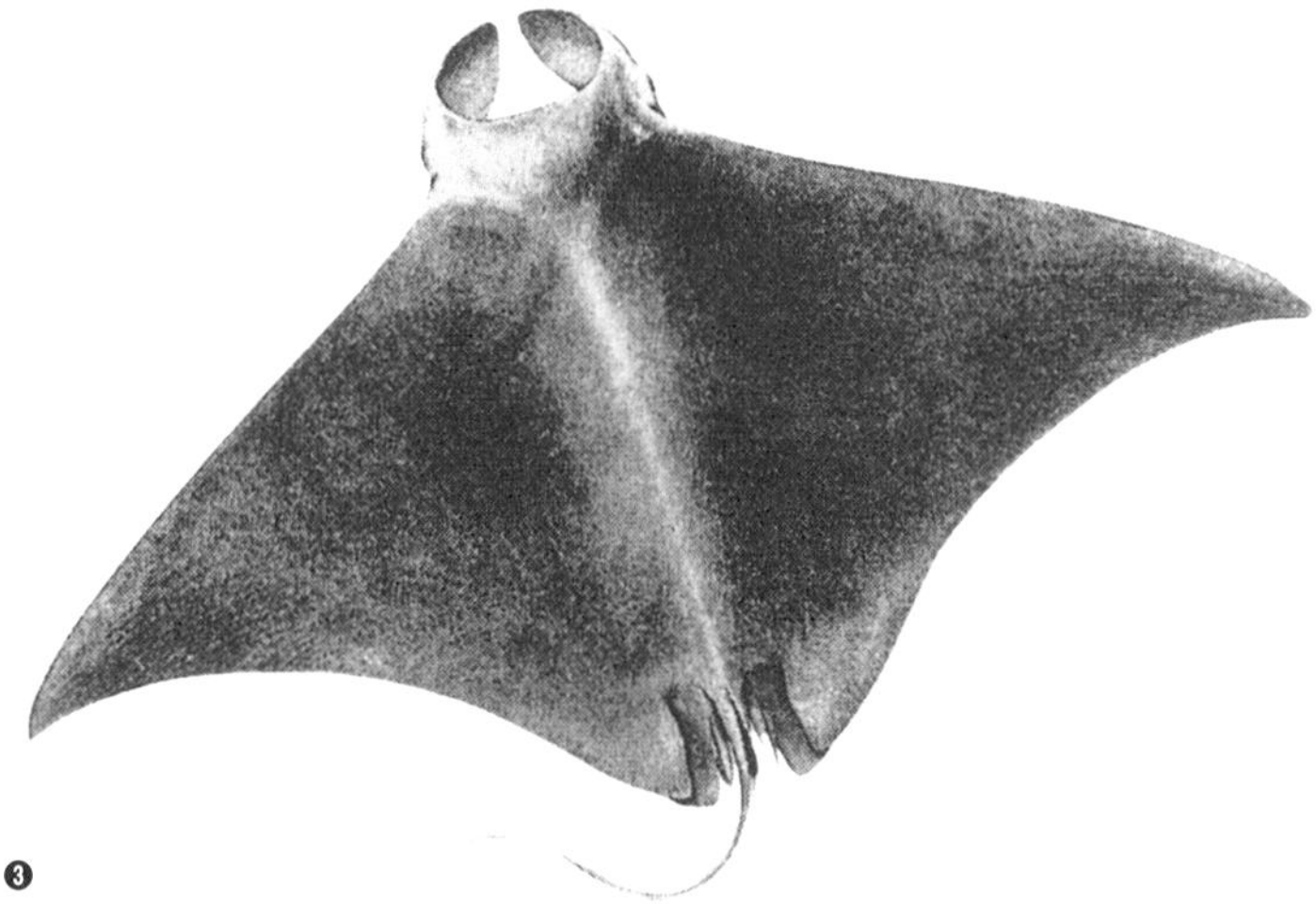

❸

図6　魚類の飛行。❶大西洋に生息する2枚翼のバショウトビウオ *Parexocoetus mento atlanticus*。❷同じく大西洋に生息する4枚翼のツクシトビウオ *Cypselurus heterurus*。❸エイは鳥類と同様に翼を動かして水中を移動し、そのことからエイは空中ではなく水中を飛行すると考えられる。

魚類は通常、飛行する動物に分類されることはないが、それは飛ぶことのできる魚類の数が少なく、しかも比較的短距離しか飛行しないためである。その大きな胸びれは実は、セミホウボウ *Dactylopterus orientalis* の場合のように、強力な筋肉により動かされている。中には、木から木へと飛び移る鳥と同様、一〇〇メートル以上飛行するものもいる。魚が海水へと帰らなければならないのは、その呼吸法のせいである。そうでなければ、魚類は空中を飛び続けることができたかもしれない。

魚類そのものは飛行能力を伴わない数千種に分化したが、その後、数種の飛行するものが出現した。注意すべきことは、魚類は通常水中で呼吸しているが、呼吸に関し生理的に不利な環境で飛行しなければならなかったという点である。したがって、飛行能力は、環境と直接的な関係を持つことなく出現したように思われる。海に住み、昆虫を食餌することのないセミホウボウとは対照的に、湖には、昆虫を捕獲するために水面からジャンプして飛び出す魚類がいる。セミホウボウは捕食者から逃れるために飛行するようになったのかもしれないが、他の魚類と同様に深海に潜ることもできたはずである。セミホウボウは昆虫のように、翼がよく発達して効率的に動かせるようになったから、飛行するのである。さらに、昆虫に似ている点は他にもある。魚類には、二枚の翼を持つものと、四枚の翼を持つものがいる。胸びれが翼に変形したものもいれば、胸びれと腹びれが四枚の翼になったものもいる。昆虫の場合、ハエは二枚の翅を持つ一方、チョウは四枚の翅を持つ。こうすると、脊椎動物に四枚翼システムが出現する可能性があったのは明らかである。それは鳥類には見られない状況だが、コウモリにおいては融合した形で達成されている。そこでは、一枚の翼が腕と脚とを連結している。

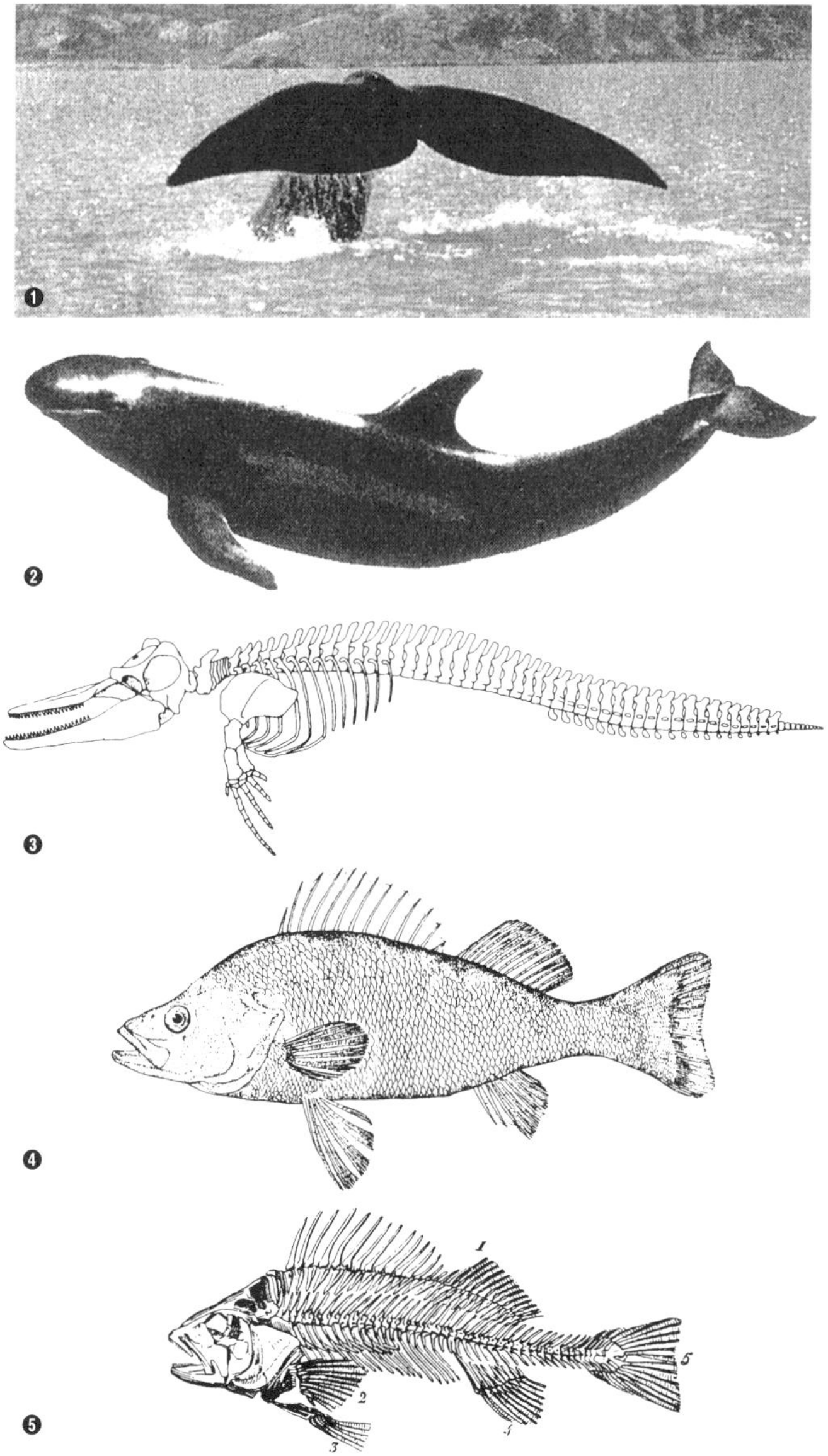

図7　脊椎動物が持つ骨格を欠く運動器官。❶セミクジラ *Balaena glacialis* の巨大な尾びれ。❷オキゴンドウ *Pseudorca crassidens* の大きな背びれと尾。❸ハクジラの骨格。背びれと尾びれに骨がないことがわかる。ヒゲクジラでも同じ。❹硬骨魚類パーチ *Perca fluviatilis*。❺同種の骨格と、背びれ、尾びれ、その他のひれに骨があるのがわかる。

四枚の翼を持つ魚には、最も進んだ形の飛行が見られる(図6)。証拠は以下の通り。(1)飛行は、水面下で、体を翼で押し上げることからはじまる。(2)翼は空中で急速に広げられる。(3)尾びれは水面に接触したまま、強力な筋肉により高速で羽ばたくことができ(一秒間に七〇回)、それによって推進力が得られる。(4)飛行は主に、大きく広げられた胸びれによって維持される。(5)しかし、受動的な滑空ではない。飛行には強力な筋肉の収縮が関与しており、そのため体と翼は昆虫の場合のように振動を余儀なくさせられる。また、強く打ちつける翼もある。(6)腹びれは、飛行の方向を変えるのに用いられる。(7)これらの魚には、飛行の方向を制御する高度な能力が見られる。鳥と同じように、空中で動きを突然停止することも、ボートの周囲を回ることも、水面から一定の高さで飛ぶこともできる(Hanström and Johnels, 1962; Beazley, 1980)。

エイのように、水中で「飛ぶ」ことで問題を解決してしまった魚もいる。つまり、彼らは、猛禽類が空中を舞う時と同じようにその巨大なひれをはばたかせることによって泳ぐことができる(McMahon and Bonner, 1983)。したがって、飛行は空気の存在と必然的な関連を持つわけではない。

羽もひれも骨の有無にかかわらず形成される

驚くことに、クジラの巨大な尾にはそれを支える骨格がない。骨とは違う別の組織と筋肉だけで形成され、機能しているのだ。同じことは、同様に骨の備わらない背びれにもいえる(Macdonald, 1984)。それにもかかわらず、骨格で構成された魚類の尾びれや背びれと同様に機能し、同じ配置構造、同じ形態なのだ(図7)。

門	綱	生物群	飛行の出現（億年前）	羽の一般的な分布	動物あたりの羽の数	羽の形成に関与する外肢	飛行に対する尾の関与	飛行の起源
節足動物門 無脊椎動物	昆虫綱	飛行する昆虫	3.1	多くの昆虫は羽を持たない	2または4	外肢は関与せず脚が付加的に	尾が関与しているものが数種	他の無脊椎動物との直接的な関連はない 昆虫は飛行する唯一の無脊椎動物である
脊索動物門 脊椎動物	爬虫綱	プテロサウルス	2.3	ほとんどの爬虫類に羽はない	2	腕	長い尾を持ち安定性を増す	飛行する無脊椎動物との直接的な関連はない 飛行しない爬虫類を起源とする
	硬骨魚綱	飛行する魚類	1.9以降	ほとんどの魚類に羽はない	2または4	腕と脚に相当する胸びれと腹びれ	尾びれはもう1つの推進力	飛行する魚類は昆虫や飛行する爬虫類を直接の起源とするわけではない
	鳥綱	飛行する鳥類	1.5	すべての鳥類は羽を持つ 飛行しないものが若干数	2	腕	尾は滑空と方向転換に使用	飛行する爬虫類との直接的な関連性はない 飛行しない爬虫類を起源とする
	哺乳綱	コウモリ	0.4	すべてのコウモリは羽を持つ すべてのコウモリは飛行する	4が融合した2	腕と脚	多くの種では尾は羽の一部	他の哺乳類との関係は明らかでない 飛行しない哺乳類を起源とする

表1　周期的飛行

クジラの尾は水平に配置するが、それはシタビラメ *Solea vulgaris* にも当てはまる。似たような状況は昆虫の翅にも見ることができる。翅には角質からできたチューブがあるが、骨は備わっていない。それにもかかわらず、骨格系から構成される鳥の羽と同じように機能し、その配置構造、形態は同一である。

昆虫の翅も鳥の翼も同じ遺伝子からつくられることがわかった

動物学者は、昆虫の翅と鳥の翼は相同ではなく相似であると考えている。その理由は、両者が全く無関係であるように思われるほど構造が異なっているからである。一方には骨が備わるが、他方にはない。近年のショウジョウバエ *Drosophila* と脊椎動物（鳥類と哺乳類を含む）の胚発生に関する研究が明らかにしたところによれば、ホメオティック遺伝子と呼ばれる遺伝子群は、似たような構造の形成をコントロールするだけでなく、遠く離れた種の染色体に同じような秩序を維持してきた。分子的な分析により、ニワトリの翼の形成に関与する遺伝子は、ショウジョウバエの翅の形成につながる遺伝子と相同であることがわかった（Affolter et al., 1990; De Robertis et al., 1990; Holland, 1992; Lawrence, 1992; McGinnis and Kuziora, 1994）。

飛行の周期性の特徴

飛行の周期性には、次のような特徴がある。（1）飛行は、主要な生物集団すべてにおいて、どこからともなく出現している。直接的な先祖の存在は確認されない。（2）中間的な形質はほとんど見られず、突然に出現している。（3）明確で限定的な生物集団で見られる。（4）飛行プロセスに不可欠な構造と機能は、飛行する生物集団では基本的に同一である。(5)進化過程において、飛行は比較的規則正しい間隔で出現している(図1、表1を見よ)。(6)飛行には、その生物の進化的な位置とは必ずしも関係しない複雑さがある。(7)動物あたりの羽の数も、その系統的な位置とは無関係である。そして、(8)その出現は、明らかにその一般的な環境との直接的な関連を持たない。

光感受性は細胞の構造自体に組み込まれている

滴虫類のような原生動物は、原始的な眼を持たないものの、光に対して非常に敏感である。状況にもよるが、光に向かって移動したり、光から遠ざかるように移動したりすることが実験で示されている。このことはアメーバにもあてはまる。光の感受性は原形質に内在的な性質なのである(Kudo, 1971)。

植物の葉は微細なレンズのモザイクである

その根を除いて、植物を光感受性の高い細胞で構成される生きたカーペットとして記述するのは正しい。植物の大部分は光のアンテナとして機能している。葉は特に、光を受容する細胞のモザイクである。

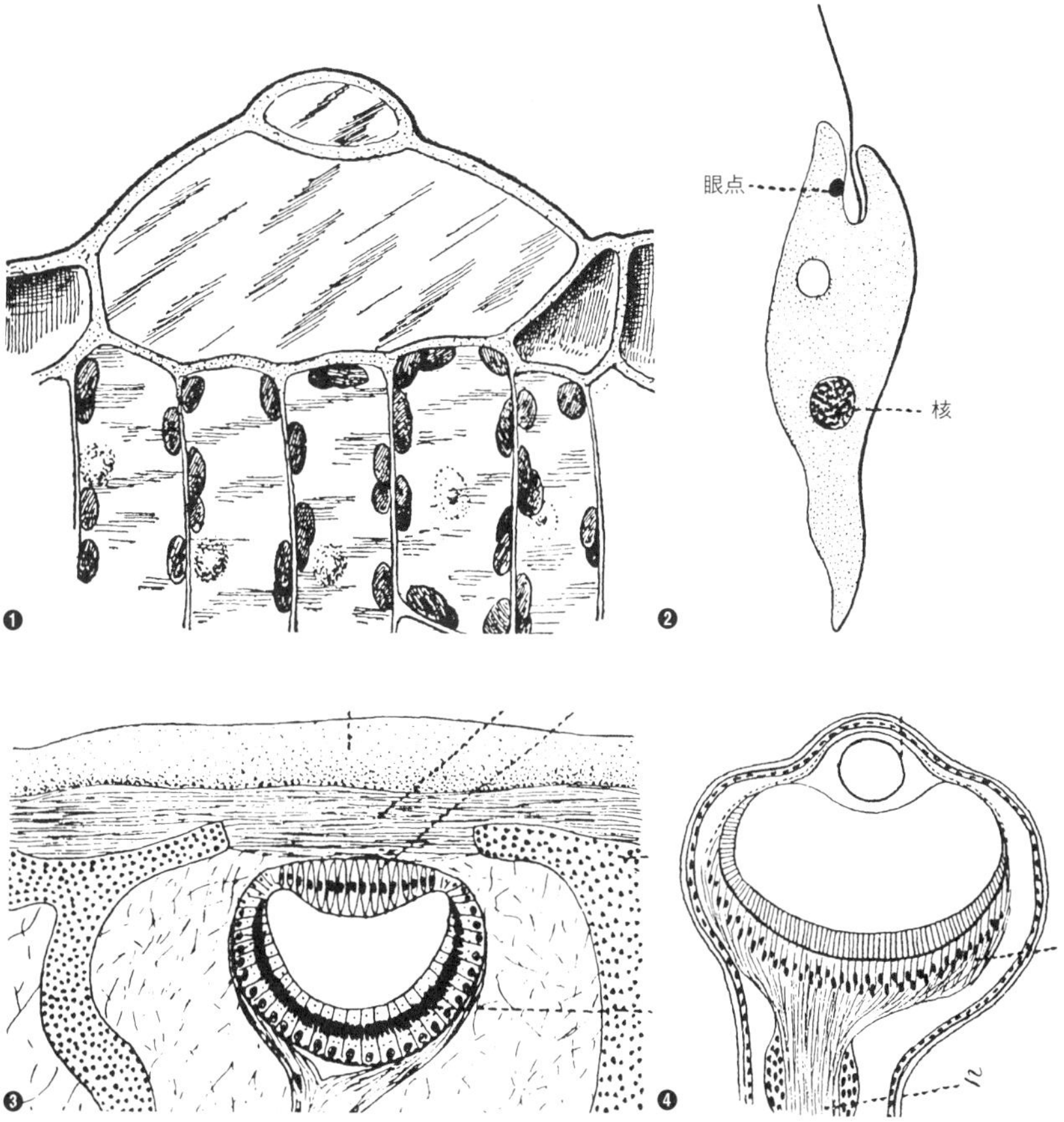

図1　視覚の周期性。❶植物アミメグサ *Fittonia*の「眼」。葉の表皮細胞は、下層の葉緑体に光を集めて届けるレンズとしても機能する（図2と比較せよ）。❷原生動物ミドリムシ *Euglena viridis* の眼点。❸トカゲの頭頂部の眼。（角膜のように）透明な皮膚と光に敏感な細胞に囲まれた水晶体から構成される。❹環形動物（ウキゴカイ）の眼。角膜、水晶体、網膜から構成される。

この現象に特殊な性質が関与していないということではない。たとえば、葉の細胞には、原生動物や無脊椎動物の光感受性細胞とそれほど違わない分化が見られる（図1と2）。

昔から知られていることだが、アミメグサ*Fittonia*やその他の種では、葉の表皮細胞の先端は両凸レンズになっている（Niklitschek, 1943）。その細胞質は透明で、色素を欠いている。これによって光は柵状組織のより深い所に到達できる。そしてその光は、クロロフィルによって葉緑体に吸収され、化学的エネルギーに変換される。アミメグサは広くて薄い葉を持ち、それらは光量の比較的少ない熱帯林のグランドカバーを形成する。

ボーゲルマンらとマーティンらの発見によれば、これと同じように効率的な光のトラップが、ヨーロッパの野原に生育しているウマゴヤシ*Medicago sativa*（アルファルファ）の葉にも存在している（Vogelmann et al. 1989; Martin et al., 1989）。ウマゴヤシの表皮細胞は光を集めるレンズとして働き、光を柵状組織の葉緑体に集中させる。電子顕微鏡で観察してみると、この細胞は平凸であり、入射光を二〇倍にまで集中させる。葉の表皮は、その全体が「光を集めるミクロなレンズのモザイク」なのである。この著者たちが指摘しているように、空気、細胞壁、細胞液の屈折率の差（空気：一・〇〇〇、細胞壁：一・四二五、細胞液：一・三六〇）が、表皮細胞をレンズに変えるのだ。事実、凸レンズが集まった葉の表皮表面の写真は、昆虫の複眼の表面の写真とたいして違わない。

昆虫の複眼と葉の光感受性細胞との比較

我々は、葉は眼とは何の関係もないと見なすため、この比較には最初はいくぶん無理のある感じがするだろう。しかし最近の研究によれば、植物と動物の光感受性細胞の間には、基本的な類似点がいくつか存在することが示されている。それは次のようなものだ。

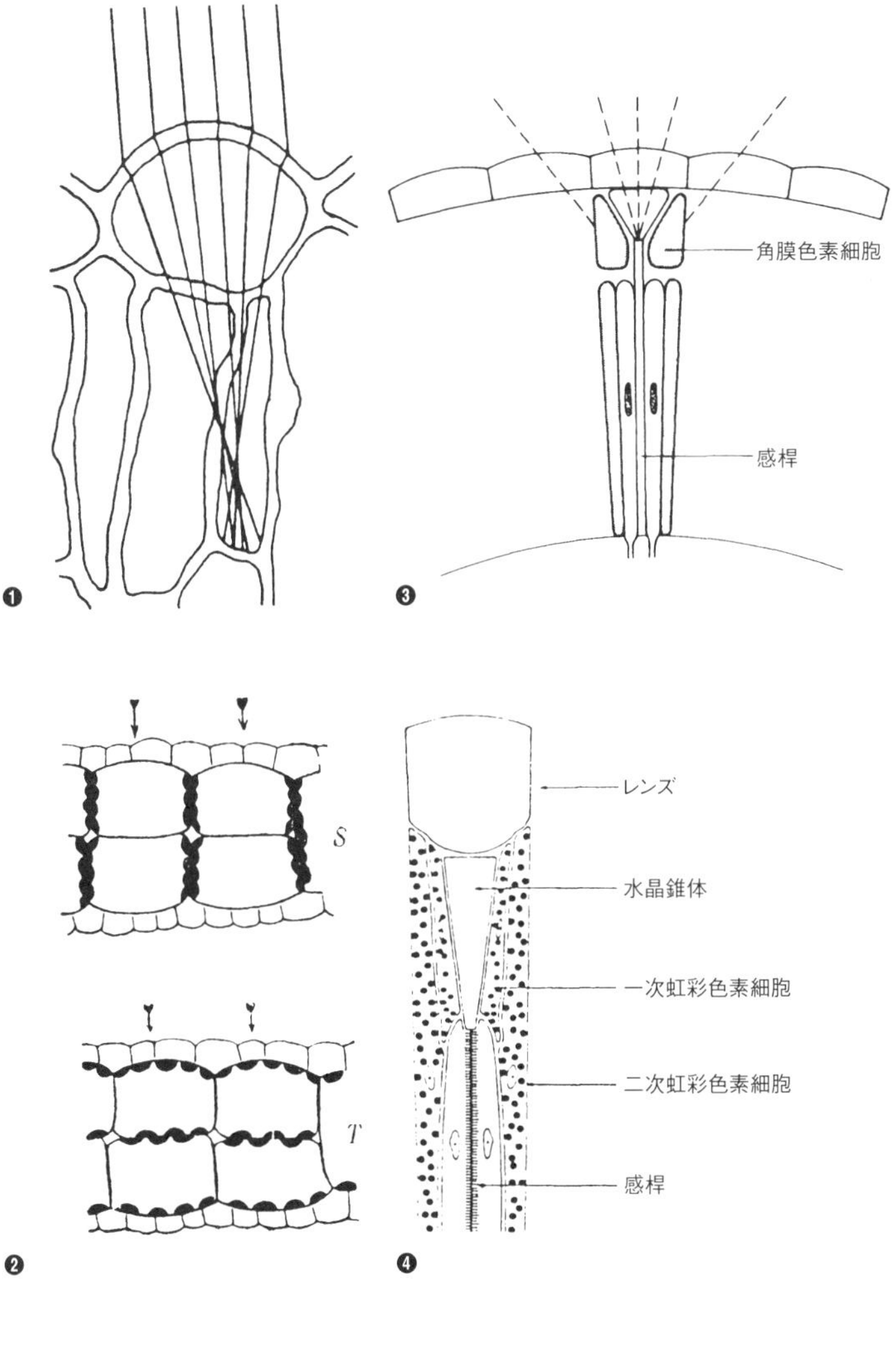

図2　植物と動物の像形成と色素の移動。❶ウマゴヤシ *Medicago sativa* の葉の表皮細胞における像形成。クロロフィルを含む葉緑体を持つ下層の細胞に集中する光線を線で示している。つまり、この植物の表皮細胞は微小なレンズのモザイクとして機能している。❷植物ヒンジモ *Lemna trisulca* の（光感受性色素を含む）葉緑体は、降り注ぐ光の強弱で（矢印）、その位置を変化させる。❸昆虫の複眼（連立像眼）における像形成。複眼も微小なレンズのモザイクである。破線は色素細胞に集まる光線をあらわす。❹チョウの複眼を構成する個眼。色素顆粒の位置と動きは光量に依存する。

❶——葉は、数千の光感受性細胞が互いに支えあうことで構成されている。昆虫の複眼もまた、数千の光感受性細胞が強く結合することで構成される。

❷——ウマゴヤシには、レンズと受容体の両者が存在する。昆虫の場合、キチンは透明であり、レンズ(凸型でもある)と受容体が眼の単位を構成している。受容体には光を吸収する色素(レチナール)が存在する。

❸——古くから知られている現象であるが、光感受性色素を含む葉緑体は、細胞の中で移動することができる。この移動は、葉に届く光量の変化によって引き起こされる。コケ植物や他の植物の細胞中にある葉緑体は、光が散乱している場合は中央に位置するが、強い光があたっている場合は細胞壁に向かって移動する(図2)(Denffer et al., 1971)。昆虫(ハエ)の複眼の細胞も、光感受性の色素顆粒を持っている。この色素もまた、光量が変化した時には移動する。それは、細胞の中央に位置するか、その両端に向かって移動する。こうして光を弱め、光のスペクトル構成を変化させているのだ(Stavenga and Kuiper, 1977; Stavenga et al., 1977; Stavenga, 1989)。

視覚の周期性の特徴

極めて近縁の種であれば、似たような眼を持っているはずである。この予想の基礎をなしているのは、眼の形成と複雑さは主に二つの要因により決定されているという推測である。つまり、一つの要因は系統学的な位置、もう一つは環境である。

無脊椎動物の視覚を詳細に分析した結果、事情はかなり異なっていることが明らかになった。同じ生物群に含まれる種の中にも、非常に複雑な眼を持つもの、痕跡的な眼を持つもの、眼を全く持たないものが存在する。さらにこの現象は、腔腸動物から棘皮動物にわたる無脊椎動物の代表的な門のほとんどで繰り返し見られる。視覚の周期性を示す証拠は主に二つの発見にある。複雑さの程度の反復と、比較的規則正しい間隔をおいたその再出現である。

原生動物から原始的な脊索動物に備わる眼の種類

図3と図4に示したグラフのベースラインはゼロではないが、それは、光に対する感受性は細胞に内在する現象だからだ。これは、動物には眼に加え光感受性を持った細胞が体中に分布していることを意味する。1から5の目盛りは大まかなものであるが、原生動物の眼や最も原始的な眼のような構造が最も単純な眼から、タコ(軟体動物)の眼のようないくつもの組織により構成される最も分化の進んだ視覚器官に向かって、複雑化していることを示している。無脊椎動物の分類法は研究者によって様々だが、ここではバーンズが採用した分類に従っている(Barnes, 1980)。いくつかの瑣末な生物群は、その視覚に関する情報が充分でないために示してはいない。しかし、脊索動物に属し脊椎動物に最も近い尾索動物は、視覚器官の複雑さが進化的な複雑さと関連しているかどうかを調べるために、グラフに示してある。

渦鞭毛虫は単細胞生物である。いくつかの種(たとえば *Protopsis*)は、最も単純な眼を一つ持つ。この眼点では、カロチノイドを色素として含む光感受性の高い層が原始的なレンズとして機能する透明な層に被われている。他には、比較的複雑な眼をすでに持つナガジタメダマムシ *Erythropsidinium* もいる。眼点は、(1)レンズ、(2)液体が詰まった空間、(3)光感受性色素におおわれた杯状構造からなる。最も注目すべきなのは、単細胞生物であるにもかかわらず、以下のような現象が起こりうることである。(1)レンズの形状は変化できる、(2)色素杯はレンズと無関係に動くことができる、(3)眼点は細胞から突出しており、そのために見る方向を変えることができる。従って渦鞭毛虫類が、後の無脊椎動物や脊椎動物と同じく、眼を使って被食者の存在を探知していることは驚くほどのことではない。この

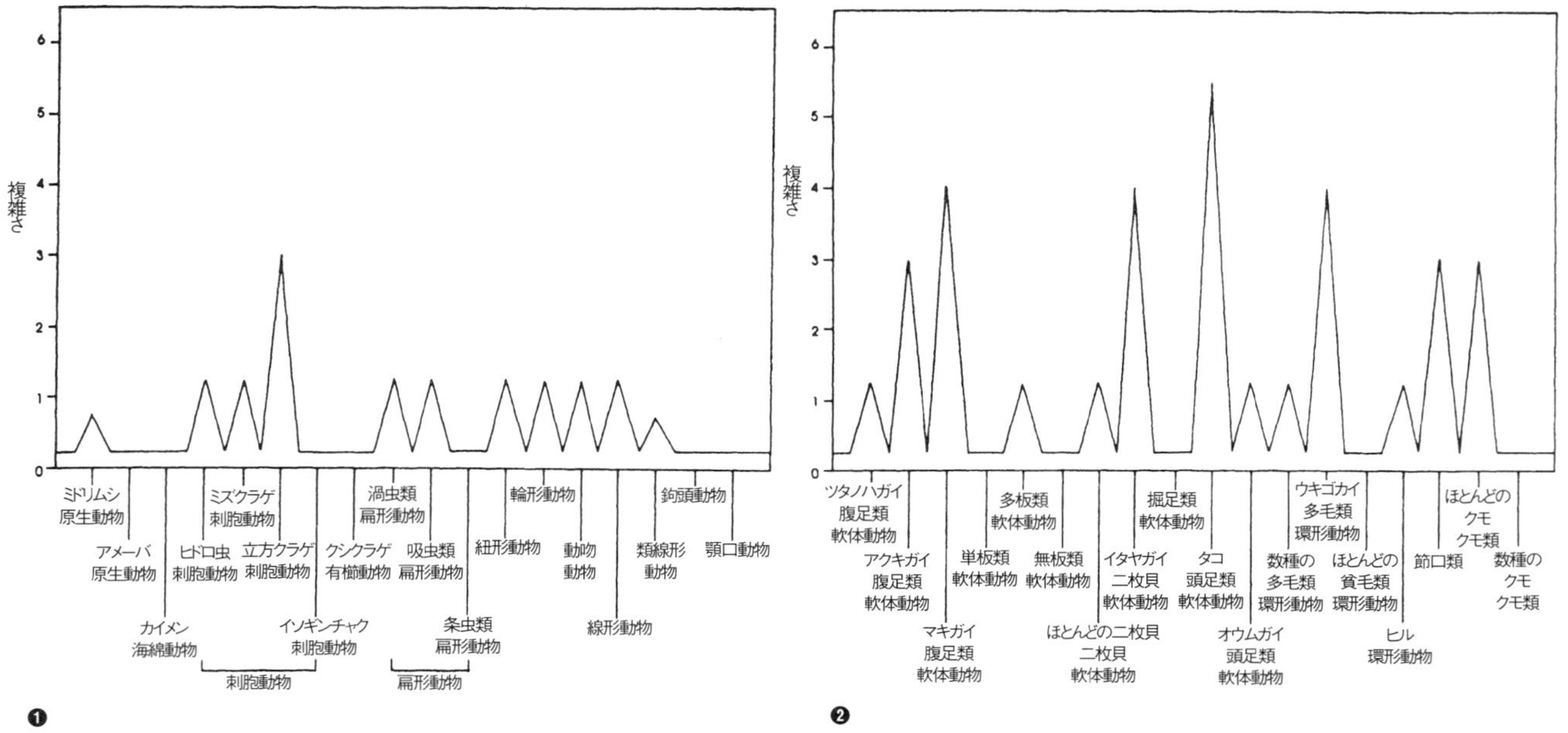

図3　周期的視覚。❶パート1、原生動物から顎口動物まで。光感受性は細胞に内在している。これが、グラフ中で複雑さを示すベースラインを、ゼロではなく0.2にしている理由である。単純な眼が、原生動物ですでにあらわれている。複雑な眼を持つ脊椎動物に到達する前に、無脊椎動物の中で複雑な眼が周期的にあらわれていることがわかる。さらに、眼を持たない動物もいる綱や門の中にも複雑な眼があらわれている。これは刺胞動物のケースが相当する。立方クラゲは複雑な視覚を持つが、イソギンチャクは眼を持たない。軟体動物も同様である。たとえば、タコは脊椎動物と同じくらい複雑な眼を持つ一方、同じ門の中には原始的な眼しか持たない種や、全く眼を持たない種が多数存在する。こういった状況は環形動物や甲殻類、昆虫でも繰り返される。最も重要なのは半索動物とホヤ綱（被嚢類）のような原始的な脊索動物で、それらは無脊椎動物よりもかなり進化しているにもかかわらず、全く眼を持っていないか、あるいは非常に原始的な眼しか持っていない。このことが示唆するのは、周期性は進化的な複雑さと直接的な関係を持たないということである。❷パート2、ツタノハガイからクモまで。

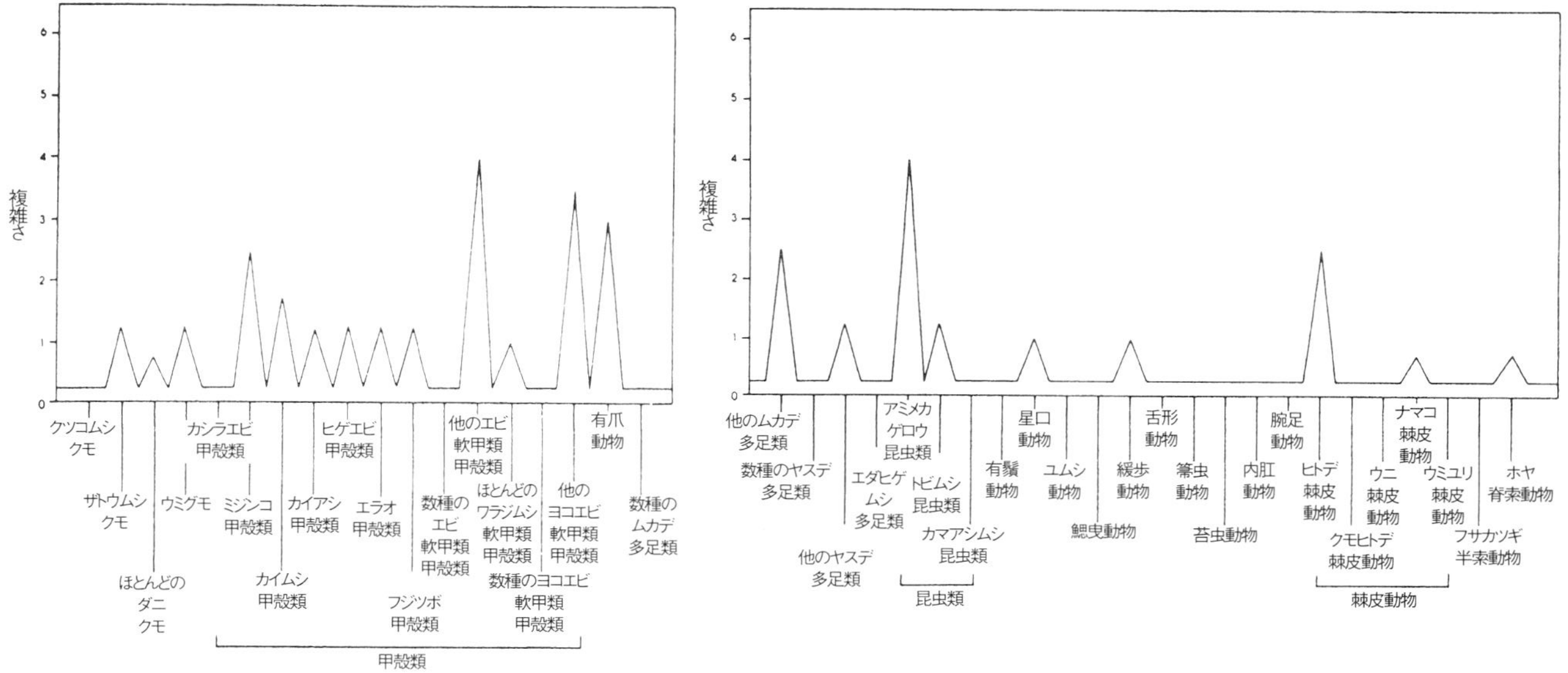

❶　❷

図4　周期的視覚。❶パート3、クツコムシからムカデまで。❷パート4、その他のムカデからホヤまで(グラフ表記の詳細については、第3章を見よ)。

ような眼は、ミドリムシ*Euglena*のような他の原生動物にも多数存在する。しかし、そのような眼点は他の原生動物、たとえばアメーバ*Amoeba*やゾウリムシ*Paramecium*には全く見られない（Friday and Ingram, 1985）。

刺胞動物（あるいは腔腸動物）と有櫛動物は近縁の動物門である。綱と目とは密接な関連のある動物で構成されるものだが、かなり複雑な眼を持ったものもいる一方で、全く持たないものもいる。これは、眼という構造が周期的に出現するというパラダイムを示唆する。イソギンチャク（刺胞動物）とクシクラゲ（有櫛動物）などには眼の痕跡さえ見当たらないのに、ヒドロクラゲ（刺胞動物）には非常に発達した眼点が存在する。この眼点は、触手の外面の陥入を形成する色素や光受容細胞のパッチにより構成される。光源に向かって移動するクラゲもいれば、光源を避けるクラゲもいる。また、非常に複雑な眼を持つクラゲもいる。すべての立方クラゲの視覚器官には、角膜、レンズ、網膜がある。これは感覚細胞、色素細胞、有核細胞が神経線維によって連結する三層構造になっている。眼は光源の方向を感知する。

扁形動物の中では、渦虫類と吸虫類が原始的な眼を持つ。しかし、条虫類は眼を持たないか、あるいはそのかすかな痕跡を残すのみである。

輪形動物は、頭部に繊毛が輪生する小さな水生動物である。彼らには、層状に配置した膜から構成される光受容器とレンズを含む眼点が存在する。

鉤頭動物と顎口動物は再び眼を持たない。

軟体動物では、眼の複雑さに大きなバリエーションが見られる。このことが重要なのは、それが一つの動物門の内部で起っており、それゆえに一つの動物門が達成した進化の程度とは簡単には結びつけることはできないからである。(1)ツタノハガイ*Patella*のような種の眼は、光受容器と色素細胞を含む単純な陥入である。(2)多板類にはレンズとガラス体を含む単眼がある。(3)アクキガイ*Murex*の眼は陥入が閉じられ、もっと複雑である。その眼には角膜とレンズが備わっている。(4)マキガイの眼は大きく、遠くを見ることができ、多くの魚よりも精巧にできている。(5)頭足類は、巨大なニューロンからなる複雑な神経系と最も発達した眼を持つ。マダコ *Octopus* の眼は、角膜、レンズ、虹彩、毛様筋、網膜、視神経からなる。頭足類の眼は、発生的に反転していないため、脊椎動物の眼よりも効率的であると考えられている。実験的なトレーニングにより、マダコには像形成能や形状識別能があることがわかっている。(6)軟体動物門に属する他の種には眼は存在しない。これは、単板類、無板類、掘足類が相当する。

環形動物にも、腔腸動物や軟体動物と同様に、以下の三つの状況を例証する種が存在する。(1)調整可能なレンズと二種類の網膜を持つ複雑な眼(多毛類、ウキゴカイ)、(2)単純な眼(ヒル型類)、(3)眼の欠如、ただし色素杯を持つ数種の水生型は除く(ほとんどの貧毛類)。

ほとんどのクモ類は、再び眼を持つが、持たないものもいる。

甲殻類にも、次のようなものが存在する。(1)一万四〇〇〇もの個眼からなる高度に発達した複眼(十脚類「エビ」や軟甲類、つまりカニやロブスター)、(2)単純な眼(鰓尾類「エラオ」、蔓脚類「フジツボ」)、(3)眼の欠如(カシラエビ、数種の十脚類、数種の端脚類「ヨコエビ」)。

多足類は単純な眼を持つが、ムカデ類には眼を持たない生物群がある。

昆虫でも、その状況は繰り返される。(1)眼を持たない目が二つある、(2)単純な側眼や背眼を持っているものがいる、(3)ほとんどの昆虫が持つ複眼はよく知られており、複眼中の個眼の数が二万五〇〇〇に達することもある。

図4を詳細に調べてみるとわかるが、昆虫と棘皮動物の間には、眼が欠如した動物門が少なくとも八つ存在する。有鬚動物、ユムシ動物、鰓曳動物、舌形動物、箒虫動物、苔虫動物、内肛動物、腕足動物である。

これらの門のあとには棘皮動物が続き、そこでも再び一般的なパターンを見ることができる。(1)精巧な眼。ヒトデの場合、クチクラはレンズとして機能し、色素細胞は眼杯を形成する。(2)ナマコの単純な眼。(3)クモヒトデ、ウニ、ウミユリには眼はない。

無脊椎動物を離れ、より進化した脊索動物(脊椎動物を含む)に進むと、脊椎動物にあるような非常に複雑化した視覚が見られるようになる、と予想されるだろう。しかしそれは正しくない。半索動物(フサカツギ類)とホヤ(被嚢類)は脊索動物であり、図4に示してある。前者には眼がなく後者には光受容器が散在しているだけであり、つまりこの両綱は眼の見えない種からなる、という事実に注意を向けてもらうためである。

――ヒトと頭足類の眼の比較

頭足類の眼は、多くの動物学者が指摘しているように、ヒトを含めた哺乳類の眼に「際立って類似」している。その形態、機構、そして構成要素の数はほぼ等しい(図5)。焦点が固定したレンズなど一定の違いは存在し、そのために形成される像は異なったものとなる。

無脊椎動物と脊椎動物という全く無関係な生物群を扱っていることを理解すれば、その類似性はさらに際立ったものとなる。さらに、この二種類の眼は、発生上の起源も、その形成にかかわる組織も異なっている。結果的に、網膜の細胞の向きが異なることになる。イカの眼では、この細胞は光の方向に向いているのに対して、脊椎動物では、細胞は光とは反対方向を向いている。これは、ロマールとパーソンズにより「誤った方向」と呼ばれた(Romer and Parsons, 1978)。数百万年にも及ぶ進化もこの「誤った方向」を正すことはなかった(Tansley, 1965)。

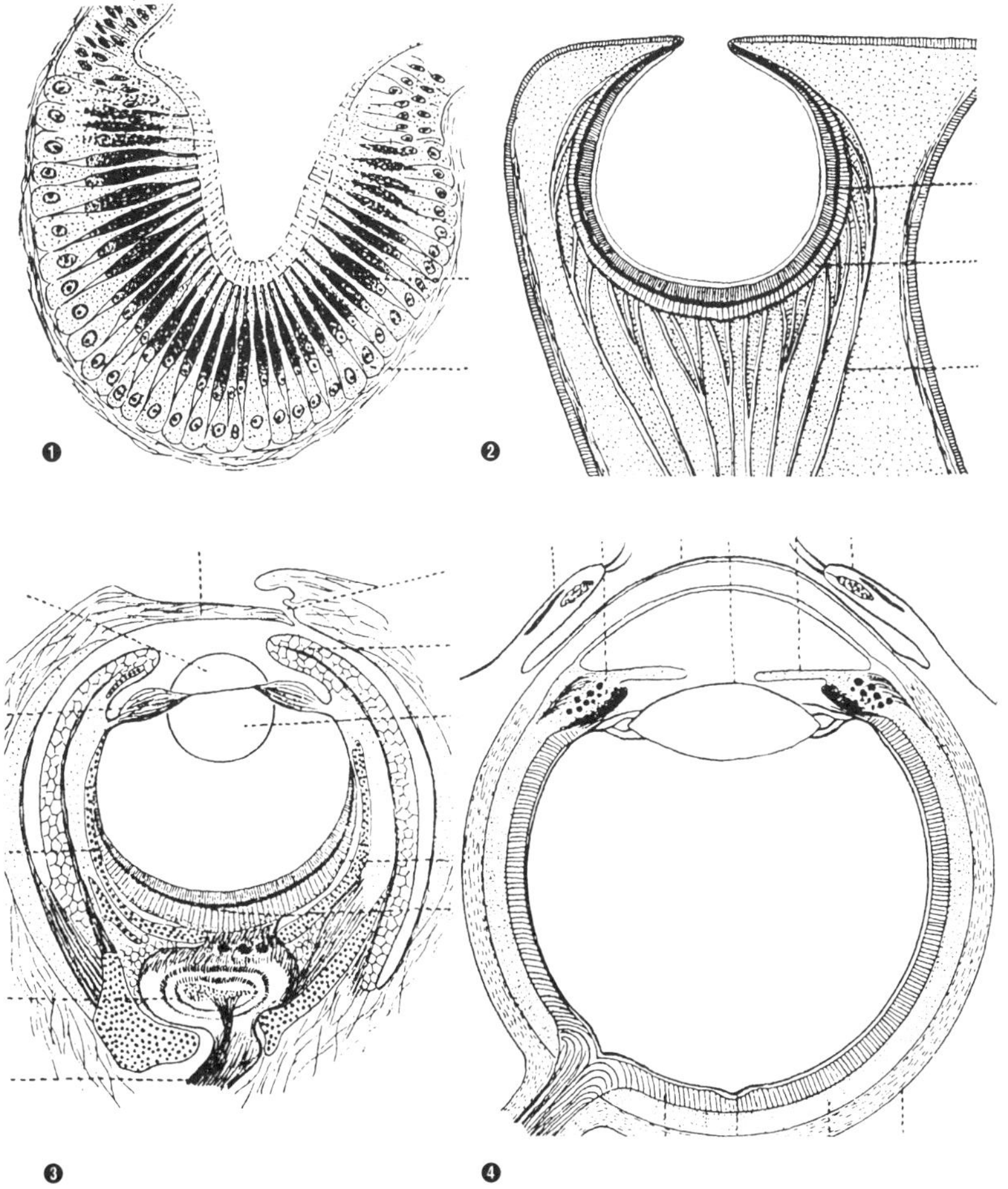

図5　視覚の周期性。❶軟体動物ツタノハガイ *Patella* の眼。外部と網膜細胞が接触した単純なくぼみから構成される。❷軟体動物オウムガイ *Nautilus* の眼。より深いくぼみと色素帯、網膜、神経から構成される。❸軟体動物(頭足類)コウイカ *Sepia* の眼。網膜、色素細胞、視神経節、視神経、軟骨性のカプセル、上皮小体、隣接する2つのレンズ、虹彩、角膜、体表面に開き、開口部が小さな11の分化した要素から構成される。❹ヒトの眼。角膜、虹彩、水晶体、網膜、視神経から構成される。

昆虫の視覚は周期性を示す

昆虫は七五万種を超し、地球上で進化してきた生物の中で最も大きな生物群である。それはまた非常に古い一群で、シルル紀（四億五〇〇〇万年前）にまでさかのぼることができる。昆虫の眼は詳細に研究されている（Nilsson, 1989, 1990）。このような理由から、昆虫の眼を分析することで、非常に長い時間進行しつづけている進化プロセスに関して何らかの糸口が得られるはずである。

すべての目に存在する眼を比較してみると、眼の形成の周期性は明らかになる。目の間の関係については、意見は一致していない。表1にロモザールの見解を示した（Romoser, 1973）。昆虫の二六目は化学元素のような一群を形成する。これは背眼の場合、特に明らかである。注目すべきは、この現象が次のような特徴を持っていることである。（1）似たような性質（背眼の有無）を持つ目は分散してはいない。むしろ、関連した目同士で明確な一群を形成している。（2）これらの生物群は比較的規則正しい間隔で出現している。この性質を持つ四つの生物群の間には、それを持たない四つの生物群が出現している。このように四つの周期性が見てとれる。（3）側単眼もまた、反復的なパターンを示している。側単眼は3、18、21、23、24、26に存在するが、残り二〇の生物群には存在しない。この場合、大きな目の一群は形成されていないが、これは側単眼を持つものがそれほど多くないためである。複眼の分布は、まるで側単眼の分布の裏返しのようである。四つの目（1、2、3、23）に複眼はなく、残り二二の目には存在する。

独立した眼の進化

視覚器官の機構と進化について言及する動物学者は皆、その構造の起源は動物群ごとに異なっていることを強調している。そのうちの一人であるヘルトウィヒは、複雑な眼が何度も独立して出現していることを指摘している(Hertwig, 1929b)。最近ではロマールとパーソンズが、発達した眼は「間違いなく独立に進化した」にもかかわらず共通する特徴を多数持っている、と記している(Romer and Parsons, 1978)。

バーンズは、動物界における受容器の起源について二つの異なる系統を考察している(Barnes, 1980)。つまり(1)**繊毛系統**。この系統では、光受容器は(原生動物の場合のように)繊毛に関連しており、微絨毛は繊毛膜の膨出である。この系統には、腔腸動物、棘皮動物、脊椎動物が含まれる。(2)**感桿系統**。この系統では光受容器は繊毛に由来しない。扁形動物、環形動物、軟体動物に見られる。これは、頭足類の非常に複雑な眼の起源は脊椎動物やヒトの複雑な眼とは異なっている、ということを意味すると考えられている。

松果眼は前額中央で上向きに位置し、板皮類のような魚類の化石種、古代の両生類、古代の爬虫類に見られる。この眼は三畳紀までに消えたが、ヤツメウナギやある種

背眼		
	I群:無	II群:有
1期	1, 2, 3	4, 5, 6, 7, 8
2期	9, 10	11, 12, 13
3期	14, 15	16, 17, 18, 19, 20, 21, 22
4期	23, 24*, 25	26

注:*一般的にはない

記号▶ 1 カマアシムシ目/2 コムシ目/3 トビムシ目/4 シミ目/5 カゲロウ目/6 トンボ目/7 カワゲラ目/8 バッタ目/9 ハサミムシ目/10 シロアリモドキ目/11 シロアリ目/12 ジュズヒゲムシ目/13 チャタテムシ目/14 ハジラミ目/15 シラミ目/16 アザミウマ目/17 カメムシ目/18 アミメカゲロウ目/19 シロアゲムシ目/20 トビゲラ目/21 チョウ目/22 ハエ目/23 ノミ目/24 コウチュウ目/ 25 ネジレバネ目/26 ハチ目。順序はロモザールに従った(Romoser, 1973)。

表1 昆虫の背眼。背眼の有無は既知の26目で周期的な生物群を形成する。数字は目の系統学的な位置を示す。

のトカゲにはいまだに見ることができる。この松果眼は光を通す皮膚に覆われ、小さな角膜、レンズ、網膜で構成される(Rabaud, 1932)。その構成要素の起源は中眼と同一ではない。中眼の網膜は松果眼のレンズに相当するだけでなく、その光の方向はこれらの視覚器官では反対向きになっている。

視覚と環境

視覚と環境には関係があることもあるし、ないこともある。これは、このプロセスにはいくつかのメカニズムが関与していることを示す。(1)**関係あり**。鉤頭動物のような寄生虫の無脊椎動物は眼を持たない。クモ綱クツコムシは、洞窟の中に生息していて、眼を持たない。深海に生息する十脚類(甲殻類)の中には、眼を持たないものもいる。(2)**関係なし**。ユムシ動物門に属する動物は、その大半が浅瀬に生息しているにもかかわらず、眼を持たない。最も明白な証拠は苔虫動物である。彼らは主に沿岸で見られるにもかかわらず眼を持たない。これはウニのような棘皮動物にもあてはまる。彼らは水面の近くに生息しているにもかかわらず、眼を持たない。尾索動物のような脊索動物の場合でさえ、浅瀬に生息しながら、眼を持たない。一般的には、洞窟に生息する昆虫の眼は退化しているが、同様の状況でも通常に発達した眼を持っているものもいる(Aron and Gassé 1939)。

それゆえに、視覚と環境の間には必然的な関係は存在しない。

昆虫の眼とヒトの眼は、同じタイプの遺伝子の産物である

昆虫の眼がヒトが持つ遺伝子の産物で、しかも、ヒトの眼の形成に関与しているタイプの遺伝子の産物であろう、と

いう仮説を真剣に取り上げる動物学者はいないだろう。この二種類の眼は、解剖学的には全く異なっている。一方は数千(二万五〇〇〇に達することもある)の個眼が集まって形成され、他方はいくつかの組織が一つの球形にまとまることで形成される。その違いを最も明らかにするのは、その構造に関する用語である。この二つの動物群に視覚を与えている二つの組織の間の遺伝的相同性は、ただ否定されるだろう。しかしバーゼル大学のウォルター・ゲーリングがその共同研究者たちとともに近年おこなった研究は、このことに関するわれわれの考えを変化させる。

ショウジョウバエ*Drosophila*遺伝子の*eyeless*(*ey*)は、ハエの複眼を小さくしたり、完全になくしたりする突然変異である。*ey*遺伝子を遺伝工学的な手法を用いて、どのような遺伝子でも活性化させるDNA断片に結合させたのち、そのコピーをハエの胚に大量に導入して、通常の転写をおこなわせる、という実験がおこなわれた。その結果は極めて予想外のものであった。複眼が、翅、六本の肢、触角に出現したのだ。これらの眼の微細構造は走査型電子顕微鏡で分析され、頭頂に出現する通常の眼と同様に形成されていることが明らかになった。

進化的な観点から重要なこととして、ショウジョウバエの*ey*遺伝子の代りにマウスの遺伝子*Small-eye*(*Pax-6*)を用いても、ハエには複眼が形成されることがわかった。これらの結果が示唆しているのは、哺乳類と昆虫の遺伝子は密接な関係を持ち、共通の祖先に由来しているということである。

続いておこなわれた実験は、ヒトの遺伝子*Aniridia*(これが突然変異すると、ヒトの虹彩、網膜、レンズの欠損が引き起こされる)は、ショウジョウバエの遺伝子*ey*とマウスの遺伝子*Small-eye*と相同であることを明らかにした。分子的な分析から、これらの遺伝子にコードされるタンパク質は、ある領域では配列の九四%が同一、相同領域では九〇%が同一であり、フランキング配列[訳注:特定の遺伝子の両側に伸びた塩基配列]にも類似配列が含まれることが明らかにされた。さらに、遺伝子の分断位置は、無脊椎動物からヒトまで保存されていた。その遺伝子は、DNA配列や胚発生時の発現パターンも似ていた。ホヤ(被嚢類)、頭足類、紐形動物にある相同遺伝子のクローニングから、研究者たちは、この遺伝子がすべての後生動物に存在する可能性を示唆している。*ey*遺伝子は無脊椎動物とヒトなどの脊椎動物が持つ眼の形態形成を決定するマスターコントロール遺伝子であると考えられている(Quiring et al. 1994; Halder et al., 1995)。

したがって今や、周期性を確立するための証拠としてあらゆる種類の眼を考慮することは、遺伝的、分子的な研究結果に支持されている。

視覚の周期性の一般的な特徴

視覚の周期性は次に挙げる特徴によって表現される。(1)基本的な構造と機能の同じ組み合せが、多種多様な種が持つ機能的形状の眼に見られる。(2)非常に近縁な種の中にも、複雑な眼を持つもの、単純な眼しか持たないもの、全く眼を持たないものが存在している。(3)眼を持たない種から構成される動物門が繰り返し出現している。(4)昆虫では背眼を持つ目(もく)の集団が形成される。(5)無脊椎動物では全く関係のない生物群で、また高等な哺乳類のようにさらにかけ離れた生物群で、かなり複雑な眼が繰り返し出現している。(6)眼はいくつかの動物門で、独立した起源を持っている。(7)視覚と環境の間に必然的な関係はない。(8)このような現象には、比較的周期的に出現しているものもある。(9)紐形動物のような最も単純な無脊椎動物と昆虫、頭足類、マウス、ヒトの眼は、遺伝的な分析や分子的な分析により、同一の遺伝子により決定されていることが示されている。これらの遺伝子の相同性はＤＮＡやタンパク質のレベルで実現されている。

第5章 周期的胎盤

胎盤の定義

有胎盤類の胎盤は「胎児の組織と母体の組織が子宮内で連結して形成されるスポンジ状の循環系の二重構造で、そこでは母体と胎児の血管系が近接し、そのことで栄養や呼吸、その他の交換が可能となる」と定義される(Holmes, 1979)。また、植物の胎盤[訳注：植物の場合、一般には胎盤ではなく胎座と呼ばれる。英語ではどちらも'placenta']は胚珠が心皮に付着する部位であり、それは雌性の生殖器官でもある、とホルメスはつけ加えている。デンファーらは、「顕花植物の胚珠は、その胎盤から維管束を通じて栄養補給を受けている」と強調している(Denffer et al., 1971)。

これが意味するのは、動物と植物に対して同一の用語を適用することはいいかげんなことではなく、同種の構造と機能が関与するという事実からの帰結だということである。

顕花植物の胎盤

脊椎動物の胎盤はよく知られている。無脊椎動物と植物にも同様の器官があり、本質的に同様に機能していることについてはあまり知られてはいない。

哺乳類の胎盤は血管に富む器官で、その血管は胚に供給されるすべての酸素と食料を運んでいる。

植物の生殖器官は、構造的にも機能的にもヒトのものとはかなり異なっていると考えられている。そのような見解は必ずしも正確ではない。顕花植物の花柱と子房（と卵細胞）の構成はヒトの膣、子宮、卵巣に似ている。しかし、類似性はこれに留まらない。ナグルが指摘したことだが、いくつかの植物の胚柄は、哺乳類やヒトの栄養芽層にきわめてよく似ている（Nagl, 1973, 1976）。栄養芽層とは胚をとり囲む組織で、そこから胎盤が形成される。胚柄も栄養芽層も、解剖学的には胚に対して似たような位置を占める。両者とも、胚に必要な栄養物質を輸送し、どちらにも遺伝子増幅や多糸染色体が見られる。

無脊椎動物の胎盤

サソリはクモの仲間であり、通常は若虫を出産する。無黄卵から胚が形成され、その胚は臍帯に似た構造により母体の腸に接着する。

カギムシ*Peripatus*は、多足上綱にきわめて近い有爪動物門に属しており、ベルベットウォームとして知られている。この単純な動物には、高度な出産システムが備わっている。胚は一つずつ羊膜に包まれ、胎盤と臍帯によって輸卵管に結合している。この二つの器官は、脊椎動物に見られるものと同じ機能を持っている。

魚類に存在する胎盤

タツノオトシゴ（硬骨魚類）の雄は、特殊な嚢に卵と稚魚を入れ、さらにそれを育てもする。胎盤が発達するのは、子宮の中でも雌の体の中でさえなく、雄の嚢の中なのである。雌が雄の嚢の中に卵を産みつけると、卵はそこで血管につながるスポンジ状構造に埋め込まれる。酸素、二酸化炭素、栄養はその胎盤を経由して交換される。これは異性で見られるものと同一の解決法であり、異なる器官に結合している（図1）。

サメのような軟骨魚類にも、哺乳類に似た胎盤が存在する。胚に付随し、発生に不可欠な食料を含んだ膜性の嚢（卵黄嚢）は、輸卵管と融合する。この結合は実際非常に緊密なもので、胚の血管と母体の血管が結合してしまうほどである（Burton, 1987）。

両生類と爬虫類の胎盤

アルプスには胎生のサンショウウオが生息している。オタマジャクシは母親の体内で発生し、カエルのように水中で発生するわけではない。カエル胚の鰓が呼吸器官であるのに対して、そのサンショウウオのオタマジャクシの鰓は胎盤として機能する。

体の他の器官を胎盤として用いる例としては、スリナムのコモリガエル*Pipa pipa*がもっと明瞭である。卵は雌の背側にあるポケットに包まれ、胚はそれぞれオタマジャクシまで発生する。オタマジャクシの尾は胎盤として用いられ、そこを経由して母体からの栄養が吸収される（図1）。

ヨーロッパ原産のトカゲ（クスリトカゲ）やオーストラリアのヘビ（ピットバイパー）では、胚の膜と輸卵管の組織が緊密に融合しているので、母体と胚との間の栄養移動が容易だし、反対方向の移動も困難ではない(Rabaud, 1934)。

有袋類では、胎盤は存在しないか痕跡的である

有袋類は発生のきわめて早い段階で胎児を出産する。子はその後、育児嚢の中で母親から授乳を受け、栄養を与えられる。有袋類の卵と胚の早期発生は、爬虫類や鳥類の場合と類似している。この生物群には胎盤は存在しないか、あるいはバンディクートの場合のように痕跡的な器官としてのみ存在する。

胎盤の周期性

胎盤は、多数の生物群で見られるだけではなく、周期性を示している(図2)。

◉——特定の生物群における反復

胎盤は植物、無脊椎動物、魚類、両生類、爬虫類、有胎盤類で見られるが、ある特定の綱、目、科に属する生物群にしかあらわれていない。

◉——直接的な系統学的関係の欠如

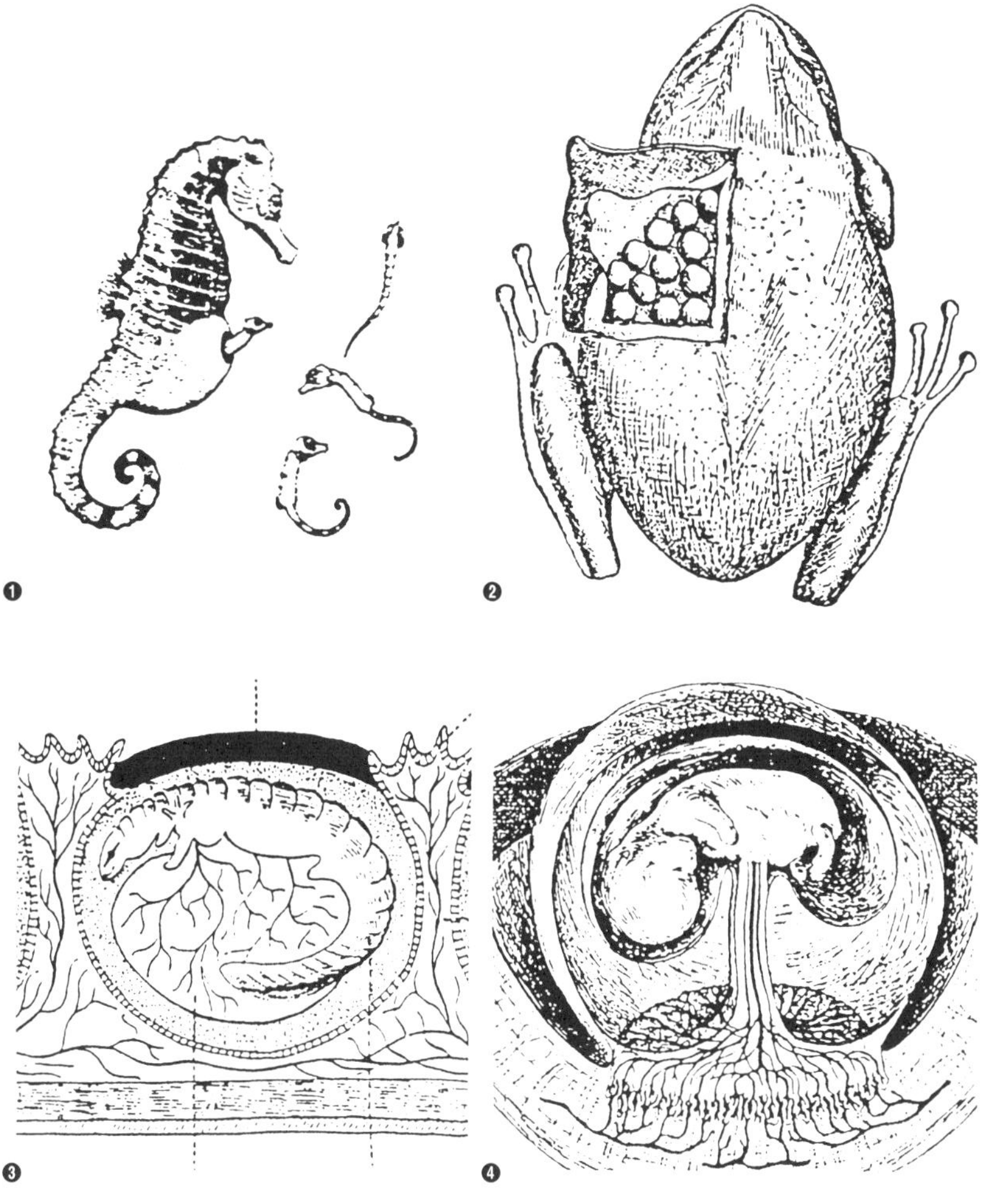

図1　胎盤の周期性。❶タツノオトシゴ *Hippocampus sp.*（魚類）の雄とその嚢から出てきた稚魚。❷カエルの1種 *Nototrema marsupiatum*の背嚢。発生中の卵を示すために皮膚の一部を切開してある。❸コモリガエル *Pipa americana*の胎盤。近接組織と血管を持つ胚を示してある。❹ヒトの雌の胎盤と胚、周囲の組織と血管。

魚類のほとんどの目(もく)は胎盤を持たないが、軟骨魚類に属するサメと硬骨魚類という二つの無関係な生物群には存在している。さらに、その複雑さは系統学的な位置とは関係がない。サメは、最も進化の進んだ脊椎動物である哺乳類に近い胎盤を持つ。

●——規則正しい間隔をおいた出現

最初の無脊椎動物は、一六億年前の化石にさかのぼることができる。ほとんどの無脊椎動物は胎盤を持たないが、五億五〇〇〇万年前に出現したベルベットウォームにはそれが見られる(Margulis and Schwartz, 1982)。胎盤は四億二五〇〇万年前にあらわれたサメに再び出現したが、硬骨魚類があらわれたのはほんの一億五〇〇〇万年前である(Carroll, 1987)。バートンによれば、胎盤機能をともなう胎生は、トカゲやヘビで三〇回以上進化した(Burton, 1987)。原始的な植物は五億年前にあらわれたが、胎盤を持つ顕花植物は一億三五〇〇年前に出現した。有袋類は七五〇〇万年前にあらわれたが、鳥類と同じく胎盤を持たない(あるいは痕跡器官のみを持つ)。胎盤は突如、五八〇〇万年前に有胎盤類に出現し、ようやくこの生物群に最も特徴的な性質となった。

●——近縁種での欠如

ヒキガエルとアマガエルは両者とも、カエル目に属している。アマガエルのいくつかの科には胎盤が存在する一方、その近縁であるアカガエルにはこの器官はない。同じことは魚類や爬虫類にも言え、この器官を持たない近縁が存在する。

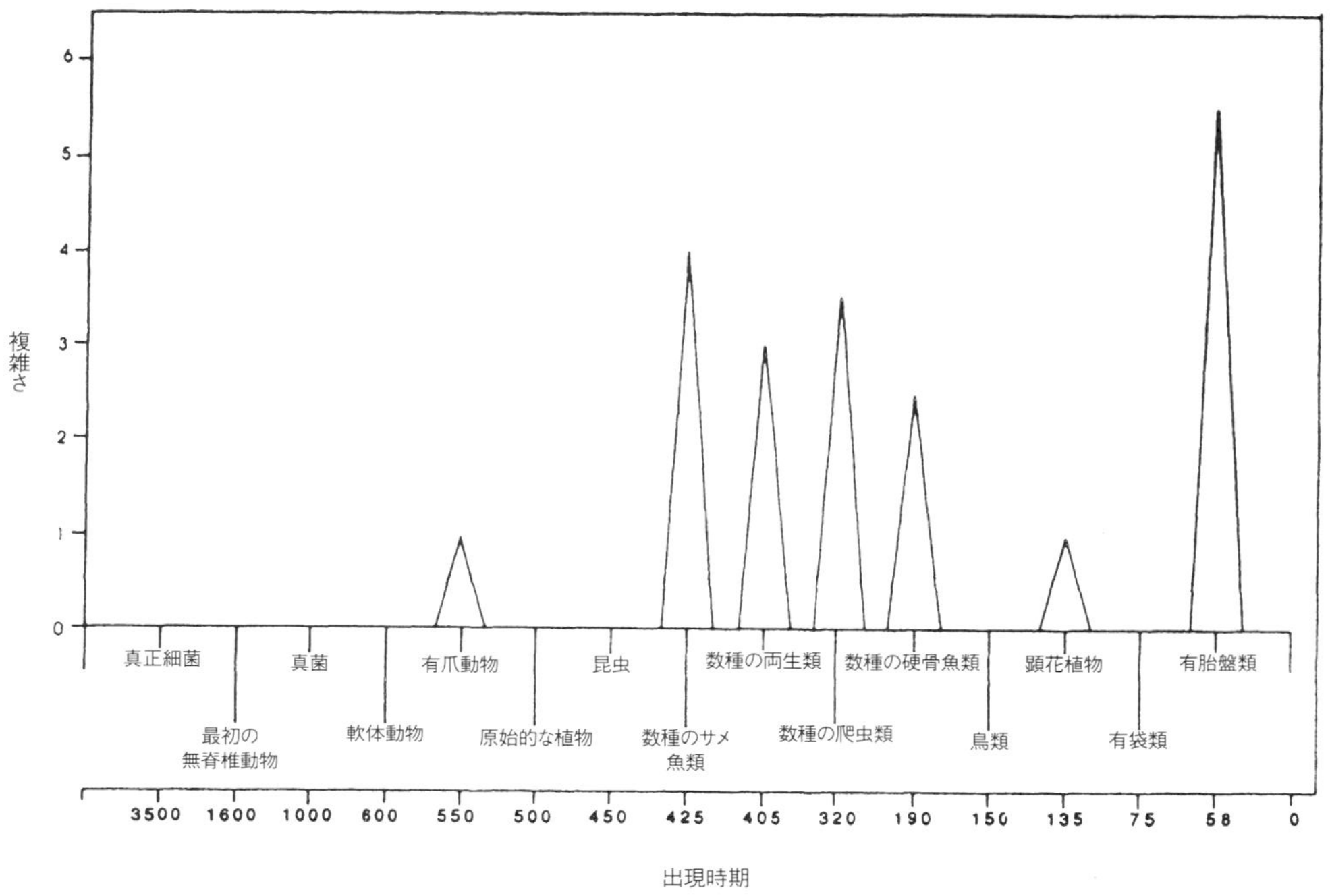

図2　周期的胎盤。胎盤は胚に栄養分を供給する複雑な組織である。胎盤は有爪動物ですでに充分発達しているが、軟体動物などその他の多くの無脊椎動物には存在しない。胎盤はいくつかの魚類で突如出現しており、その周期性は明らかである。たとえばサメの場合、胎盤は非常に発達している。胎盤は、ある種の両生類、爬虫類、硬骨魚類、顕花植物で再び出現している。しかし、鳥類は胎盤を持たない。周期性という観点からすれば重要なことであるが、哺乳類である有袋類は胎盤を欠いている（あるいはその痕跡器官だけを持っている）一方、その最も近縁の有胎盤類は、その動物群の中のすべての種にこの器官が存在することからその名がついた。研究者間で意見が一致していないことから、このグラフには生物群の大まかな出現時期を示した。グラフが大きくなりすぎるのを避けるため、時間軸の縮尺は一律ではない。この図は100万年単位で示してある。

異なる組織を使った同一器官の形成

タツノオトシゴは、子宮のかわりに皮膚を使って、組織学的な難しさに阻まれることなく胎盤を形成する。両生類の幼生では鰓や尾が胎盤になる。これは植物でも同じで、動物の場合とは異なる組織から胎盤がつくられる。

すべての場合で同様に機能する

胎盤は植物ですでに栄養分を胚珠に与えており、これは維管束を通じてなされている。この結合は、無脊椎動物や脊椎動物の場合は、血管によってなされている。メダカの仲間であるモスキートフィッシュ *Heterandria formosa* のような硬骨魚では、栄養分の吸収が非常に発達し、ほとんど哺乳類と同じ様式になっている(Needham, 1950)。

器官の出現は一般的な環境に直接関連しない

ほとんどの魚類は水生であり、その卵は水中に放卵される。受精は水中で起こり、発生は親とは独立している。胎盤を持っている魚類も、それと同じ場所に生息している。つまり、胎盤の出現は環境の一般的な条件によって決定されているわけではない。これは両生類の場合にもあてはまる。コモリガエル *Pipa americana* はよく発達した胎盤を持つ一方、アフリカツメガエル *Xenopus laevis* の卵は独立して発生するが、この両者はどちらも水生である。さらに、魚類や両生類の卵には大量の貯蔵物質があり、親からの有機物の大量供給を必要としない(Rabaud, 1934)。有袋類と有胎盤類の環境はほぼ同一であるにもかかわらず、この器官を持つか持たないかは全く異なっている。

胎盤の出現はホルモンカスケードにより決定される

ヒトや他の哺乳類に関する最近の研究により、胎盤の形成はホルモンシグナルの二つのカスケードが作動した結果であることが明らかになった(図3)。まずは、濾胞刺激ホルモンが細胞内のサイクリックAMP濃度を上昇させる。このことによって次に、リン酸化されたタンパク質が生産され、DNAからRNAへの転写に影響を与える。濾胞刺激ホルモンは卵濾胞の成熟を促進し、そのことで二番目のホルモンであるエストロゲンが分泌される。これにより、二番目のカスケードが開始される。エストロゲンは、胎盤を形成することになる子宮壁を発育させ、それが黄体形成ホルモンの増加へとつながる。この最後のホルモンはさらに、プロゲステロンの分泌を促進させ、受精卵を成熟させる。このプロセスには、プロスタグランジンも関与している(Dorrington, 1979; Challis, 1979; Friday and Ingram, 1985)。

この化学シグナルの堅固で秩序正しい連鎖は、構造と

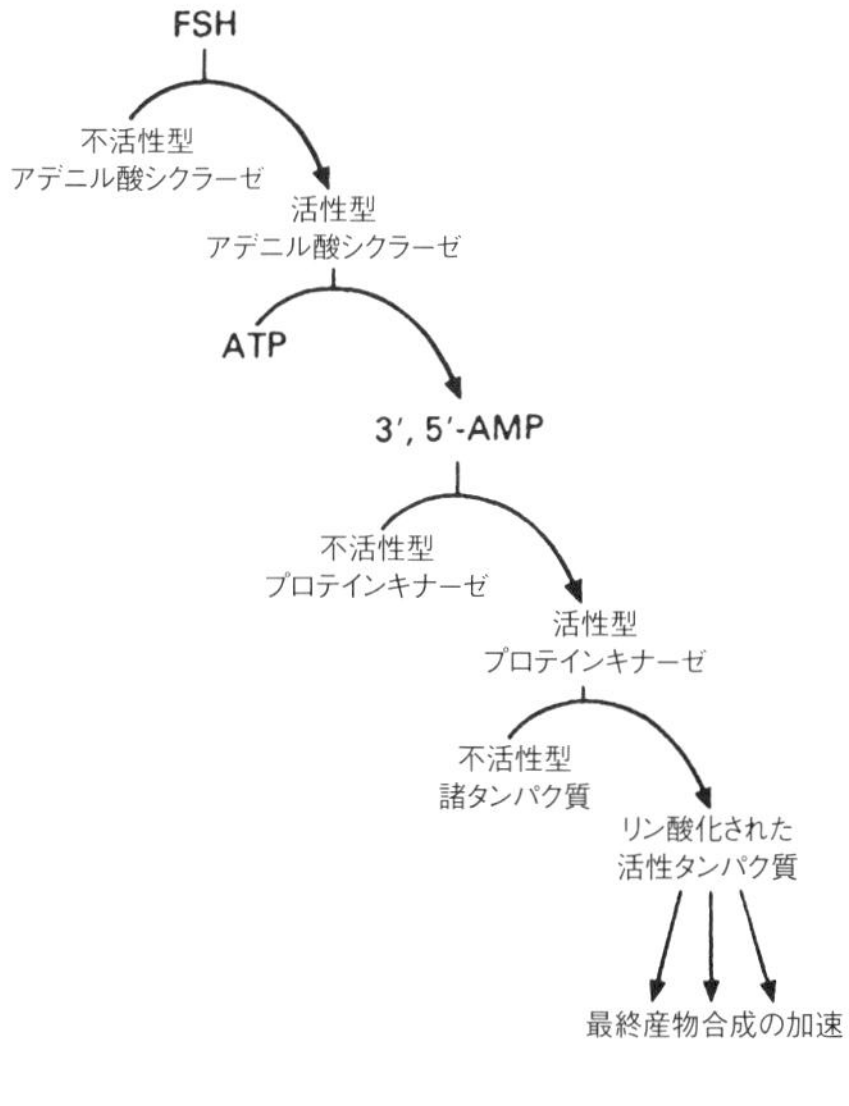

図3 濾胞刺激ホルモン(FSH)の作用メカニズムで生起する化学反応のカスケード(Dorrington, 1979)。

秩序の首尾一貫した枠組みである胎盤の基礎をなしている。最初のホルモンがいったん閾値を超えると、止めることのできないカスケードが発生し、調和のとれた器官が新たに形成される。

第6章

周期的生物発光

鉱物の発光

重晶石$BaSO_4$は、太陽光を蓄えて暗闇で放光する重い鉱物である。他にも蛍石CaF_2などの鉱物には発光する性質が見られ、また、無機化合物や有機化合物にも、紫外線や可視光の照射を受けたのちに発光を生じるものが多い。その発光時間はほんの短いものであるが、りん光性の鉱物の場合では発光が数分に及ぶ(図1)。

熱発光は通常、結晶が一〇〇から五〇〇℃に熱せられた時に生じる。温度の上昇はエネルギーを与え、最初に光や素粒子から吸収した電気的なエネルギーを放出させる。この現象は、結晶に不純な原子が含まれていると生じやすくなる。純粋な結晶では、素粒子のエネルギーは熱として散逸してしまうが、不純な原子が加わることで、素粒子を捕らえる構造的な境界が生じ、その結果、光子が放出されるのだ(Campbell, 1988; Iyer and Xie, 1993)。

生物発光に関わる化学的プロセス

生物の細胞による発光は、O_2そのものとしての酸素か、あるいは酸素の代謝産物を必要とする。その他に必要な化学物質としては、以下のようなものがある。(1)反応の基質であるルシフェリン。(2)触媒として機能するタンパク質、ルシフェラーゼ。(3)主鎖の長いアルデヒドのような補因子。(4)アルカリ土類(Mg^{2+}, Ca^{2+})や遷移金属(Fe^{2+}, Cu^{2+})などのカチオン。(5)タンパク質に結合するフッ素。カチオンとフッ素は鉱物には常連の要素であると考えられる。面白いことに、発光を生じるエネルギー転移のカスケードでは、酸素が一端、フッ素がもう一方の端を占めている(Campbell, 1988)。

生物発光の出現

生物発光は主に、真正細菌、真菌、渦鞭毛虫、クラゲ、蠕虫、エビ、昆虫、イカ、魚であらわれた。発光する現生種は数千、一六の動物門、約七〇〇の属に及ぶ。生息場所は、陸、海、空である。

深海に生息する魚類の六〇から八〇%には、発光能が備わっている。しかし、同じような深度に生息するクジラは光を発することがない。マッコウクジラは、深度二〇〇〇メートルでも記録されている(Line and Reiger, 1980; Savage and Long, 1986)。

細胞内で発光する生物はその能力を、腺分泌の形か、発光細菌の共生の産物として得ている。この二つのプロセスを組み合わせている生物もいる。発光器官の数は、一つから数百まで変化しうる。その器官は眼、あご、背側、尾、ひれという体のほぼすべての部位に見られる。

ほとんどの発光器官には付属構造が見られる。それは、(1)フィルター(メラニンや他の化学物質を含む)、(2)導光装置(コ

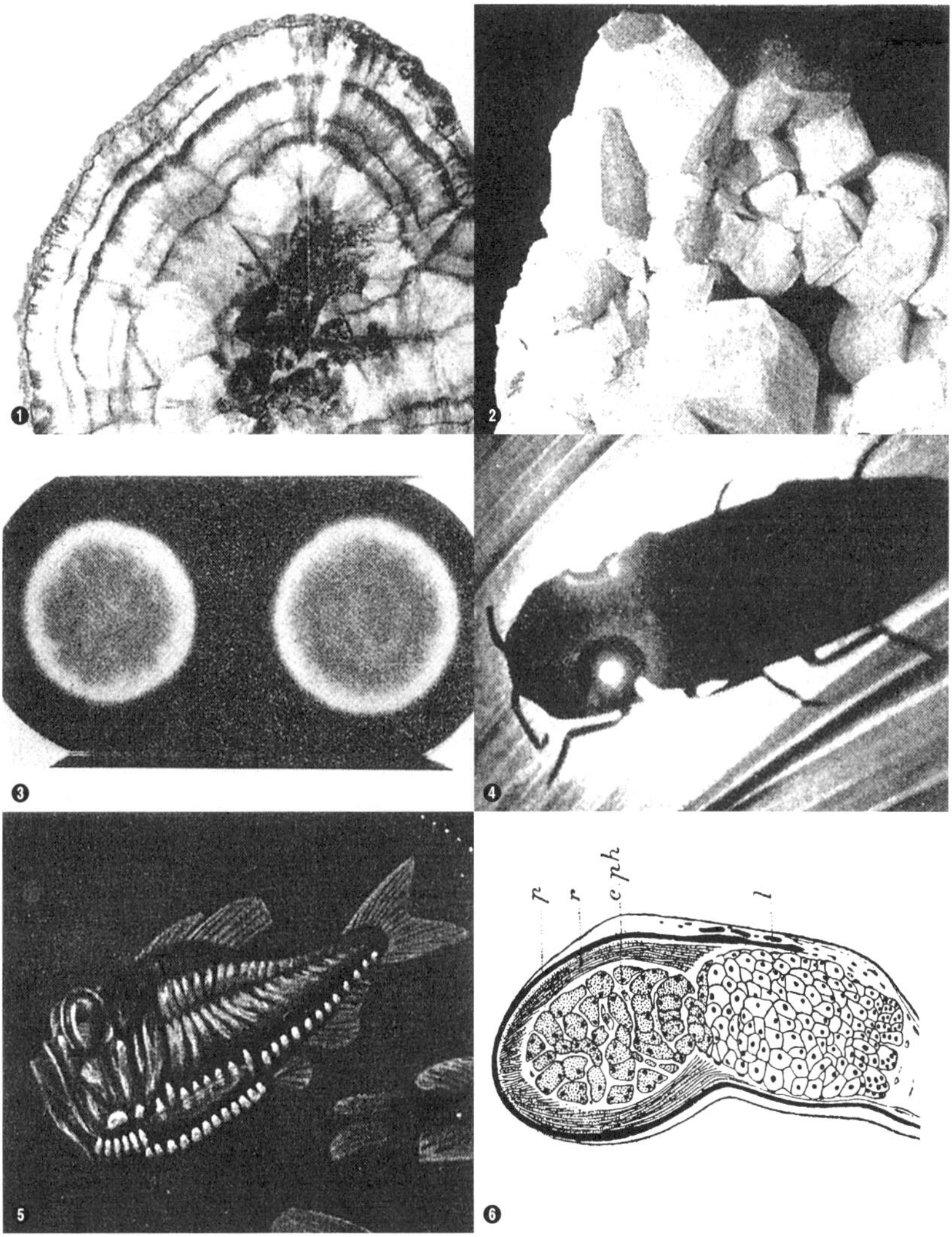

図1　発光の周期性。❶蛍石 CaF_2。蛍光（fluorescence）という単語は、X線のような眼に見えない放射線によって活性化されると可視光線を発する蛍石（fluorite）に由来している。❷同じく発光性の鉱物である方解石の塊。❸暗闇で撮影されたビブリオ *Photobacterium* の2つのコロニー。❹読書が可能なほど強力な光をつくり出す熱帯性の昆虫ヒカリコメツキ *Pyrophorus noctilucus*。❺深海魚ナガムネエソ *Argyropelecus* の体は発光器官に被われている。❻ナガムネエソ *Argyropelecus affinis* の発光器官には、光をつくり出す細胞とレンズと反射構造が存在する。

ラーゲンを含む）、（3）反射装置（キチン等でできた多層性の反射物質）、（4）レンズである。

生物発光の特徴

海産や淡水産の真正細菌には発光能を持つものが存在するが、発光性のラン藻類（シアノバクテリア）は知られていない（図2）。さらに、キノコやカビのような真菌には多数の発光種が存在するのに対し、発光性の植物は存在しない。

発光することが知られている哺乳類はヒトを含めて少なくない。しかし、ヒトの体の細胞の多くは非常に微弱な化学発光を生じるだけで、それは裸眼では見ることができず、光電子倍増管により感知できる程度だ。この極微弱な化学発光では、一秒間に一つの細胞が生じる光子は一つ以下である。このことは、発光が細胞に内在的な現象であることを意味する。

生物発光は、キノコ、クラゲ、イカ、ヒトデ、蠕虫、コウチュウ、魚等の一般的な生物群で多数見られる。しかし、それと同様に一般的な、クモ、アリ、カニ、ロブスター、ウニ、扁形動物、両生類、爬虫類、鳥類、哺乳類のようなその他の生物群には見られない。ある動物群の中では、発光現象は特定の下位集団に限定される傾向がある。甲虫目で記述されている発光現象の数は、昆虫のその他の目で見つかっている数よりも多い（Romoser, 1973）。さらに、ある種では見られるのに、その近縁種では痕跡さえない場合がある（Cormier, 1974）。

コーミエとキャンベルによれば、発光能は進化過程において、独立して三〇回以上も出現した可能性がある（Cormier, 1974; Campbell, 1988）。

生物発光は物理的に測定できる。これほど正確な評価が可能な機能は他には存在しない。この正確さは周期性の判断には有益である。単位波長あたりの光子の相対的強度、つまり生物が放出するエネルギーは波長とともに記録でき

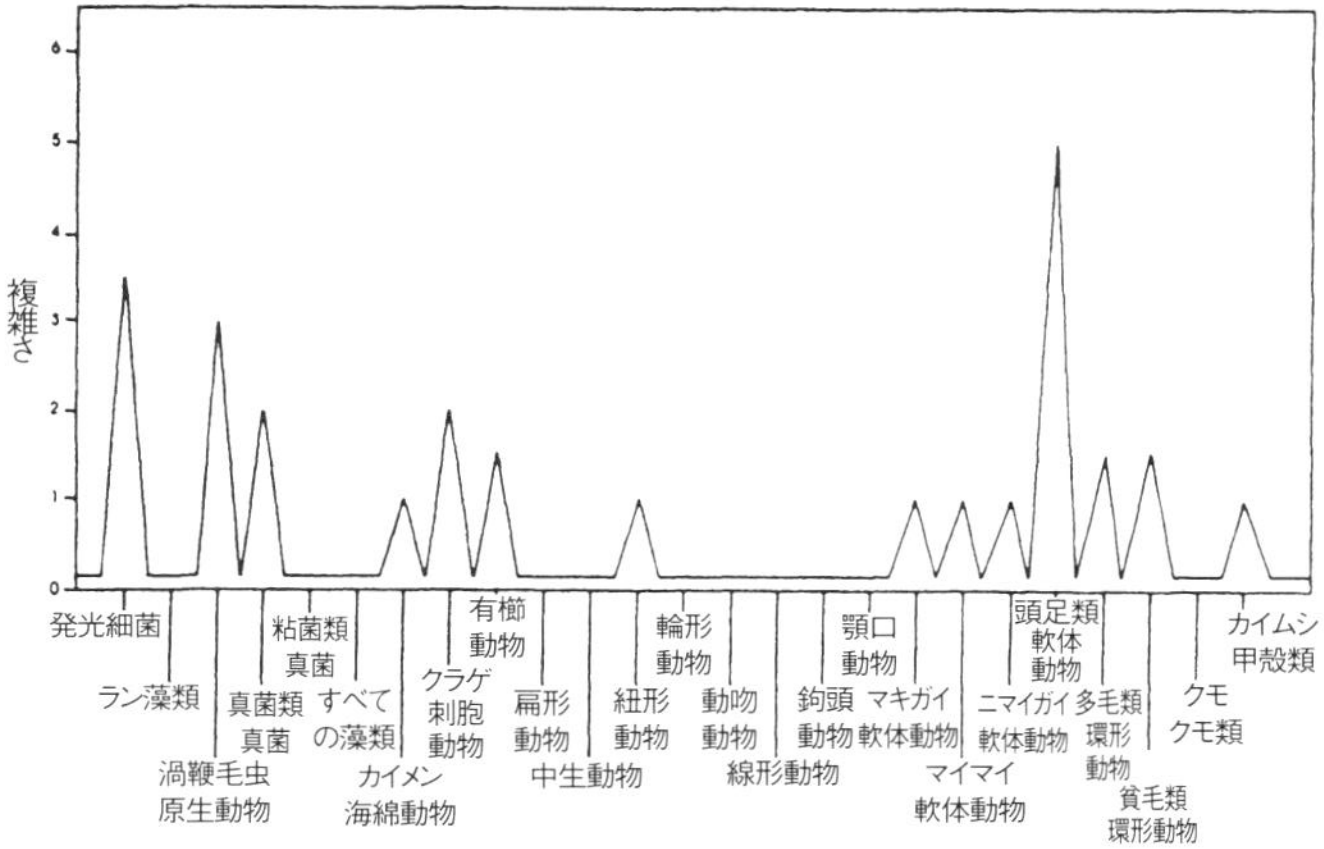

❶

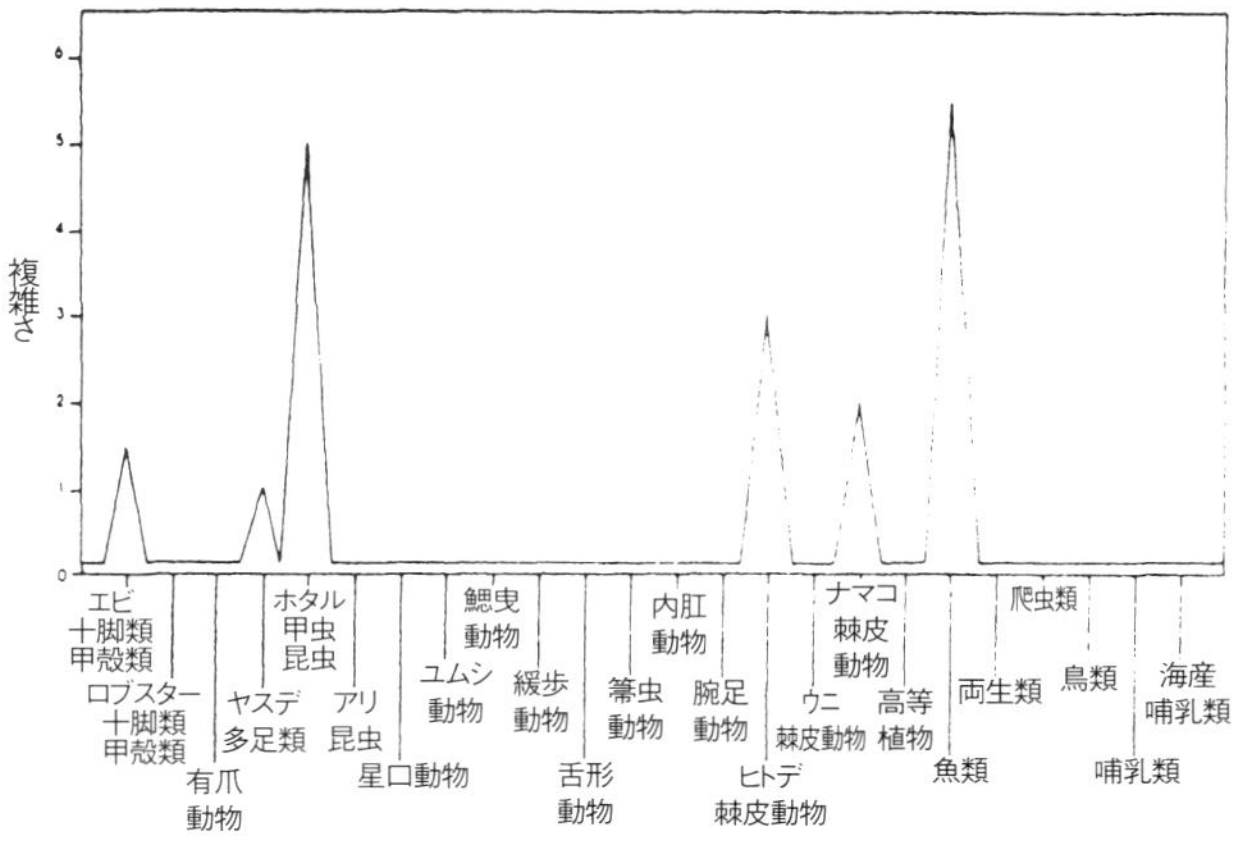

❷

図2　周期的発光。❶パート1、発光細菌からカイムシまで。ほとんどの細胞で非常に微弱な発光を検知できる。このため、グラフに示しているように、複雑さを0.1のベースラインによって示している。発光能は生命のはじまりで出現している。発光細菌は強力に発光する。この現象の周期性はいくつかの点から明白である。発光細菌の近縁であるシアノバクテリア（ラン藻類）は発光してもよいはずであるが、実際は発光しない。真核生物が進化すると、発光現象を全く示さない動物門が出現し、さらに、渦鞭毛虫（原生動物）、頭足類（軟体動物）、ホタル（昆虫）、魚類のように非常に強力な発光能が規則正しい間隔で出現している。しかし、発光はその他の脊椎動物では見られない。クジラのような海産哺乳類は、魚類や頭足類と同程度の深度の暗い深海に生息しているが、発光能は発達していない。発光能は海に生息する真核性藻類にも欠如している。これゆえに、この性質の出現は必ずしも環境と関連しているわけではない。❷パート2、エビから海産哺乳類まで。

る。発光の強度と波長は種によって異なることがわかる（図３）。しかし、真正細菌や甲殻類、魚類の発光能にはそれほど差がない（Wampler, 1978; Withers, 1992）。このことは、他の機能で見られたのと同様に、ある性質が再び出現することとそれがどの程度組織化されているかは、生物の複雑さとは必ずしも関係しているわけではない、ということを意味している。

生物発光の周期性

生物発光の周期性は、次のように出現した。

❶——細胞の性質となる前に、鉱物の性質として出現した。
❷——鉱物を構成する原子の性質は、生物の化学的なカスケードの一部である。
❸——特定の生物群に出現したが、その近縁では必ずしもあらわれてはいない。
❹——眼のような光器官は、同一の個体の体のほとんどすべての部分で、数百程度あらわれることがある。
❺——あらゆる藻類、あらゆる種子植物、魚類を除く脊椎動物のように、非常に大きな生物群には見られない。また、無脊椎動物にも全く見られない門がある（表１）。
❻——真核生物の発光強度は、その系統学的な位置とは無関係である。軟体動物、昆虫、魚類でその強度は同じ程度である。
❼——出現は、必ずしも環境に関連しているわけではない。サメ（魚類）とクジラ（哺乳類）には発光器官は存在しないが、両者とも深海の暗闇で捕食する。体長が八メートルにもなるオンデンザメ *Somniosus microcephalus* は、少なくと

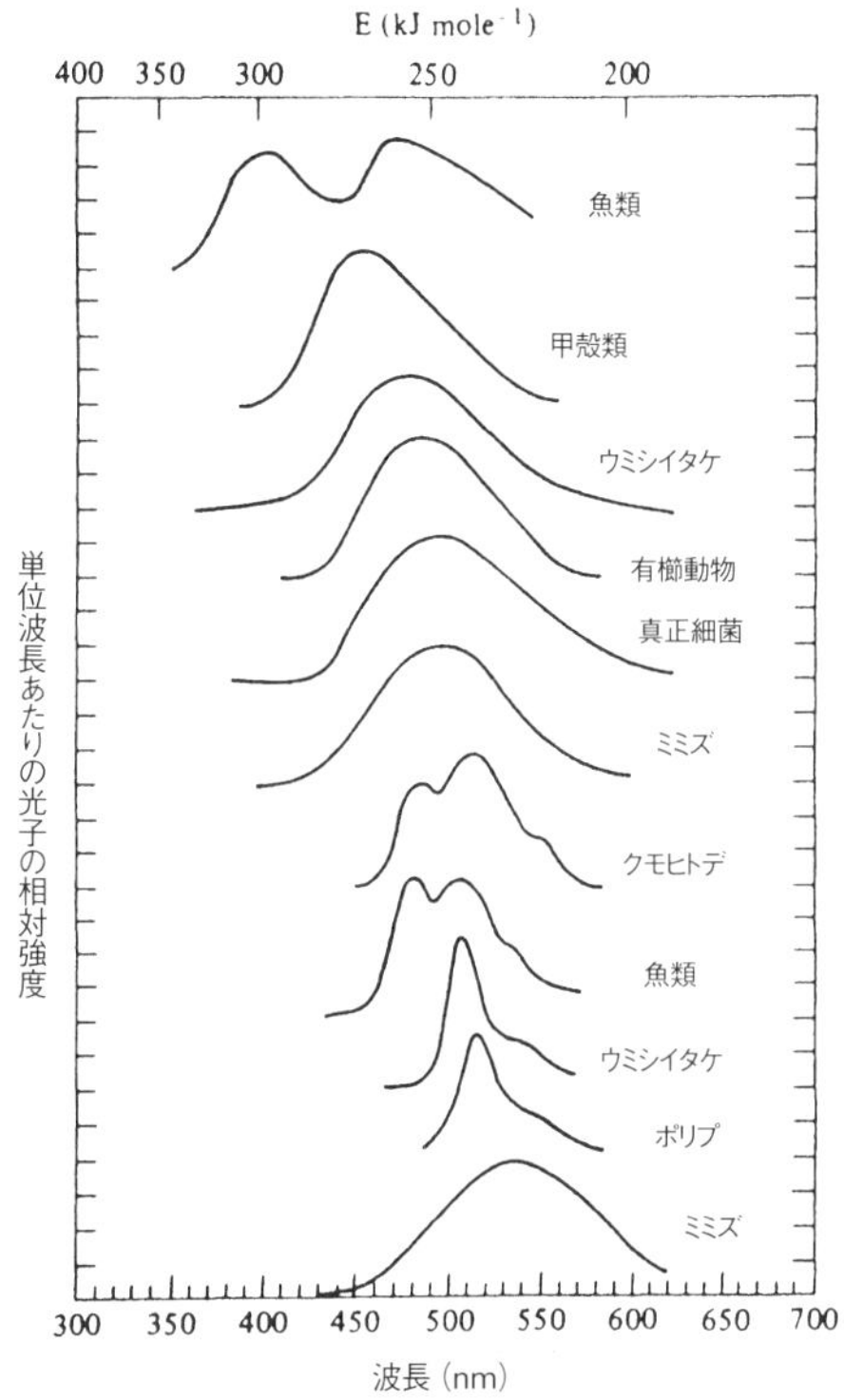

図3　生物発光器官によって発せられる波長(nm)とエネルギー(kJ mol photon^{-1})。ハナメイワシの抽出物。甲殻類ウミホタル *Cypridina*の*in vitro*(実験環境下)での反応、ウミシイタケ *Renilla*の*in vitro*での反応、有櫛動物のカブトクラゲの近縁 *Mnemiopsis*の*in vivo*(生体内)での発光、発光細菌の*in vivo*での発光、発光ミミズ *Diplocardia*の*in vivo*での発光、クモヒトデの*in vivo*での発光、イサリビガマアンコウ *Porichthys*の*in vivo*での発光、ウミシイタケ *Renilla*の*in vivo*での発光、ウミコップ(ポリプ)*Clytia*の*in vivo*での発光、ムカシフトミミズ *Diplotrema*の*in vivo*での発光。
Source: Wampler, 1978

も深度二〇〇〇メートルまで潜ることができる。マッコウクジラ*Physeter catodon*はそれ以上深く潜ることができる(Line and Reiger, 1980)。

❽——比較的一定の間隔で出現しており(図2)、独立して三〇回以上あらわれている。

❾——生物レベルで見られる周期性が、化学元素の場合と同じくらい規則正しいものではあると期待することはできない。生物は複雑だからである。しかし、多数の要素が関与していることを考慮すれば、その規則性は注目すべきものである。

有		無	
発光細菌とその他の種		シアノバクテリア（ラン藻類）	
渦鞭毛虫（原生動物）		原生動物（多くの種）	
真菌類（菌類）		粘菌類（菌類）	
海綿動物（スポンジ）		すべての藻類	
刺胞動物（クラゲ）		顕花植物	
有櫛動物		扁形動物	
紐形動物		輪形動物	
軟体動物	二枚貝類（ニオガイ）	腹毛動物（袋形動物）	
	有肺類（マイマイ）	動吻動物（偽体腔動物）	
	腹足類（カサガイ）	線形動物（カイチュウ）	
	頭足類（イカ） 鉤頭動物	鉤頭動物	
環形動物	貧毛類	内肛動物	
	多毛類	鰓曳動物	
昆虫	ホタル	星口動物	
	コウチュウ	ユムシ動物	
ヤスデ類（多足類）		緩歩動物	
甲殻類	貝形類（ウミホタル）	舌形動物	
	十脚類（エビ） 有爪動物	有爪動物	
棘皮動物	海星類（ヒトデ）	箒虫動物	
	海鼠類（ナマコ）	顎口動物	
半索動物		胴甲動物	
脊索動物　魚類		腕足動物	
		毛顎動物	
		脊椎動物	両生類
			爬虫類
			鳥類
			哺乳類

注:主要なグループのみ示してある。
「有」とは、そのグループに数種あるいは多種の発光種が存在することを意味する。
「無」とは発光が見つかっていないことを意味する。

表1　周期的生物発光。生物発光の有無。
Source: Based on data from Campbell , 1988

第7章 周期的陰茎

陰茎の出現の周期性

顎口動物は、雌雄同体であるが、他家受精する海産の蠕虫である。その陰茎は、針状体によって支持されている。その動物は交尾中、精子の入った小さな袋を相手に注入する。

同じく雌雄同体である腹毛動物は、別の動物門に属する蠕虫様動物である。雄として振る舞う個体が、陰茎を用いて、雌として振る舞う個体へと精子を受けわたす。

コウトウチュウ(鉤頭動物)は雌雄異体であり、陰茎を持っていて、それを雌の膣に挿入する。これは、脊椎動物の寄生生物である。

カンテツ(扁形動物)は、生殖腔によく発達した陰茎を持っている(図1)。

軟体動物ではサカマキボラ *Busycon sp.* が、体の前部に大きな陰茎を持っている。ヨーロッパバイ *Buccinum undatum*

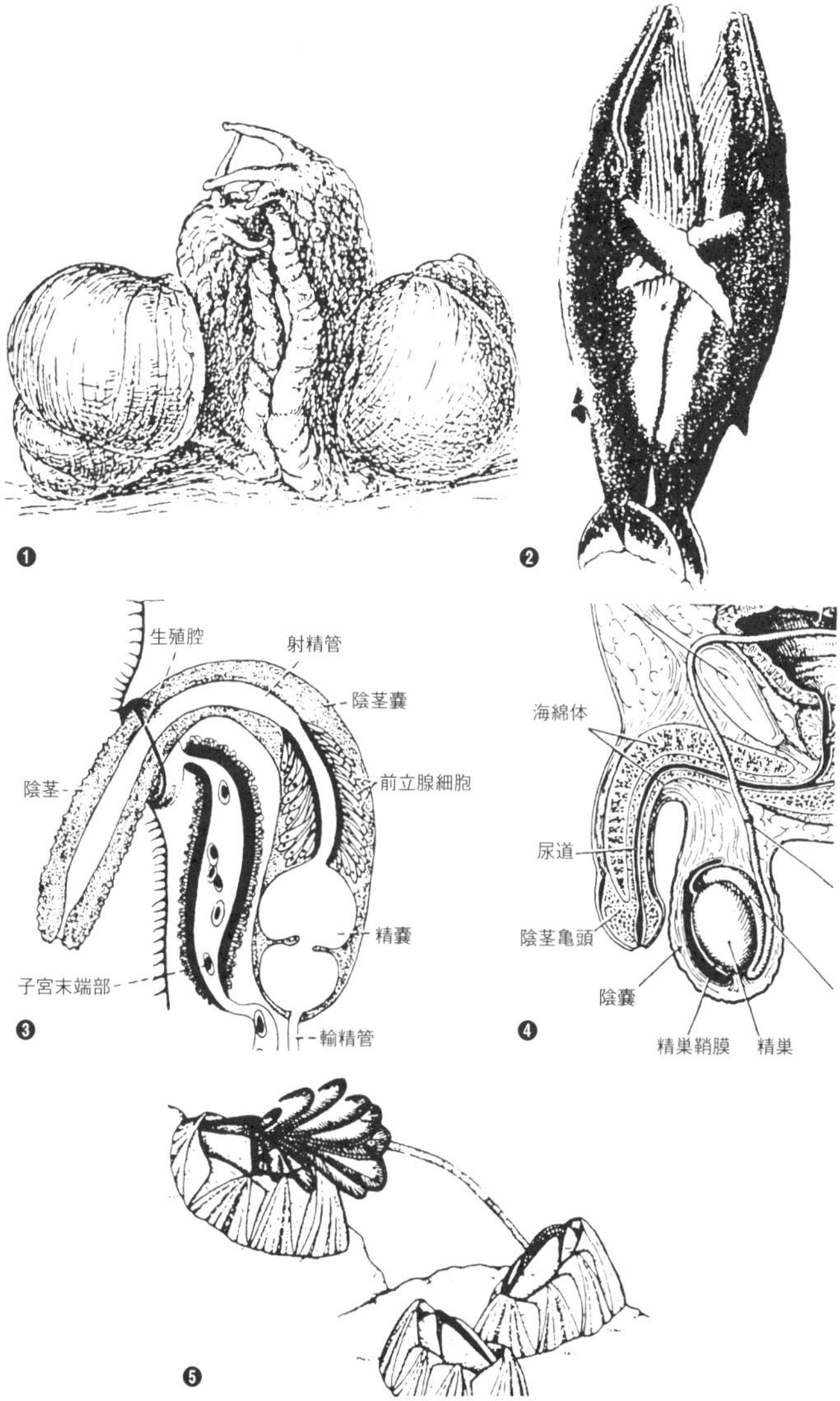

図1　陰茎の周期性。❶カタツムリの交尾。この軟体動物は雌雄同体である。しかし、片方が雄として機能し（陰茎を突出させる）、他方が雌として機能する。❷交尾中のザトウクジラ。他の哺乳類と同じく、長い陰茎を持つ。❸カンテツ *Fasciola hepatica* の突出した陰茎。この器官には精嚢、前立腺、射精管が備わっている。❹ヒトの雄の陰茎。同じく前立腺につながる射精管と精嚢が存在する。❺フジツボ（無脊椎動物）の陰茎は非常に長く、交尾中には一方の個体（左）から他方の個体（右）へと届く。

には、同じくらい長い陰茎が存在する(Margulis and Schwartz, 1982)。

昆虫には、非常に発達した陰茎が突然あらわれた。トンボはその器官で交尾をおこなう(Romoser, 1973)。甲殻類では、フジツボ*Balanus*に長い陰茎が備わっていることが知られている。こういった海産動物のうちのいくつかは雌雄同体であるが、通常は他家受精をおこなう。精巣は頭部に位置し、二つの輸精管が陰茎の中でつながっている。陰茎が体外へ突出することで、離れた場所で雌として振る舞っている個体まで到達する(図1)。陰茎は外套膜のくぼみに入り、そこに精子を残す(Barnes, 1980)。

有袋類はヒトの雌とは異なり、二つの膣を持つ。そして、その雄には二つの陰茎が存在する。一方、ヒトや他の有胎盤類の陰茎は一つしかない(Macdonald, 1984)。

ヒトと無脊椎動物の陰茎の類似性

ヒトと無脊椎動物の陰茎には、形態的、機能的、生理的なプロセスにもとづく類似点が存在する。

多くの無脊椎動物には水力学的骨格が備わっている。大きくて重く、巧みな関節の備わった骨を持つ哺乳類は、そのような骨格を持つ必要はない。ヒトの陰茎には骨がないが、なぜ持ちえなかったのか、ということに対する理由は存在しない。いくつかの無脊椎動物では、陰茎の強度は針状体によって与えられている。一方、アザラシやセイウチの陰茎には、性成熟にともなって成長する長い骨が備わっているが(King, 1964)、その他の哺乳類にはこの骨は存在しない。ほとんどの哺乳類が持っている骨格の備わらない陰茎は、ホルモンの影響下で腕や脚と同じくらい硬く変化する。この生殖器官では、無脊椎動物で見られるのと同じくらい効果的な強度と関節が、水力学的骨格によって実現される。

有肺類が交尾をおこなう場合、頭部と足部の感覚器官と運動器官は柔らかくなって弛んでしまう。これは、体内の

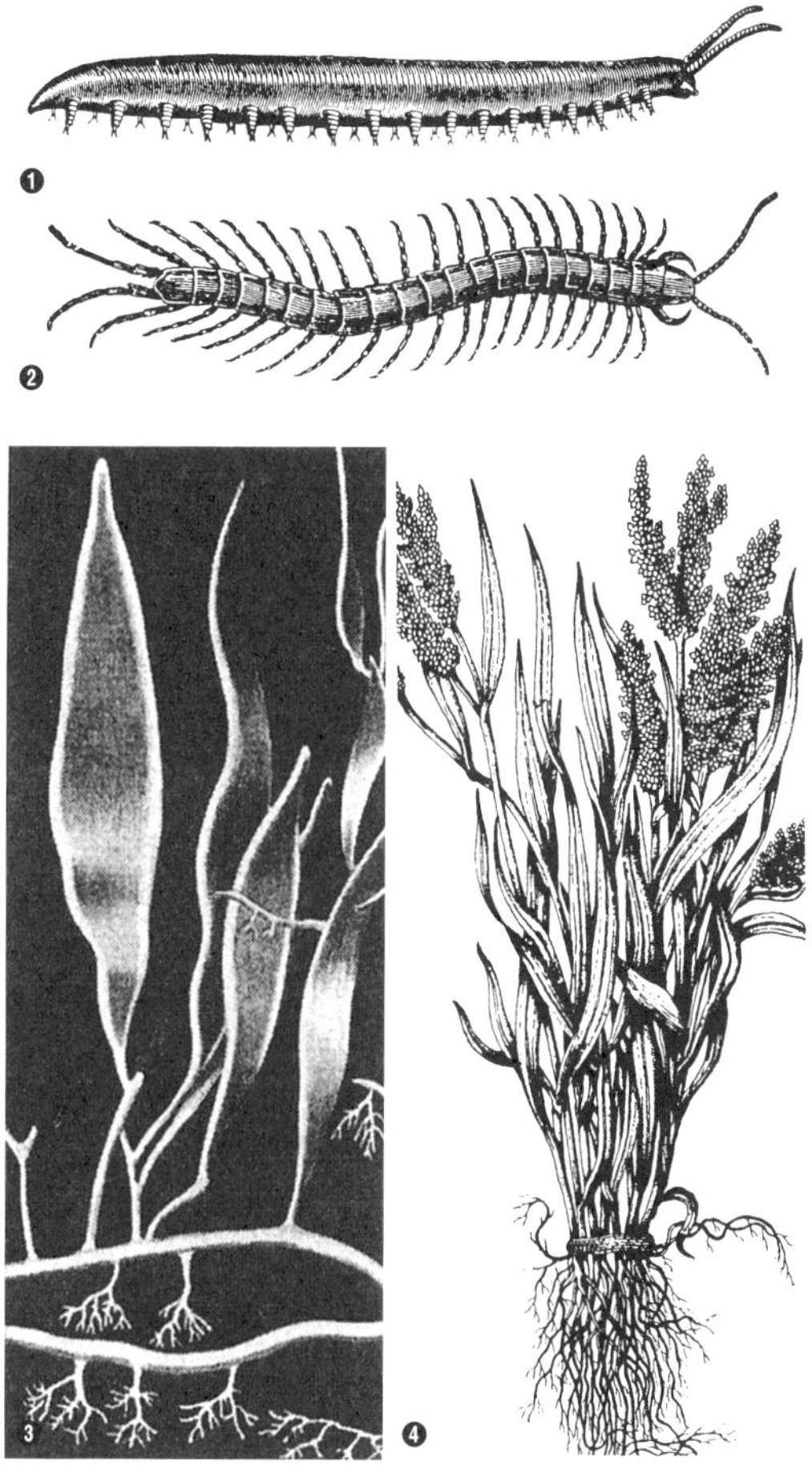

図2　水による骨格。❶カギムシ *Peripatus capensis* は多くの中空の脚を持ち、その強度は水圧によって維持されている。❷タイワンオオムカデ *Scolopendra morsitans* は多数の脚を持つが、それらは堅固な外骨格により支持されている。❸海産藻類イワヅタ *Caulerpa prolifera* はその根や葉状構造において顕花植物に類似している。しかしその数十センチにも達する巨大な構造は、主に水から構成される単一の細胞によって形成されている。❹対照的に、植物キビ *Panicum mileaceum* は似たようなサイズと形であるものの、堅固な支持組織の助けでつくられている。

血流が変化した結果である。カタツムリの血液の大部分は、陰茎とその他の生殖器官の膨張を引き起こす。これはまた、交尾中のヒトに起こることでもある。柔らかかった陰茎が、血流の変化の結果として勃起する。

数種の腹足類(軟体動物)の陰茎は長い円柱形で、右の頭触角のすぐうしろにあらわれる。輸精管が陰茎の先端で開いており、ヒトと同じように前立腺が存在する。前立腺の機能はヒトと同じく精液の製造である。

扁形動物の場合のこの器官は、哺乳類の場合と同じくらい複雑である。その構成要素は、(1)交接突起(陰茎の突起部)、(2)生殖腔、(3)射精管、(4)前立腺、(5)貯精嚢、(6)輸精管である(図1)。

水は骨やその他の支持組織と同じくらい有効に機能する

蠕虫は体腔液からなる水力学的骨格を持つ。たとえば、ベルベットウォーム(カギムシ)を考えてもらいたい。その多くの脚は中空で関節はない。脚の強度は骨ではなく水圧で保たれているのだ。体壁に存在する筋肉は水圧に拮抗し、動物を移動させる(Margulis and Schwartz, 1982)(図2)。このように水だけで、脊椎動物の石化した骨組織や、昆虫や多足類の外骨格と同様に機能することは明らかである。

ワカメ(胞子体)の葉状体は、次のように分化している。(1)葉の形状を持つ葉状部、(2)茎に似た柄、(3)根として機能する固着器官。このことにより、藻類は樹木と同じように、数メートルにまで成長することができる。こういった藻類は、顕花植物の特徴である篩部(しぶ)、木部、厚角組織のような通道組織と支持組織を持たない。それにもかかわらず、水や光合成産物を輸送する篩管(しかん)は備わっている。組織や器官は異なっても、形状や機能は同一なのである。さらにそのような一致は、他の藻類群にも見られる。紅藻類と緑藻類は、同じ構成パターンに従っている。ほとんどの藻類の含水分量は九八%である(Denffer et al., 1971)。

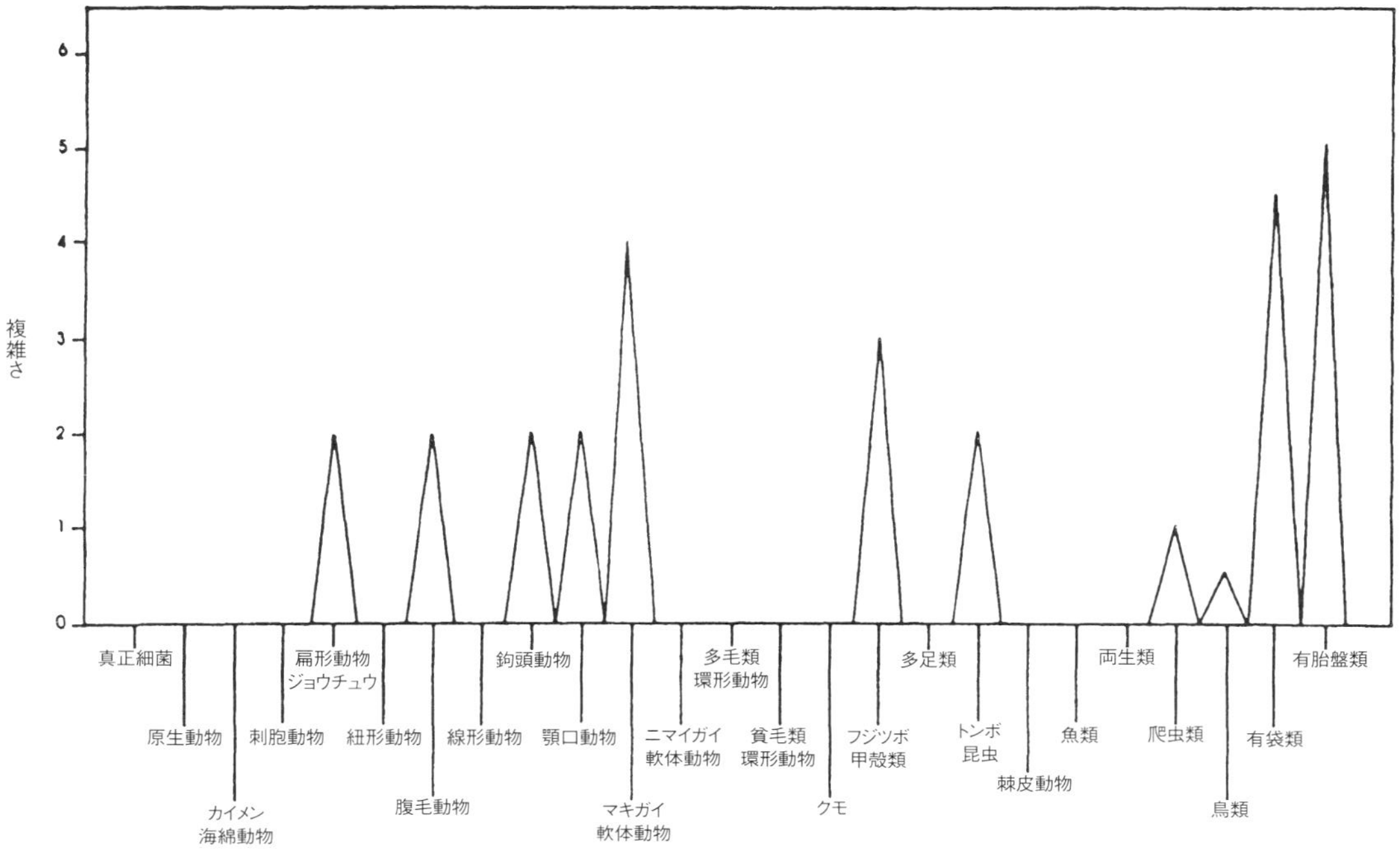

図3　周期的陰茎。陰茎は、腹足類(軟体動物)に非常に発達した形で出現し、甲殻類(フジツボ)や扁形動物(カンテツ)、昆虫(トンボ)などその他の無脊椎動物でもよく発達している。陰茎は、棘皮動物などその他の多くの無脊椎動物には存在しない。陰茎は、有袋類と有胎盤類では非常に発達しているが、魚類や爬虫類ではほぼ存在しないか痕跡的なものであり、魚類と両生類には全く存在しない。陰茎の出現は一般的な環境に直接的な関係を持たない。陰茎は、フジツボや軟体動物のように、水中への放精が容易な海産種に存在するにもかかわらず、陸生の鳥類にはほとんど存在しない。

一つの極端な例が藻類イワヅタ*Caulerpa prolifera*に見られる。そこでは葉状や根状の構造が、数十センチサイズで実現されているが、それはなんと一つの細胞で構成されているのだ（図2）。

陰茎の出現は一般的な環境や生物の複雑さと直接関連しない

陰茎の進化について重要な点は、多くの魚類と同じく、水中への放精が容易な軟体動物や甲殻類のような海産種であらわれた、というところにある。また、脊椎動物に陰茎が存在するからといって、陸上での生活に関連する進化的な解決法を示しているわけでもない。とにかく、魚類や両生類には単純な総排泄腔が存在する。陸生や海生の爬虫類には、総排泄腔に加えて痕跡的な交尾器官が存在し、原始的な陰茎として機能している。鳥類の場合、ほとんどの種は（陸上生活を送っているにもかかわらず）陰茎ではなく、総排泄腔しか持たないため、状況はさらに極端である。例外として、痕跡的な陰茎を持つものがいくつか存在している。

原始的な陰茎が爬虫類や鳥類であらわれているものの、大きくて有効な構造にまで発達していない、という事実は、この器官をつくり出すために必要とされる遺伝的な構造が存在するのではないか、ということを示唆しているが、それは明らかではない。さらに、高等なヒト科やその他の有胎盤類の陰茎が一つであるのに対し、有袋類は、有胎盤類に比べて若干単純であるにもかかわらず、よく発達した陰茎を二つ持っている。

要するに、内的な分子プロセスが陰茎の出現を決定していると考えられる。というのも、それが以下のような状況で発生しているためである。

❶——その器官は全く関係のない生物群で出現した。

❷――その必要性が明白ではない環境で出現した。

❸――たとえば鳥類のように、その生物の増殖にとって有用だと考えられる状況で出現しなかった。鳥類は一億五〇〇〇万年の間、その器官を持つことなく進化を続けてきている。

❹――その分化の程度と一個体当たりの数は、生物の複雑さとは関係しない。

❺――比較的規則正しい間隔で出現した傾向があるように思われる(図3)。

第8章 水生への周期的回帰

水は鉱物や高分子の構造を変化させる

重リンゴ酸アンモニウムの結晶形状は、結晶化の最中の水分状態によって変化する(Sharp, 1988)。同じことは鉱物でも起こる。硫酸カルシウムは、水のない状況では、斜方晶系であるコウセッコウ($CaSO_4$)として結晶化する。しかし水の存在下ではセッコウ$CaSO_4 \cdot 2H_2O$となり、単斜晶系に属する結晶が生成される(図1)。利用できる水分子の数に依存した構造変化は、大きな分子では特に決定的となる。たとえばDNAの場合、利用できる水の量と塩濃度により、A、B、C、D、E、Zと呼ばれる型が生じる。DNAは遺伝物質であるため、その構造変化は決定的であり、転写や複製に影響を及ぼすことがある(Saenger, 1988)。

植物は流線型である

藻類は、多くの海産種に明らかなように流線型である。また、アマモ*Zostera* のように、海水に完全に水没する顕花植物も同様である。アマモの葉は非常に長く、藻類の体型や魚類の体型に似ており、その英名eelgrass［訳注：直訳するとウナギ草］はここからきている。部分的に水没している顕花植物は、水中部のみが流線型となっている。このことは、広く見られる種であるキンポウゲ*Ranunculus peltatus* やエゾヒルムシロ*Potamogeton gramineus* で明らかである。水中の葉は薄くて深い切り込みが入っているのに対し、水上の葉は分厚くて切り込みが入っていない。水面下で成長する葉は、藻類の形状を思わせる。このような変化は同一の個体の中で起こる。

影響を受けるのは葉の形状だけではなく、その機能も変化する。水中の葉とその他の部分では光合成が変わるが、これはおそらく、光量が減少して光の波長が変化するとともに、周囲の酸素濃度と二酸化炭素濃度が減少するためであろう。

新しい流体力学的な形態と機能の産出に遺伝的構成の変化は必要ない、ということを植物は明らかにする

植物の遺伝的な構成は水中でも水上でも同一であるという事実により、流体力学的な形態と機能の出現は進化的な観点からは非常に大きな意味を持つものであると認識される。それが教えてくれるのは、環境が水中へと変化した時、その形状と機能を完全に変化させるためには、遺伝構成を変化させる必要がない、ということなのだ。このことは明らかに、爬虫類、鳥類、哺乳類でさえ、その遺伝的構成を変化させることなく、新しい環境に合わせて形状と機能を変化させることができるのではないか、ということを示唆している。

まずは鉱物を考えてみよう。水が存在すると、原子は同一でも配列の変化と結晶の成長の変化へとつながる。植物では、同一の遺伝的構成が、つまりDNAの同一の塩基配列が、異なる分子構造を生産するよう導き、通常は異なる表現型と呼ばれるものに帰結する。

水中型から水上型へ、水上型から水中型へ、植物の変形

植物のエゾノミズタデ*Polygonum amphibium*には二つの形状、つまり水中型*P. natans*と水上型*P. terrestre*がある。どちらの形状も、同一の個体の一部を異なる環境下で成長させることで得ることができる。水中型の特徴は、長い茎とその先端にある毛の生えていない大きな葉の一群であり、この葉は楕円形で長い葉柄を持つ。対照的に陸生タイプは、茎がまっすぐで分枝がほとんどなく、葉は毛でおおわれた皮針形で短い葉柄を持つ。

水中型を乾燥した陸上に移植すると、陸生型の表現型へと成長する。逆に、陸生型を水中に移植すると、新しい茎と葉を成長させて水中型へと変化する。中間形は確認されていない。このことは、なぜ植物学者がこの種を二つの亜種に分類してしまったのか、という問いに対する答えである。水中型と陸生型とは無関係であると考えられたのだ(Blaringhem, 1923)。

表現型が可逆的であるという事実は、生物全体の構造を決定するのは水環境であるということの証拠として考えられる。というのも、分枝構造と同様に茎と葉も影響を受けるからである。

セイヨウキヅタ*Hedera helix*は(同じ遺伝子型の)二種類に分類できるだろう。高湿度で暗い場所で生育した場合と、乾燥した明るい場所で生育した場合では、その表現型は異なったものになる。湿度が高くて太陽光が少ない条件では、茎はツタとなり、不定根と幅の広い葉が生じる。同一の植物の一部を湿度が低くて陽のよくあたる場所で育てると、長細

い葉を持った小さくて丸い潅木に成長する。この種では、空気中の水分量がやや減少すると、中間的な形状が生じる。

水が葉の形状を決定するということの実験的例証

キンポウゲ *Ranunculus aquatilis* やその他の水生植物や半水生植物は、二種類の葉を形成する。水中の葉は細くて切り込みが入っている一方、浮葉は広くて葉縁が平滑である（図1）。

つくり出される葉のタイプは植物の上部の環境により決定される、という見解が実験によって確認されている。最上部が水中にある場合、切り込みの入った葉が形成されるが、最上部を空気中に移動させると、葉縁が平滑な浮葉があらわれる。その反対に最上部を空中から水中へと移動させる実験では、幅広の葉の形成は止まり、切り込みの入った葉が形成されるようになる。それに加えて、形成される葉のタイプに光量が影響することが知られている（Dale, 1982）。

最上部から葉への情報伝達にはおそらく植物ホルモンが関与しているのだろう。このことは、植物では一般的な、幼葉と成葉の間に見られるパターンの相違にもあてはめることができる。植物では、ジベレリンの濃度が構造の相違に関する主要な要因である。

このような実験が明らかにしているのは、水中形と浮遊形の間に見られるパターンの違いは化学的な要因（水）と物理的な要因（光）の両者の働きによって直接制御されているということである。それらの作用のもとで、同一の遺伝子型が二つの完全に異なる解決策を、それが植物にどのような結果をもたらそうとするにせよ、つくり出すことができるのだ。

無脊椎動物が水に回帰する際に生じた変形は、のちにもっと高等な哺乳類で生起したものに類似している

最初は海産動物であった腹足類は、陸地を征服しただけではなく、淡水を侵略することによって水中生活へと回帰した(Russell-Hunter, 1979)。この水への回帰がもたらしたのは、のちに似たような状況へと移動した脊椎動物で繰り返されることとなる形態と機能の生成である。

❶──モノアラガイ*Limnaea*のような有肺類は、アザラシやクジラと同様、呼吸のために水面に移動する(図2)。

❷──肺には空気が通るための開口がある(呼吸口)。モノアラガイの場合、この開口は潜水時には閉じられる。クジラは、弁を使ってその鼻孔を閉じる。

❸──有肺類は一時間以上も水中に留まることができる。クジラも同じくらいの時間の潜水が可能である。

この現象は、二次的に水中環境へと入っていった陸生昆虫でも生起しているように、広く見ることができる。彼らは、極薄のクチクラの下に、気管が枝分かれした気管鰓という新たな器官を発達させた。その他にも、呼吸のために規則的に水面へと上がってくる昆虫や、気泡を「物理的な肺」として使って酸素を摂取している昆虫が存在する。

新たに変化した器官は水生哺乳類にも見られる。クジラの肺の弾性と伸延性は非常に高くなっており、そのためにより大量の空気を体内に保持することができる。

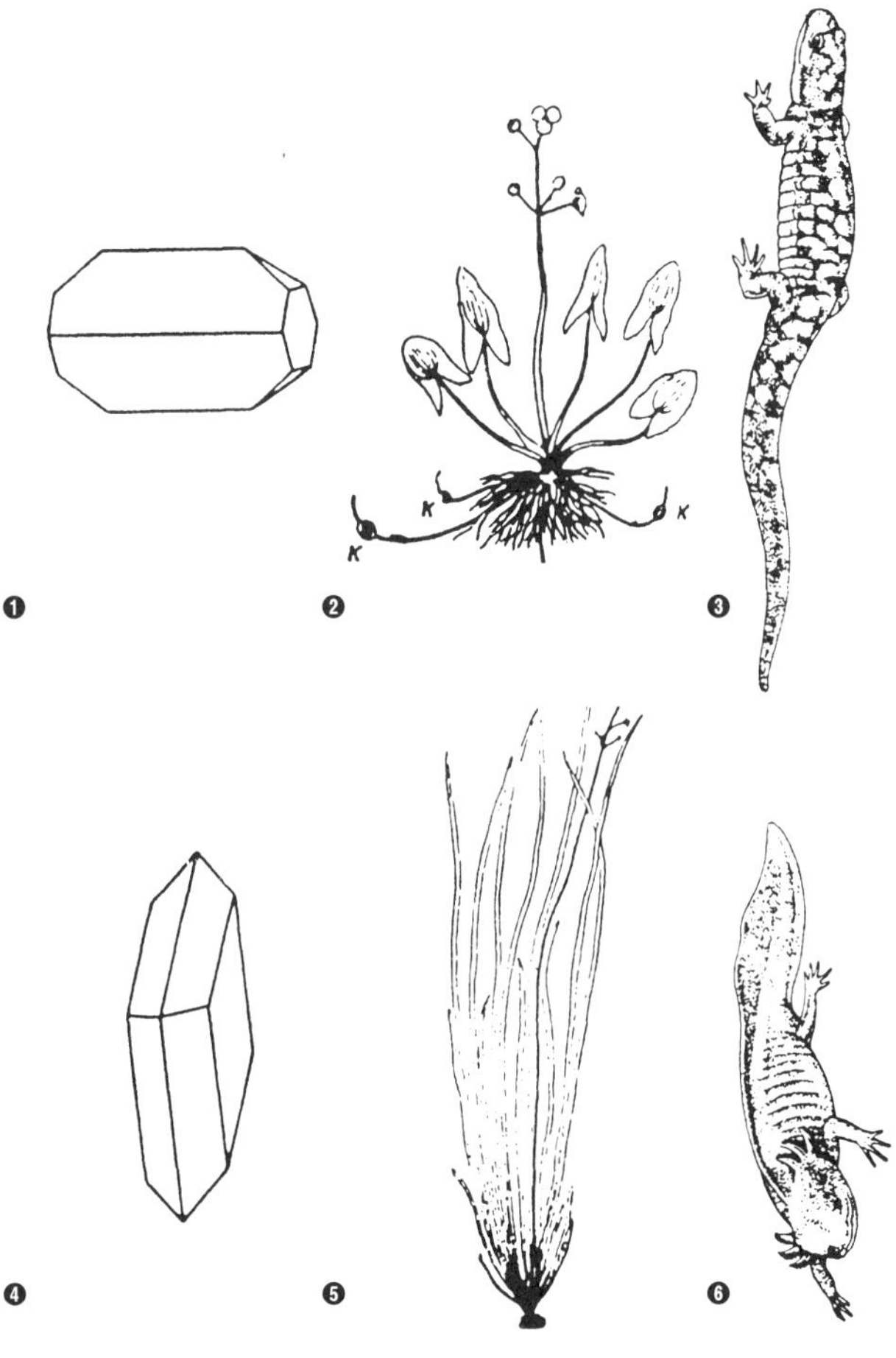

図1　水の存在下で生起する同一の形状変化。❶水分子がない場合のコウセッコウ $CaSO_4$の単結晶は斜方晶系となる。❷完全に成長して幅広の葉を持った陸生形態の植物セイヨウオモダカ *Sagittaria sagittifolia*。❸アホロートルはサンショウウオ *Amblystoma*の陸生形態である。幅広の頭と尾を持つ。❹セッコウの単結晶 $CaSO_4 \cdot 2H_2O$は単斜晶系である。❺完全に成長して細長い葉を持ったオモダカの水生形態。❻性的に成熟したトラフサンショウウオ *Amblystoma*の水生型幼生。尾と頭は平坦で矢に似た形状である。水の存在は、同一の鉱物、同一の植物、同一の動物の内部でも、同種の解決策という結果をもたらすパターン変化につながる。

両生類による陸の征服と水への回帰

両生類は約四億五〇〇〇年前に陸を征服した最初の脊椎動物として知られている。彼らは、肺を使った呼吸を開始し、堅固な地表面を移動するための脚と空気による乾燥を防ぐための頑丈な皮膚を発達させた。彼らは、陸生になったにもかかわらず、水中や高湿度の場所に回帰し、そこに産卵するために回帰し続けている。こういった本来の生息場所への移動は、ステレオスポンダイルなどの両生類全体が極端な形で明示している。ステレオスポンダイルは特殊な水生型へと変化し、約二億三〇〇〇万年前に一般的な進化傾向を逆行した。

この水への回帰には、次のような形態的な変化と機能的な変化がともなっていた。

❶—脊柱が単純化した。

❷—サイズが増加し、史上最大の両生類になった。

❸—体に比べ、頭部が巨大化した。

❹—外肢サイズが縮小した(Colbert, 1980)。

もっとあとになって陸生哺乳類が水に回帰した時に同じような変化が生起した、ということには意義がある。クジラは現生の最大の哺乳類であるが、その頭部は体のサイズに比べて非常に大きく、その外肢は非常に縮小されている。

爬虫類が水生に転じた際に生じた構造と機能の変化

爬虫類は、完全な陸生型と見なせる生物の最初の様相を提供してくれる。爬虫類は水を必要としない生殖法を完成させた。彼らの卵は水を保持する胚体外膜を持ち、皮膚にあるウロコは乾燥を防ぐ。一連の爬虫類群が陸上を征服したのは約三億二〇〇〇万年前である。その後、イクチオサウルスとプレシオサウルスという二種類の爬虫類が海という環境へと帰っていった。

約二億年前に出現したイクチオサウルスは水生に最も適応したものであった。その体は、時速四〇キロ以上で泳ぐことができる現代のマグロに酷似している。イクチオサウルスはその卵を砂浜に産みつけるのではなく、現代のクジラと同じように水中にその胎児を出産していた。陸生の爬虫類には効率的な肺が備わっていたが、その肺は彼らが水生へと変化した時にも捨てられることはなかった。鰓は失われてから久しく、置きかわることもなかった。外肢はひれへと変形し、魚のひれと同じ機能を得た。魚に見られるような分岐構造を持つ尾も、ずいぶん昔に爬虫類からは消滅していた。イクチオサウルスにあらわれた新しい尾は、「驚くほど」魚に似ているのだ。

彼らは、クジラがもっと後になってやったように、肉質の背びれも獲得した。骨格を持たないこの新しい構造は、骨の備わる魚の背びれに取って代わった。それは何の祖先も持つことなく突如出現したのだ。進化という観点から特に重要なのは、コルバートが強調したように、この爬虫類群は三畳紀半ばに突然出現したということである（Colbert, 1980）。化石記録にはイクチオサウルスの潜在的な先祖への糸口は存在していない。さらに、既知の種はすべて単一のパターンに固執している。外肢の骨は短小化した。手首と足首の骨、そして手指と脚指の骨は平らな六角形へと変化した。

その他には、海水生の爬虫類であるプレシオサウルスは、一億八一〇〇万年前から一億三五〇〇万年前に栄えた生物群である。外肢は大きかったが、水中での推進力はイクチオサウルスほど適応的ではなかった。胸びれを水平に動かしていた点はおそらく、現代のトド（哺乳類）に似ていたのであろう（Carroll, 1987）。

その他にも、完全にあるいは部分的に水生となった爬虫類は存在している。有名なのはウミガメ、ワニ、淡水生のカメ（六三〇〇万年前に出現した）である。

水生へと回帰した爬虫類は、少なくとも三つの独立した生物群で、進化上異なった時期に出現した。

鳥類の流体力学的な形態と機能は陸生の近縁種に由来する

ペンギンは陸生の鳥類を起源に持つ。彼らは、ダチョウやキジとは全く異なる流体力学的な形態を獲得した。羽はパドル状のひれに、体全体は紡錘形になり、足には水かきができた。興味深いことに、ペンギンは肺を保持し続けているが、羽は飛行ではなく泳行のために使われている。形状と機能に関しては、そのひれはアザラシやクジラのものとはそれほど違ってはいない（図2）。

ガラパゴス島に生息するガラパゴスコバネウは水中を移動するために、水かきの備わる強力な足を羽の代わりに使う(Beazley, 1974)。この点では、それはカバと同じ解決策を示している。カバもまた水生で、強い脚で泳ぎ、その足には小さな水かきがある。ただし、泳ぐことのできる鳥すべてが水かきを持っているわけではない。

泳ぐことのできる鳥と水に回帰した高等な哺乳類との間には、その他にも類似点がいくつか存在する。それは次のようなものである。

❶――潜水ガモは水中で羽と脚の両方を使用するが、その羽の機能は副次的である。それはイルカの胸びれと同じように安定板として働くのだ(Perrins, 1976)。

❷――ペンギンの羽の骨は、飛行する鳥と同じパターンだし、その数も同一である。しかしペンギンの羽は、非常に

図2　陸生から水生への変化。❶陸生の腹足類リンゴマイマイ *Helix pomatia*。❷水面で上下逆さまになった淡水生の腹足類ヨーロッパモノアラガイ *Limnaea stagnalis*。❸陸上のキングペンギン *Aptenodytes patagonica*。❹その近縁種のヒゲペンギン *Pygoscelis antarctica*。泳ぐため羽を用いる。❺陸上のアオウミガメ *Chelonia mydas*。❻泳行中のアオウミガメ。

平らに広がり、肘と手首の関節は癒着している。クジラの場合、腕の骨は短くて平らで、手首の骨も平らな円盤状である。

❸——コオリガモのような潜水能を持つ鳥は、水中に一五分間ほど留まれるし、深さ六〇メートルまで潜ることができる。これはアザラシに普通に見られる行動であり、彼らはもっと長い時間水中に留まれるし、もっと深いところまで潜れる。

❹——鳥は、潜水する時に筋肉中に貯蔵されている酸素へモグロビンからの酸素を使用でき、二酸化炭素に対する耐性が高い(Perrins, 1976)。アザラシを考えてみても、彼らの血液には酸素を運搬するヘモグロビンが多量に(ヒトの三倍)含まれている。彼らの筋肉中には、酸素に結合するタンパク質であるミオグロビンが大量に存在している。さらに彼らも、高濃度な血中二酸化炭素に対しても耐性が高い(Macdonald, 1984)。

❺——ペンギンは冷たい水から断熱する脂肪層を持つ。このことは、皮膚の下に発達させた厚い脂肪層で断熱しているクジラの場合にもあてはまる(Colbert, 1980)。

❻——ペンギンは時速四〇キロに届くほどの高速で泳ぐことができる(Line and Reiger, 1980)。ペンギンを餌としているアザラシは同じような速度で移動できる。

哺乳類はいくつかの目で幾度か水生へと回帰した

クジラ(クジラ目)はシカ(偶蹄目)の祖先から生じた。このことは、DNAに対して制限酵素を作用させ、その後DNA–DNAハイブリダイゼーション[訳注:核酸の検出方法の一種。相補的塩基対を持つ標識核酸と雑種(ハイブリッド)が形成されるかを確かめる]やその他の分子的手法を適用させた研究から明らかになった(Janvier, 1984; Goodman et al., 1985; Arnason, 1985;

図3　クジラの祖先と現生のクジラにおける陸生と水生の変形。❶スウェーデンの湖を泳いで渡る雄のヘラジカ *Alces alces*(偶蹄類)。雌も泳ぐが角を持たない。DNAの研究によって、陸生の偶蹄類とクジラは共通の祖先を持っていることが示されている。❷パキケタス *Pakicetus*の復元。既知のクジラの中では最も原始的である(始新世初期)。❸ヒゲクジラの1種イワシクジラ *Balaenoptera borealis*は、その特徴であるひげでプランクトンを摂取する。❹マッコウクジラ *Physeter catodon*は強力な歯が備わる肉食のハクジラである。

Arnason and Widegren, 1986; Springer and Kirsch, 1993)。

アザラシ（アシカ目）は、食肉類（ネコ目）を祖先とする三つの科から構成されている。アシカはイヌに近い分枝から（二五〇〇万年前）、セイウチはクマに近い幹から、アザラシはカワウソに近い集団から（一五〇〇万年前に）出現した（Macdonald, 1984）。

カイギュウ（ジュゴン目）は原始的な有蹄動物であるゾウ（ゾウ目）の祖先から生じた。

カバ（偶蹄目）はイノシシ類（同じ目に属する）に由来し、ブタとペッカリーの近縁である（Colbert, 1980）。

有蹄動物の水生への回帰：クジラの場合

クジラの出現は約五〇〇〇万年前であり、次に挙げる事象が特徴的である。

❶──鰓は形成されず肺が保存された。鰓の痕跡はヒトの胚にさえ存在するし、成体に発生させることもできるかもしれない、ということは忘れてはならない。

❷──その変化は、クジラが第三紀初期に突如出現したあと、比較的急速に起きた。コルバートは次のような言葉で表現している。「クジラは、自分たちを水生動物へと突如変化させることとなる「急激で常軌を逸した一連の進化的変化の開始を楽しんだ」（Colbert, 1980）。その変化が急激だったということだけではなく、いくつかの特徴が同時に出現したという点も重要である。クジラとして認識されている初期の化石は、すでにクジラの外観を獲得している。それは化石が不足しているからではない。というのも、コウモリやイクチオサウルスでも事情は同じで、それはどこからともなく出現したように思えるからである。新しいパターンは、同時に生起したいくつかの変化に依存しており、最

図4　アザラシの祖先とアザラシとセイウチにおける陸生と水生の変形。DNA研究が明らかにしたのは、陸生食肉類は鰭脚類と同じ祖先を持っている、ということである。つまりカワウソとクマは近縁なのである。❶沐浴中のトラ *Panthera tigris*（食肉類）。トラはしばしば水に入って体温を下げる。❷❸ホッキョクグマ *Ursus maritimus*（食肉類）。ホッキョクグマは、アシカのように前脚だけで泳ぎ（後肢はかじとしてのみ用いられる）、潜水中には鼻孔を閉じる。❹泳行中のラッコ *Enhydra lutris*。ラッコは完全に水陸両生である。餌は水中で探すが陸上でも生活している。❺典型的なアシカであるミナミアフリカオットセイ *Arctocephalus pusillus*。アシカ科はオットセイとアシカからなる。❻典型的なアザラシであるゼニガタアザラシ *Phoca vitulina*。❼セイウチ *Odobenus rosmarus*。

初から充分組織化された構造的で機能的なパッケージとして出現したのだ（図３）。

❸——高度な流線形の体が出現し、それにともなって魚に似た尾びれも出現した。クジラの尾びれは実は、新しい特徴である。そこには魚とは違って骨格が備わらず、その長さは二メートルにも及び、その向きも垂直ではなく水平なのである。もう一つ新たに形成されたのが背びれである。クジラの背びれは肉質（骨格を持たない）で、それはイクチオサウルスの場合と同じである（第３章の図７ p.051）。

❹——イクチオサウルスの場合、四本の肢はひれへと変形した。同じ変形は、パキケタス *Pakicetus* の残存化石によって確かめられたように（Savage and Long, 1986）、クジラにもその初期に生じた。あとになって、後肢は縮小して退化した。ひれとしての機能を獲得したのは前肢だけである（図３）。

❺——クジラの腕の骨は短く平らで、その指は指骨が増加することで長くなっている。初期の爬虫類であらわれた解決策の再現である。イクチオサウルスとプレシオサウルスの前肢と後肢は、短くて平らな骨で構成されていて、その指は多数の指骨の挿入によって伸長された（Gregory, 1974）。

❻——最初期のクジラの外鼻孔は、正面に位置していた。現在のクジラでは、頭上あるいは頭のうしろに移動しており、弁によって閉じることができる。その肺は弾力性と伸延性に非常に富んでおり、膨大な量の空気を摂取できる。クジラは六〇分以上も水中に留まれるし、深海にまで潜水することができる。

❼——クジラは水中に胎児を出産する。母親は新生児が呼吸できるように水面へと連れてゆく。

❽——クジラ目は、ヒゲクジラとハクジラの二つの亜目に分割される。それらは独立して約四五〇〇万年前から四〇〇〇万年前にあらわれた。その最初の化石は、離れた大陸（アジアと北アメリカ）で見つかっている（Halstead, 1978）。

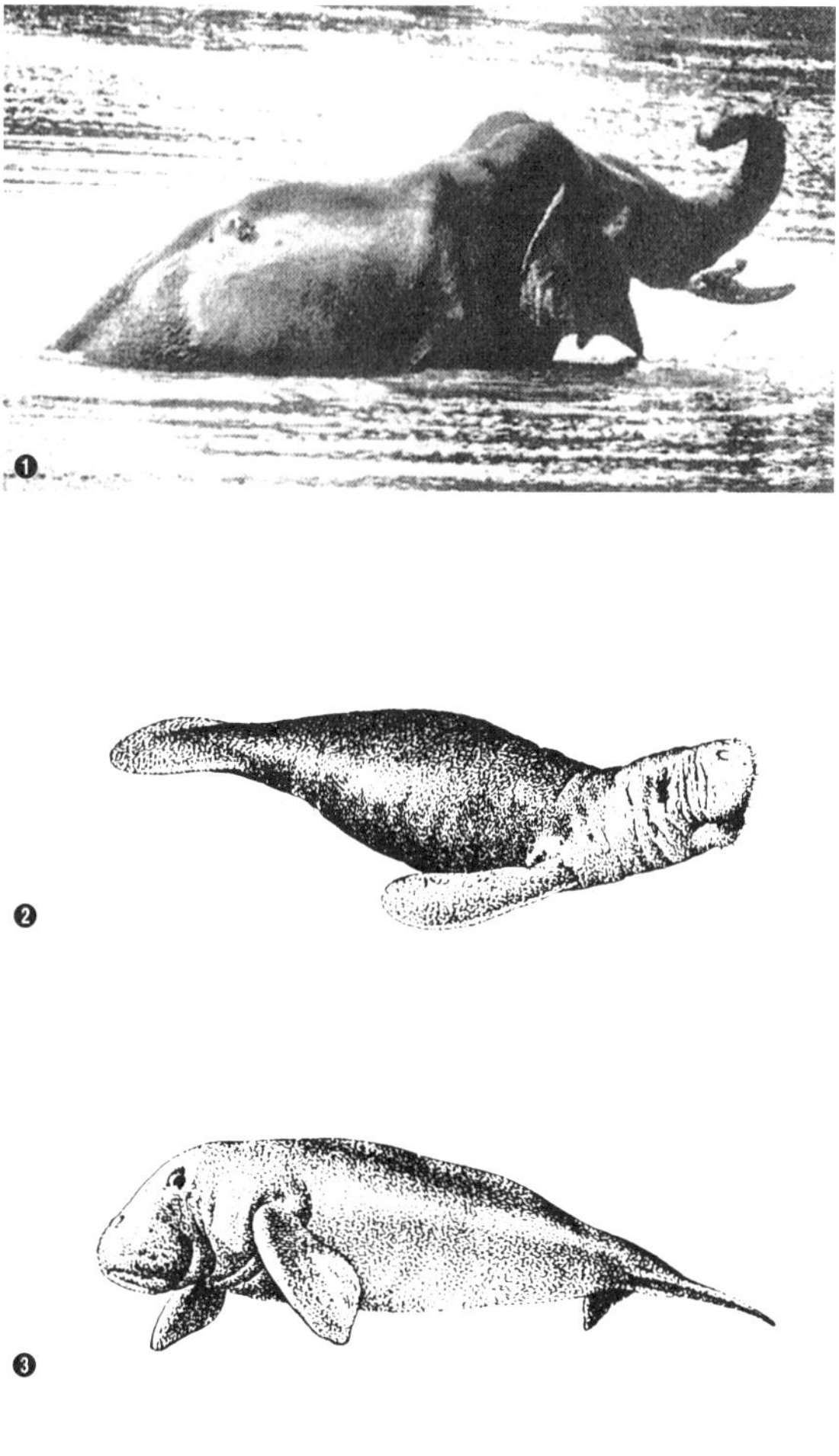

図5　水生への回帰——カイギュウの場合。❶沐浴中のゾウ。この動物は泳ぎが上手く、通常は水中に生える植物を食べる。カイギュウはゾウの先祖に由来している。❷アメリカマナティー *Trichechus manatus*。❸ジュゴン *Dugong dugon*。マナティーとジュゴンはカイギュウである。

食肉動物の水への回帰：アザラシの場合

鰭脚類（アシカ）の祖先は陸生の食肉動物である。彼らの形態変化はクジラやイクチオサウルスほど大がかりなものではなかった。鰭脚類は、柔軟な首を保持し続け、背びれの進化にも尾びれの進化にも失敗している。しかしその体は流線形である。彼らは半陸生である。

この哺乳類の四本の足は、水生の鳥類に見られるものに似て、指の間に水かきのあるひれに変形している。鰭脚類の前ひれは推進と操舵のために使われる一方、水中にいる際の後ひれは尾ひれの代用として機能している。陸上では、そのひれと体を使って移動する。アシカは前ひれを大きくかくことで、ペンギンのように泳ぐ。

鰭脚類は潜水時には鼻孔を閉じ、七三分間ほども水面下に留まることができる。その胎児は陸上もしくは氷上に出産される（図4）。

セイウチは、周期性の図には単独で書き込まなかった。というのも、セイウチは、鰭脚類の近縁の単一種だからである（図7）。

セイウチはゾウの祖先に由来している

カイギュウ、あるいはセイウチは完全に水中生活に適応している哺乳類の一群である。彼らはパドル状の前肢を使って泳ぎ、ほとんどのクジラと同様に、後肢は持たず平らな尾を持つ。彼らの祖先はゾウと同じで、いくつかの特徴を依然ゾウと共有している。彼らは非反芻性の草食動物であり、ゾウと同様に歯が抜け換わる（図5）。

カイギュウは五四〇〇万年前から三八〇〇万年前に、一群として出現した。そこにはマナティーとジュゴンの二種

図6 水生への回帰——カバの場合。❶クビワペッカリー *Tayassu tajacu* はカバの近縁である。❷カバ *Hippopotamus amphibius*。陸上にいるカバには、ひれへと変化することのなかった短い脚が見てとれる。❸カバの体形はアザラシのような流線型ではないが、泳ぎは上手い。

類の系統がある。それぞれ淡水生と海水生である。

彼らはアザラシとは違い、クジラと同様に水を離れようとはしなかった。カイギュウの鼻孔には弁が備わっている。彼らは一六分間ほどまで水中に居続けることができるし、出産は水中でおこなう。カイギュウが、クジラが持っているような背びれを発達させることはなかった(Colbert, 1980; Macdonald, 1984; Dorst and Dandelot, 1988)。

ブタとペッカリーがカバの近縁である

この動物は、夜間には陸に上がるが、日中は主に水中に生息している。その大きくて重く短い足が付属する体には、皮膚の下に脂肪の厚い層が存在する。これはカイギュウにも見られる特徴である。その足には小さな水かきが存在する。雌は胎児を陸上か水中に出産する。成獣は六分間ほど水中に留まることができる。二〇〇〇万年前より古いカバの化石記録は存在していない。最も近縁なのはブタとペッカリーである(Colbert, 1980; Dorst and Dandelot, 1988)。

カバが進化するためにはアザラシよりも多くの時間を必要としたにもかかわらず(アザラシがあらわれたのはほんの一五〇〇万年前である)、その足をひれへと変化させることも流線形の体形を獲得することもなく、足指の間に発達させた水かきもほんのわずかなものにすぎない。どちらの集団も陸上と水中で生活している(図6)。

水生への回帰の周期性

陸生から水生への回帰ほど明確に再現し周期的に出現している現象はあまり存在しない(図7)。

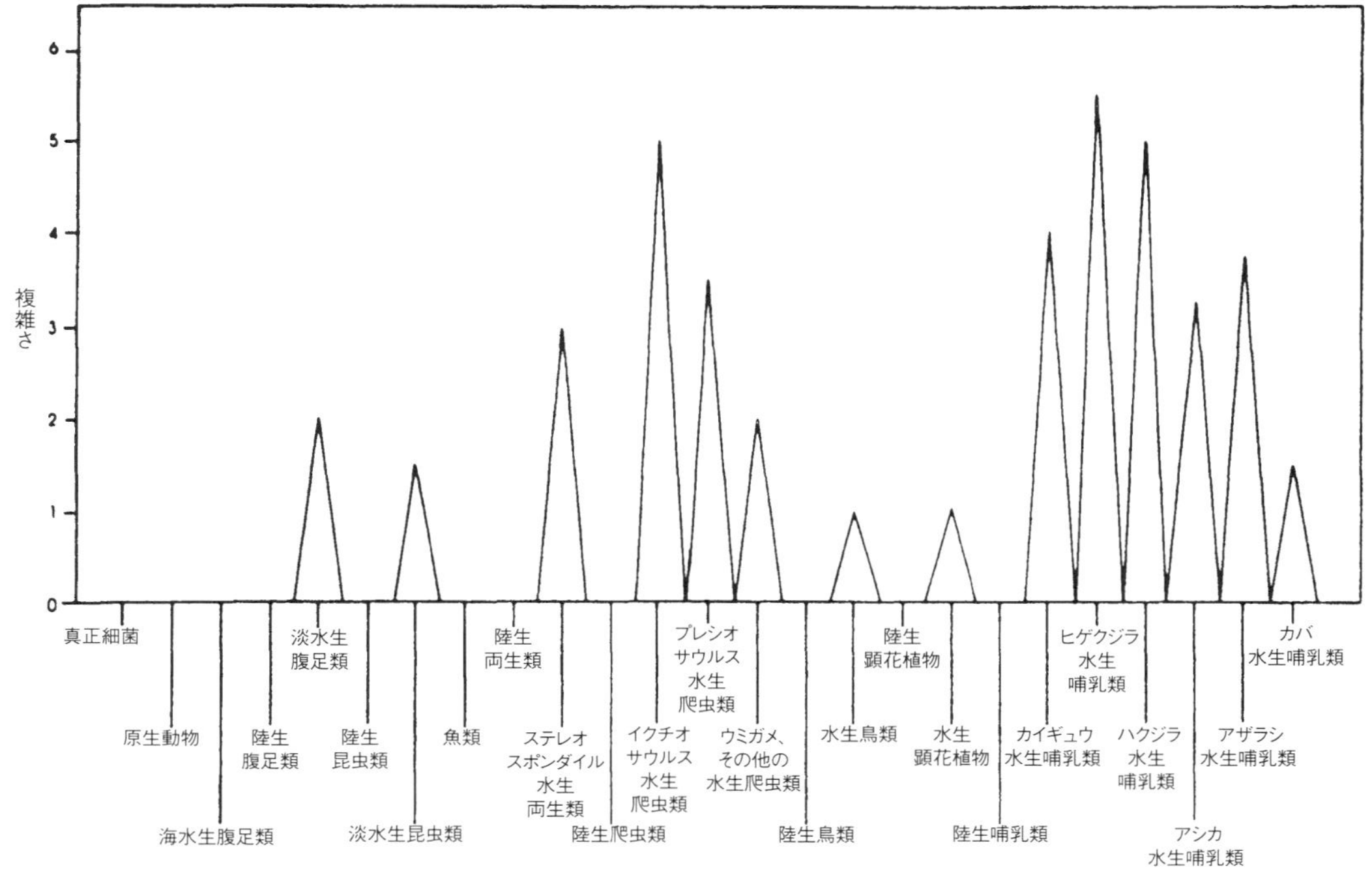

図7 周期的な水生への回帰。無脊椎動物は海水生あるいは淡水生からはじまったが、昆虫などのいくつかの綱は陸生になった。魚類のような初期の脊椎動物もまた海水生であったが、両生類からは陸生化に成功した。どちらの生物群でも陸生種が水環境へと回帰し、しかもその回帰は周期的に生起した。陸生の腹足類は水生へと回帰し、陸生の昆虫は淡水へと回帰した。陸生の両生類はステレオスポンダイルに変形して水生になり、陸生の爬虫類はイクチオサウルスとプレシオサウルスと呼ばれる海水生爬虫類に変化した。水生になった鳥類や顕花植物も数種存在する。周期性が特に明白なのは、カイギュウ、クジラ（ヒゲクジラとハクジラ）、アシカとアザラシとカバというそれほど近くはない複数の目に属する陸生動物が水へと回帰したことである。

❶――反復は次の例で明らかである。(a)腹足類や昆虫などの陸生無脊椎動物。(b)陸生の両生類と爬虫類はそれぞれ、ステレオスポンダイル、あるいはイクチオサウルスやプレシオサウルスとなった。(c)半水生になった陸生の鳥類。(d)同じく半水生になった顕花植物。(e)水へと帰った陸生哺乳類。真獣類の哺乳類には一六から一九の目が存在するが(分類法に依存する)、そのうちの四つの目で完全に水生となった種(クジラ、カイギュウ)と半水生となった種(アザラシとカバ)が見られる。

❷――周期性が明らかなのは、水生に至る変化が生じたのはほんのわずかの目、科、属であり、さらに、その変化は初期の無脊椎動物から最近の哺乳類に至るまで比較的規則正しい間隔で出現している、という事実による(図7)。

❸――水生に関連してこういった生物にあらわれる構造的変化と機能的変化は、その系統学的地位とは関係なく同じタイプになる傾向がある。さらにそれは、水の存在下で鉱物に生じる原子配列の変化にまでさかのぼることができる。

❹――構造的変化と機能的変化は一つの「パッケージ」として生じ、そのパッケージは無脊椎動物にも脊椎動物にも見られる。それは本質的に、次のような構成要素から成立している。――(a)流線型の体形。(b)潜水中は閉じることができるような肺につながる開口部。(c)血中に酸素をとり込む高い能力によって可能となった長時間水中に留まる能力。(d)サイズが縮小した脚、あるいはそれと同等の器官。(e)脚や足は、存在する場合にはひれへと変形するのが通常で、魚と同じ機能を持つに至った。(f)魚と同じ形の尾びれと背びれが、爬虫類と哺乳類に新たに形成された。(g)鳥類、アザラシ、カバのように全く異なる生物群で足指に部分的な水かきが形成された。(h)体を断熱している脂肪の厚い層。これは鳥類やクジラやその他の生物群で発達した。

❺――構造的変化と機能的変化は非常に急激に起こった。爬虫類と哺乳類では長期にわたって、連続的な中間段階の化石記録が存在していない。

❻――最も明確なのは、新たな器官が形成される場合である。脊椎の骨格が全く関与することなく生起したものさえ

存在している。クジラとイクチオサウルスの背びれは骨格なしに形成されたが、その形状と機能は、骨格が備わる魚類の背びれと同一である。この新しい器官は、他の構造的で機能的な「パッケージ」と同様、どこからともなく出現しているように思われる。つまり、その近縁種に先行する構造がない。

❼——水生生物から陸生へ変化したり、その反対に陸生から水生への変化が生じるためには、遺伝的な構成が変化する必要はない。これがあてはまるのは植物の場合である。同一の個体を二つに分割して、一方に陸生型の形態と機能を、他方に水生型の形態と機能を獲得させることができる。これはまたカエルの場合にもあてはまり、同じ動物が、その構造と機能を劇的に変化させることで、水生から陸生へと変化する。

❽——新しい器官の出現は数種の生物で詳細にわたって研究されている。カエル成体による「陸の征服」は、オタマジャクシの甲状腺ホルモンの血中濃度が一〇倍に増加することで達成される。この小さなホルモンは、尾の再吸収、鰓呼吸から肺呼吸への変化、筋肉形成をともなう完全な骨格系の形成、腸の再構成とその他の劇的な変化、といった一連の変形を引き起こす。このような出来事の連鎖は実験によって確かめられている。たとえば、カエル胚から甲状腺をとり除くとその変形は停止するが、成長は継続して、巨大なオタマジャクシとなる。また、このホルモンを投与することで、陸生型の構造と機能へ向けた元来の変化を復活させることができる(Fox, 1981; White and Nicoll, 1981)。このカスケードは現在、アフリカツメガエル *Xenopus laevis* を使って分子レベルでの研究が進んでいる。このホルモンはレセプタータンパクに直接結合することがわかっている。このタンパク質をコードする遺伝子はすでに特定され、クローニングされている。甲状腺ホルモンのレセプター遺伝子が生産するメッセンジャーRNAの量は、成体への変態が開始する前に急激に増加し、変態が完了すると減少する。さらに、甲状腺ホルモンの働きは、オタマジャクシのあらゆる組織における遺伝子発現を変化させる(Yaoita et al., 1990; Shi and Brown, 1990)。

❾——水もまたこのプロセスの要因である。サンショウウオ *Amblystoma* は、水生型の幼生と陸生型の成体を生じる。

この二つは、甲状腺ホルモンの投与によって互いに変形できる(Raff and Kaufman, 1983)とわかる前は、異なる種、あるいは異なる属にさえ分類されると考えられていた。水もまた、この変形を間接的に生起させることができる。水生型の幼生を乾燥した場所に移すと、陸生型の成体へと急激に変化する。水の減少は甲状腺ホルモンの増加につながる(Aron and Grassé 1939; Freeman, 1972)。

❿──水がキンポウゲ *Ranunculus* のような植物に与える決定的な影響はよく理解されている。その上部を水没させると、その葉は水生型の形状となる。しかし、上部を大気にさらすと、空中型の葉があらわれる。この化学物質の働きは、この器官を空中から水中へと移動させる正反対の実験によって確かめられる。幅広の葉の形成は止まり、再び深い切り込みの入った葉に置換されるのだ。ジベレリンのような植物ホルモンが、植物の頂端部と葉の原基との間の相互作用の要因であることが知られている(Dale, 1982)。

⓫──動物と植物における水中型から空中型への変形、空中型から水中型への変形は、外的要因つまり水と内的要因つまりホルモンによって条件づけられているように思える。ホルモンは、レセプタータンパク質に結合することで、全く異なる遺伝子発現のカスケードを開始させる。

第9章

有胎盤類と有袋類の周期的等価性

有胎盤類と有袋類は互いの「カーボンコピー」である

哺乳類は、白亜紀(一億三五〇〇万年から六五〇〇万年前)に二つの生物群に分離した。胎児を育児嚢に入れる有袋類と、胎児を母体内に留めておく有胎盤類である。最も古い有袋類の化石は七五〇〇万年前のものである。すべての有胎盤類はそのあとに出現したと考えられている。現生する目のほとんどは、約五〇〇〇万年前に確立した(Halstead, 1978; Macdonald, 1984)。

この二つの生物群がきわめて似ていることは繰り返し指摘されている。しかし、この発見が周期性の観点から検証されたことはない。それは、類似性が内的に協調する細胞プロセスの結果として見られることがなかったからなのかもしれない。この関係を解釈する際のもう一つの難しさが、有袋類と有胎盤類は別々に進化しただけではなく、大陸も気候も異なる条件で進化したことである。オーストラリアのように、ほとんどの植生も違っているのだ。

似たような種類が、種、属、科、目のレベルで見られる。等価性は、食肉類、霊長類、齧歯類、皮翼類、食虫類、貧歯類、奇蹄類、偶蹄類といった目で見られる（表1）。

化石から得られた証拠から、周期性の現象はすでに明らかになっている。サーベルキャットやサーベルタイガーの上顎の犬歯は、口の側から突き出すほど長かった。彼らは、獲物に噛みつく前に下顎を九〇度に広げなければならなかった。そのような歯は一度ばかりではなく、幾度も独立して有胎盤類に出現している。よく知られているのは、スミロドン*Smilodon*とユースミルス*Eusmilus*である。さらに、有胎盤類と実質的には同一な有袋類のサーベルタイガーであるチラコスミラス*Thylacosmilus*の化石が残存している。その上顎犬歯の形状は同一で、同じ時代に生息し、同じ肉食性であった（図1）。

ライオンでも同様に、現生種であるライオン*Panthera leo*（有胎盤類）とフクロライオン*Thylacoleo carnifex*（有袋類の化石）という等価種を挙げることができる。有袋類のライオンには強力な犬歯が備わっていて、その体や頭部がライオンと類似していた。その体は狩猟行動に適し、肉食性であった。肉食性では他に、ハイエナやオオカミ、ヤマネコに等価性が見られる。中でもカワウソは最も興味深い。水中でのユーラシアカワウソ（有胎盤類）とミズオポッサム（有袋類）の習性は同じである。泳法や補食法が似ていて、水中では両者ともにある器官を閉じることができる（表1）。

霊長類でも、数種のオポッサムに類似するサルが見つかっている。また齧歯類の場合でも、形態や習性からでは有袋類のネズミと区別するのが難しい有胎盤類のネズミが数種存在する（第12章、図1）。

最も顕著な等価性は、ムササビで見られる。ウロコオリス（有胎盤類）とフクロムササビ（有袋類）は同じタイプの皮膜を持ち、同じように上手く滑空する（図1）。

滑空する哺乳類は皮翼類にも見られる。フィリピンヒヨケザル（有胎盤類）とフクロモモンガ（有袋類）は同じタイプの皮膜を持ち、同じように上手く滑空する。

有胎盤類			有袋類		
目	科	種	種	科	目
食肉類	—	スミロドン *Smilodon*(化石)とユースミルス *Eusmilus*(化石)	有袋類サーベルキャット、チラコスミラス *Thylacosmilus*(化石)。上顎犬歯は有胎盤類サーベルキャットと同じ形をしている。有袋類サーベルキャットは有胎盤類のものと同時期に生息し、同じ肉食性であった。	—	
食肉類	ネコ科	ライオン *Panthera leo*	フクロライオン *Thylacoleo carnifex*(化石)。突き刺し切り裂く大きな歯、ライオンのような形の体と頭を持ち、狩りと肉食に適していた。	フクロライオン科	
食肉類	ハイエナ科	ブチハイエナ *Crocuta crocuta*	フクロハイエナ(ボルヒエナ) *Borhyaena*(化石)。ハイエナに似ている。	ボルヒエナ科	
食肉類	イタチ科	ユーラシアカワウソ *Lutra lutra*。水生で、ほとんどの種の足には水かきがあり、前足や口で補食し、甲殻類や魚を食べ、水中では耳と鼻孔を閉じる。	ミズオポッサム *Chironectes minimus*。水生で、後肢には水かきが備わり、後肢で泳ぎ、前肢は捕食に使用、主に甲殻類と魚類を摂食し、水面下では育児嚢は閉じる。	オポッサム科	
食肉類	イヌ科	タイリクオオカミ *Canis lupus lupus*	フクロオオカミ *Thylacinus cynocephalus*。全体的な形態はオオカミに似て、肉食性。	フクロオオカミ科	
食肉類	ネコ科	ヤマネコ *Felis silvestris*	タスマニアデビル *Sarcophilus harrisii*。ネコに似て、強力な顎と鋭い歯を持つ。肉食性。	フクロネコ科	
霊長類	メガネザル科	スラウェシメガネザル *Tarsius spectrum*。樹上生活、眼は正面を向き、顔は平らで尾は長い。	セジロウーリーオポッサム *Caluromysiops irrupta*。樹上生活、正面を向き突出した眼、顔は霊長類に似る。長い尾。	オポッサム科	
霊長類	オマキザル科	クロクモザル *Ateles paniscus*、尾はもう一本の腕のように物を掴むことができる。	シロミミオポッサム *Didelphis albiventris*。尾はもう1本の腕のように物を掴むことができる。	オポッサム科	有袋類
齧歯類	ネズミ科	ハツカネズミ *Mus musculus*	有袋類のネズミ(ネズミクイ *Dasycercus cristicaudata*)。体形と習性が似ている。この科に属する種の多くは有胎盤類のネズミに似ている。	フクロネコ科	
齧歯類	ウロコオリス科	ウロコオリス *Anomalurus peli*。前肢と後肢の間に皮膜を張り、上手く滑空する。	フクロムササビ *Petauroides volans*。前肢と後肢の間に皮膜を張り、体構造の解決策と滑空の効率性は有胎盤類と同一である。	リングテイル科	
皮翼類	ヒヨケザル科	フィリピンヒヨケザル *Cynocephalus volans*。上手く滑空することから「空飛ぶキツネザル」とも呼ばれる。前肢、後肢、尾の先端の間に皮膜を持つ。	フクロモモンガ *Petaurus breviceps*。前肢と後肢の間に皮膜を張り、体構造の解決策と滑空の効率性は有胎盤類と同一である。	フクロモモンガ科	
食虫類	モグラ科	ヨーロッパモグラ *Talpa europaea*。地下生活、円筒状の体で昆虫や蠕虫を食べる。鼻先は長くて無毛、眼は皮膚によって被われ、外耳はなく、尾は短い。	フクロモグラ *Notoryctes typhlops*、地下生活で、昆虫を食べ、掘削に手を使い、鼻先には角質性の保護層があるが、眼と外耳は存在しない。尾は短い。	フクロモグラ科	
食虫類	トガリネズミ科	ヨーロッパトガリネズミ *Sorex araneus*。	ファスコゲール *Phascogale calura*。その鼻は円錐形で長く、食虫性で、外見と習性はトガリネズミに似る。	フクロネコ科	
貧歯類	アリクイ科	ミナミコアリクイ *Tamandua tetradactyla*。鉤爪のついた指で地面を掘り、長細い舌でアリやシロアリを食べる。	フクロアリクイ *Myrmecobius fasciatus*。鉤爪のある指で穴を掘り、長細い舌でシロアリを食べる。	フクロアリクイ科	
奇蹄類	サイ科	クロサイ *Diceros bicornis*	有袋類のサイ、ディプロトドン *Diprotodon*(化石)、体長3メートルで、有胎盤類のサイと同じサイズ、同じ体形、同じ習性の草食動物。	ディプロトドン科	
偶蹄類	イノシシ科	イノシシ *Sus scrofa*	ブタアシバンディクート *Chaeropus ecaudatus*。偶蹄類のように、前足で機能する指は2本のみで、一対の足裏を形成している。	バンディクート科	

表1　有胎盤類と有袋類の等価性

モグラとフクロモグラは、周期性現象の古典的な一例としてみなすことができる。この二つの種は、地下生活で食虫性、その体は円柱状で眼と耳は退化しており、こういったことから同じ構造と機能が平行して生起したことの典型例となっている(図1)。

構造的な特徴や機能的な特徴が「カーボンコピー」である動物としてはさらに、トガリネズミやアリクイ、サイ、イノシシを挙げることができる。

一 サーベルタイガーとアリクイの出現にともなう構造と機能の一貫したパッケージ

肉食の有胎盤類と有袋類とで生起した上顎犬歯の巨大化は、構造的にも機能的にも独立した出来事ではなかった。一連の変化が、サーベルタイガーの頭蓋骨と顎骨で同時に生起したように思える。(1)顔はつねに短い。(2)首の筋肉が強力。(3)下顎が大きな角度で開く。(4)犬歯は後方にカーブし、尖端がのこぎり状になっている。(5)顎には強力な筋肉が備わっている。それに加えて、これらの動物は肉を消化することができ、体形が類似している(Savage and Long, 1986)。

アリクイは、単孔類、有袋類、有胎盤類で出現している。これらの三つの異なる生物群にも、次のような共通点がある。(1)長い鼻、(2)小さな眼、(3)長い舌、(4)退化するかあるいはなくなってしまった歯列、(5)前足の大きな鉤爪、(6)アリの蟻酸に対抗する消化酵素。例としては、ハリモグラ *Tachyglossus*(単孔類)、オオアリクイ *Myrmecophaga*(有胎盤類)、センザンコウ *Manis*(有胎盤類)、フクロアリクイ *Myrmecobius*(有袋類)がある。

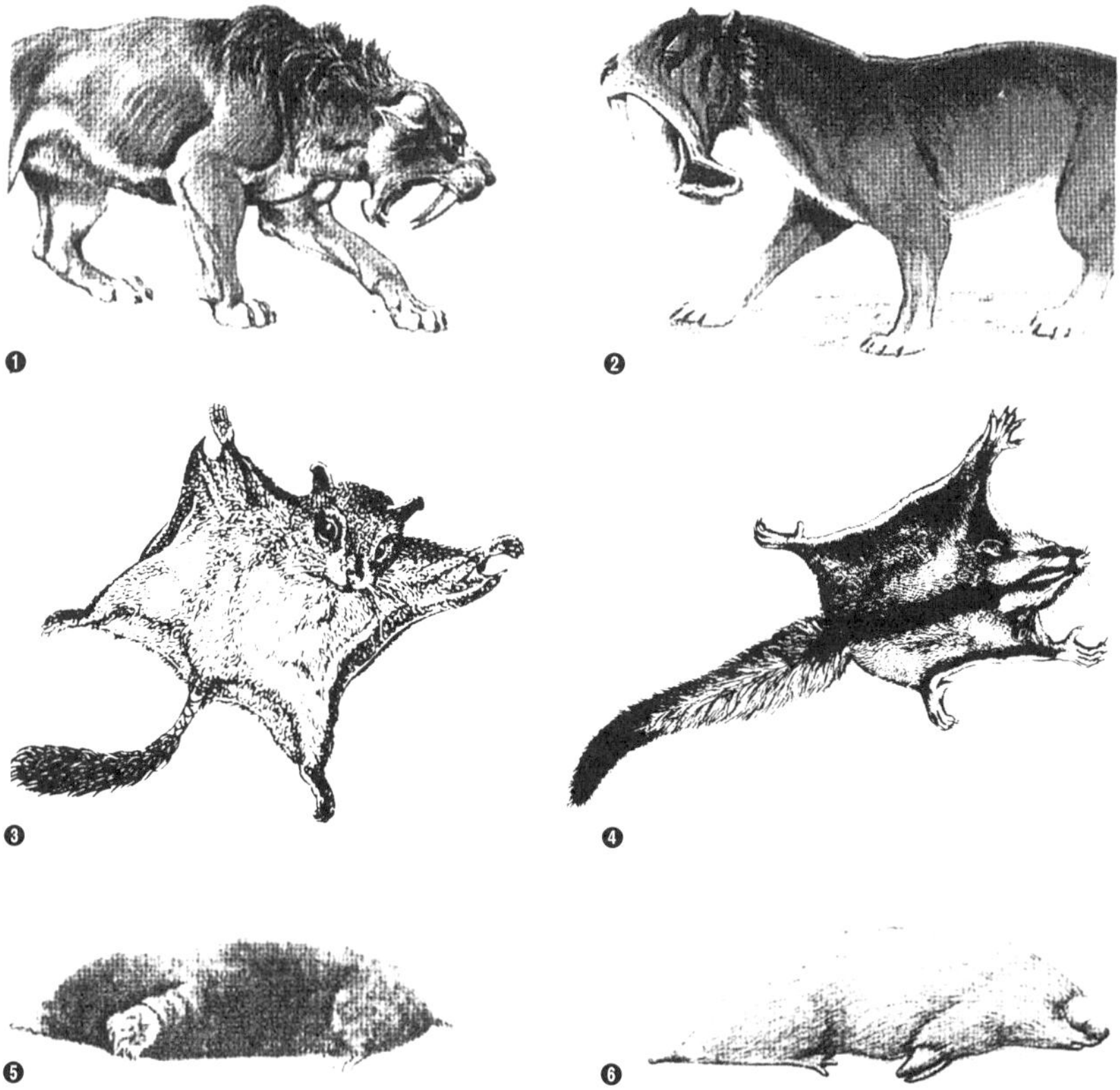

図1　有胎盤類と有袋類の「カーボンコピー」数種。❶サーベルタイガー、スミロドン *Smilodon*（有胎盤類）。❷サーベルタイガー、チラコスミラス *Thylacosmilus*（ジャガーと同サイズの有袋類）。❸オオウロコオリス *Anomalurus peli*（有胎盤類）。❹フクロムササビ *Petauroides volans*（有袋類）。❺ヨーロッパモグラ *Talpa europaea*（有胎盤類）。❻フクロモグラ *Notoryctes typhlops*（有袋類）。第12章の図1（p.155）も見よ。

滑空種で反復した同一の構造と機能のパッケージ

滑空することのできる有胎盤類と有袋類は次のような特徴を持っている。(1)四肢の間の皮膚で形成される大きな皮膜。(2)皮膜は首と体側に付着する。(3)皮膜は指とつま先まで広がる。(4)皮膜はさらに尾部全体あるいはその一部まで広がる。(5)皮膜には毛衣がある。(6)皮膜は長方形である。滑空には皮膜に加え、次の条件が必要となる。(1)適切な筋肉、(2)適切なエネルギー量、(3)神経系による調整。彼らの中には一〇〇メートルもの距離を効率的に滑空するものもいる。

滑空能は、第三紀に、有袋類の三つの科で独立して進化した。つまり、リングテイル科のフクロムササビ *Petauroides volans*、フクロモモンガ科のフクロモモンガ *Petaurus breviceps*、ブーラミス科のチビフクロモモンガ *Acrobates pygmaeus* である(Macdonald, 1984)。これらの動物を有胎盤類のモモンガやヒヨケザルと区別することは、実質的にはほぼ不可能である。

周期性はほとんどの性質に影響をおよぼす変化の結果である

有胎盤類を有袋類と比較すると、体の構造と機能はほとんどすべて、その「等価性」の成立に関与していることがわかる。そこには少なくとも、以下のような構造が含まれている。(1)体形、(2)体サイズ、(3)骨格の特徴、(4)筋肉の付着部位、(5)頭蓋骨の形状、(6)口の形状、(7)舌のタイプ、(8)歯のタイプ。さらに、少なくとも以下のような機能が含まれている。(1)眼の位置、(2)眼の縮小、(3)眼の突出、(4)摂食様式、(5)摂食対象、(6)消化機能、(7)筋肉の強さ、(8)走る能力、(9)滑空能力。顕著ではないものの、これら以外の構造や機能にも、含まれるものがあることは明らかであろう。

我々は本質的に、哺乳類における擬態を見ている。異なる目に属している昆虫が全く同じに見えることがあるが、有袋類と哺乳類はそれと同じくらい似ているのだ（第12章の図1 p.155を見よ）。似た昆虫は普通同じ区域に共存しているのに対し、有胎盤類と有袋類が重複した区域に生息することはほとんどない。彼らは大概異なる大陸に住み、通常は食料や生態的ニッチを争ったりすることはないため、擬態という用語を使うのは控えている。しかし、生物学的な解決法は同じなのである。哺乳類は、昆虫と同じく互いを擬態する。「等価性」は、同一の内的な周期性の産物として見ることができる。

第10章 周期的高等知能

高等な知能の周期的な出現

奇妙に思われるかもしれないが、知能そのものは周期的に出現している。知能はほとんど関係のない生物群で見られるし、ある特定の環境に関係することもないが、ある時間間隔をおいて出現している。たとえば頭足類を考えてみよう。頭足類は軟体動物が持つ構造と機能の基本的なパターンに沿って構成されている。そのパターンは一方では、二枚貝や巻貝のような単純な動物を生じるし、他方では非常に複雑な行動パターンに通ずることもある。数種の頭足類は、学習する能力を備えていたり、ある種の仕事をするように訓練することができる。こういった能力は、数種の鳥類や哺乳類の場合と同じように発達する。訓練を受けたタコは幾何図形を区別することができる。ある幾何図形が同時に表示され、報酬（たとえば餌としてのカニ）が与えられたり、間違えた場合には電気ショックが与えられたりする。これは、イヌやその他の哺乳類を対象におこなわれるのと同じタイプの実験である。タコの脳と脊椎動物の脳には共通して、短期記憶と長期記憶という特別な特徴がある（図1）（Russell-Hunter, 1979; Wells, 1983）。

タコが、訓練を受けた他のタコを見ることで仕事をするようになるかどうかを調べるために、マダコ *Octopus vulgaris* を使った実験がおこなわれた。この現象は哺乳類ではよく確認されている。訓練を受けていないタコに、形とサイズが同一で色の異なる二つの刺激を見分けるように訓練されたタコの選択を視覚的に観察させた。訓練を受けたタコの行動を一度見たタコは、その先輩が選びだしたものと同じ対象を選択できるようになった。観察による学習は、どのような対象を選ぼうとも生じた（Fiorito and Scotto, 1992）。頭足類はその脳に巨大軸索を持っている。ヤリイカ *Loligo* には巨大な神経繊維が存在して、非常に大きな三種の軸索からなる複雑なシステムが形成されている。その伝導速度は秒速五〜二五メートルである（Bullock and Horridge, 1965; Katz and Miledi, 1966; Withers, 1992）。

他の無脊椎動物にも、同様の高等な知能を示す集団がある。ハチやアリ、シロアリは社会性昆虫であり、ハチ目とシロアリ目という二つの目に属している。彼らは、

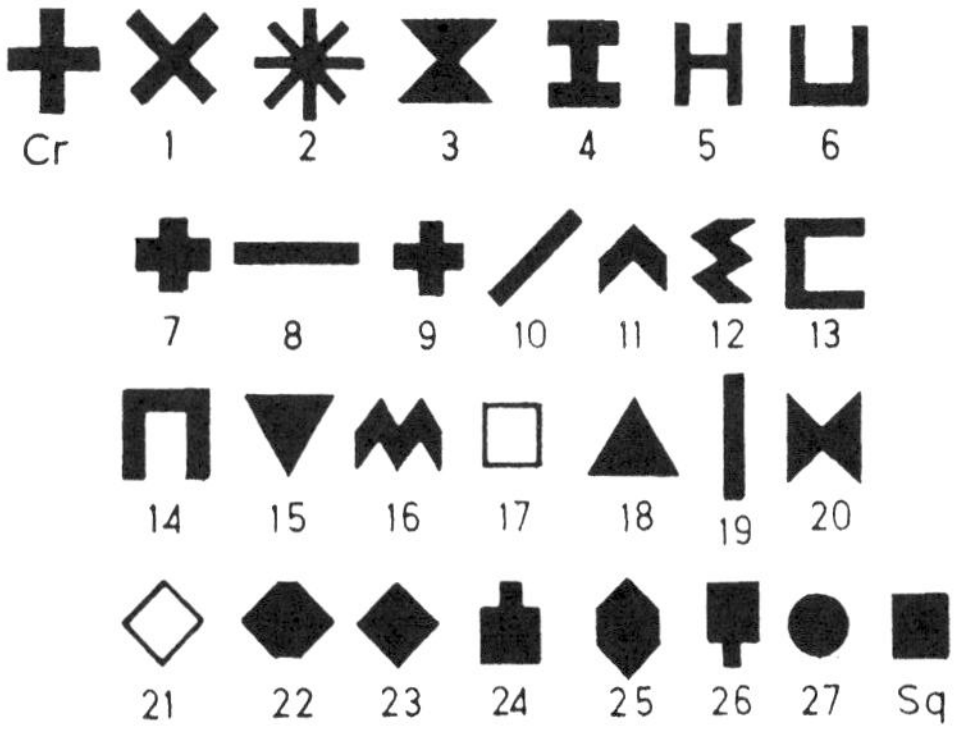

図1　タコは上に挙げた29種の形を、視覚によって識別することができる。タコは、十字形（左上）と四角形（右下）、そして27種の中間的な形を識別するように訓練することができる。指示した記号の1つを攻撃したタコには、報酬として餌を与えた。タコが成功した順を数字であらわしてある。このことから、十字形に近ければ成功する確率が高く、四角形に近ければ失敗する確率が高くなることがわかる。
Source: Wells, 1983

(1)高度に組織化された社会や、(2)非常に明瞭な言語を発達させており、(3)方言が存在し、(4)受精に差をつけることによって子孫の運命を決定し、(5)真菌を栽培することで農業をおこない、(6)人間が乳牛を飼育してミルクを集めるのと同様に、アブラムシのような他の種を飼養し、その糖質の生産物を利用する。それにもかかわらず、彼らは哺乳類と直接的な関係を持つわけではないし、その脳は少なくともわれわれの一〇〇万分の一程度にすぎない(図2)。

ヒトの雄の脳の重さは一四〇〇グラムが平均で、少なくとも一〇〇億の細胞から構成されているが(Changeux, 1985)、昆虫の脳は一ミリグラムから一マイクログラムである。トビイロケアリ*Lasius niger*の場合、その全体重は約〇・六ミリグラムであり、その脳細胞の数は約一万程度であると考えられている。その差は、これ以上ないほど非常に大きなものである。

ミツバチは、象徴的な言語でコミュニケーションするヒト以外の唯一の生物であるとされている(Dreller and Kirchnert, 1993)。さらに、ハチやアリは鳥のように天文航法を利用することが知られている。彼らは様々な精度で、太陽の動きとその地平線との関係を理解する。このタイプの航法は、太陽の動きが時刻や日付、年、地理的な緯度に依存するため、非常に複雑なプロセスである(Wehner and Müller, 1993)。

頭足類が海に生息していることは、指摘しておいた方がいいかもしれない。社会性昆虫や哺乳類は陸上に住み、全く異なる地質年代に出現している。

他の周期的な機能と同じく、高等な知能は必ずしも近縁種で見られるわけではない。チンパンジーやゴリラはヒトに最も近い種であるにもかかわらず、イルカほど知的ではない。スズメバチやミツバチの場合にも、社会的な行動を示さない近縁種が存在する。ヒンデによれば、社会的な組織は、ミツバチ、スズメバチ、アリで独立して一一回、他の昆虫目(シロアリ)で一回だけ進化している(Hinde, 1981)。

その他にも多くの機能が周期性を示しているが、それらはあまり重要ではないし、情報も多くはない。

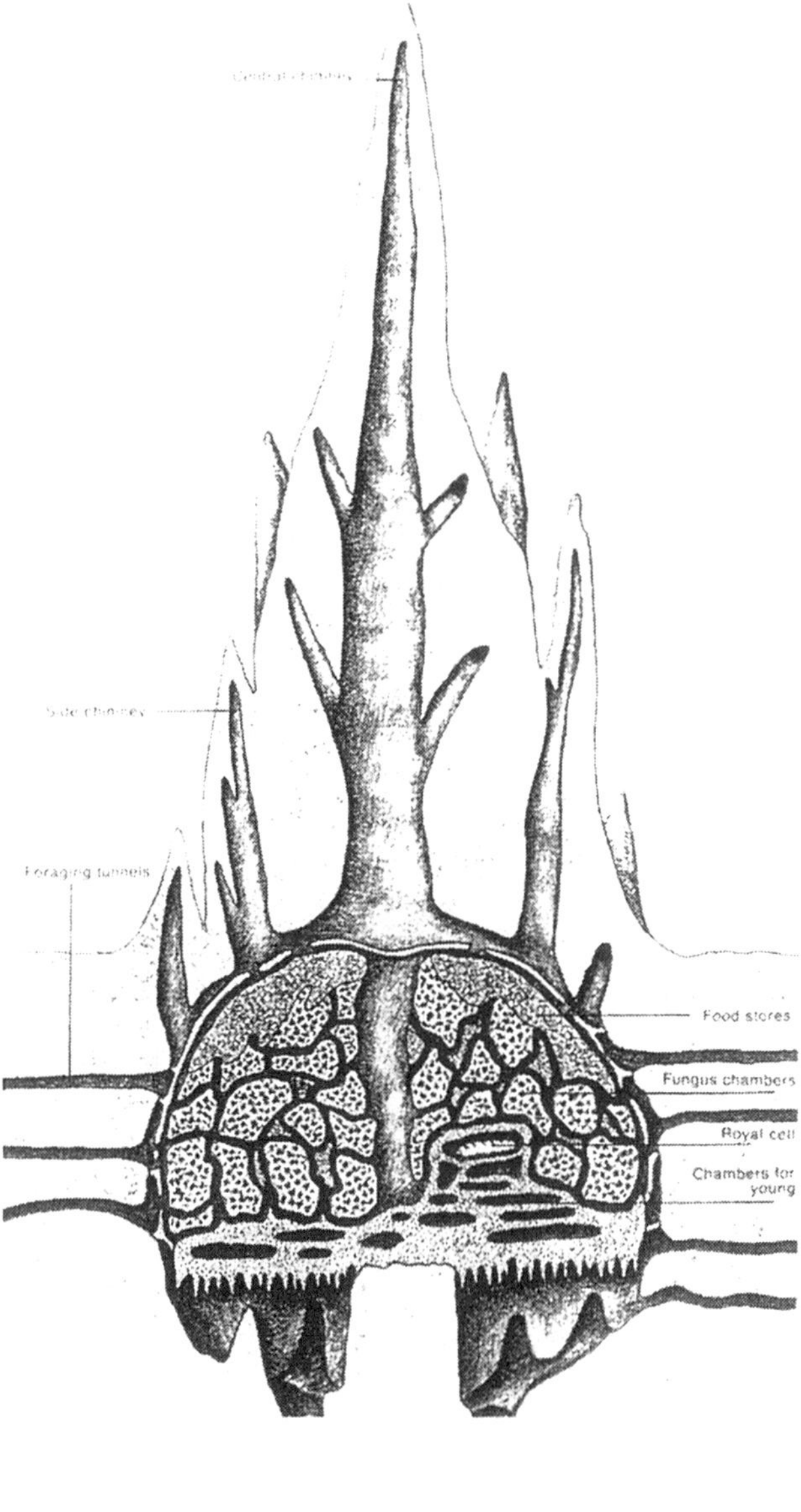

図2　シロアリの巣の複雑さはこの断面図から明らかである。中央の煙突は温度を一定に保つ換気坑である。日中と真夜中では、外界は13℃も変化するが、内部の温度には影響を与えない。その他の区画は、通路、食料備蓄、真菌を栽培する小室、女王室、幼虫のための部屋として機能している。
Source: Pope, 1986

III

物質とエネルギーに内在する秩序は、いかにして生物の周期性へと続く道を切り開いたか

第11章

生物進化に先行した三つの進化

太陽系の構造の秩序

プレスとシーバーは、太陽系で起こっている「驚くべき秩序」に注目した(Press and Siever, 1982)。それは次のようなものである。

❶――惑星は太陽の周囲を同一方向に、かつ、ほぼ同一の平面上を公転する。

❷――惑星の衛星はほとんど、同一方向に公転する。

❸――惑星の軌道はすべて楕円形であり、しかもほぼ円形である。

❹――惑星は、公転と同様に同一方向に自転する。その数少ない例外は金星と天王星である。

❺――惑星と太陽との距離は、一つ内側の惑星からの距離の約二倍である。これがティティウス・ボーデの法則である。

❻——太陽の質量は、太陽系全体の九九・九％を占める。しかし、角運動量（回転する物質の質量に関連した回転速度）の九九％は大きな惑星に集中している。

❼——水星、金星、地球、火星のように内側にある惑星は、小さくて岩が多く、密度が高い。一方、木星、土星、天王星、海王星のように外側にある惑星は、密度の低い、巨大なガス体である（表１）。

原子と太陽系の構造の類似点と相違点

ニールス・ボーアは、一九一三年に原子の構造を明らかにした時にそれを太陽系のミニチュアになぞらえたが、それはその当時かなり乱暴な単純化であった。現在では、これをもっと明確に示す証拠がある。原子核と電子雲の質量比と、太陽とその惑星系の質量比の間には相関関係があるのだ。原子核は原子の質量の九九・九五％を、電子雲は〇・〇五％を占める。太陽系全体では、九九・八五％を太陽が、〇・一五％を惑星が占めている（Jaffe, 1988）。

この二つのレベルの間にある主要な相違は、惑星がほ

出来事	億年前
宇宙の起源	150±40
太陽系の形成	46
最初の自己複製系	35±5
原核生物と真核生物の分岐	18±3
植物と動物の分岐	10
無脊椎動物と脊椎動物の分岐	5
哺乳類の放散開始	1

表1　自律進化の主な年代
Source: Based on data from Doolittle et al., 1986

ぼ一つの平面上にある楕円軌道を描くのに対し、電子は密度の高い領域とそうでない領域とがある特定の形状の軌道を運動する点にある。さらに、電子の運動と組み合わせには制限があり、このプロセスでは、電子はフントの規則と呼ばれる充分に解明された法則に従っている（図1）。

太陽を周回する惑星の間には、他の天体が位置することができる。これは核の周囲をまわる電子にはあてはまらない。離散的な軌道がいくつか許されているにすぎない。ボーアによる原子の惑星モデルでは、電子は特定の軌道に存在し、たとえ位置を変えたとしても二つの軌道の中間には決して存在しえない。原子が扱うことができるのは、量子と呼ばれている特定のサイズのエネルギーだけなのである（Von Baeyer, 1992; Asimov, 1992; Masterton and Hurley, 1993）。

―素粒子の自律進化を支配する原理

自律進化（autoevolution）とは、物質とエネルギーに内在する変形プロセスである（Lima-de-Faria, 1988）。

自然が利用するのは一対のクォークと一対のレプトンだけであって、それが明確に定義された様式で結合することで、われわれの世界は構成される（Mulvey, 1979 ; Von Baeyer, 1986）。これは、現在のところ素粒子がクォークとレプトンという二群に分類できるという事実にもとづいている。電子はレプトンである。より大きな粒子は、それが対になったり集団になったりすることで形成される。この種の進化にはある制限が課せられている。たとえば、自然界には左巻きのニュートリノしか存在しない。電子と他の素粒子との関係にも制限はある。このことから電子はランダムに運動できないし、特定の運動の中でランダムに周回することしかできないし、特定の数の決まった軌道を周回することしかできない。その軌道は、特定のエネルギーに相当する（図1）（Amaldi, 1966）。

現在までに知られている二〇種の素粒子のうち、安定なのは光子、電子、ニュートリノ、陽子の四つにすぎない。

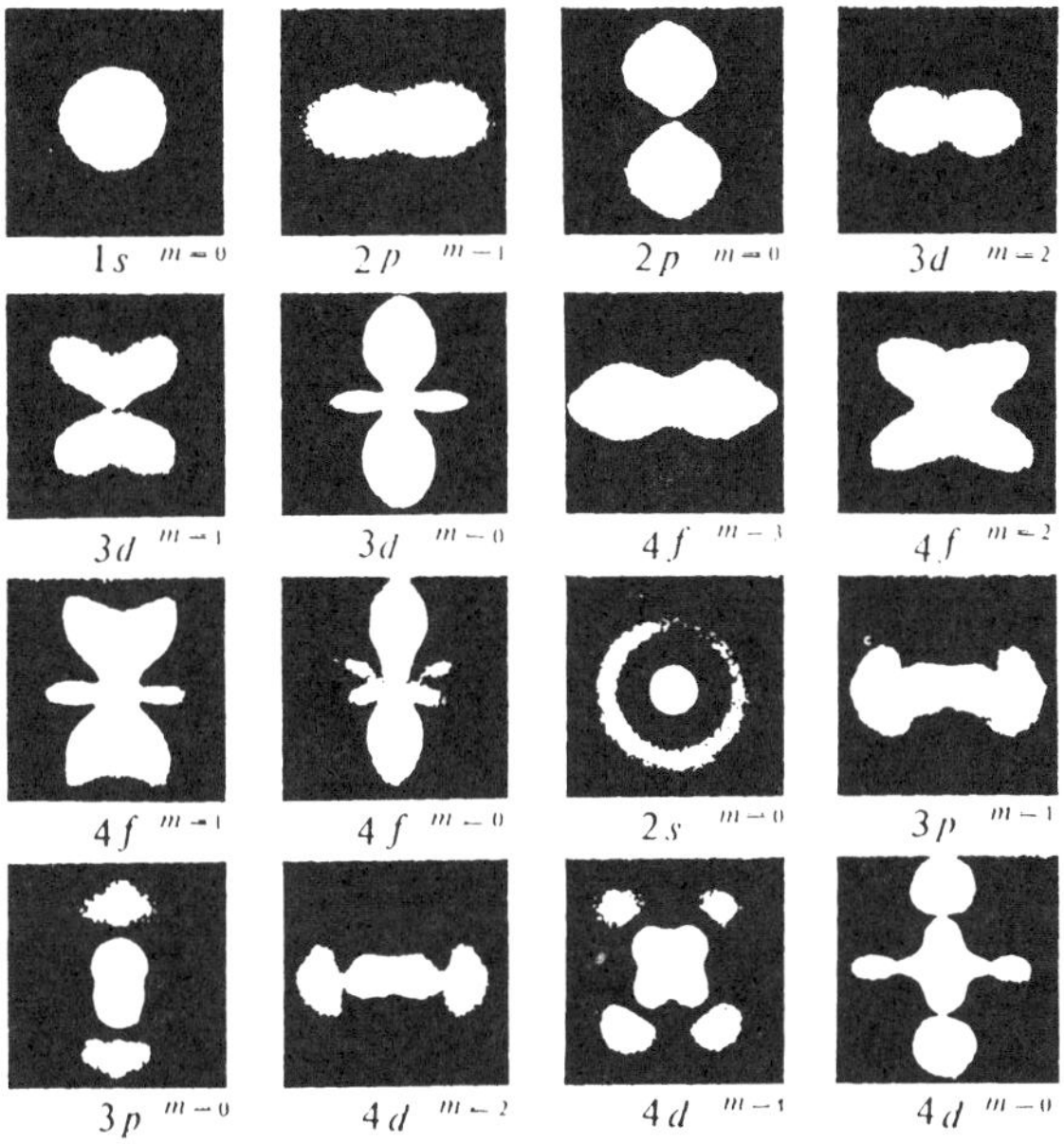

❶

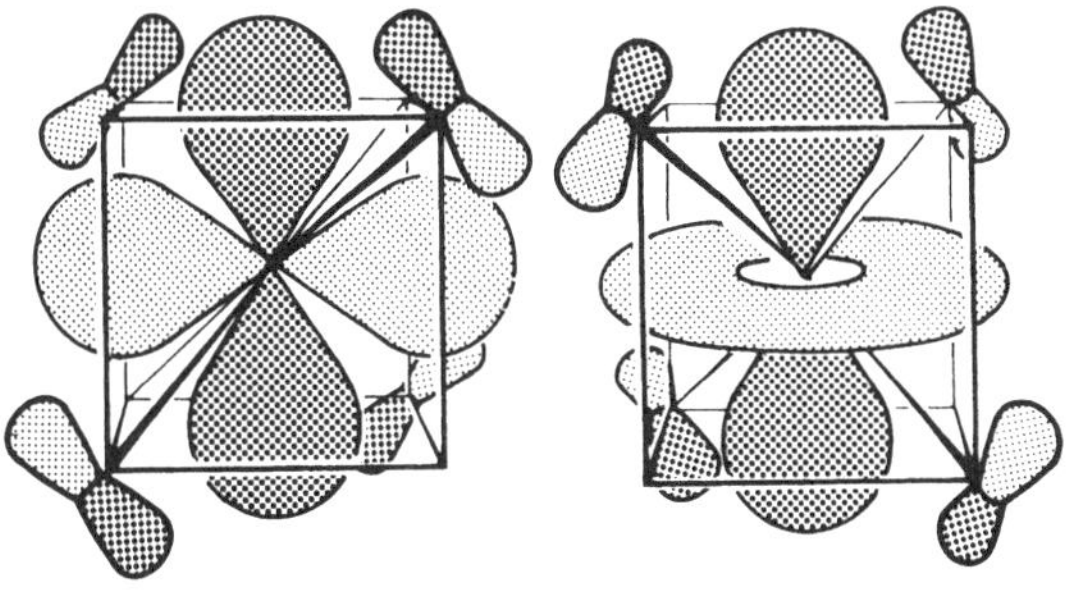

❷

図1　同一の原子の様々な状態の時に生じる電子雲の形状。❶様々な状態にある異なる水素原子の電子雲の空間分布。❷テトラヘドロン（四面体）で結合したリン原子と酸素原子の電子雲の重なり。
Source:（1）Vainshtein et al., 1982（2）Cruickshank, 1961（3）Saenger, 1988

他の粒子はすべて、最終的にはこれらの粒子へと崩壊する(Pitt, 1988)。これはいわば、素粒子レベルですでに生じている自己集積あるいは自己離散である。陽子はクォークが自己集積することで生成され、中間子は他の要素へと自己離散する。さらに、宇宙形成はゆっくりとした連続的なプロセスではなく、むしろ急速で唐突な出来事であったことがわかっている(Weinberg, 1977)。

現在の素粒子物理学が明らかにしてきたことであるが、素粒子にはそれ自身の進化があり、この進化がすでに内包する制限によって、そのプロセスは定向化されることとなった。新たな粒子が形成されると、そこには構造と反構造が含まれ、それは対称性の原理に従っている。生成されるバリエーションは主に組み合わせに由来し、連続的なものではない。

素粒子にはもっと高度な秩序が存在している、ということが今では知られている。この秩序が従う原理は、原始的なレベルにおいて、後のすべての進化の方向を決めた規則と誘導であることから、「自律進化」という用語をあてる(Lima-de-Faria, 1988, 1991b)。

化学元素の進化

現在までに知られている化学元素は一〇〇種をわずかに超えていて、その構造や性質は水素元素を単一の基本形式とし、その起源としている(図2)(Bynum et al., 1981)。水素は、宇宙形成にともなって、主にクォークから生成した。そしてヘリウムは水素を起源とする。炭素は生物の鍵となる元素であるが、その起源はまた別のものである。炭素原子は、星の内部で三つのヘリウム原子から形成された(Von Baeyer, 1986)。

ヘリウムは現在、地球の表面で無機物(鉱物)が放射性崩壊を起こすことによって形成され続けており、形成された

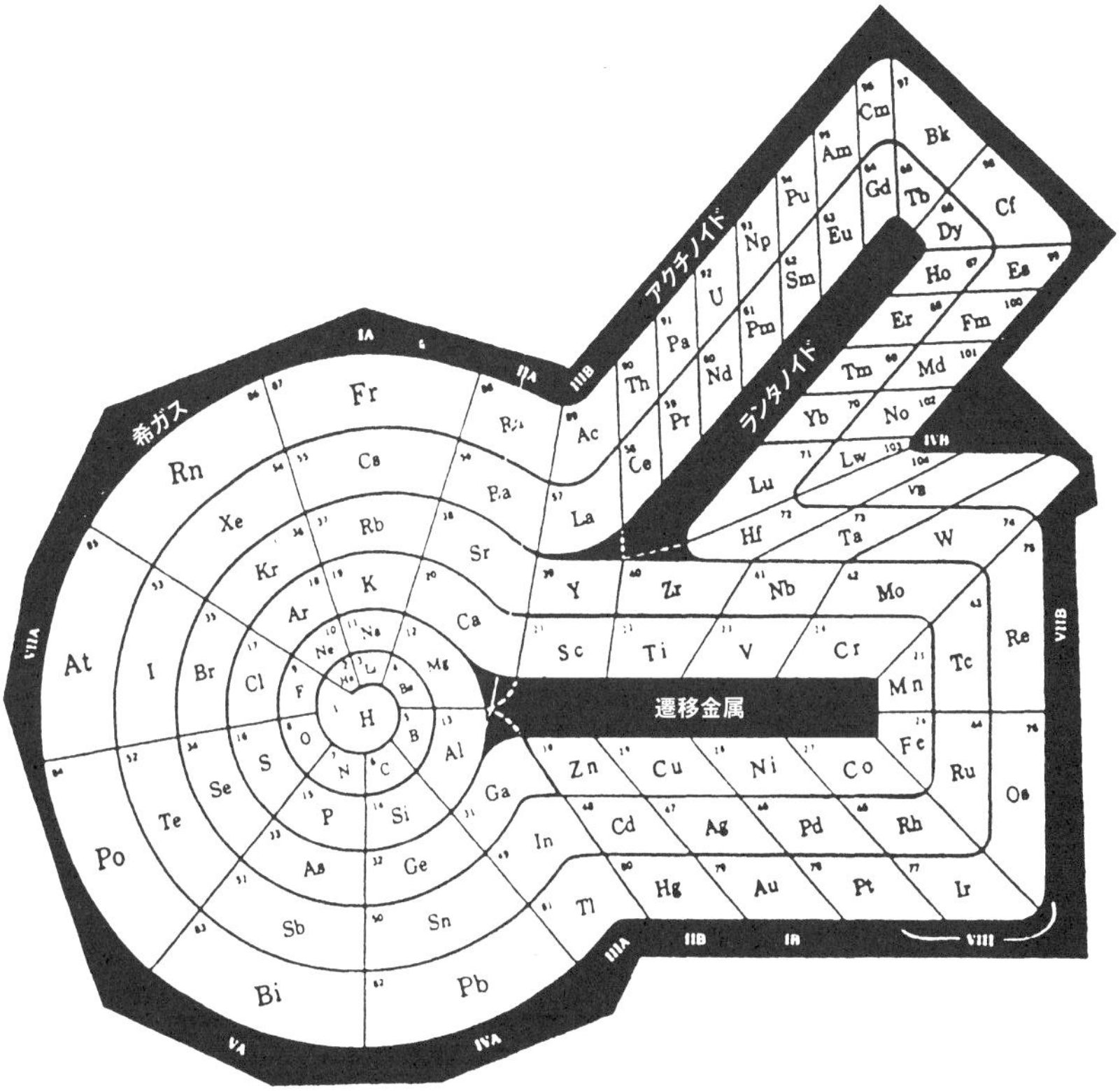

図2　らせん表形式で表現した化学元素の周期性。この図は、ほとんどの元素の性質には厳密な周期性が存在していることを示しているが、それと同時に、特にアクチノイド、ランタノイド、遷移金属で見られるように、その周期性からの部分的な逸脱も明らかにしている。この表を第1章の図1（p.027）と比較せよ。

Source: Benfy, 1964; Jaffe, 1988

のちに大気中に放出されている。水素はまた、水分子が成層圏（一一万メートル）上空で分解されるという光化学的なプロセスの産物としても、新たにつくられている。水素はまた太陽でもつくられていて、太陽風の主な構成要素となっている（Allen, 1984）。

放射能の発見以来、元素が他の元素へと変形しうることは充分に理解されている。しかし、あらゆる種類の変形が可能というわけではない。元素は新しい不定な構成へと変形するのではなく、安定した状態やのちに安定する遷移状態へと変形する。アルミニウムの原子核にアルファ粒子を当てると、陽子が放出されて安定したシリコンの原子核になる。炭素と窒素の変形の場合のように、他の元素へと変化した元素は、エネルギー状態が許せば元の元素へと戻ることができる。

このように化学元素の進化とは、元素は水素に由来し、電子、陽子、中性子が様々な様式で組み合わさることによって形成された、ということである。組み合わせが可能なのは元素の変形プロセスに備わる秩序のためであって、その結果、元素の数は一〇六種というわずかなものになった。元素は、自己集積や自己離散というプロセスによって他の元素へと変形できる。しかし、可能なのは特定の組み合わせに限られるため、いくつかの制約が存在する（Segrè 1980; Asimov, 1992）。重要な要因は構造自体のエネルギー状態だろう。エネルギー状態が元素の変形を決めるのだ。この点は特に、進化における生物の構造の安定化を理解するためには重要である。

化学元素の電子が、形成しうる鉱物の種類をコントロールした

急速に発展した結晶化学は、重要な結論にたどり着いている。その結論とは、原子核の構造が宇宙に存在する化学元素の種類の総量を決定したのに対して、形成しうる鉱物（無機物）の種類をコントロールしたのは原子の中の電子の構

造である、ということである。原子核の安定性は陽子と中性子の性質に依存するのに対し、結晶の安定性は電子が担う化学結合に依存する(Jaffe, 1988)。

安定な化学元素は一〇六種あるが、地殻の九九・九八%を占めているのはそのうちのほんの一八種で、そのためその一八種は鉱物の中でも最も豊富なものである。その一八種はすべて、周期表の最初の四列を占めている(Dickerson and Geis, 1979)。このことは、原子の内的な性質の規定の下での鉱物の形成には強い制約が存在する、という見解と一致する。

結晶の性質はそれを形成する原子の性質が決定する

ポーリングは、結晶中の原子間結合は五種類の結合の産物であり、その五種類の結合では電子の振る舞いがすべて異なっていることを認識した(Pauling, 1960, 1987)。五種類の結合とは、イオン結合(電子の譲渡)、共有結合(電子の共有)、金属結合(電子の移動)、水素結合(電子の定位)、ファンデルワールス結合(電子の同期)である。結晶を形成する原子の結合はつまり、これらの五種の結合様式の組み合わせをあらわしている可能性がある。結晶化につながる化学反応に関する限り、そこには原子の自己集積や自己離散が関与している。そしてその状態は電子の振る舞いの種類によって決定される。

塩化ナトリウムの結晶を例にとってみよう。その性質は、ナトリウムイオンと塩素イオンが集まって結晶を形成する様式によって決定される。結晶の密度そのものはこれらのイオン間の平衡距離、つまりイオンのサイズにより決定される。一方、結晶系はイオンの配列の対称性によって決定される。結晶の形に関しては、主に内部のイオン配列によって決定されるが、周囲の溶媒も二次的な決定要因としてはたらく。その塩は、水溶液なら立方体になることが知られているが、尿素の中で結晶が成長する場合にはオクタヘドロン(八面体)になる。劈開は形とは無関係である。立方体であろうとオクタヘドロンであろうと、劈開は同一のものとなる。その硬さや融点の高さは、カチオン(Na^+)とアニオン(Cl^-)の間の静電気的な引力が強力であることの結果である。

鉱物の進化の例

黄鉄鉱FeS_2はいくつかの点で、鉱物の進化を例示する。(1)黄鉄鉱は多種の結晶を生成する。立方体やピリトヘドロン(擬似的な一二面体)、オクタヘドロン(八面体)、双構造、そして、これらの結晶が組み合わさった形状を生成するのだ。その化学構成はすべて同一であり、同じ結晶系(立方晶系)に属している。(2)中間的な化学式が存在することが知られている。黄鉄鉱は少量のNi(ニッケル)とCo(コバルト)を含むことがある。純粋な黄鉄鉱と黄鉄ニッケル鉱($(Fe,Ni)S_2$)との間にはいくつかの段階が存在している。(3)二つの結晶系の結晶を生じることができる。たとえば、立方晶系である黄鉄鉱と斜方晶系である白鉄鉱はどちらも同じ化学構成のFeS_2である。これらの結晶の生成は温度に依存する。

その他には、コルンブ石やタンタル石(どちらも鉄の化合物)のような鉱物も二種の間で連続的に変移し、その結晶には中間的な形が存在している(図3)。

輝石族と準輝石族の間には、さらに複雑な関係が存在している。この両者はイノケイ酸塩であり、その長い化学鎖の形成の際には、ケイ素が重要な役割を果たす。そこには、細胞内の高分子形成に関与する炭素鎖に似た性質が見られる(図3)。

方解石の結晶学的なパターンには二千種以上の組み合わせがある。それらはすべて六方晶系である。同じことは石英という一般的な鉱物にもあてはまる。

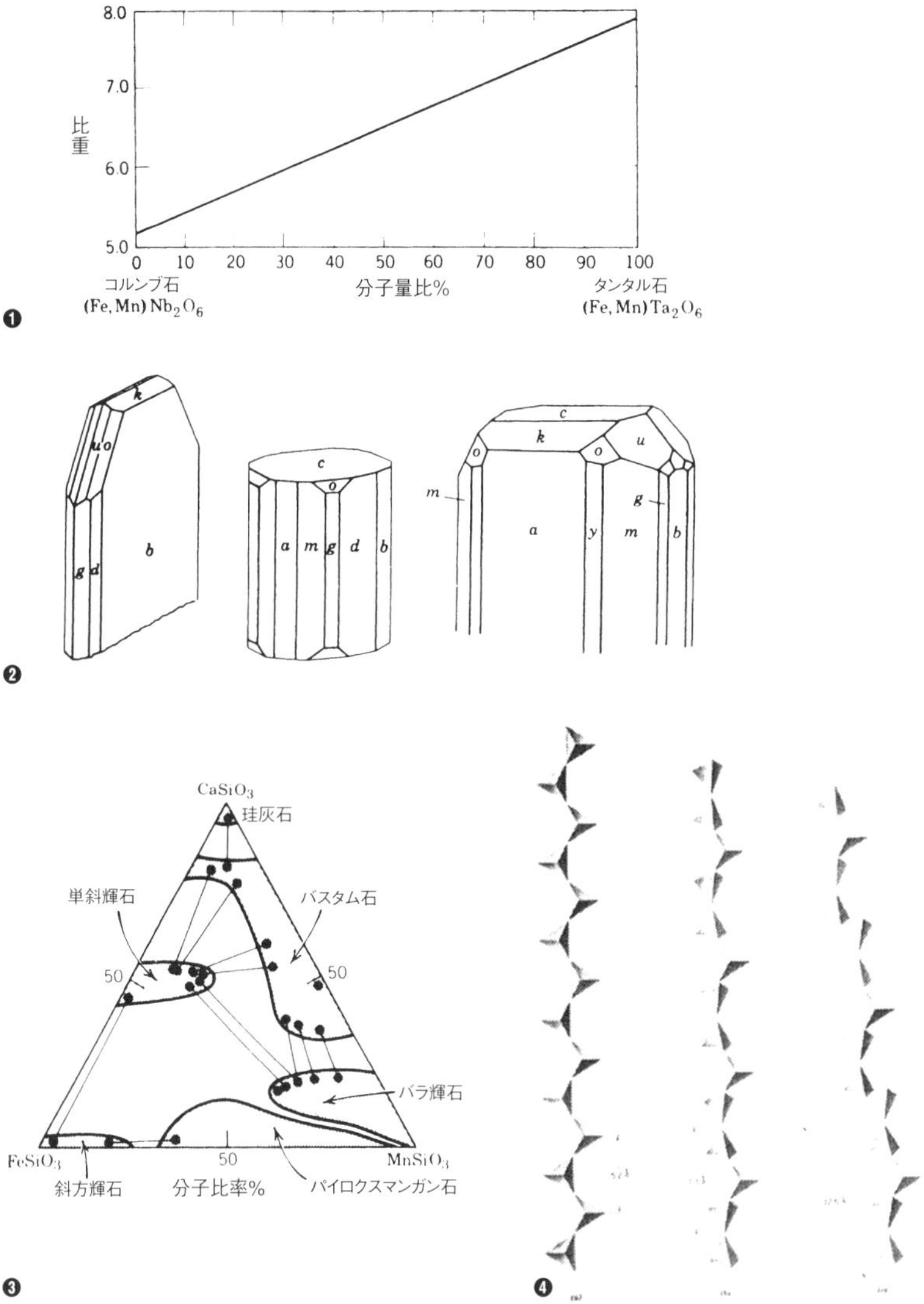

図3　鉱物の進化。❶コルンブ石とタンタル石の間の変移にともなう比重と組成の変化。コルンブ石からタンタル石にかけて、全くゆるぎのない解法が見られる。❷この鉱物の変移の際に生じる結晶。❸化学組成の部分的な変化の結果として、他種へと変化する鉱物種。準輝石族と輝石族に属するイノケイ酸塩の変形。❹輝石と準輝石で様々なタイプの原子配向を示すSiO_3の鎖であるケイ酸塩。

鉱物の変形を導いてきた厳格な秩序

鉱物の結晶形成には厳しい制限が課せられている。このことは、「有効種」として認識されている約三千種の鉱物はたった五つの二次元格子から組み立てられる、という事実によって明らかになる。また、この格子を垂直に組み合わせた場合に可能となる三次元空間の格子は、一四種に限られる。それらはすべて唯一無二のものである。そのうちの七つが基本的なものであると考えられ、すべての鉱物が帰属する七つの結晶系をあらわしている。

対称性の組み合わせは限られていて少数である。対称な種々の元素とその組み合わせは三二種の結晶族を生じる。一四種の三次元格子とその三二種の結晶族の対称性とを組み合わせても、派生するのはわずか二三〇種の空間群である。磁気モーメントやその他の性質にもとづいた他の組み合わせも可能であるが、周期的な組み合わせの数は依然有限である。これらは、結晶中の原子がポリマーのような空間、つまり相同で周期的な配列で、配置する様式である(Klein and Hurlbut, 1985)。

可能な数が五、七、一四、三二、二三〇と少ないことは、印象的である。

鉱物の進化の原理

鉱物の進化は化学元素の進化が決めてきた。その証拠は次のようにまとめられるだろう。

❶──形成される鉱物の種類は、そこに含まれる元素の電子がコントロールした。

❷──鉱物の結晶化は、様々な振る舞いの電子を含む原子が結合することで決まる。

❸——いくつかの鉱物では、二種の間に連続的な変形が見られ、その結晶は中間的な形となる。
❹——結晶における対称性の組み合わせの数は、限定されていて少数である。
❺——化学組成の異なる結晶が、同一のパターンを持つこともある。
❻——化学組成が同一でも、環境の物理化学的な条件によって、異なるパターンが生じることがある。
❼——鉱物の変形はすべて、原子と分子の自己集積と自己離散により起こる。
❽——構成原子のエネルギー状態が、生成維持される結晶パターンを支配する。

結晶とは、自然の中に隠蔽された秩序を突如として明らかにする構造である。それは、原子が従わなければならない堅固な道筋を、驚くべき方法で提示している。

——生物進化に先行した三つの進化の類似点

要するに、素粒子は原始的な物質とエネルギーを起源に持つ。素粒子は化学元素の構成につながり、次に化学元素は鉱物の形成を進行させる。この三つの進化にはいくつかの共通した特徴がある。

❶——一次的な形式は少数にすぎない。たとえば、素粒子では二種(クォークとレプトン)、化学元素ではたった一種(水素)だし、鉱物ではおおむね一八種である。
❷——二次的な形式はすべて、一次的な形式の組み合わせよって生じる。
❸——すべての組み合わせは自己集積と自己離散によってのみ生じる。

❹——組み合わせの数は有限で少数である。素粒子は二〇種、化学元素は一〇六種、鉱物は約三千種。

❺——それぞれの段階には厳しい制約があって、出現できるのはあるいくつかの形式に限られる。

❻——どのレベルにも対称性が見られる。

❼——すべての進化は複雑性の増大へとつながった。

❽——進化でよく見られるタイプの形を支配している主な要因は、構造のエネルギー状態である。

このような考察によって、生物進化の出現を、こうした初期の物理化学的なプロセスの直接的で必然的な産物として考えることが可能となる。

Ⅳ

様々な組織レベルにおける「カーボンコピー」の生成

第12章　原子と分子と生物の擬態と周期性に対するその重要性

原子は他の原子の性質を擬態する

擬態という用語は、動物学において、別種の動物が互いによく似た特徴を持っている状況や、動物が植物によく似た特徴を持っていたり、植物が動物によく似た特徴を持っていたりする状況で頻繁に用いられてきた(Holmes, 1979)。これは、擬態が原子レベルですでに存在しているために、特に驚くべきことではない。核の中の陽子や中性子の数が異なっていたり、殻に含まれる電子の数が異なっていたりしても、原子は似たような化学的性質を持つことができる。原子的な擬態によって元素の周期表は可能となるのである。

原子核を周回する電子の構造を理解すると、互いに擬態しあっている原子は外殻にある電子の数が同一であることがわかる。その一例が周期表のIIA族である。そこにはベリリウム、マグネシウム、カルシウム、ストロンチウム、バリウム、ラジウムがあるが、外核にある二つの電子が主要因となって似たような性質を持っている(第1章の図

1 p.027、第11章の図2 p.141)。

鉱物の分子擬態

紅亜鉛鉱ZnOやブロメライトBeO、硫カドミウム鉱CdS、ウルツ鉱ZnS、スウェーデンボルグ石$NaBe_4SbO_7$といった鉱物はその化学構成が全く異なるにもかかわらず、外観の似た対称性の結晶を生成する。その結晶族は同一である(Bloss, 1971)。その化学式を見ると面白いことに、それらには共通した原子的特徴があり、そのことでそのような分子擬態を上手く説明することができるかもしれない、ということがわかる。これらの五つの鉱物は酸素か硫黄の化合物であり、周期表では酸素も硫黄も同じ族内に並んでいる。このことは明らかにこれらが似たような化学的性質を持っていることを意味している。

もう一つの全く異なる鉱物群が、カルカンタイト$CuSO_4 \cdot 5H_2O$、曹長石$NaAlSi_3O_8$、そして灰長石$CaAl_2Si_2O_8$である。これらはすべて三斜晶系の結晶族に属している。ここで重要なのは、硫酸銅はケイ酸アルミニウムとは著しく異なるにもかかわらずケイ酸アルミニウムと同じタイプの結晶を生成することである。

分子擬態の要因となる電子メカニズム

ここで問うべき問題がある。分子擬態の原子的な起源は何なのだろうか? この問題に答えるためにはおそらく蛍石(フッ化カルシウムCaF_2)に関する議論が最適であろう。蛍石の構造は塩化バリウム$BaCl_2$と同一である。この二つの結晶では原子は同様に配列されている。バリウムは結晶格子中でカルシウムと同位置を占めており、塩素原子はフッ素原子と同位置を占めている（Bloss, 1971）。このような置換が可能になるのは、カルシウムとバリウムが周期表中では外核に二つの電子を持つという意味のⅡA族のメンバーであり、その結果として似たような化学的性質を持つという事実のためである。このことは、ⅦA族のメンバーであって外核に七つの電子を持つフッ素（F）と塩素（Cl）の場合にもあてはまる。それらには似たような化学的性質が備わっている。

蛍石と同じ構造を持っているものとしては一五種を下らない化合物が知られている。類似性を電子的な原因から説明することは容易であろう（Pauling, 1949, 1960 ; Dickerson and Geis, 1979 ; Sharp, 1988）。

鉱物中の原子プロセスは、最終的なパターンを変化させることなく化学的変異を可能にするとともに、基本的な分子構成を変化させることなくパターンの変異を可能にする

カルシウム、マグネシウム、鉄、マンガンの炭酸塩はすべて同じ形の結晶を生成する。つまり、最終的なパターンを変化させることなくカルシウム原子を同数のマグネシウム原子に置き換えることができる、ということになる。化学的な分析が明らかにしたところによると、（1）分子の一部として炭酸基を持っていれば、化学構成が異なっていても同一の形状を生じうる。（2）鉄とマグネシウムほど異なった原子でも、炭酸塩になれば全く同一のパターンを生成しうる。（3）分子の中の炭酸基自体は他の結晶の成長につながることがある。というのも、より重い原子（たとえばストロンチウムやバリウム）の存在下では別の結晶が生じるからである。

鉱物にはこのように、最終的なパターンを変化させることなく原子構成を変更できる基本的な原子プロセスがすでに備わっていることは明らかである。そしてまた、基本的な構成（この場合には分子中の炭酸基）を変えることなくパターンの変異を（新しいタイプの原子を導入することにより）ひき起こすプロセスも備わっている。

ヨードホルムの結晶は氷の結晶の「カーボンコピー」である

水はわれわれに鉱物と同じことを教えてくれる。というのも、化学構成の全く異なる化合物が同一の構造パターンを生じうるからである。トリヨードメタンであるヨードホルム CHI_3 は、水素、炭素、ヨウ素の三種の原子から構成される。この化合物の飽和溶液が結晶化を起こすと、その結晶は水 H_2O と同じタイプの形状となり、そしてその結晶化も同じ一連の段階を経る（Nakaya, 1954）。最終的には六本の枝が水平に伸び、さらにサイズの小さい二次的な分枝がその枝から生じて水に似た結晶形状となる。ヨードホルムと水が共有している原子は水素だけであるという事実は、両者で見られる六角形の分枝パターンの生成要因は水素結合ではないか、という可能性を示唆する。しかし、この形状の決定に酸素や炭素が関与している可能性を排除することはできない。

植物と動物の擬態が依存しているのは、類似したDNA配列に加え、タンパク質やその他の分子の鍵となる原子の電子構造である可能性がある

タンパク質を構成しているのはたった五種の原子である。炭素（五〇％）、酸素（二五％）、窒素（一五％）、水素（七％）、硫黄（微量）。これらの原子の電子的な性質は鉱物中と同一であり、それらが集まるとより複雑な分子が生じるものの、その電子や陽子の効果は同じである。そのような情報は、より高度な組織レベルにおける構造的擬態や機能的擬態の生成に関する洞察を与えてくれる。

生物レベルでは四種の擬態の存在が知られている。それは、他の植物を擬態する植物、他の動物を擬態する動物、植物を擬態する動物、動物を擬態する植物である。基本的な例はラン *Ophrys* である。ランの花があまりにスズメバ

チに似ているために、ハチは花と交尾する(Curry-Lindahl and Tinggaard, 1965)。同様の状況を図1に示す。硫酸アンモニウムと硫酸カリウムの結晶は異なる原子から構成されているにもかかわらず、形状は基本的に同じである。両者とも斜方晶系の結晶である。次にバラ*Rosa pendulina*の花を考えてみよう。その花の花弁は、同じ形で同じサイズ、そして放射状に配列される。このパターンは別の科に属するカタバミ*Oxalis adenophylla*の花に擬態されている。次に、動物におけるこの現象の古典例はスズメバチ*Mygnimia aviculus*に見ることができる。スズメバチを別の目に属する他の昆虫*Coloborhombus fasciatipennis*と区別することはほぼ不可能である。最後は有胎盤類であるハツカネズミ*Mus musculus*である。有袋類でそれに相当するのはネズミクイ*Dasycercus*であり、同様にネズミと呼ばれているのは両者の体形や習性がかなり似ていることによる。

目や綱が違えば遺伝的構成も異なるが、それらが類似した構造遺伝子を多数保持していることはよくわかっている。このことは、その保存が数百万年にもわたっていることを示している。相違点は主に、調節遺伝子のＤＮＡに見つかっている(King and Wilson, 1975; Wilson, 1976)。このように、動物と植物は系統学的に密接な関連はないものの、同じタイプのタンパク質を(構造遺伝子から転写して)生成し、似たような構造や機能をつくり出している、と考えられるかもしれない。このことはたとえばヘモグロビンにあてはまる。このタンパク質の遺伝子は、動物だけではなくクローバーのような植物にも見ることができる。アミノ酸配列を分析することにより、植物とヒトのヘモグロビンには密接な類似性があることがわかっている(Ellfolk, 1972; Dilworth and Coventry, 1977)。さらに、ＤＮＡの塩基配列を決定したりＤＮＡハイブリダイゼーションをおこなうなどして、植物と動物のこの遺伝子を研究することで、それらの起源が同一であることが明らかになっている(Landsmann et al., 1986)。

しかし、そうしたことが明らかになるにつれて、似たような構造や機能のパターンが生成するには必ずしも遺伝子が同じ必要はないことがわかってきた。動物や植物は無関係の生物に見られるような異なるＤＮＡ配列群を持つかも

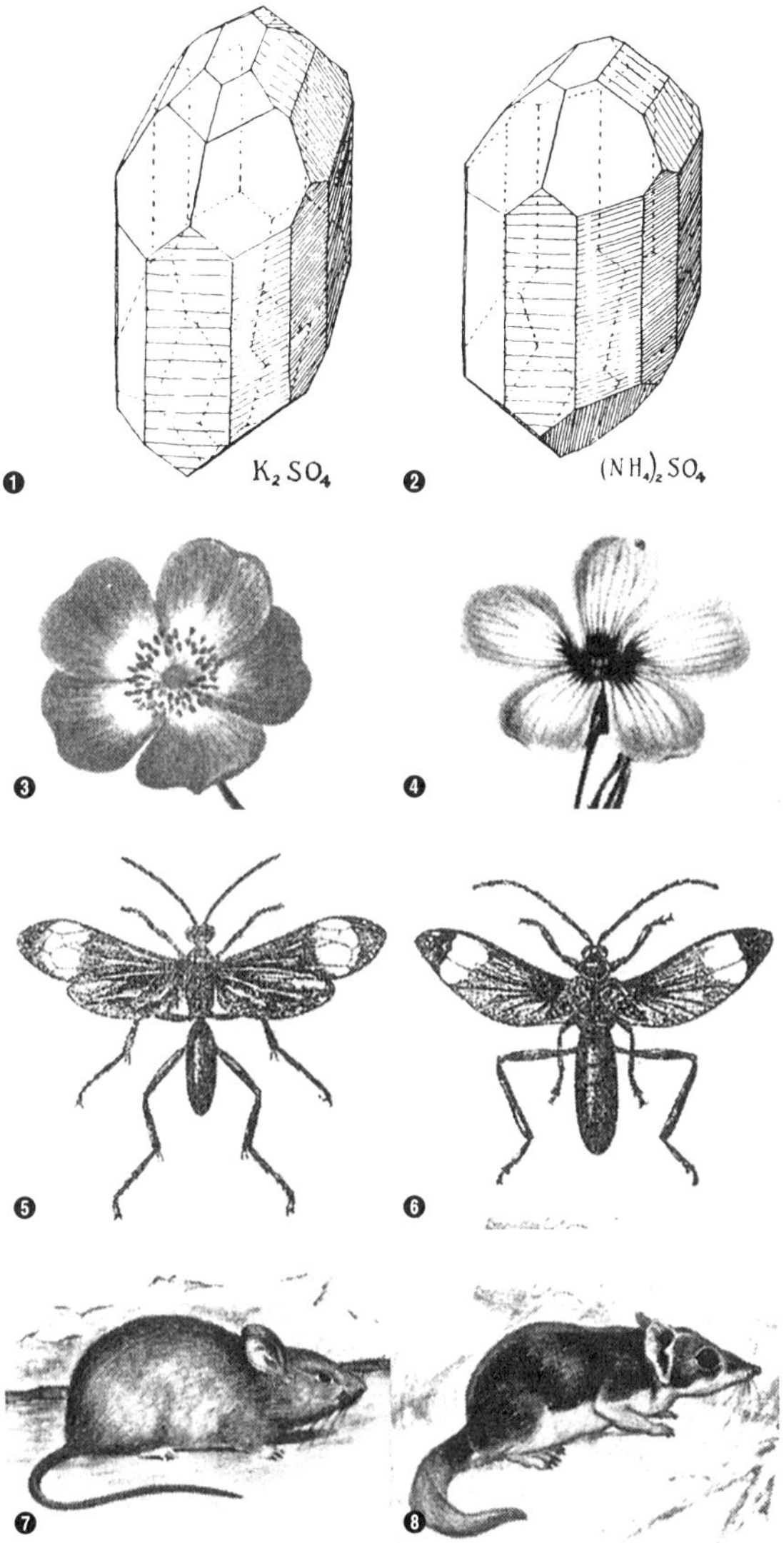

図1　結晶、植物、無脊椎動物、脊椎動物の擬態。❶硫酸カリウム K_2SO_4 の結晶。❷硫酸アンモニウム $(NH_4)_2SO_4$ の結晶。どちらの結晶も基本的には同形で、斜方晶系である。❸放射状配列の5枚の花弁を持つバラ *Rosa pendulina* の花。❹カタバミ *Oxalis adenophylla* の花。バラと同じく放射状配列の5枚の花弁を持つが、別の科（カタバミ科）に属している。❺ハチ目スズメバチ *Mygnimia aviculus*。❻最も類似した種 *Coloborhombus fasciatipennis*。コウチュウ目に属している。❼有胎盤類のハツカネズミ *Mus musculus*。❽有袋類のネズミクイ *Dasycercus*。有胎盤類には属さないものの、実質的にはハツカネズミと同一。

しれない。そのように異なる遺伝子でさえ、もし生成されたタンパク質（あるいは他の分子）が同等の効果を持つなら、同じ構造や同じ機能を生み出すことができる。その例がブドウ球菌のヌクレアーゼ、酵母のasp-tRNA合成酵素、コレラ様サイトトキシン、志賀様サイトトキシンの四つのタンパク質で見つかっている。そのアミノ酸配列には有意な類似性は見られない。それにもかかわらず、これら四つのタンパク質にはすべて、オリゴヌクレオチドやオリゴ糖に結合するという同一の機能が見られる（Murzin, 1993）。

もう一つの例が一五種のタンパク質で見られる。これらのアミノ酸配列は完全に異なっているが、そのすべてがタンパク質では最も標準的な特徴である八つのα-β-バレル構造を形成する。これは構造的な擬態の最も際立ったケースである（Branden and Tooze, 1991）。

以上のことから、本質的には、もし似たような効果を持ち関連する原子を含む分子の場合には「カーボンコピー」の出現が予想される。タンパク質に関しシュワベとトラヴァースが指摘した通り、大きく異なるアミノ酸配列から極めて類似した構造が形成されうるし、生物の同一の機能のためには構造的には複数の解決策が存在するのだ（Schwabe and Travers, 1993）。

第13章

鉱物と遺伝子産物の共同

――鉱物を構成している金属やその他の元素は細胞の産物ではないし、遺伝暗号の一部でもない

広く認識されていることではないが、細胞は陽子や中性子や電子を集めることができないし、鉄原子をつくりあげることもできない。簡単にいえば、ヘモグロビンに含まれる鉄は遺伝暗号中のどの情報にも由来しないのだ。ワインバークが述べているように、「鉄は、生物の細胞によってつくり出されることもないし、破壊されることもない」(Weinberg, 1989)。このことはまた、硫黄、銅、亜鉛、その他の元素にもあてはめることができる。たとえば、亜鉛を含むタンパク質は二〇〇種以上を数える。それは転写制御因子として機能するジンクフィンガータンパク質と呼ばれる一群を形成している。その亜鉛領域は構造遺伝子のDNA配列に特異的に結合して、それを活性化したり抑制したりする(Sluyser et al., 1993)。それにもかかわらず次のような質問がなされることはほとんどない。こういった元素の起源は何なのか、どのようにしてポリペプチド中のアミノ酸と結合し共同して機能するのか？　細胞中の金属やその他の元

素は、その起源を鉱物界に持つ。

鉱物は多くの高分子が持つ触媒作用の鍵となる構成要素である——遺伝子は必ずしも基本的な機能を生み出さない：単に促進させるだけである

カルビンは、自然発生的な無機的触媒作用から生物がつくり出す高度に特異的な触媒作用への変遷に関する問題を研究している（Calvin, 1983）。鉄が示している触媒作用の進化は、水溶性の第二鉄からヘム分子、そして最終的に酵素カタラーゼへと辿ることができる（図1）。

端的にいえば、鉄原子単体は、水分子の存在下ですみやかに酸化されて様々な酸化状態を示す。ヘムは、赤血球細胞に含まれている呼吸タンパク質のヘモグロビン中にある非アミノ酸部位であり、酸素はそこで鉄原子と結合する。カタラーゼは血中で生じ、ヘマチンを含む。その活性には分子内の鉄の酸化還元が関与する。注目すべきなのは、水溶性鉄イオン（Fe^{3+}）の触媒活性は10^{-5}であるのに対し、ヘムの活性は10^{-2}、カタラーゼの活性は10^{5}である点である。ヘムグループそのものは何ら新規な機能を生み出さないが、鉄だけの場合に比べてより迅速な活性を実現する。このことはカタラーゼの場合にもあてはまり、ヘムの場合よりも迅速で強力な活性を生じる。鉄とアミノ酸との結合が帰着するのは、より強力に方向づけられた出来事なのである。高分子の鍵となる性質は、ペプチド鎖にあるのではなく、むしろ機能の起源となる鉱物に属している。

似たような考察は、高分子の不可欠な部位を占める多数の金属に対してもおこなうことができる。亜鉛、コバルト、ニッケル、銅、モリブデン、バナジウム、マグネシウム、ナトリウム、カリウムがその例である。このような鉱物やその構成要素は、タンパク質やその他の分子に対してその主要な機能を付与していることが知られている。

カルシウム原子は鉱物のタイプを決定し、タンパク質は生物構造における結晶系を決める

霰（あられ）石と方解石という鉱物の構造は、カルシウム原子が鍵となって決定する。これらの鉱物はその化学的構成が同一（$CaCO_3$）ではあるが、それぞれが斜方晶系と六方晶系という異なる系で結晶化する。カルシウムは酸素とともに形成する多面体の中心に位置する。この多面体は、霰石の場合には九つの酸素から、方解石の場合には六つの酸素から形成される。つまり、多面体構造は形成される鉱物のタイプを決定するのである。

　生成されるのが霰石なのかあるいは方解石なのかは、自然界では温度や気圧と同様に、環境中で利用できる酸素の量によって決定される。しかし生物の場合、その決定を左右するのは、酸素に対するカルシウムの結晶学的な配列を支配するタンパク質中のアミノ酸のタイプである。魚の耳石を例にとろう。魚の耳石は、その全量のわずか〇・二～一〇％に相当するタンパク質（ケラチンに類似）と鉱物である霰石から構成される。この聴覚器に存在す

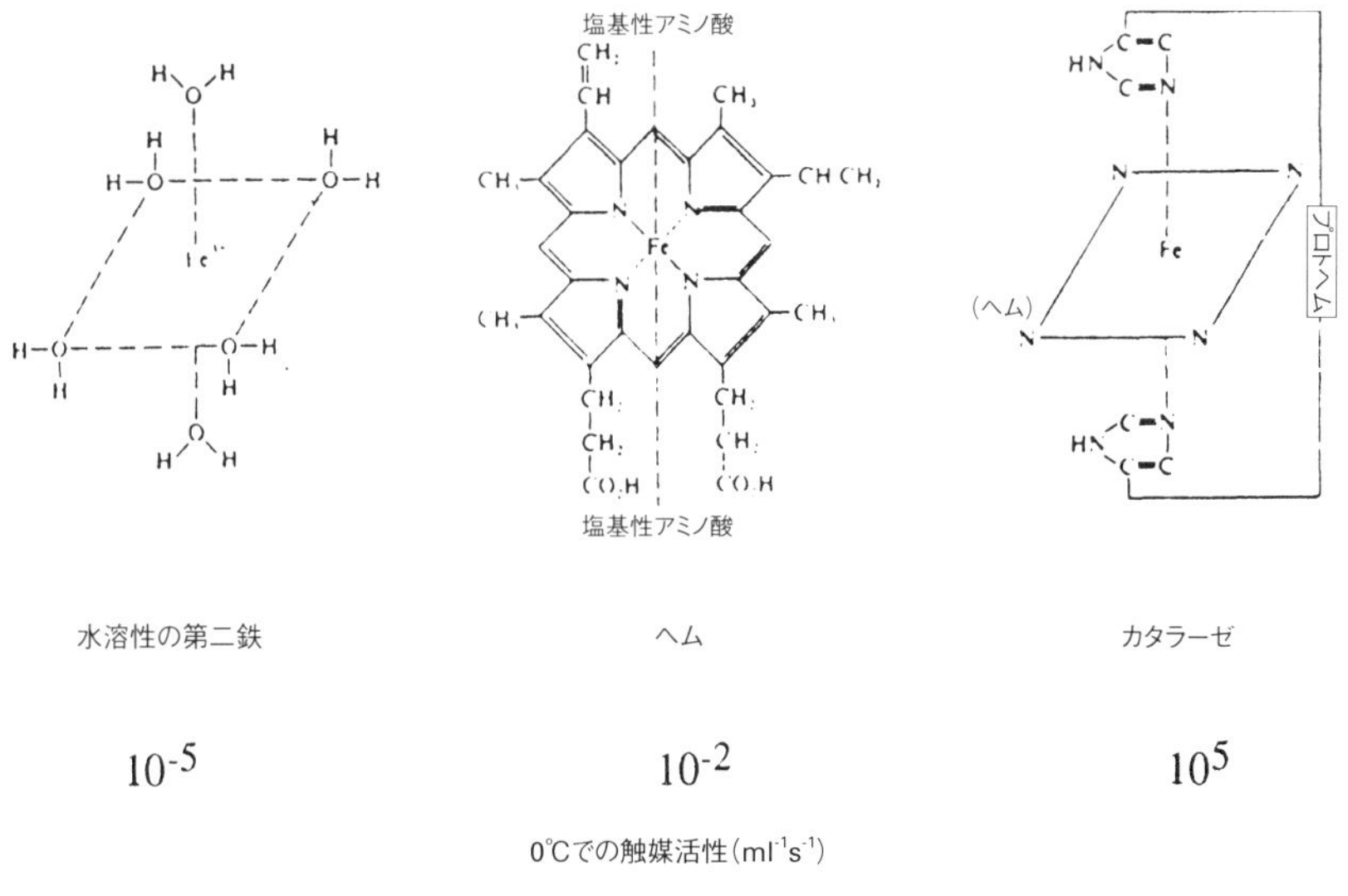

図1　鉄が酵素中にあらわれる前に持っていた、第二鉄イオンの触媒作用。水溶性の鉄イオンの場合、触媒作用（$ml^{-1}s^{-1}$、0℃）は10^{-5}、ヘム（鉄原子とプロトプロフィリンの結合体）だと10^{-2}に増加し、酵素カタラーゼだと10^{5}に到達する。
Source: Calvin, 1983

るのは、$Ca^{2+}O_6$ではなくて$Ca^{2+}O_9$の多面体である。決定要因となっているのは明らかに、アミノ酸が利用することのできる酸素量である。このタンパク質中には酸性アミノ酸が大量に存在するため、多数の酸素原子が利用可能である。そのため$Ca^{2+}O_9$という構成が生じることとなり、それゆえに霰石が結晶化するのである。軟体動物の貝殻では、そのタンパク質の有無に依存して形成されるのが方解石なのか霰石なのかが決定される、ということは注目されるべきである。

鉱物とタンパク質と糖質は、結晶化学的なメカニズムに従って結合し、軟体動物の貝殻を形成する

軟体動物の外套膜は貝殻を分泌する。貝殻を構成しているのは、（1）炭酸カルシウムの結晶$CaCO_3$、（2）タンパク質（ケラチングループ）、（3）ムコ多糖である。このような構成分子は、堅固な貝殻を形成する前は、液体領域で相互作用している（図2）。まず、カルシウムイオンがアスパラギン酸のCOO基に結びつく形で、鉱物とタンパク質が結合する。次に、鉱物の分子の他の部位にある炭酸基CO_3が水素結合を介してアミノ酸と結びつく。最後に、炭酸水素塩中の酸素が多面体構造に関与するようになる。このように、アミノ酸と鉱物の原子間の強固な結合がタンパク質中の酸素原子と水素原子を介して形成される。カルシウムとアスパラギン酸の構造をペプチド鎖と炭酸水素塩との結合とともに図2に示してある。実際に関与するタンパク質は種によって異なっていて、このことが貝殻の形状のバリエーションの原因となっている（Matheja and Degens, 1968; Degens et al., 1969; Härkönen, 1986）。

似たようなメカニズムは、脊椎動物の骨やうろこや歯に見られる。これらは、コラーゲン（主にグリシン、ヒドロキシプロリン、プロリンを含むタンパク質）とともに、アパタイトの結晶から構成されている。この独特の鉱物は、リン酸カルシウムとフッ素から成る（$Ca_5(PO_4)_3F$）。鉱物とこういったアミノ酸との関係は、アパタイトの結晶形成に影響すること

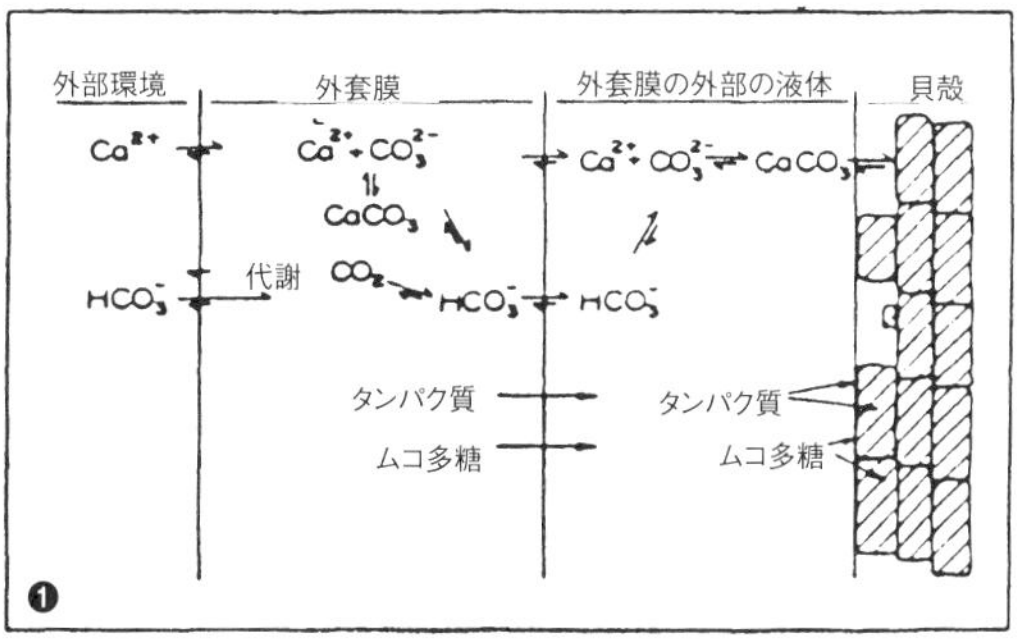

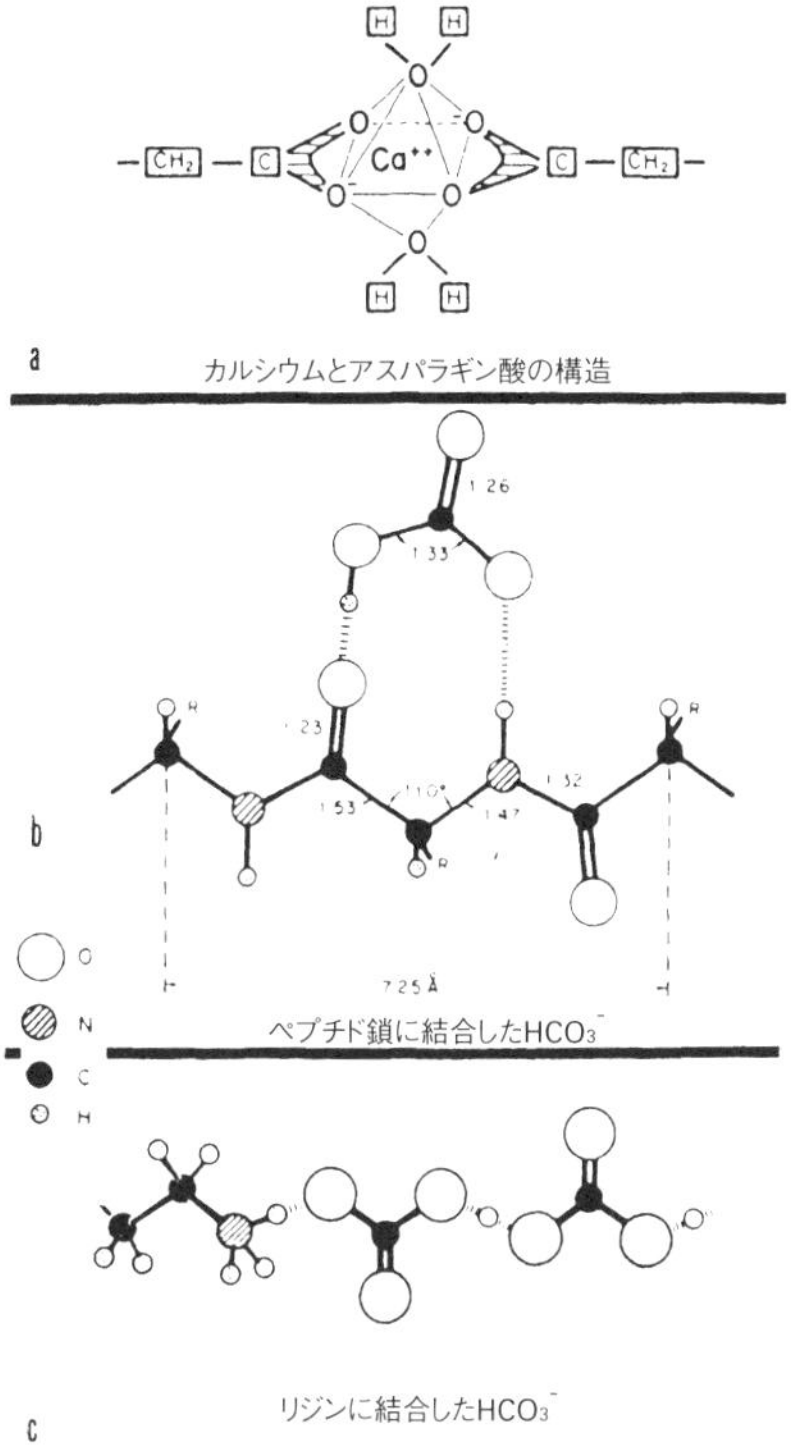

❷

図2　生物の構造が構築される際のカルシウムイオンとアミノ酸の原子的相互作用。❶軟体動物の貝殻の分泌における一連の化学反応では、カルシウムイオンがタンパク質とムコ多糖の反応を調整する。❷カルシウムイオンとアミノ酸の1つであるアスパラギン酸の原子的相互作用と、炭酸カルシウム中の炭酸水素基がペプチド鎖とアミノ酸の1つであるリジンとにつくる結合の図示。

Source: (1) Wada and Grenway, Wilbur, 1972 (2) Matheja and Degens, 1968

が知られている(Degens et al., 1969; Härkönen, 1986)。

ここで浮かび上がってくるのは、カルシウム原子は結晶形成の主要な要因であり、タンパク質は結晶学的な形状を決定する二次的な要因である、という図式である。言葉を替えると、タンパク質は新規の状態の生成に関しては重要でない。タンパク質はむしろ、カルシウム原子の化学的性質によって支配されている選択肢からの選択をコントロールしているにすぎないのだ。

鉱物と遺伝子の協調

似たような状況が、ウニの場合で詳細に記述されている。ウニの形態形成において、鉱物と遺伝子は緊密に相互作用している。生物物理学的な結論によると、遺伝子産物は、所与の選択肢の決定へとつながるような二次的な要素としてしか機能しない。この動物に見られる骨片は炭酸カルシウムとマグネシウムの析出の結果である。遺伝子産物は、鉱物の構造の中に入り込むことで、ウニの骨格のほんの一％を構成するにすぎない有機的なマトリクスの形成に影響をおよぼす。炭酸カルシウムを構成する原子は、遺伝子産物が介入することなく、厳密な物理原理に従って組み立てられ、骨の基本構造をつくり上げる。遺伝子産物は鉱物の足場の間に入り込むだけで、種に特徴的な形を与える。殻が丸形になるのか卵形になるのか、それとも短くなるのか長くなるのかは、その二次的な介入が決定する。遺伝子は、鉱物と一緒になることで、生物の特徴を支配するのだ(Inoue and Okazaki, 1977)。

耳石、貝殻、骨、骨片はカルシウムイオンを含んでいて、それは、細胞内の情報伝達ではセカンド・メッセンジャーとして機能することが知られている(Catterall et al., 1989)。すべての状況において、こうした系の構造や機能を決めるのは、自身もその系に参加しているカルシウム原子の電子的な性質である。

第14章 素粒子と化学元素から受け継いだ細胞プロセス

——右旋型と左旋型を消し去ることはできなかった それは素粒子からヒトにまで生じている——

多くの素粒子の新たな発見は、ニュートリノは右旋性あるいは左旋性であって、その自転は時計回りあるいは反時計回りであるという発見へとつながってきた。原子は素粒子の組み合わせの産物であるため、おそらく、炭素原子にもまた右旋性あるいは左旋性があることについては驚くまでもないだろう（図1）。この現象は鉱物では明白である。たとえば、石英結晶には右旋構造あるいは左旋構造がある（図1）。

実験室で化学的に合成した場合、通常は右旋型と左旋型が五〇対五〇の混合物で生成される。溶液中にある糖とアミノ酸はそのように均衡のとれた二つの形で生じるが、細胞の中ではそうではない。二つのうちの一つが支配的になる傾向がある（図1）。DNAはその興味深い一例である。ほとんどのDNAは右旋性であるが、塩濃度（たとえばNa^+）が非常に高い場合には左旋性のらせんが形成されるのだ(Cantor, 1981; Wang et al., 1982)。左旋型の原因であると考えられているのはプリンヌクレオチドがとる異なる形状である。その主鎖がジグザグ状になると考えられ、Z-DNAと呼ばれている(図2)(Hill and Stollar, 1983)。

このような高分子は生物の主要な構成要素であり、さらに同様の右旋性と左旋性を示す器官や構造をつくり上げる。このことはすでに植物や無脊椎動物の場合で事実である。軟体動物の貝殻にはこの二つの非対称な形状が見られ、その起源はその動物の最初の卵割にまでさかのぼることができる(図2)。さらに、ヒトはこの普遍的な非対称性を明白に示している。一卵性双生児では普通、形態的な特徴と機能的な特徴のほとんどが極度に類似しているが、毛髪の分布の対称性が異なることがある。一方が右旋型で、他方が左旋型であることがあるのだ(図2)。

高度な組織に右旋型と左旋型が存在することは、それが偶然の出来事ではないということを意味していると考えられる。より原始的な組織との関連が存在しているように思える。素粒子から原子、無機物、分子、高分子まで続く現象の連続性は、消し去ることができずに遠く人類まで続く自律進化プロセスの存在を暗示している。

―あらゆる組織レベルにおける場の生成

生物レベルで見つかった場は、いくつかの理由から当初は疑問に付された。まず、場の原因と考えられる分子的な構成要素の証拠の提示は、分子生物学が出現する以前には困難であった。二番目には、細胞間のコミュニケーションの場には、化学的なメッセンジャーが発見されてそのプロセスに関与していることが示されるまでは、明確な物質的基盤がなかった。そして三番目には、物理現象における確立された場は生物の構造で見つかった場とは何ら関連のないもののように思われたが、それは、素粒子と生物の間の密接な関連性を確立するのを介在してくれる方法が存在して

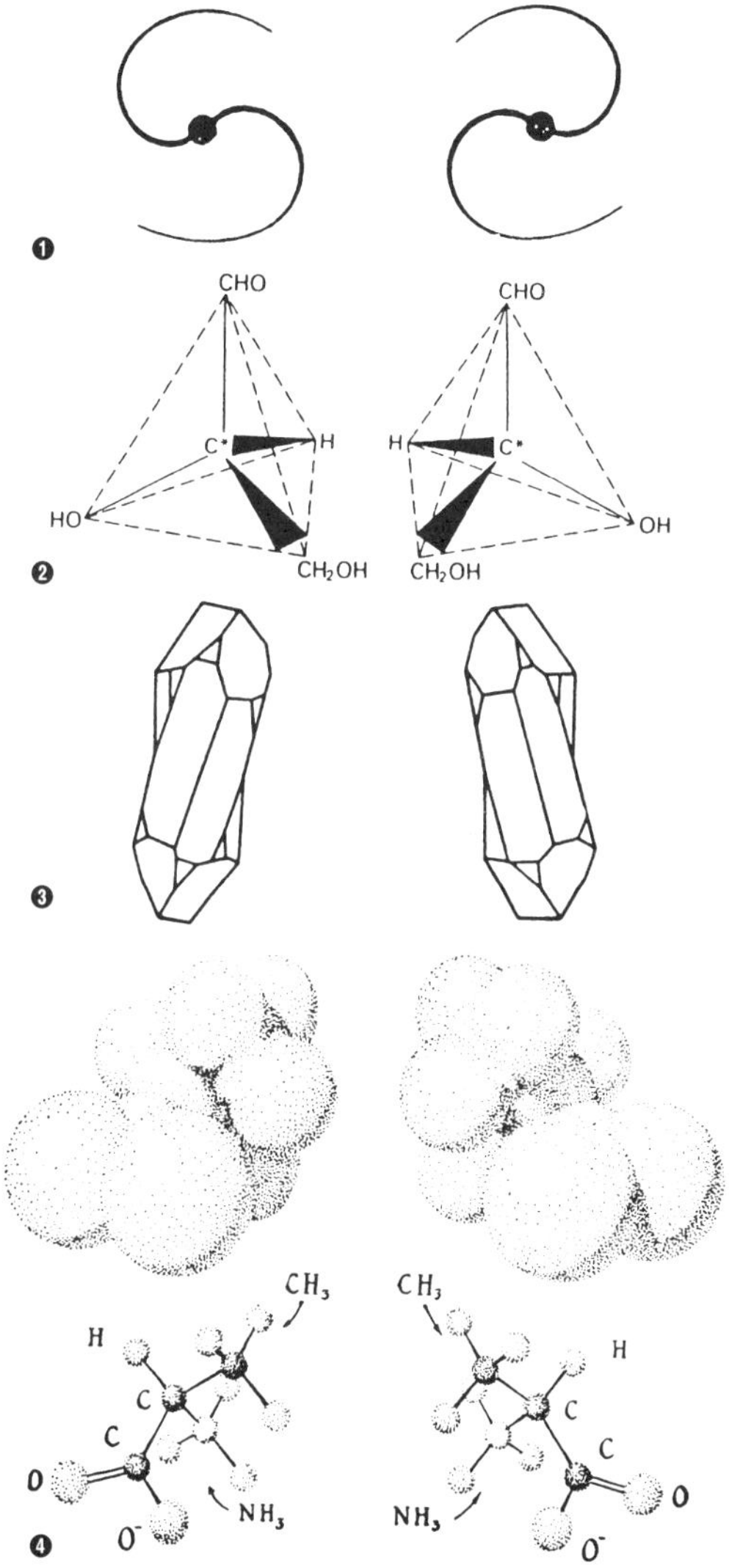

図1　銀河からヒトで生起する右旋構造と左旋構造。❶渦巻銀河のS型（左巻）とZ型（右巻）。❷グリセルアルデヒドの中の炭素原子の結合の左旋性と右旋性。❸鉱物の石英の左旋形と右旋形。❹アミノ酸の1つであるアラニンの左旋形と右旋形（図2を見よ）。

いなかったためである。のちになってわれわれの知識のこのような三つのギャップが埋まったことにより、状況はかなり劇的に変化している。場はすべての組織レベルで生じており、そこには明確な物質基盤が備わっていることに加えて、その構成の本質は同じであることが示されたのである。

物質は量子場から構成される

電場、磁場、重力場は、ある特定の領域に存在する対象物質に作用するような力を空間の中に生成することで表現される。すべての場には、その原点のまわりの領域の特定の位置において、定義可能な強度と方向が備わっている。重力場が太陽と惑星の間で働く引力など非常に長い距離を隔てた作用に関与するのに対して、量子場は素粒子レベルの微視的な作用に関係する。その極端な例の一つとして、電子に関係する場が存在する。ダイソンが適切に述べているように、「動物や樹木や岩石というわれわれの実世界を形成しているのは、量子場であってそれ以外の何ものでもない、ということは物理学者にとっても驚くべきことである」(Dyson, 1953)。

磁場の性質は他のレベルにある場の理解を容易にする

磁鉄鉱 Fe_3O_4 に見られる天然の磁性は、通常は溶解状態にある鉱物が地球の磁場のもとで冷却することでつくり出される。この鉱物は鉄を引きつける。

❶——磁石を鉄の微粒子が入ったガラス瓶に入れると、鉄粒子が主に磁極と呼ばれる磁石の両端に付着していること

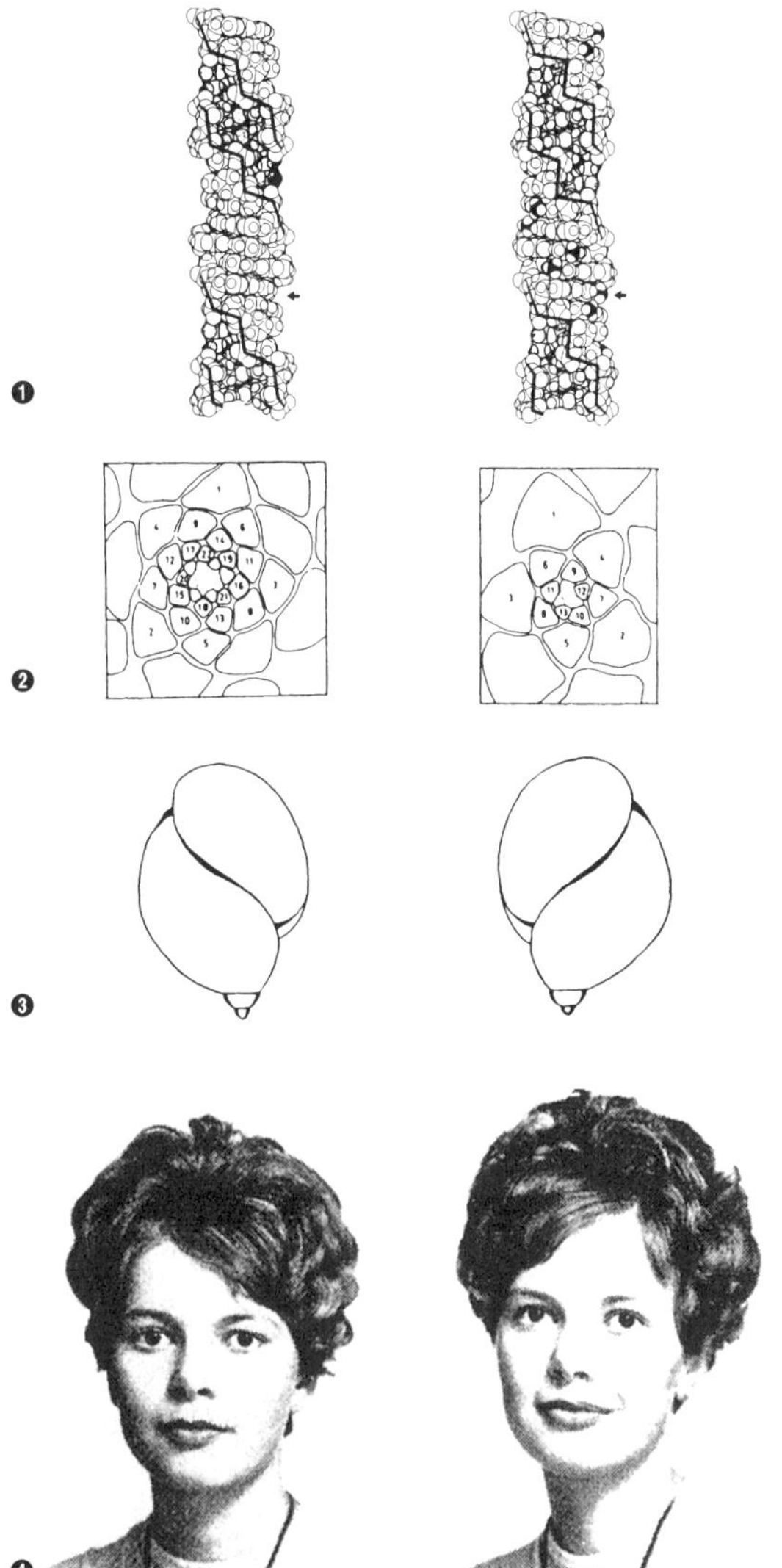

図2　銀河からヒトで生起する右旋構造と左旋構造。❶左巻き(メチル化してある)と右巻き(メチル化していない)のDNA(Z型)。❷左旋性と右旋性という異なったらせん性を示す植物(コバノナンヨウスギ *Araucaria excelsa*)の茎頂の断面。❸左旋性と右旋性を示すモノアラガイ *Limnaea* の貝殻。❹一卵性双生児のモニカとジェルド。モニカは前髪が右に流れた左旋性で、ジェルドは前髪が左に流れた右旋性である。二人は互いに鏡像関係にある。

に気づくだろう。磁石が地球の北と南を指し示すことから、磁石の極はN(north)極とS(south)極と呼ばれている。
❷――二つの磁石を接近させた場合、同じ極同士は反発しあう一方、異なる極同士は引きつけあう。
❸――一つの磁石を二つに分割すると、N極とS極が分離してしまうと予想されよう。しかし実際にはそのようなことにはならない。結果としてでき上がるのは二つの完全な磁石であって、それぞれの磁石にはS極とN極が存在する。さらに分割を続けても結果はつねに同じものとなる。完全な磁石が新たにでき上がるだけであって、このパターンは磁石のサイズには無関係に維持される。
❹――その逆の実験も可能である。小さな磁石をいくつか集めてきてN極とS極とを合わせるように並べて結合させたら、一つの大きな磁石ができあがり、その磁力は集めてきた小さな磁石の総和と等しくなる(図3)。
❺――磁場の密度はその源からの距離が遠くなるほど小さくなる(Boutaric, 1938)。
❻――磁場は、鉄の微粒子をばらまいた紙の下に磁化された鉄の棒を持ってくることで、簡単に視覚化することができる。そうすることで、磁石の両極から互いの極へと向かう力線に沿って鉄微粒子が配置されるのが見られる。このように、場は自明である(図3)。
❼――磁性は原子レベルにおける電子的な力の産物である。そこでは、特定の軌道内にある不対電子と原子のスピンの変化が主要な要因となっている(Bloss, 1971)。

――結晶と鉱物の場

結晶化学では、場の生成は充分に確証のある現象である。

結晶の場の理論は鉱物に含まれている原子の特定の秩序に基盤がある。このことは、六つの酸素原子によって形成

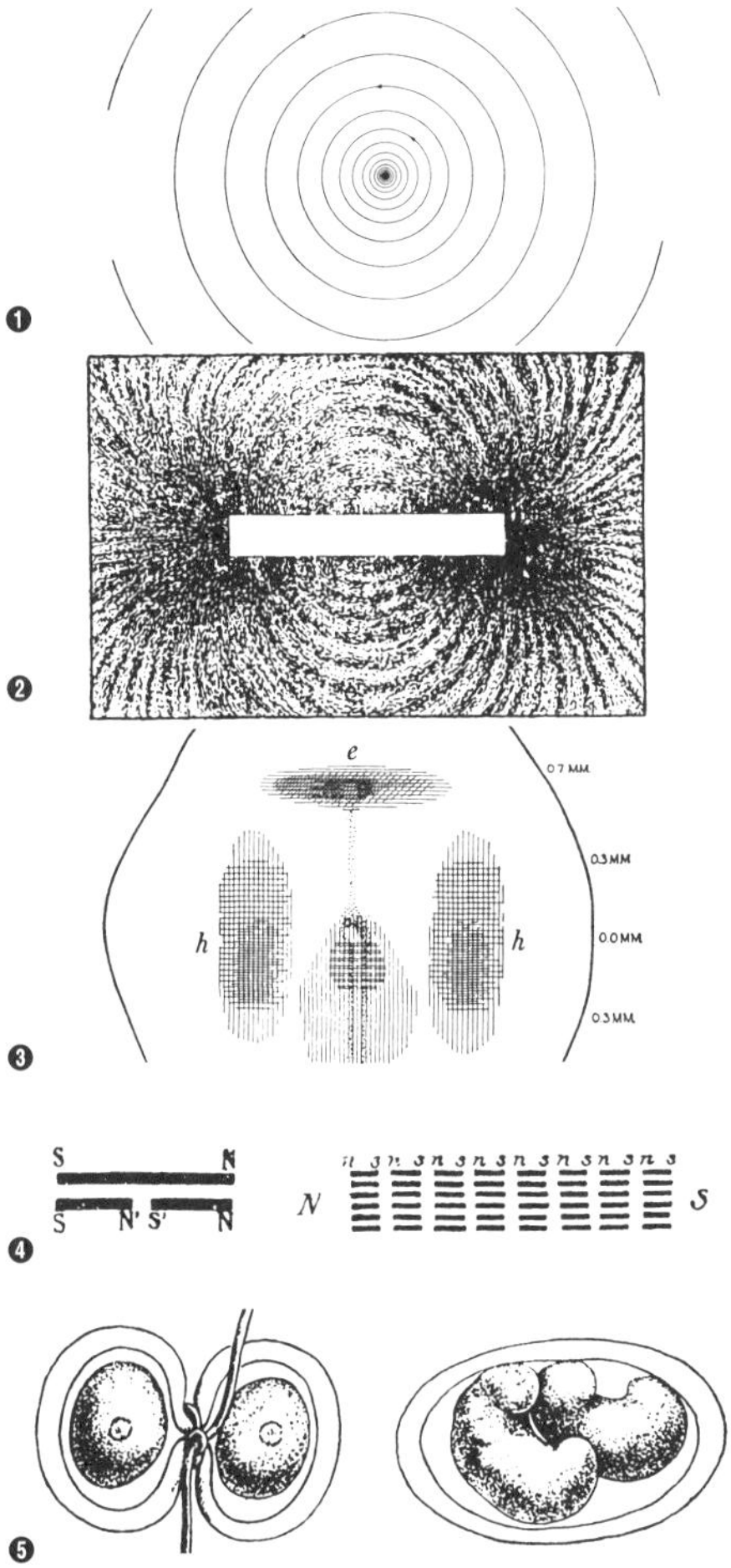

図3　素粒子、鉱物、生物という異なるレベルにある場。❶ページ面に対して垂直に走る電線を流れる電子、つまり電流のまわりに形成される磁場をあらわす輪。❷鉄を引きつけることが知られている磁鉄鉱のような鉱物が形成する磁場の可視化。まずはじめに、紙の上に鉄の微粒子をばらまいたあと、磁鉄鉱の棒をその近くに持っていく。その微粒子は、2つの極が形成する場のパターンに従って自身を再構成することがわかる。❸発生途中にあるニワトリ胚の器官特異的な場。ある領域の細胞を含む小断片は、それがホスト胚で発生すれば、その領域を特徴づける組織にしか分化しない。眼の場(e)と心臓の場(h)。影の濃淡によってそれらの領域の最大値と最小値を示してある。❹磁石のS極とN極。磁石を2つに分割しても、極が分離するわけではなく、各断片にS極とN極があらわれる。つまり磁場は、そのサイズが変化しても再構成されて維持される。小さな磁石を大量に並べてすべてのN極を同じ方向に向けたまま結合すると、1つの大きな磁石がつくられる。その磁気モーメントは小さな磁石のモーメントの和に等しい(磁気モーメントは力と極間距離の積)。つまりサイズが増加しても、場は適宜順応する。❺二細胞期にあるイモリ(両生類)の卵を糸を使って軽く分離させる(左)。それぞれの細胞から生じるのは半分の胚ではなく、全く通常の生物である。胚の場は、磁場と同じく、そのサイズが半分になっても維持される。

される結晶中に位置するクロムという金属のイオンによって説明できるだろう。その産物はオクタヘドロン(八面体)構造である。その結晶に電子をもう一つ加えると、結晶はこの構造を変化させるものの、八面体という形状は維持される。これは、結晶エネルギーの減少と、安定性の増加によって実現される。場は、全体的なパターンの維持にともなう結晶エネルギーの量的変化によって表現される。場の作用は、主に静電気的なものであって、距離にともなって変化する。このことは、原子群に含まれる特定の軌道の配向性の産物である。結晶場をつくり上げている原子間の関係は、スピネル・グループ(尖晶石族)という鉱物ではほぼ明らかである(Ballhausen, 1962; Burns, 1970)。

分裂途中にある卵、動物胚、体器官の場

発生学者たちは、分裂途中にある卵の様々な部位の位置が他の領域の位置と密接な関係を持っていることを発見し、「形態形成場(morphogenetic field)」という用語をつくり出した。卵は大きくなっても小さくなっても自身のパターンを維持できることに気づいたのだ。このことは磁場の場合に似ている。さらに、卵割中のウニ卵や、その他の種の卵を用いた実験がおこなわれ、以下に述べるような細胞場の性質に関する主要な結論を導いた。

❶——動物の場にはそれぞれ強度が最大となる焦点が存在し、その強度は中心からの距離に従って小さくなる。この減少により勾配が生じる。

❷——細胞群の除去によって場の総量が減少した場合でも、場のパターンは全体として影響を受けない。完全な幼生が形成される。

❸——場を二等分すると二つの完全な場が形成され、それぞれの場の構造は元のものと同一となる。このことは、ウ

ニの早期胚を二つに分割することで確認された。二等分された胚はそれぞれ、同じタイプのウニを生じた。この類の実験は両生類やその他の脊椎動物で繰り返されているが、結果は同一である(図3)。

❹——二つの場を一つに融合させると、元のものと同じ一つのパターンとなる。しかし、異なる方向軸で融合すると、パターンの異なる場がいくつか形成されることになる。中間形は存在しない。

❺——発生の初期段階における個々の細胞の運命は、場の内部における特異的な位置に依存する(Weiss, 1933; Brachet, 1957; Driever and Nüsslein-Volhard, 1988 a, b; Müller, 1990)。

ニワトリの肢のような体器官も、組織化の場が存在することを示している。たとえば、指の数が増加する多指症のような突然変異の場合には、構造が再調整される。同一の器官構造が、指の数やそのサイズの変化とは無関係に維持されるのだ(図4)。

分子勾配の存在により、核は分化の場で自身が占めている位置を見つけることができる

分子的な分析によって、ホヤ(被嚢類)の胚に含まれる母系メッセンジャーRNAの位置は、卵の極性と相関しており、勾配を形成して分布していることが明らかになっている(Jeffery, 1985)。ショウジョウバエ*Drosophila*では、bicoidタンパク質の分布は指数関数的な濃度勾配に従い、頭部先端でその濃度は最大に、尾部先端でノイズレベルになる(Driever and Nüsslein-Volhard, 1988 a, b)。この種では、RNAでもタンパク質でも似たような前後に勾配のある分布が見つかっている(Mlodzik and Gehring, 1987)。核は勾配レベルによって細胞質内での位置を検知できるのだろう。つまり、タンパク質は、その濃度のゆるやかな減少によって、胚部の前後の位置を決定するモルフォゲンのごとく振る舞うの

である。その野生型の胚の細胞質から得た物質を、移植先としての突然変異体の胚にマイクロインジェクション〔訳注：光学顕微鏡で細胞を観察しながら、極微細なガラス管を使って様々な物質を細胞内に直接注入する手法〕すると、細胞分化の場の能力を決めることができる（Anderson et al., 1985; Berleth et al., 1988; Singer, 1993）。

植物の成長における勾配と場は可視化することができる

茎の先端の成長を測定することで、植物の尖端部では、その頂点から基部にかけて成長率が勾配に沿って徐々に増加していることが示されている。このことで植物の器官の組織化を決める場が形成されることになる（Thornley, 1976; Dale, 1982）。

植物の場は幼葉の表面にインクで線を描いておくことによって可視化することができる。葉が最大サイズに達した時、その成長は基本的に葉全体で均一になっていることがわかる。サイズがどんなに劇的に変化しても、同一のパターンとパターン内部の均整は維持される（図４）。

染色体の場とその場に潜在する分子的な基礎

高等生物の染色体は、主にＤＮＡとタンパク質とから構成されている。ライムギ、ムラサキクンシラン*Agapanthus*やその他の種を用いた微細構造の分析により、その構成要素である染色小粒は動原体の両側では大きく、テロメアに近づくにつれて徐々に小さくなることがわかった。染色体腕に沿って小さくなる染色小粒は、勾配を形成している（図４）。染色体の短腕では、その減少は急速である一方、長腕ではゆっくりである。このことは、テロメア（染色体の末端）

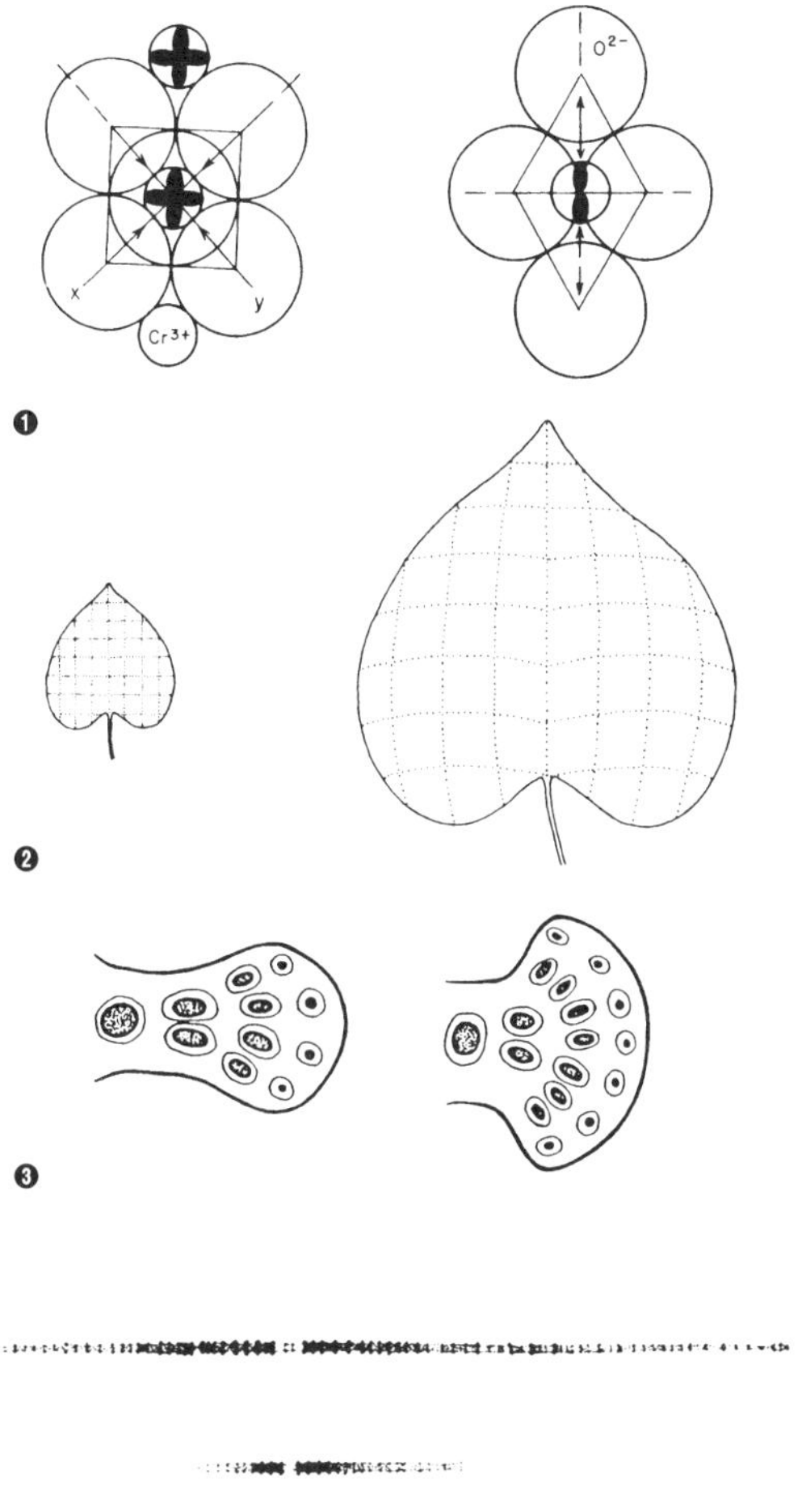

図4　場の形成。❶結晶の場。場は、結晶エネルギーが変化しても遷移金属(たとえば酸素原子に囲まれたクロムCr)の軌道が再構成されることで維持される。通常のオクタヘドロン(八面体、左)は別のパターン(右)に変化して八面体を維持する。❷植物の場。葉の成長は一様であり、そのために基本的なパターンは維持される。このことは、幼葉にグリッドを書いておき、葉が最終的な大きさに達した時の線の間隔に注目すると理解できる。❸ニワトリの軟骨形成時における動物の場。通常の肢(左)と突然変異の肢(右)。形成中心の数が増えても、器官の構造は変わらない。❹ムラサキクンシラン *Agapanthus umbellatus* の染色体の場。パキテン期(上図)と減数分裂の第二分裂前期(下図)との間で染色体の長さと形状が変化するにもかかわらず、同一のパターンが維持される[訳注: パキテン期とは、減数分裂の第一分裂前期の一部。前期を細分すると、レプトテン期、ザイゴテン期、パキテン期、ディプロン期、ディアキネス期となる]。

がこのプロセスに干渉していることを示唆している。さらに、染色小粒に見られるこのパターンは、細胞周期の別の時期に染色体が再構成して長さと形状が変化しても維持される。このような観察によって、染色体場(Chromosome field)の概念の基礎は形成された(Lima-de-Faria, 1954)。

以来、遺伝子やその他のDNA配列は、染色体上の特定領域を占める傾向があることがわかった。たとえば一八九の種では、28Sと18SリボソームRNAの遺伝子は、85・2％のケースでテロメアの周辺に生じている(Lima-de-Faria, 1973, 1980 and 1983)。たとえばシカを用いた特定のDNA配列のクローニングとハイブリダイゼーションにもとづく分子的な解析により、染色体場という概念を支持する証拠が提供されている。あるDNA配列がサイズの異なる染色体に移動しても、その遺伝子の領域は維持されることがわかっている(Lima-de Faria et al., 1986; Scherthan et al., 1987, 1990; Lima-de-Faria, 1991a)。

場の内部の秩序を維持しているのは、特定のDNA配列に結合することによって遺伝子発現を決めるよく知られたタンパク質である。このようなタンパク質は、DNA配列の中で、情報と秩序の運び手として機能している(Wolffe and Brown, 1988; Harvey and Melton, 1988)。

様々なレベルで見つかった場に共通する特徴

素粒子から動物の器官にまで広がる場には次のような特徴がある。

❶――すべての場には、ある強度と方向、そして原点が存在する。

❷――場には、エネルギーの緩やかな変化(素粒子と結晶)や、特定の分子の濃度の減少がともなう。分子の濃度減少は

染色体、細胞、器官で認識可能な勾配を生じる。

❸——すべての場は、その全量が増減しても、自身のパターンを維持できる。

❹——個々の素粒子、原子、分子、核、細胞が果たす機能は、それを包含する特定の構造内の位置に依存している。

場は因果的に関連する：あるレベルの場は次のレベルの場を創発する

電場は細胞内にも器官内にも存在し、イソギンチャクと同じ動物門に属するオベリア *Obelia* やクダウミヒドラ *Tubularia* のようなヒドラにおいて、詳細にわたって記述されている。体の一部の再生は、生物の極性に従っている。ヒドラはその小片から、前後端の備わった完全な生物へと分化する。オベリアの細胞分化のこの極性は、再生途中の小片の両端の間で生じる電場が直接の原因となる。この場は、逆方向に電流を流すことで中性化させたり、反転させたりすることさえ可能なのである。クダウミヒドラを用いて類似の実験をおこなったところ、負極は再生を促進する一方、正極はこのプロセスを遅延させることがわかった(Lund, 1921; Rose, 1970a, b; Berrill and Karp, 1976)。

電場を中性化したり反転させたりすることで分化の場に見られた変化は、素粒子(電子)レベルでの場と細胞レベルでの場の間の因果関係の証拠としてみなすことができる。

鉱物、細胞、生物が発生する電気

結晶は二つの主要な条件下で電気を生じる。一つは圧力がかかった場合で、もう一つは環境の温度が変化した場合である。一つ目は圧電気、二つ目はピロ電気と呼ばれている（図5）。結晶の極軸の両端に圧力をかけた場合、電流が生じて、結晶の一端は負に、他端は正の電荷を帯びる。

この現象は一八八一年にピエール・キューリーが石英で発見したが、それがラジオや時計に一般応用されるには、一九二一年まで待たなければならなかった。圧力は電気を生じるし、反対に電流は結晶の変形へとつながる。そのことによって、交流電流の振動にさらされた石英薄片は、クオーツ時計にとって必要不可欠な部品となっている（Pitt, 1988）。

すべての細胞は電流を引き起こすし、動物の多くの器官は強力な電場を生じる。これはその器官の外部にまで及ぶこともあり、たとえばヒトの心臓の場合だと、その電流は通常、病院で心電図の形で記録される。電気ウナギや電気エイのように、その電気が生物の体の外部にまで届くこともあり、その強さは約二〇〇ボルトにも達する（図5）（Romer and Parsons, 1978）。

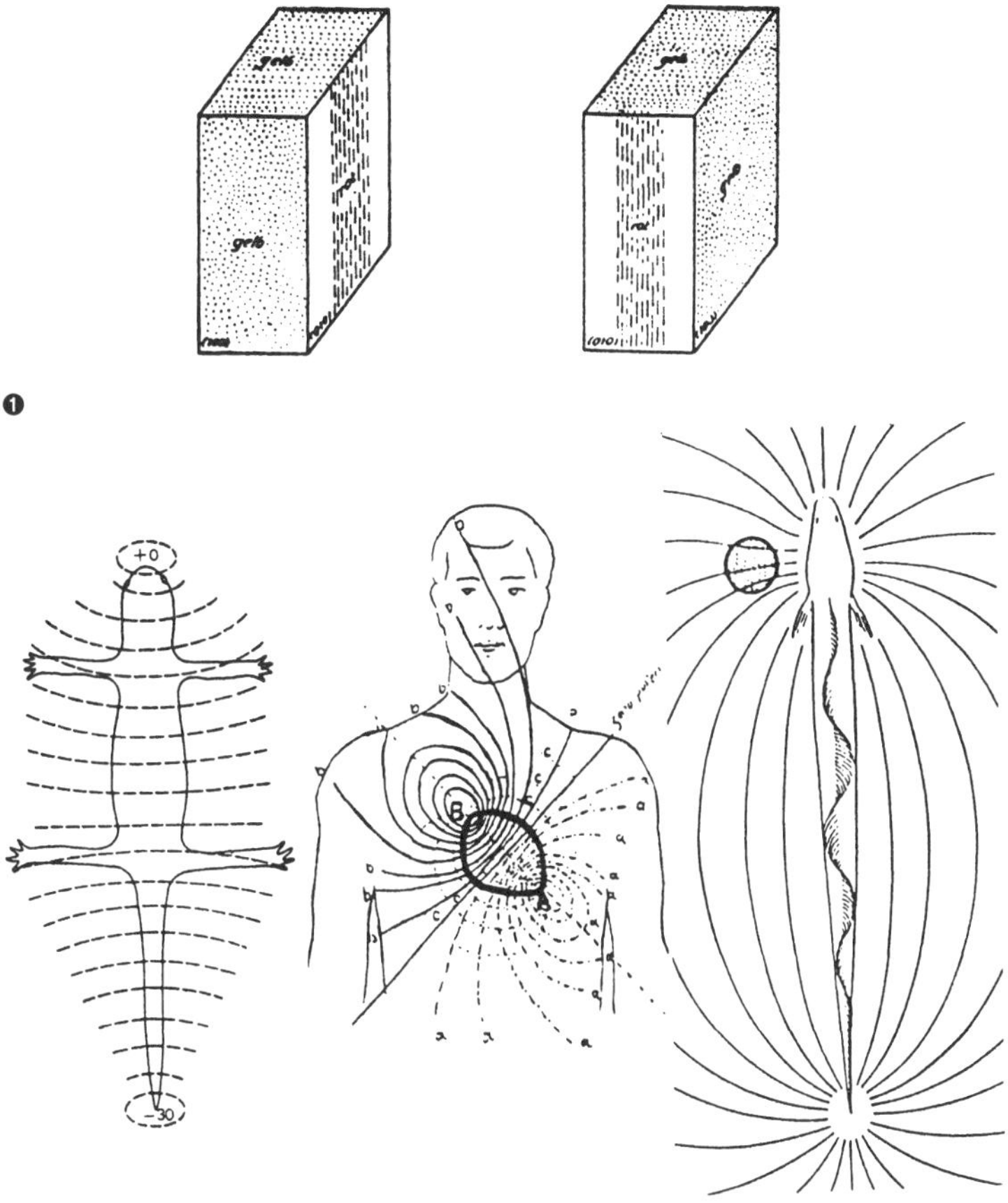

図5　電流の発生。❶温度の変化によって、スコレサイト $CaAl_2Si_3O_{10}\cdot 3H_2O$ とメタスコレサイト（含水量が異なる形）から生じる電気。❷イモリの成体により生じる電場。鼻先と尾先にとりつけた2つの電極で記録した。❸ヒトの心臓が収縮した時に生じる電気。心電図により記録。❹魚の尾部に存在する発電器官と頭部に存在する受容器孔の間に流れる電流。

第15章

細胞への鉱物の秩序の継承

——鉱物から受け継いだ細胞プロセス

細胞内の水はタンパク質とDNAの性質を支配する

水は、固形のときは鉱物(ミネラル)であるが、液状のときは準鉱物(ミネラロイド)と呼ばれる(Klein and Hurlbut, 1985)。水が形成する水素結合はペプチド結合に付加できるが、この性質は、タンパク質の立体構造の決定において重要である。結果として水は、構造や触媒活性だけではなく、タンパク質の立体構造に依存するその他の性質も決定する(de Duve, 1984 a, b)。

ここで右巻きのDNAを考えてみると、そこに生じるのはAとBという二つの形状である。その違いはらせん一周分の間隔、つまり糖鎖の折れ曲がり具合とらせん軸に対する塩基対の傾きにある(Watson et al., 1987; Saenger, 1988)。水分量が、細胞内で生じる形状を決定する可能性があることも重要である。核質中でのDNAは通常B型であると考えられているが、細胞内の水が減少するとA型のDNAが出現する可能性がある。しかしながら現在のところ、細胞内でA型のDNAが生じているかどうかは不明である。その鮮やかな対比として、RNA分子はAに似た形状を生じる傾向がある。それは、糖残基の中に存在する余分なヒドロキシ基の結果、B型は存在することができないからである。このことから、DNAとRNAのハイブリッドはA型だと予想される。

以上のことが意味するのは、細胞内の水はDNAの進化に関して重大な役割を果たしてきたのではないかということである。また、B型の維持は決定的要因として、どんな塩基がDNAに付加できるのかを支配したはずである。特に、この二つの型ではらせん軸に対する塩基対の傾きの角度が異なっているからである。

水に見つかった新しい性質は、細胞の機能を決定する要因として自身の重要性を高めている

水の性質が深く理解されるようになったのは、ほんの最近のことである。水分子の動きは、細胞膜などの細胞表面に隣接すると制限される。水分子中のほとんどの水素結合は、隣接した分子に固定されてしまう。これは溶媒和と呼ばれる現象であり、このように修飾された水はビシナルと呼ばれる。

❶——細胞は核膜、小胞体、ゴルジ体、ミトコンドリア、細胞骨格など、数百もの表面を含んでいるため、細胞内にあるビシナルな水の量は結構多い。ヒトの体の細胞に含まれる膜の総面積はおよそ三四〇万平方メートル程度で、つまり多くのサッカー場と同じ程度であると見積もられている。

❷——最も重要なのは、ビシナルな水の性質は通常の水とはかなり異なっているという発見である。(a)密度は低い(約三%)。(b)加熱にはより多くのエネルギーを必要とする(約二〇%)。(c)その中では溶質の移動が困難(別言すれば粘度が高い)。(d)通常の水の性質がゆるやかに変化するのに対し、ビシナルな水の性質の変化は段階的で急激である。その結果、一五、三〇、四五、六〇℃という四つの温度帯が見られる。これは、ビシナルな水には、これらの温度帯に対

応する四つの明確な相が存在することを示唆している。

❸――ビシナルな水の溶媒和能は結合表面の化学的性質とは独立しているように思われる、という発見を説明するのはいまもって困難である。

❹――溶媒和の力は場の効果をもたらし、その効果は一六もの分子層に及ぶ。このことが示唆するのは、もし細胞中の水がほとんどビシナルであるならば、多くの化学反応の秩序は劇的に変化するであろうということである(Drost-Hansen and Singleton, 1989)。

結晶の複製とDNAの複製との間の基本的な類似性：DNAは鉱物の方向を改良したにすぎない

生物が複製して自身をコピーすることはよく知られている。遺伝物質に関する現在の知見は、DNAの複製は主に、DNAの出現以前から存在する鉱物レベルで利用できたプロセスに従っている、ということを示している。

❶――**水はすでに、そのパターンを他の結晶に伝えている**。水は、ほとんどの鉱物よりも単純であり、複製できるとは考えられていないが、その複製は可能であるという証拠が蓄積し続けている。派生的な結晶は、最初の結晶の末端領域でつくられる。新しい結晶は最初の結晶の構造に従う(Knight and Knight, 1973)。

❷――**種まき**。飽和した塩化ナトリウム(食塩)溶液を冷却し、そこに小さな食塩結晶を加えて種をまくと、結晶が成長しはじめる。それは続いて小さな結晶へと分割し、それぞれが独立して成長する。結果として多数の細長い結晶が生成する。この現象は、結晶が似ているために、かなり急速かつ非常に正確に起こる。DNAが成長するためには、

食塩溶液の場合と同じく、種をまいておく必要があることが、分子的な研究により明らかになっている。DNAの複製に先立って、RNAプライマー、つまり、最初に形成されるが後に破棄され、DNAの成長を可能にするRNAの小片が形成される。(Dahlberg, 1977; Kornberg, 1980)。

❸——**コピー能力とサイズの限界**。微小な結晶断片が溶液中にいったん投入されると、原子的事象のカスケードが生じ、その他のすべての原子は、加えられた結晶と同一の決まったパターンへと自身を組織化するように強いられる。形成されるすべての結晶のサイズには決まった限界があるか、そうでない場合には平面は形成されない。同じことはDNAにもあてはまる。DNAの複製で形成されるのはDNA分子のみである。DNA配列のサイズにも限界がある。新たに複製される大腸菌*E. coli*のDNAは、岡崎フラグメントと呼ばれる小片から形成される(Okazaki et al., 1968 a, b)。この複製単位は、哺乳類の細胞では、核当たり三万にものぼる可能性がある(Blumenthal et al., 1973)。

❹——**複製速度**。溶液内での結晶形成はおおよそ即座なものであるが、条件のあまりよくない場合には数時間かかることもある。DNAの複製メカニズムも同様に迅速なものである。大腸菌の染色体の複製には四〇分かかり、それは一秒あたり10^3個のヌクレオチドに相当する(Alberts et al., 1977)。トウモロコシ*Zea mays*のような植物の場合、根部のDNA合成期は八時間であり、ヒトの細胞だと三八℃で七・六時間である(Dyer, 1979)。

❺——**コピープロセスの正確さ**。コピープロセスの正確さは、結晶レベルとDNAレベルのどちらにおいても明白である。結晶と飽和溶液との化学組成は同一であるが、その化学的な立体構造が異なる場合、つまり右旋性ではなくて左旋性であるような場合にはコピーは生じない。このように、鉱物のレベルですでにコピーされるパターンは非常に正確なのだ。たとえば大腸菌の場合、DNA複製時の鋳型を使った形成は非常に正確で、10^9～10^{10}の塩基対に対してその誤りはたった一つにすぎない(Drake, 1969)。DNAポリメラーゼは、末端が鋳型と一致しないプライマー(先に合成されたDNAの断片)と遭遇した場合、そのエキソヌクレアーゼ活性を利用して対になっていないプライマー残基を切り離す。

このプロセスによって自身の重合の誤りをとり除いているのだ。

❻——**コピーにとって自己集積と自己離散は不可欠である**。結晶が自己集積している間、塩の分子を結びつける力は可逆的である。結晶形成の途中では、成長も溶解も同時に起こっているのだ。溶液の物理化学的な変化の結果として、分子は付加されたり放出されたりしている。このことは多様な結晶形成の源の一つであり、つまり複製の形式なのである。似たような性質は、DNAの合成過程やDNAからRNAがコピーされる過程（転写）に見られる。塩基間の水素結合は、二本のDNA鎖を結びつけておくには充分強力であるが、複製時や翻訳時には分離できる程度に弱い。この現象はまた、細胞内の物理化学的な状態に依存している。

❼——**外的要因に対する依存性**。どちらのレベルも、外部の物理的要因と化学的要因に影響を受ける。温度が違えば形成される結晶の形状は異なり、さらに光が結晶の形状を変化させることさえ考えられる。グリシンやホルムアミドの存在下にある塩化ナトリウムが通常とは異なるパターンを生成することが観察されているように（Rinne, 1922）、環境の化学的な性質が異なれば、化学組成が同一の結晶も異なる形状をとらざるをえない。DNAの複製には温度も影響する。ヒト細胞のDNA合成は、三三℃では二二・四時間かかるが、三六℃だと七・四時間しかかからない（Dyer, 1979）。細胞の化学的な組成もDNAの複製に影響を与える。真核細胞の複製単位のサイズは、イモリ*Triturus*の肝臓と精母細胞の場合のように、組織によって異なる（Edenberg and Huberman, 1975）。塩化ナトリウムの結晶の形を変化させるホルムアミドは、DNAの形も変化させる。分子生物学ではこの化学物質は鍵となる要素で、DNA分子鎖と他のDNAやRNAとをハイブリダイゼーションさせた場合の標準的な手法の中で、DNAの分子鎖を分離させるために使われる。

❽——**プライマーがコピーされる分子と同一である必要はない**。驚くべきことに、複製はいつも後にコピーされることとなる分子と同一のものからはじまるとは限らない。その代わりに、異なる分子がプライマーとして用いられるケースがい

くつか見られる。水の結晶は大気の上層で形成される。(海に由来する)塩化ナトリウム分子と火山からの灰は雪の結晶の形成初期にあたりプライマーとして機能することが実験によって確認されている。氷の結晶と似た構造のある種の粘土も、水分子の凝結の初期原因となることがわかっている(Allen, 1984)。これは、DNAの複製で起こることでもある。プライマーはDNAではなくRNA分子であり、それがない場合にはDNA複製は開始できない。同一ではないが類似した分子が使われているのだ(Kornberg, 1980)。化学組成の異なるプライマーはタンパク質でも見ることができる。鉱物の構造はタンパク質の結晶形成を促進させることができる。その一例が磁鉄鉱であり、磁鉄鉱はコンカナバリンBというタンパク質の結晶核の中心になることができる(McPherson, 1989)。

❾——停止信号。終止コドンと呼ばれるDNA中の特殊な塩基配列は、RNA鎖の終止を規定する。結晶もその表面の出現を支配する分子プロセスに依存しており、その表面の出現によって成長は停止される(Watson et al., 1987)。

以上のことから浮かび上がってくるのは、DNAが主に使っているのは、高分子が生まれる数十億年前から鉱物が自らの複製に用いてきた原子的なプロセスである、という図式である。

RNA分子の成長には他のレベルで再現する性質を見ることができる

DNA二重鎖に沿ったRNA分子の合成とモミの木の枝の成長には、一見したところ偶然のようにも思えるような類似した構造が見られる(図1)。しかし詳細に分析してみると、そこに関わる分子的なプロセスは、似たような生物学的解決策に従っていることがわかった。

❶——どちらの場合も、中心軸は分子の供給源として機能する。このことは、RNA合成におけるDNA分子と、モミの木の頂端分裂組織の細胞が示している。どちらもコピープロセスの起源である。前者の場合、類似してはいるものの完全に同一ではない高分子、つまりRNAが形成される。後者の場合、類似してはいるものの完全に同一ではない細胞が生み出される。その高分子は特定のタンパク質の形成につながる一方、その細胞は葉をつけた茎の形成へとつながる。

❷——成長はどちらの場合も特定の分子によって開始する。RNAポリメラーゼというタンパク質はRNA分子の合成には欠くことができない。モミの枝の成長には、成長ホルモンであるインドール-3-酢酸(オーキシン)が不可欠である。

❸——(RNA合成における)分子と(モミの)組織形成における分子の建造物が獲得する形状は、主軸から正しい角度で成長する側枝が特徴的である。

❹——両者とも、そのサイズを連続的に増加させる。最も長いのは一番古い分子と一番古い枝で、それは主軸の基部に位置する。最も短いのは一番新しい分子と一番新しい枝で、それは頂端部に位置する。このことが、両構造が三角形となる理由である。

❺——RNA分子とモミの枝は、球状や不規則な分枝のような他の形状もとりうるが、両者とも基本的には線状である。

❻——この構造は連続的に生み出されず、規則的な間隔で区切られている。これが示唆しているのは、近接領域では抑制されるが、その抑制はある距離以上では無効となることで、新たな構成単位の出現が可能となるようなプロセスが存在している、ということである。

❼——RNAポリメラーゼは、プロモーターと呼ばれる特定のDNA配列に結合してRNA転写を開始する。ポリメラーゼ分子はその後、DNAの鋳型鎖に沿って移動して転写中のRNA分子を伸ばす。この伸長過程は、ポリメラーゼが

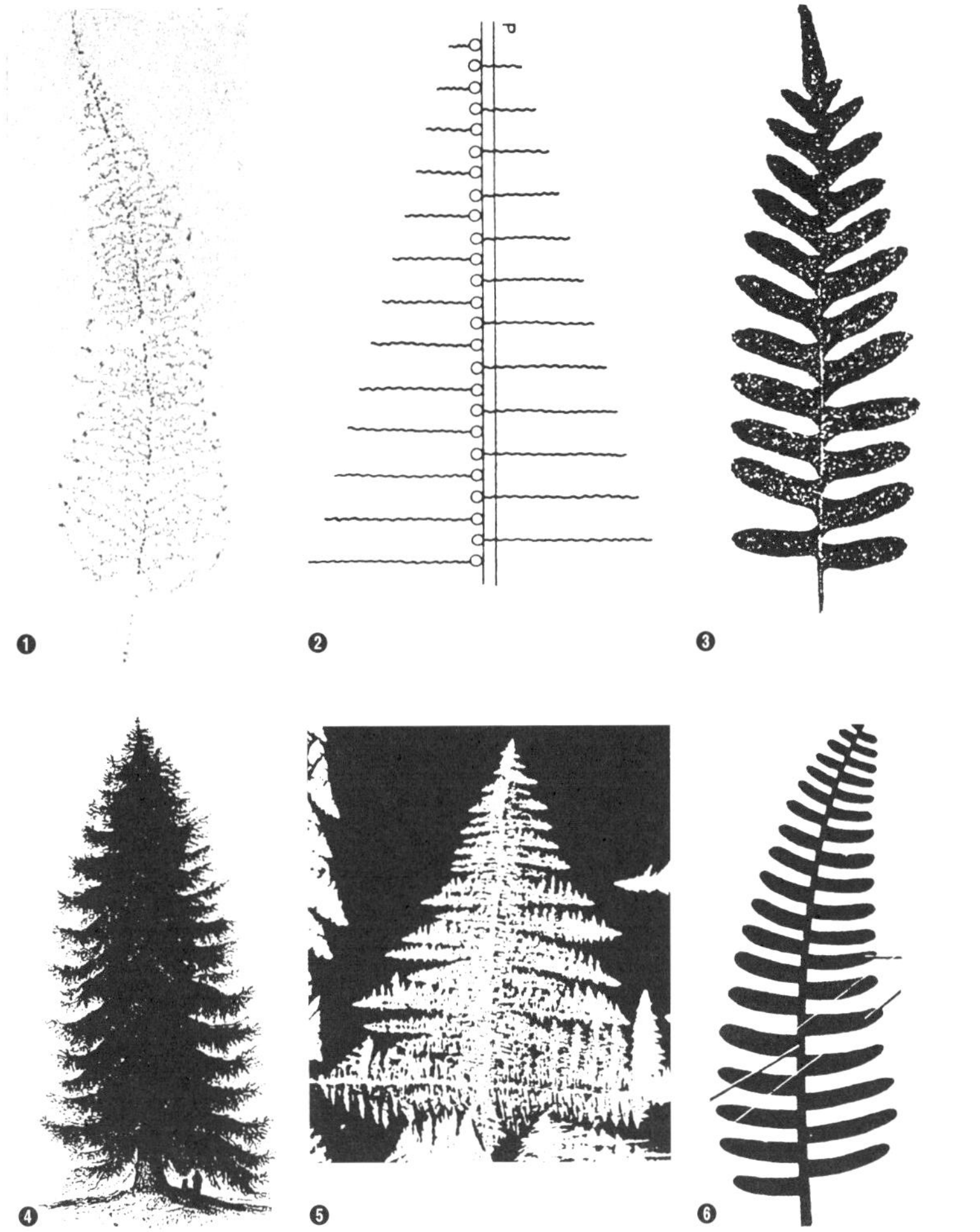

図1　分子と器官の成長。似たような構造的プロセスと機能的プロセスの結果として同一のパターンが生成される。❶リボソームRNA遺伝子におけるRNAの転写の電子顕微鏡写真。軸の繊維構造は遺伝子のDNAである。RNAポリメラーゼ分子がそれに結合する。RNAとタンパク質の初期の複合体は、頂端部にある転写開始点から離れるにつれて、その長さを増加させる。結果として方向性のある傾斜が形成される。❷同じ現象の模式図。DNAのプロモーター領域(P)、DNAの鋳型(二重線)、RNAポリメラーゼ(丸)、転写産物(波線)。❸エゾデンダ *Polypodium vulgare* の葉。同じように方向性を持って成長すると勾配が形成される。RNA転写と同じく小葉が交互に形成されていることに注意。❹ドイツトウヒ *Picea abies*(針葉樹)。成長は頂端部ではじまり、当初の枝は、その開始点から離れるに従って長さを増加させる。これは茎に沿って移動するオーキシン分子が要因である。主枝は側枝を生じる。❺氷の結晶の成長(窓ガラスに付着した霜)。水の原子の性質が勾配中の一次的な枝が連続的に大きくなるよう決める。モミの木の側枝で見られるように、主枝に対して直角に形成される。❻オキナエビス亜目(原始腹足類)の軟体動物が持つ双櫛歯状の鰓。側枝が交互に存在することで方向性のある勾配が形成される。

終止シグナルと呼ばれる別の特殊なDNA配列に出会うまで続けられる。この部分でRNA分子は完成し、DNAの軸からとりはずされる(Thangue and Rigby, 1988)。オーキシンも同じように、中心にある茎の特定の部位で枝の成長を開始させる。オーキシンもまたモミの長軸に沿って移動する。その移動には下向きの極性があり、しかも急速である。成長は、基部に位置する最も古い枝が枯れて切り離されるまで続く。

❽――RNAポリメラーゼは単独では機能しない。RNAのコピーには補助的なタンパク質が関与している。同じことは、ジベレリンのような他の植物ホルモンと一緒に機能するオーキシンにもいえる(Wareing and Phillips, 1978)。

❾――どちらのプロセスにも、活性化だけでなく抑制化も起きる。RNA転写に関与しているタンパク質の一つであるRAP1は、活性因子としても抑制因子としても機能する(Brand et al., 1987; Nasmyth and Shore, 1987)。低濃度のオーキシンは適切な成長効果を持つが、濃度が上がると抑制因子として働く(Wareing and Phillips, 1978)。

❿――植物の接除・接ぎ木実験によって、隣接する枝の原基に対する抑制効果の証拠が得られている。なぜ枝が規則正しく出現するか、ということを説明してくれる現象である。RNAポリメラーゼは通常、隣接して存在しない。各分子は、次の分子が転写をはじめる前に、転写を終えてしまう(Miller, 1981)。

⓫――九〇度での成長と分子勾配の存在は三角形へとつながるが、それは冷凍することで得られる氷の結晶に見られる事象に類似している。氷の結晶のパターンは単純な原子間相互作用によって決定される、ということは特筆すべきだろう(図1)。シダの葉や軟体動物の鰓といった動植物に見られる他の構造も同様に、成長勾配と交互に形成される構成要素を示す(図1)。

こうしたプロセスに関して、明確にしなければならない分子的な細部が多数残っていることはもちろん明らかだが、分子的な相同関係が全面的なものであると期待するべきではないだろう。というのも、そのような相同関係は異なる

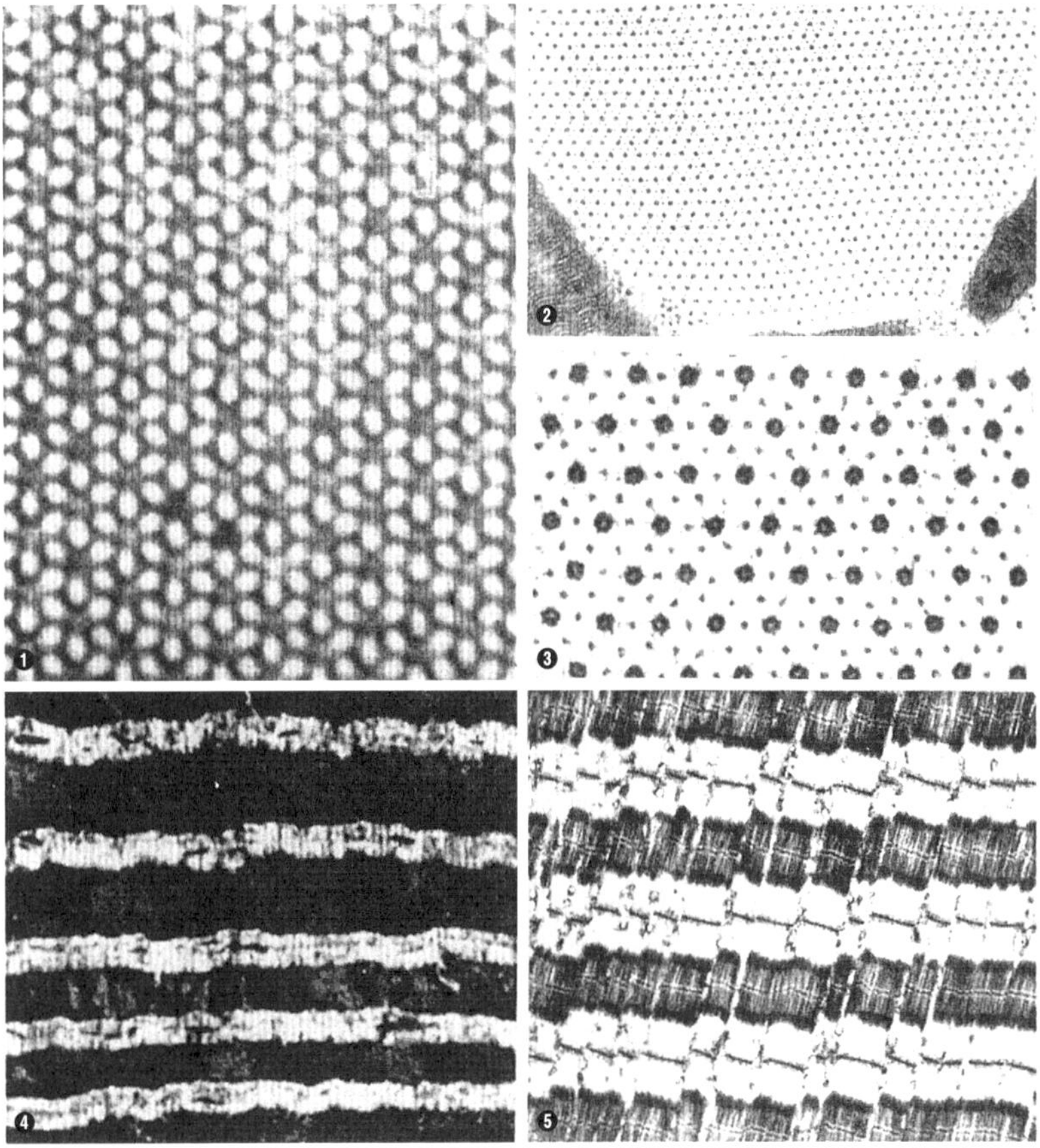

図2　鉱物と筋肉の結晶構造。❶トルマリン（サイクロケイ酸塩）の高解像度電子顕微鏡像。その六角形は、ケイ素と酸素原子（Si_6O_{18}）が形成する六角の環形の像である。❷❸昆虫の飛行筋の横断面の2つの電子顕微鏡写真。太いフィラメントと細いフィラメントが六角形の結晶状に規則正しく充填されているのがわかる。❹層状の格子の鉱物である蛇紋石$Mg_6Si_4O_{10}(OH)_8$中の繊維状アスベスト（ケイ酸塩）の縞。❺ウサギの筋肉の顕微鏡写真。筋肉の線維の層状のパターンが見える。

レベルの組織をあらわしているからである。しかし重要な点は、分子的な構造と機能は基本的に、同タイプの規則正しい経路に従っているということである。

筋肉の結晶構造

筋肉の構造は、生物学者が結晶として記述するほど規則的である。筋肉の横断面を電子顕微鏡で観察すると、同じく電子顕微鏡で見た鉱物とは容易に区別することができないパターンが見られる。その類似性は印象的である。事実、その両者はきわめて取り違えやすい(図2)。このことは、ケイ素原子と酸素原子(Si_6O_{18})が結びついた結果として六角形となるトルマリン(サイクロケイ酸塩)の像の場合にあてはまる。昆虫の飛行筋の断面像は、六角形の結晶のように規則正しく詰め込まれた太い繊維と細い繊維が特徴である。これは、アクチンとミオシンという二つのタンパク質が会合した結果である。平行に走る六本のアクチン繊維は、その原子構造によって、中央に走る一本のミオシンに結びつく(de Duve, 1984a, b)。タンパク質はケイ酸塩よりもかなり巨大であるが、同一の六角形が形成される要因となっているのは、タンパク質と鉱物中の原子的なプロセスである。さらに、ウサギの筋肉を電子顕微鏡で観察すると、繊維が層を成すパターンが見られる。このパターンと蛇紋石という鉱物の中に含まれる繊維状のアスベストが形成する層とを区別するのは現実には不可能である。蛇紋石$Mg_6Si_4O_{10}(OH)_8$は、ケイ素原子と酸素原子をトルマリンとかなり近い比率で含んでいる。

最後に、次の点を見逃すことはできない。タンパク質の中で最も豊富な(五〇%)原子である炭素と、ケイ酸塩の主要原子であるケイ素は、多くの性質を共有していることが知られている。両者は、その外核に四つの電子を持つために、周期表中ではⅣA族に属している。故に、筋肉とケイ酸塩に見られる類似点は、単にその原子の電子的な構成の産物なのかもしれない。

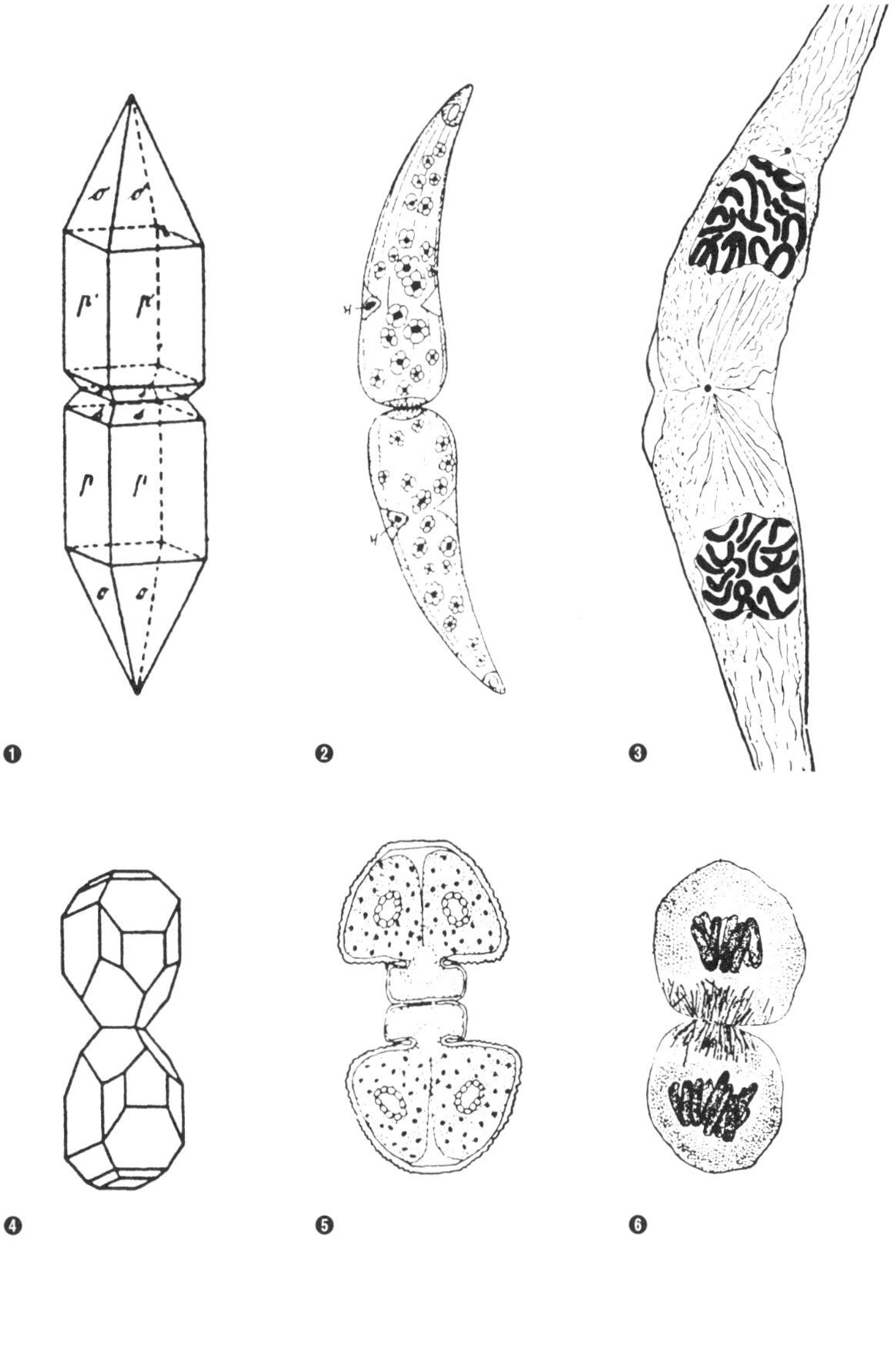

図3　細胞分裂。❶ヨードコハク酸イミド$(CH_2CO)_2NI$の双晶。❷ミカヅキモ *Closterium ehrenbergii* の細胞分裂。❸サンショウウオの細胞の有糸分裂。❹菱亜鉛鉱 $ZnCO_3$ の双晶。❺ツヅミモ *Cosmarium* の細胞分裂。❻分裂中のイモリ *Geotriton fuscus* の細胞。

細胞分裂

細胞は、細胞分裂の結果として、同一ではあるが独立した単位へと分離する。このプロセスでは、細胞小器官を構成する分子のコピーと再配置が主要な出来事である。

ヨードコハク酸イミドや菱亜鉛鉱のような鉱物がつくり上げる双晶には、細胞分裂に類似した特徴がいくつか備わっている。少なくとも二つの特徴が著しい。まず、でき上がる双晶は決まった領域で分離するが、これは細胞分裂に似た様式である。次に双晶は、新しく形成される二つの細胞と同様に、向かい合う。双晶が獲得した方向性のある規則正しいパターンは、原子的な相互作用がもたらすただ一つの結果である。細胞内の原子は、鉱物中のものと異なるわけではない。違う表現をすれば、細胞分裂の基本的な特徴は鉱物の中にすでに存在していたのだ（図3）。

規則的なパターン変化をともなう成長

オクタヘドロンの結晶（八面体、つまり八つの表面をもつ固体）は六つの等しい正方形を面にもつ結晶（つまり立方体）へと成長しうるが、それは一連の規則正しい事象を経ておこなわれる。(1)オクタヘドロンの面が消え、立方体の面があらわれはじめる中間的な段階を通過する。(2)この劇的な変化は、結晶がその結合力を失うことなく生じる。(3)成長は分岐や偶発的な逸脱をともなわない。(4)変形には明確な方向性がある。それはオクタヘドロンから立方体へと向かうためである。(5)オクタヘドロンの成長は、立方体への変形によって限界をむかえ、そこで停止する。

ヒトの成長は基本的に異なる問題ではない。誕生時、ヒトには大きな頭部と小さな体が備わり、成長するとその大きな体に比べて小さな頭を持つこととなる。これが示しているのは今ちょうど触れた二つの結晶で起こっているよう

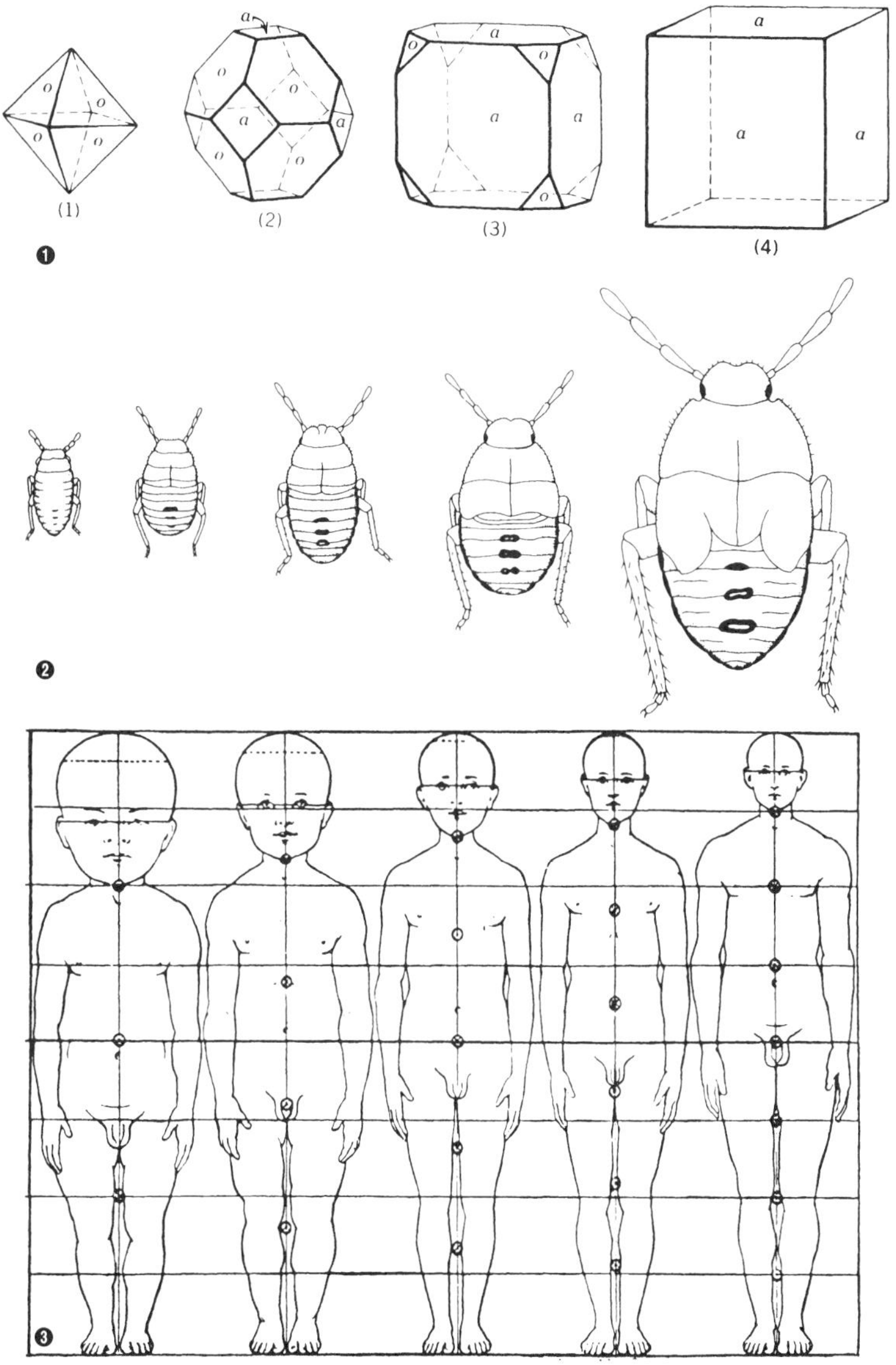

図4　規則正しいパターン変化をともなう成長。❶オクタヘドロン（八面体）から立方体への結晶成長。これらの2種の立体が組み合わさった中間形を二つ示してある。❷昆虫のカメムシの仲間 *Cydnus aterrimus* の幼生の発生。翅の形成を示してある。❸ヒトのプロポーションの変化（出産時、2歳、6歳、12歳、25歳）。

な、プロポーションの劇的な変化である。特筆すべき事実は、ヒトの体の成長も同じく規則正しい事象を経なければならないということである。(1)頭部が相対的に小さくなる一方、体は大きくなるという中間的な段階を通過する。(2)変化は組織が解体されることなく生じる。(3)成長は分岐や偶発的な逸脱をともなわない。(4)変形には方向があって、幼児形から成人形に向かうのみである。(5)成長は、つねに成人期で停止することにより限界を迎える。図4に示したように、無脊椎動物でも同じ現象は起こっている。

―全体的なパターンを維持した成長

ある結晶はそれとは別に、本来のパターンを大きく変化させることなく、新たな原子が付加されることで成長する。それはただ大きくなり続ける。石英がその例である。葉やトカゲの成長はこのタイプである。(1)これら三種はすべて小さな構造からはじまる。(2)結合力が低下することなく急激な成長が生じる。(3)大きくなることは、偶然でも逸脱でもない。(4)体サイズが二倍以上になっても、部分間のプロポーションは維持される。(5)成長は、本来の形態に似た形態をつくり出すだけなので方向が決まっているし、三種すべての構造において、成長には限界があり、特定のサイズで停止する(図5)。

―分岐をともなう成長

前述の例には出てこなかったが、分岐して成長することがあるということの理解は重要である。原子の組み合わせが異なれば、解決策も異なる。

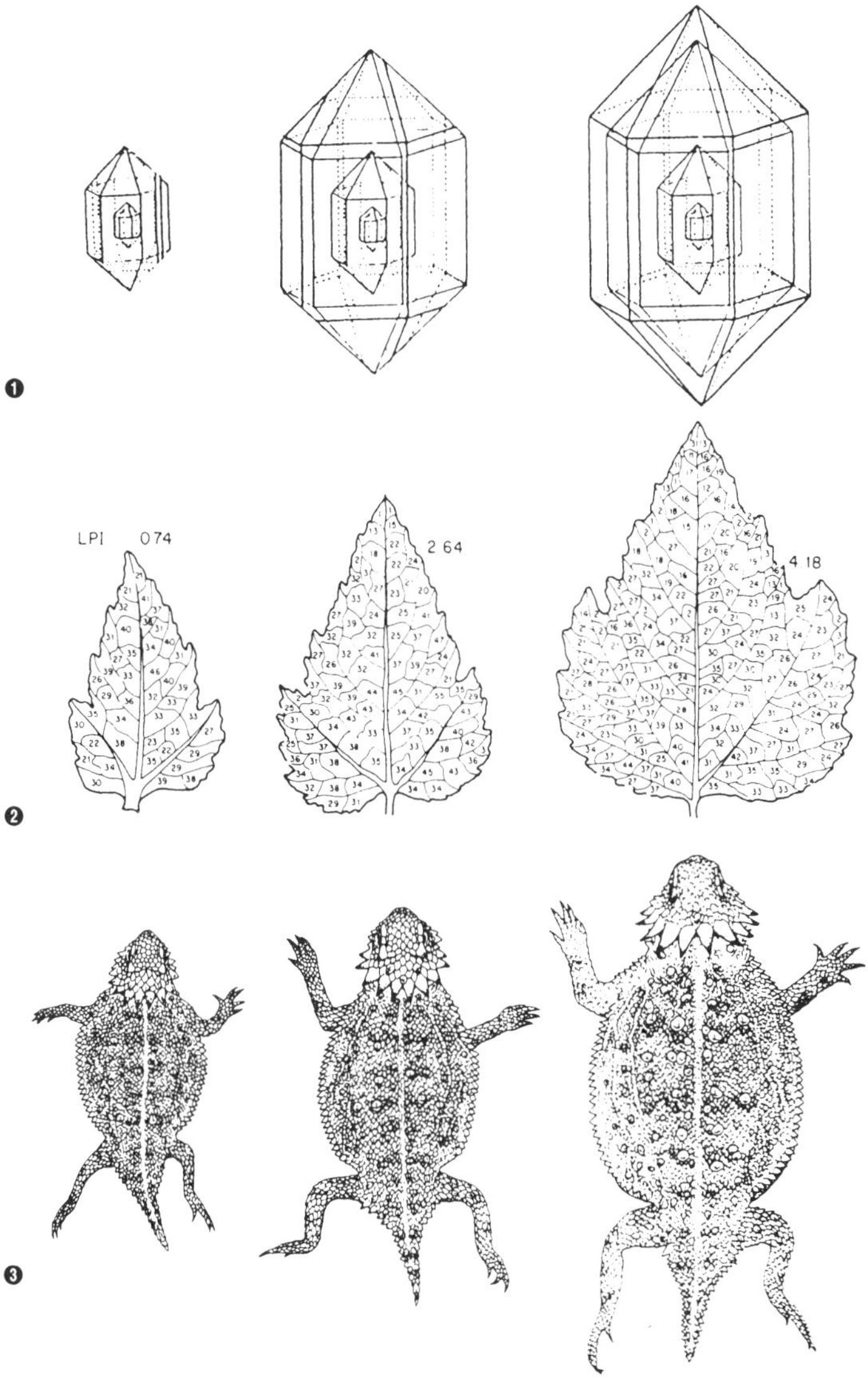

図5　全体的なパターンを維持した成長。❶石英結晶の成長。❷オナモミ *Xanthium strumarium* の葉の成長。❸様々なサイズのツノトカゲ *Phrynosoma solare*。

水の結晶は原型となる核から成長する。結晶は等間隔をなす枝を成長させはじめる。この枝はそのあと、主軸と規則正しい角度で側枝をつくる。枝の数は通常は六本。枝に見られるこのようなパターンはアサ*Cannabis sativa*の葉や、イモリの足指にも見られる。(1)両者とも小さな核から成長する。(2)枝は連続的に付加される。(3)枝の平均間隔は、枝の数が増加しても維持される傾向がある。(4)成長には方向性と限界がある。雪の結晶の場合、成長は六本の主軸に分岐が出現すると停止する。足には五本以上の指はできず、葉には七枚以上の小葉はあらわれない(図6)。

―双生の形成

鉱物に見られる双晶の成長現象は、動物の双生に見られる現象と著しく平行している。(1)鉱物は、環境の影響によって結晶格子の成長方向が変化した結果、双晶化する。(2)単純な結晶が、成長途中で、ある表面に平行な面に沿って分割する。そして片方の結晶は他方に対して一八〇度回転したような形で形成される。このいわゆる回転双晶は他方の鏡像である。(3)ある鉱物では、鏡像となった二つの要素が相互に貫入しあう「接触双晶」が形成される(Whitten and Brooks, 1988)。

両生類、爬虫類、ヒトにおける双生の生成も似たようなパターンを踏襲する。(1)単一の卵からはじまる。(2)最初の卵割時に環境が変化すると、独立した二つの個体が誘発される。(3)双生が癒着している場合と、していない場合がある。(4)もし癒着していた場合は、石英(サンショウウオやヒト)のように体の中央部分で癒着するケースと、あるいは方解石(イモリやカメ)のように主に尾部で癒着するケースがある。(5)ここで挙げた四種の動物と二種の鉱物では、それぞれの状況における双構造の一方は他方の鏡像である(図7)。

末端領域の再生

一般には、傷ついた生物が再生したり回復したりする能力は進化するにしたがって低下すると認識されている。たとえば両生類や爬虫類では、再生は脚や尾に限定されている。

　再生現象は鉱物にさかのぼることができる。パスツールは、重リンゴ酸アンモニウム結晶の破損した末端が飽和溶液中で再生される様子を細部にわたって記述した(Pasteur, 1857)。その結晶は彎曲した層を形成したのち、元の形状を再形成することがわかっている。針葉樹が切り落とされると、側枝を垂直に成長させることで、完全な形を再生することができる。アオヒトデ*Linckia*の腕は一本でも、失った四本の腕を再生して元のパターンに復帰できる。両生類の肢もまた、切断されても五本の指をつくり出すことができる(図8)(Weiss, 1939)。

図6　分岐をともなう成長。❶連続的段階で示した雪の結晶成長。❷8日間にわたるアサ *Cannabis sativa* の葉の成長。❸ヨーロッパイモリ *Triturus taeniatus* の肢の成長段階。

植物や動物のキメラとは、異なる個体が結合してできあがった単一の生物のこと、あるいは、二つの異なる遺伝子型の組織からなる個体のことである。

植物の場合は通常、継ぎ木によってモザイクを得ることができる。遺伝構成は異なっているが、緑色と白色の組織の葉から、キメラを形成することができる。タイプの異なる二つの細胞は、葉縁に対して平行に成長する傾向がある(Dale, 1982)。

動物のモザイクは、異なる系統や種に由来する受精卵を結合させることで得られる。八細胞期にあるヒツジの胚一つと八細胞期にあるヤギの胚三つを結合させると、外見は全く通常のヒツジとヤギのキメラをつくることができる。そのモザイクの特徴は、角、毛、血球で特に顕著である(Fehilly et al., 1984)。それと同様に、遺伝構成が異なる二つの胚を融合させることでキメラマウスをつくることができる。そのためには、色の明るいマウス胚に、黒色の親マウスから採取したがん細胞を注入することが必要となる。その成体は結果として、黒色の領域と白色の領域が平行に走った縞模様になる(Mintz and Illmensee, 1975; Mintz, 1978)(図9)。

植物やマウスのキメラの組織で見られるこのような平行現象について、満足のいく遺伝学的な説明や発生学的な説明はいまだになされてはいない。しかしながら、この独特な現象は鉱物でも見ることができる。よく知られている例は、藍晶石と一緒に結晶化する十字石である。この二つの鉱物の成長では、二つの結晶面が互いに平行になるように方向が決まっている。さらに、斜長石が微斜長石の上に成長すると、同じように平行な配置が生じる。明らかに原子の相互作用が決定要因であるが、それゆえに、生物に見られる同様の配置の原因となっているのは、タンパク質(あるいはそれ以外の化合物)に含まれる原子のどのようなプロセスなのか、不思議に思われる。

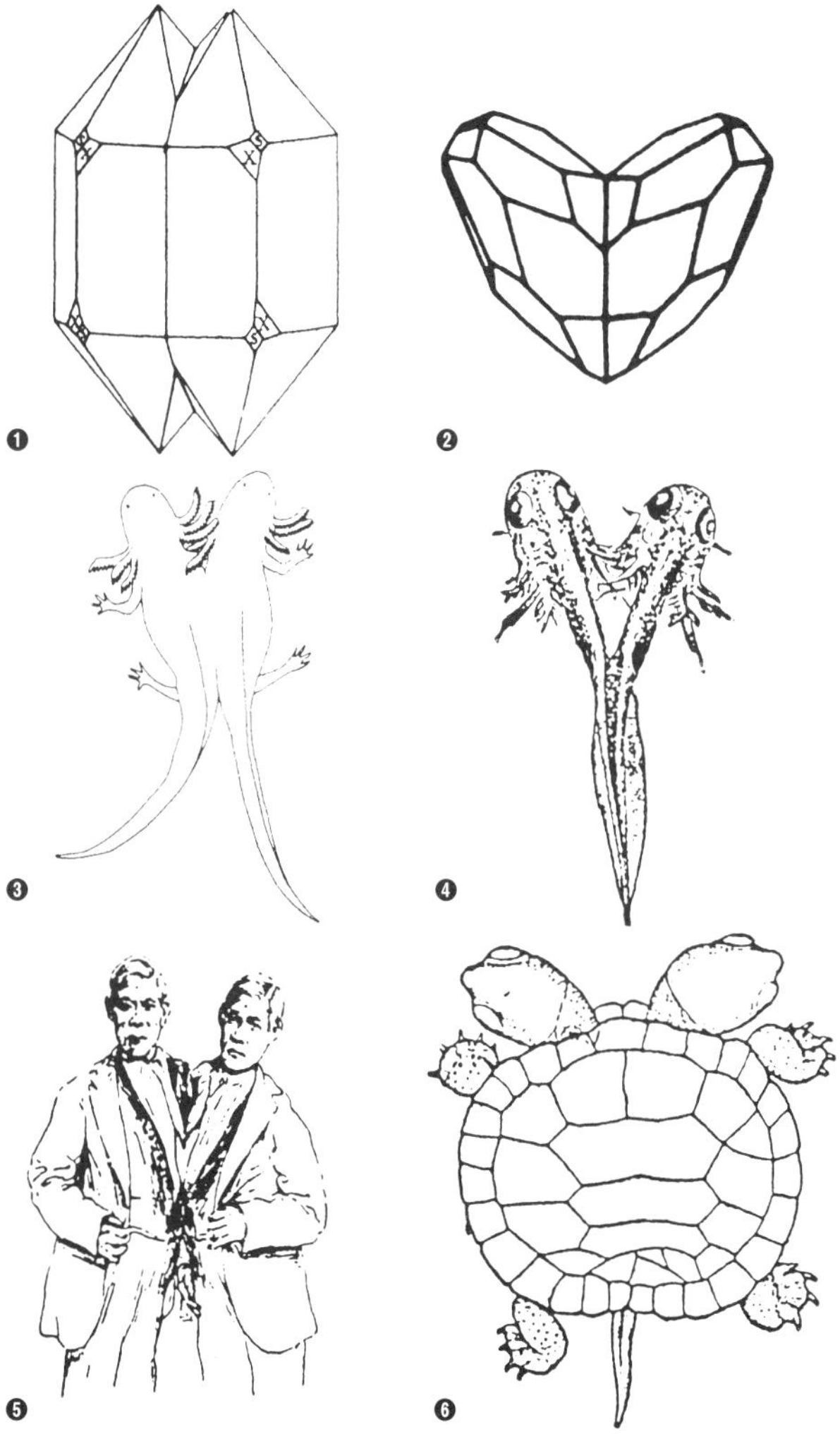

図7 鉱物、両生類、爬虫類、ヒトの双構造。❶石英結晶 SiO_2 の双晶。❷方解石 $CaCO_3$ の双晶。❸実験的に癒着させたサンショウウオの双生。石英結晶のように、体の中央部は癒着しているが上部と下部は分離している。❹実験的に誘発したイモリ *Triton* の双生。尾部は結合し頭部は分離している。これは、2つの結晶が基部では結合しているが上部では分離している方解石と同じである。❺自然に生じたヒトの双生。サンショウウオや石英のように、体の中央部では癒着しているが頭と肢は分離している。❻自然に生じたカメの双生。頭は分離し尾は1つであるが、これはイモリと方解石と同じ状況である。

遺伝学者たちにとっては、有性生殖の結果、植物や動物に生じる形や機能の原因が、遺伝子以外の何かであるとは考えるのは困難である。しかし、鉱物の性質を詳細に調べた結果、組み合わせに関する基本的な規則が、生物が出現する以前から存在していたということが示唆されている。（1）二つの異なるパターンの結晶に、結合して雑種になる能力が見られる。（2）最初の結晶面が維持されることから、中間的な形状は偶発的なものではない。（3）本来の形状の維持は、多くの面が結合するような非常に複雑な結晶においてさえ明白である。（4）鉱物ざくろ石（ネソケイ酸塩）を考えてみよ。ドデカヘドロン（一二面体）とトラペゾヘドロン（二四面体）から、一つではなく、多くの雑種が形成される。（5）他の組み合わせよりも出現頻度が低いものがある。ヘクソクタヘドロン（四八面体）がその例である（図10）。モーガンによる交雑（これは彼のショウジョウバエに関する古典的研究より引用した）と（Morgan, 1928）、似たようなトリの交雑を（Sinnott and Dunn, 1939）、図10に示してある。ニワトリ *Gallus* を交雑すると、親の世代のトサカとは異なった形状があらわれる。雑種第一代（F_1）では、本来の形状が組み合わされた中間的な形が見られ、そこには親の特徴が残っている。これはつまり、ざくろ石のドデカヘドロンとトラペゾヘドロンが組み合わさるケースと同じである。第二代（F_2）では元の親の形が、F_1雑種のものと共に、他の組み合わせよりも低頻度ながら再出現する（これもまたざくろ石と同様である）。

ショウジョウバエ *Drosophila* の場合、翅が長いもの（野生型）と翅が退化したものの間で交雑をおこなう。第一代では二種の雑種が生じる。一方は、親の世代の性質（小さな体と一部が長い翅）の組み合わせであり、もう一方は野生型に似ている。第二代は、親の世代の本来の形か、雑種第一代の組み合わせとなる（図10）。鉱物と同じように、本来の形は維持される。つまり、ある組み合わせは他の組み合わせよりも一般的であり、雑種が形成されても最初の構造を認識することはできるし、それを区別することができる。

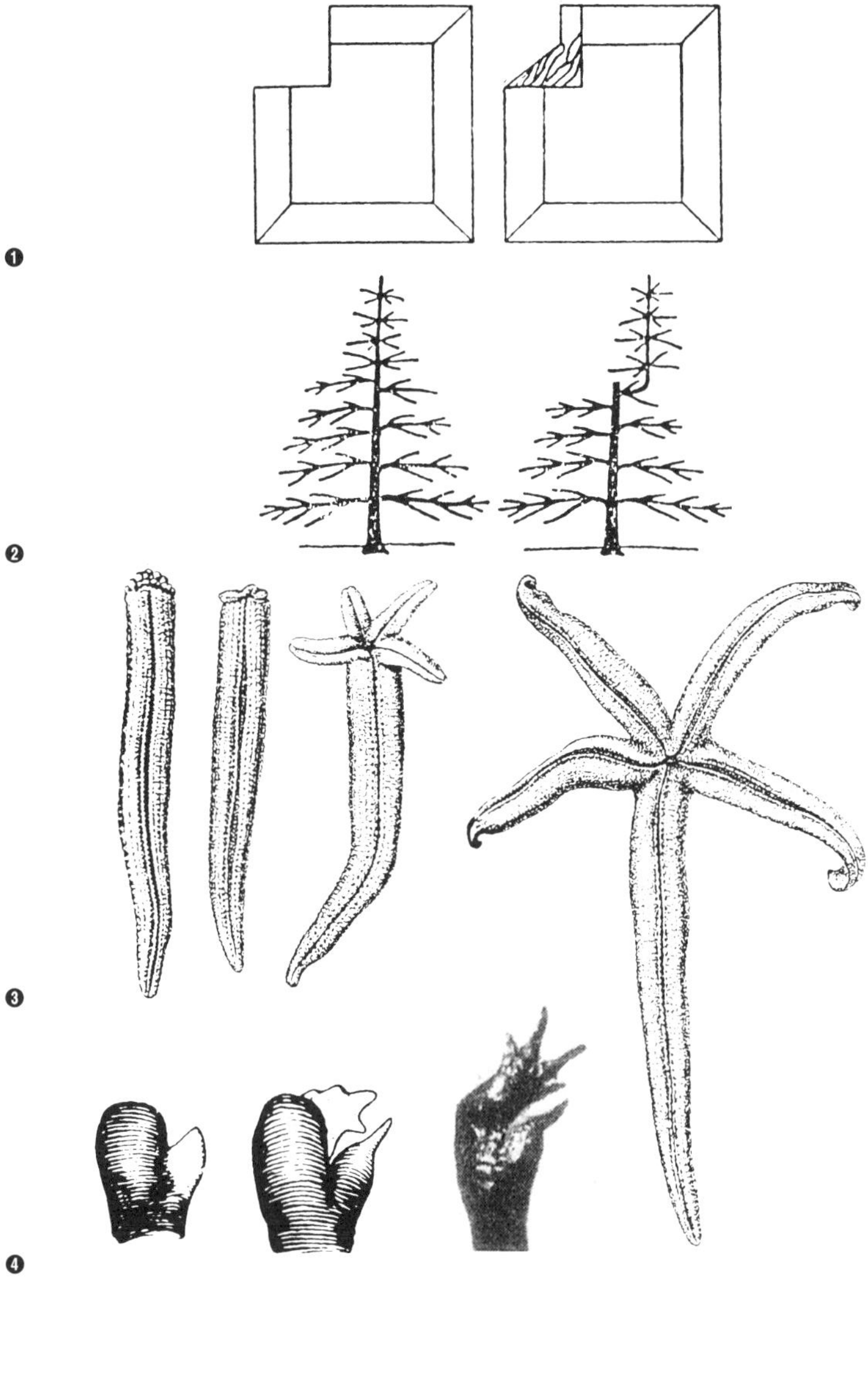

図8　末端領域の再生。❶重リンゴ酸アンモニウムの結晶。末端が破壊された結晶（左）と、元来のパターンの修復へ向かって再生中の結晶（右）。❷切り落とされる前の針葉樹（左）と、垂直に成長した新しい枝が完全な形状を回復させたあとの針葉樹（右）。❸ヒトデの1種 *Linckia multiflora* の連続した3段階。1本の腕の末端から完全な体を再生させる。❹両生類は切断された肢から完全な肢を再生する。

植物と鉱物における雑種

交雑で生じる植物の雑種も同じ組織化原理に従う。幅広の葉と細長い葉のヤナギ*Salix*二種の間で交雑すると、第一代と第二代では本来の形状が組み合わさり、中間的なサイズの葉が見られる(Heribert-Nilsson, 1918)。小型の花と大型の花をつける二種のカワラナデシコ*Dianthus*の場合、第一代では中間的な形状が、第二代では親世代とF_1のパターンの組み合わせが見られる(Wichler, 1913)。ロンボヘドロン(六面体)とスカレノヘドロン(六面体)という二種の方解石結晶の場合、本来の二種の立体が組み合わさった雑種がいろいろとあらわれる。(1)雑種では、ロンボヘドロンとスカレノヘドロンの面を区別することができる。(2)中間的な形状が多数あらわれ、その中にはプリズム形さえ含まれる。(3)すべての場合において全く標準的な結晶が形成される。(4)それらはすべて同一の晶系で結晶化する。基本的な形が維持されるにもかかわらず組み合わせは起こりうるし、他のものより頻繁に見られるものもある。そのエネルギー状態がより安定だからだ(図11)(Klein and Hurlbut, 1985)。

優性は結晶レベルでも生物レベルでも生じる

鉱物、植物、動物の雑種は、その他二つの特徴を共有している。まず、雑種の結晶が生じるのは、その化学構成が全く同一であるか、あるいはかなり関連の深い場合に限られる。これは生物の場合にもあてはまる。生物の交雑は通常、細胞やDNAの化学構成が似ているために、同種内変種あるいは非常に近い種の間で生じる。

第二の特徴は、化学的な雑種で生じる優性に関するもので、一八四七年もの昔にパスツールが記載したものである。ナトリウムとカリウムの酒石酸塩は結合して雑種塩をつくるが、この塩では生物の雑種と同様、一方の化学成分が優

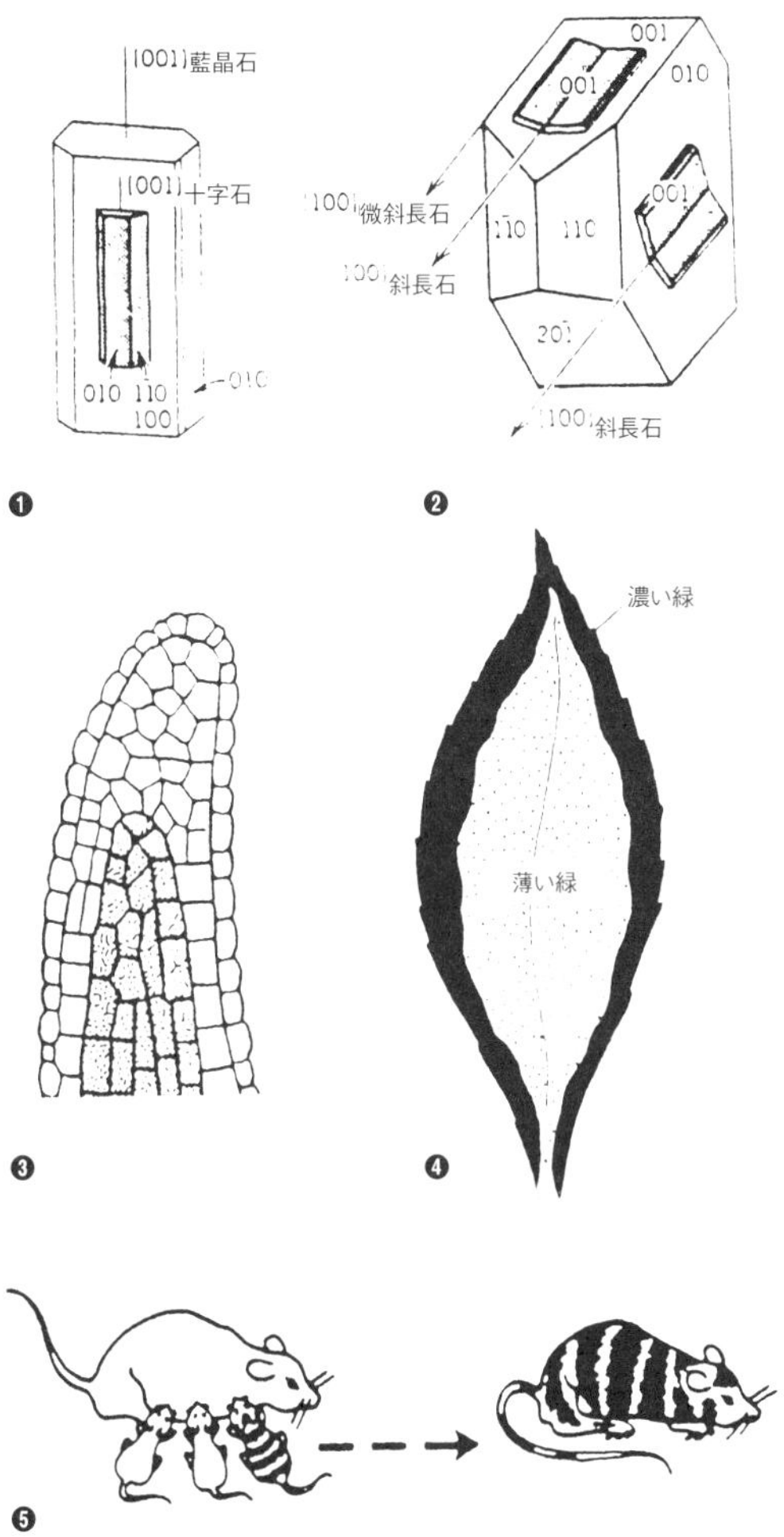

図9　鉱物、植物、動物のキメラ。❶十字石 $Fe_2Al_9O_6(SiO_4)_4(O,OH)_2$ は藍晶石 Al_2SiO_5 と一緒に成長する。この成長は方向が決まっていて、2つの結晶面は平行になる。❷斜長石 $Na(AlSi_3O_8)$-$Ca(Al_2Si_2O_8)$ は微斜長石 $KAlSi_3O_8$ の表面で成長する。2つの結晶の成長方向も互いの関係から決定される。❸テンジクアオイ *Pelargonium* の葉の断面。（遺伝構成の異なる）緑色と白色の組織が形成するキメラを示してある。成長の方向は葉縁との距離で決まる。❹（遺伝構成の異なる）緑色の別の組織がキメラを形成した葉。内側の組織も葉縁に対して平行に成長する。❺白毛と黒毛が縞になったキメラマウス。これは胚に細胞を注入した結果である。白い親と黒い親の細胞から胚は得られる。縞は縦縞で互いに平行であるが、これは鉱物の場合と同じである。

性となる。この複塩の偏光角は純粋な酒石酸カリウムとほぼ同じものとなる。他にも、優性が不完全で、中間的な値を示す塩もある。一方の成分が優性だと、他方は劣性である。

このように、組み合わさって塩をつくる二種の化学成分によって、雑種結晶にあらわれる優性に変化が生じることがあることは明白で、それは、雑種の細胞で対になる二つのＤＮＡ配列の化学構成によって変化する優性と同じである。優性の要因となる分子的メカニズムは、この両レベルにおける組織化ではいまだに知られていない。

生物の雑種における組み合わせが、減数分裂時における染色体配置とその配偶子への分配にもとづいて生じるということは、古くから知られている。それはまた、交叉時に生じる遺伝子の交換にも依存する。このような知識は発展を見せているものの、雑種の表現型を生む時に様々な遺伝子産物間で生じる分子的事象に関しては、ほとんど何も知られていない。

鉱物、植物、動物に共通する雑種形成の原子的原理

まとめると、結晶と生物において分子が集合する時の組み合わせは、次の六つの原理に従う。

❶――形が異なっても、安定した雑種形になる能力が備わる。

❷――中間的な構造はでたらめな出来事ではない。それはむしろ本来の要素の特徴を維持している。

❸――この本来の形状の維持は、多くの特徴が組み合わさって非常に複雑な雑種を形成する時でさえ、明らかである。

❹――つくり出される多くの形の中には、他のものより頻度が低くなるものがある。

❺――雑種は、その化学成分が同じだったり、比較的類似しているものの間でしか生じない。

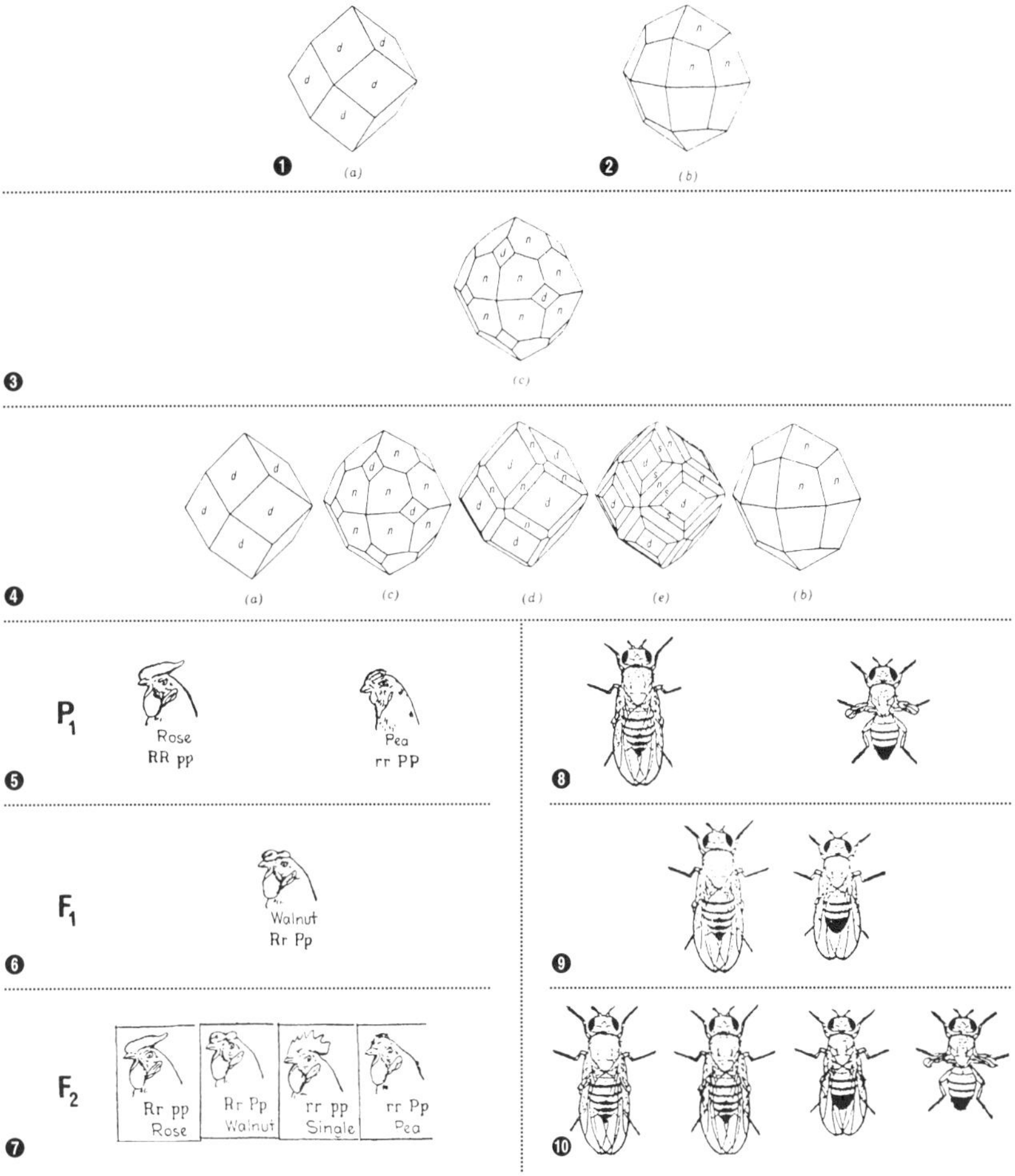

図10　ざくろ石結晶と動物の雑種。❶〜❹ざくろ石（ネソケイ酸塩）の結晶の一般的な化学式は $A_3B_2(SiO_4)_3$ と表現される。AにはCa、Mg、Fe^{2+}、Mn^{2+}が、BにはAl、Fe^{3+}、Cr^{3+}が入る。2種の原形は、❶ドデカヘドロン（12面体、面*d* を持つ）と、❷トラペゾヘドロン（24面体、面*n* を持つ）である。❸面*d* と面*n* を持つ2種の原形の組み合わせ。❹2種の原形とその組み合わせ3種。そのうちの1つ（e）はヘクソクタヘドロンと呼ばれているが、他のものよりも出現頻度が低い。❺トサカの形状と色が異なるニワトリ *Gallus gallus* の交雑。親の世代P_1のトサカの形状は異なる。❻第一代の雑種（F_1）では、2種の原形の組み合わせから構成された中間的な形状があらわれる。❼第二代の組み合わせとしてあらわれるのは、2つの優性遺伝子（*R*と*P*）によって、4種のトサカのみである。それは、親世代の2種の形と、F_1の雑種形と、新しい組み合わせの形（*rrpp*）である。❽ショウジョウバエ *Drosophila melanogaster*。野生型（翅が長い）のハエと痕跡翅のハエの間での交雑。❾第一代（F_1）には2つの雑種があらわれる。1つは親世代の性質（小さな体と部分的に長い翅）の組み合わせで、もう1つは親世代の野生型と同じになる。❿第二代（F_2）には、親世代の本来の形とともに、第一代の雑種の組み合わせ（長い翅はすべてのハエの4分の3、退化した翅は4分の1生じる）があらわれる。

❻——本来の二つの成分のうちの一つが優性になる傾向があり、それゆえに優性なパターンが出来上がる。

鉱物のレベルと生物のレベルに共通するこれら六つの組織化原理は、細胞とＤＮＡは鉱物の中にすでに存在する原子の秩序を受け継いでいるという重要な示唆を含んでいるとともに、結晶の生成則がどのように有性生殖レベルの事象を条件づけているかということをを示している。

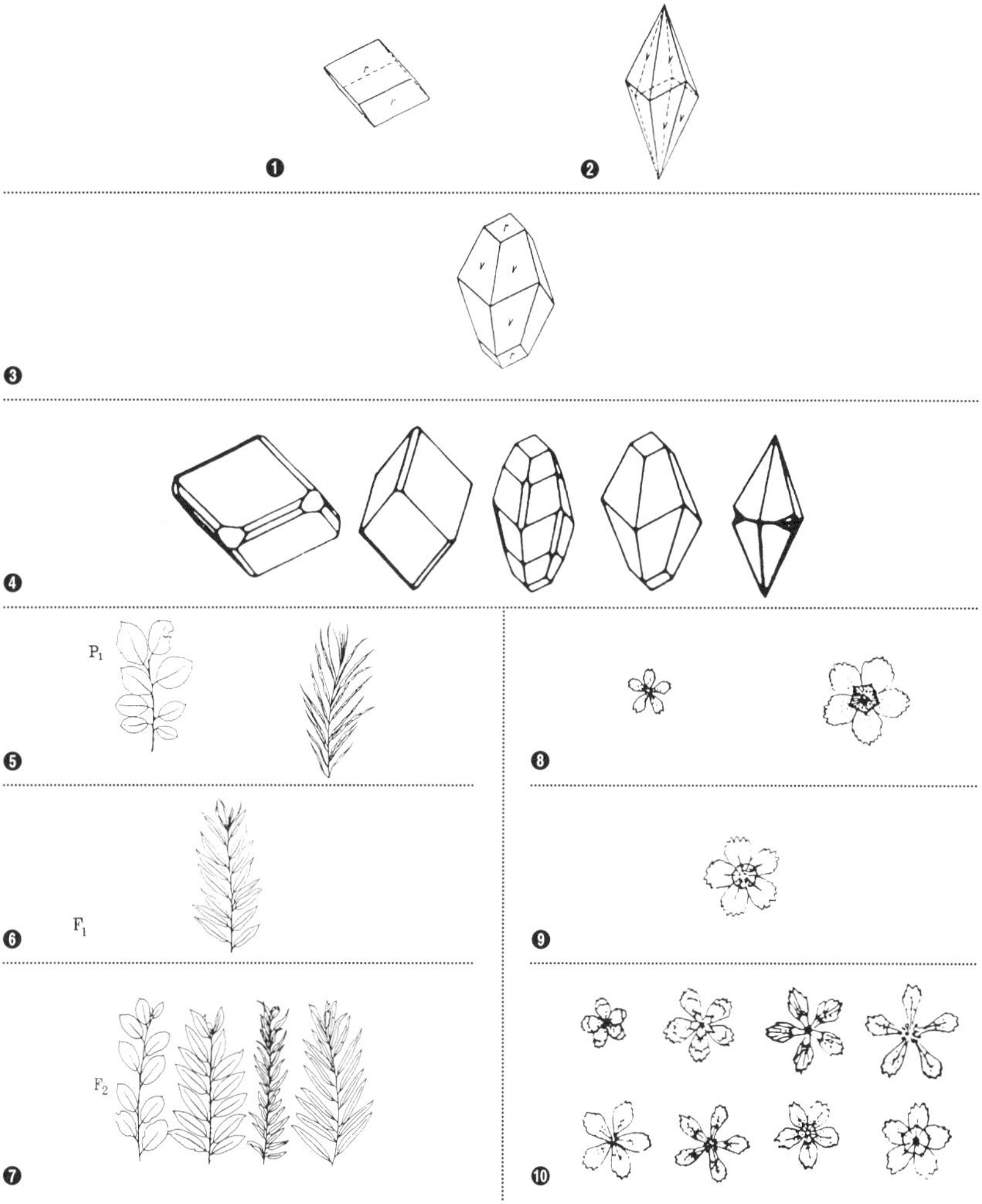

図11　方解石結晶と植物の雑種。❶〜❹方解石$CaCO_3$の結晶。原形は次の2種。❶ロンボヘドロン（6面体、面*r* を持つ）と、❷スカレノヘドロン（6面体、面*v* を持つ）から一連の組み合わせが生じる。❸そのうちの1つは元の2種の立体の組み合わせである（*r*=ロンボヘドロン、*v*=スカレノヘドロン）。❹3行目の立体はこれら2種の形状の組み合わせとプリズム型である。方解石の結晶には600種以上の形状がある。❺親世代（P_1）のヤナギ*Salix caprea*（幅広の葉）と *S. viminalis*（細長い葉）の交雑。❻第一代（F_1）は元の形状の組み合わせであり、中間的なサイズの葉を生じる。❼第二代（F_2）の葉の形状では、親の世代（P_1）に見られた一連の形と、F_1の雑種に見られた一連の形が、中間的な形状で組み合わさって再出現する。❽小型の花をつけるカワラナデシコ *Dianthus armeria* と大型の花をつける *D. deltoides*（P_1）との交雑。❾第一代（F_1）の雑種は中間的な形状を示し、親世代の形の組み合わせとなる。❿第二代（下2行）は親世代と雑種の形状の組み合わせからなる。そのうちの最も代表的な8種を示した。

V

差異のある生殖と死の周期性に対する寄与

第16章

染色体の振る舞いは内的に統制されたプロセスである

――減数分裂における染色体の独立した分配は、方向の決まった事象である

進化における有性生殖の正確な意味を理解するためには、そこで生じる出来事の方向性はすべて、細胞、染色体、遺伝子の基本的な分子構成によって完全に決まっているということを認識する必要がある。知られているように、染色体は複数の軌道をとって両極に移動し、どのように振り分けられるかが決まる。減数分裂における染色体の分配は、通常言われるようなランダムな事象ではなく、むしろ方向の決まったものである。それは、染色体が互いに独立して両極へと移動するのと同じように生じるのである。母系と父系の染色体は、それぞれの基準に従って振り分けられる。しかし、ギョウレツウジバエ*Sciara*のような生物には、他の染色体に影響して特定の紡錘体極へ移動させる染色体が存在する。この種では、一方の親に由来する染色体はすべて同じ極へと共に移動する(Du Bois, 1933; Crouse, 1961, 1965)。このタイプの分配は、独立した染色体分配と同じくらい頻繁に見られる。もう一つの例として、ショウジョウバエ

Drosophila の研究がある。減数分裂初期にあらわれる第二染色体の二つの相同染色体の内の一つが精子の中で失われる。これは、三つの遺伝子の産物によって方向づけられているプロセスである(Crow, 1979)。

相同染色体の分配に偏りが生じるのは、一般的な現象であることがわかっている。減数分裂の時、いくつかの遺伝子が染色体の分離に影響することで、特定の染色体の娘細胞への分配比が期待値である五〇%を超える。この現象はこれまでに、植物、チョウ、カ、ショウジョウバエ、モリレミング *Myopus schisticolor* を用いて精力的に研究されてきた。ショウジョウバエなどのいくつかの種では、染色体の分配の偏りのために生まれてくる子供は一〇〇%雌になる(Lyttle, 1991)。

総合すれば、染色体は減数分裂時の自身の分配を分子的メッセージによって修正できるといえる。減数分裂の際の独立した分配は、ほとんどの生物の染色体が獲得を選択したプロセスである。

交叉は統制された分子プロセスである

相同染色体の分離は染色体が対になることからはじまる。染色体の一部がこの段階で、相同染色体同士で交換される(交叉)。その結果、生殖細胞の中には遺伝子の新しい組み合わせが生じる。これは特に興味深い問題である。なぜなら、当初はランダムだと考えられていたプロセスがどのようにして実は非常に規則正しい事象であると判明するのかということを交叉は例示しているためである。スターンとホッタが述べているように、「交叉は何らかの方法で染色体ごとにランダムに起きるという教科書の記述は、減数分裂のプロセスが厳密に組織化されていることを示す証拠によってかすんでしまう」(Stern and Hotta, 1978)。彼らは続けて、ランダムではない交叉が生じていることを示す証拠を出す。そこには次のような事項が含まれている。(1)交叉はありふれた事象ではなく、特定の染色体領域で起こるまれな事象である。(2)幾種かの植物や動物に見られる交叉することのないヘテロクロマチン領域が例示しているように、交叉という現象は染色体にそって不規則に分布する。ヘテロクロマチン以外の染色体領域は高頻度で交叉することがわかっている。(3)ある染色体領域の中で二か所以上生じる交叉は、方向性のあるプロセスである。(4)キアズマ(交叉によって生じた結び目)と交叉との関連性が指摘されている。また、キアズマの生起は、多くの植物種や動物種の染色体では、決まった領域に限定されていることがわかっている。(5)一本の染色体腕や一対の染色体でキアズマが減少すると他の領域の交叉が増加するということからも、交叉の生起はランダムではないことは明白である。(6)真核生物の研究から得られた分子的な証拠は現在、規則正しい事象が存在しているとの見解を補強している最中だし、交叉という現象は減数分裂の分子的プログラムに不可欠な一部として大きく調節を受けているようにさえ見えることを明らかにしている。たとえば、recA、recB、recCという三つのタンパク質はDNA合成に関与する際、特定部位でDNAを巻き戻して切れ目を入れはじめることがわかっているし、交叉が生じるためにも不可欠である(Kobayashi et al., 1984; Ponticelli et al., 1985; Nicolas et al., 1989)。

周期性における生殖の軽微な役割

有性生殖が染色体や遺伝子に新しい構成をもたらすことで、形と機能の多様化に対する基盤を提供することは明らかである。差異のある生殖は、その中のいくつかを前進させるばかりでなく、それ以外のものの増殖を抑制したりもする。生殖が何らかの役割を果たしていることは、それが新しい遺伝的組み合わせの形成に寄与しているという理由から して疑いようがない。しかし重要な点は、この組み合わせはほとんどの場合内的に方向づけられたプロセスの結果であり、このプロセスは周期性の維持に向けて寄与しているということである。その遺伝的プロセスが内的に方向づけられていなければ、周期性の維持は容易ではなかったであろう。

この分野では間違いなく、分子レベルでの進歩が遅れているように思える。もっと充分に答えていく必要がある重要な疑問は多数存在しており、それは次のようなものである。(1)減数分裂の際に、染色体の整列を決定している化学的メカニズムは何か?(2)交叉を支配している分子的経路は何か?(3)優性を生む分子的プロセスは何か?(4)遺伝子産物の集合様式を決定し、そのことで生物の構造と機能の最終形を決定する原子的プロセスは何か?

第17章

細菌や高等生物の突然変異は方向性のあるプロセスである

原核生物と真核生物の突然変異

有性生殖の関与の有無にかかわらず変化は生じる可能性はあり、そういった変化を生じる原因としてはたらいているのが突然変異である。様々な証拠から、突然変異は方向性のある事象であるということが示されている。その証拠には次のようなものがある。

(1) DNA中の全可変部位が、同じ頻度で突然変異するわけではない。つまり、ある部位は他の部位よりも高頻度で変化する。こういった部位は、ベンザーの造語である「ホットスポット」と呼ばれる(Benzer, 1955; Benzer and Freese, 1958)。

(2) 有益な突然変異は、以前考えられていたような偶然の産物ではない。真正細菌を研究していたケアンズらは、旧来の実験計画は充分ではなく、突然変異が新しい要求に対して反応する可能性があることを示した(Cairns et al., 1988)。

彼らが用いたのは、ラクトースを代謝できない株の大腸菌*Escherichia coli*である。その細菌の培地にラクトースを加えると、突然変異が生じてラクトースを代謝できるようになった。大腸菌が使っているメカニズムはかなり単純であることがわかっている。大腸菌はラクトース代謝を阻害している特定の遺伝子を除去すると同時に、ラクトースの代謝能を生み出す休止状態の遺伝子を活性化したのだ。

(3)高等な生物の突然変異には方向はないと考える傾向が依然として存在するが、最近の分子的な分析はその反対のことを明らかにしている。温度は実にそれ自体で高等生物の遺伝子型を決まった方向へと変化させることができる。ベルナルディとベルナルディは、変温脊椎動物(魚類、両生類、爬虫類)と恒温脊椎動物(鳥類、哺乳類)の両者のDNAの塩基構成を広範囲に研究している(Bernardi and Bernardi, 1986)。彼らは、タンパク質をコードしているDNA配列(構造遺伝子)でもコードしていない配列でも、恒温動物のほうが変温動物よりもグアニンとシトシンが多いことを発見した。DNAの進化に見られるこのような方向性の原因が温度にあるのかどうかを確かめるために、彼らは寒冷水域(一〇~二五℃)と温暖水域(三七~四〇℃)に生息している近縁の魚の塩基構成を比較した。すると再び、グアニンとシトシンの多いDNAが、温水域や特に温泉に生息する魚に高頻度で見られた。これらの実験から得られる結論は、DNAの進化の方向が決まる際に、温度は重要な役割を果たしている、ということであった。

ランダムな突然変異に反する証拠としてもう一つ挙げられるのは、マクリントックの研究から生まれた(McClintock, 1950, 1978, 1980)。彼女は、トウモロコシの実生はそれぞれが特異的な変異率を示し、同一の植物での変異率が生活環の中で変化することはないということを発見した。その研究では、斑入りの数が数えられた。これにより実生に生じる変異の頻度が測定された。これを基礎としてたとえば、突然変異はランダムなプロセスではなく、一種の時刻表のようなものを備え、一定の割合で生じることが明らかになった。マクリントックは、雑種のトウモロコシの一部の組織が時々、全体とは異なる変異率を示すことがあることも発見した。この現象は隣接部位で生じ、そこではある部位の変異率が上昇すると、それに隣接した部位では減少した。つまりこの組織での変異率が調整されているということが明らかになった。

最近、脆弱X症候群や筋肉萎縮のような疾患を引き起こす「動的」と呼ばれる突然変異がヒトにも存在することが見つかっている。その原因は特定のDNA配列の反復回数が変化することにある。反復回数は将来の世代での遺伝子の振る舞いを決定し、疾患の発症年代に影響を与える。さらに、DNAのある部位はメチル基が付加されることで、化学的に修飾される。突然変異のこのような振る舞いは「遺伝に関するメンデルの法則に異議を唱える」。というのも、こうした振る舞いは、遺伝子を受け渡す親の性によって変わるからだ(Sutherland and Richards, 1994)。

遺伝構成の違いと食物摂取との関連

真正細菌のゲノムが新しい必要性に反応することはケアンズらが明らかにしたが(Cairns et al., 1988)、同様の事態が動物にも見つかった。ミバエ*Rhagoletis pomonella* はサンザシに寄生する。メスはその果実に卵を産みつけ、幼虫はそれを食べて成長する。ミバエは約一五〇年前に二つの品種へと分離した。一方がサンザシに寄生し続けたのに対して、他方はリンゴの木に寄生しはじめた。そのゲノムを分析してみると、二つの品種が持つ酵素の遺伝子の頻度と型には有意な差が存在することが明らかになった(McPheron et al., 1988; Feder et al., 1988)。さらに、サナギから羽化する時期はどちらもサンザシもしくはリンゴの果実の成熟と同期しているが、このことは遺伝する性質であることが証明された(Wright, 1989)。

寄生昆虫は六〇万種以上存在していることが知られている。新しい食性や宿主と寄生者の関係の変化の結果として新しい種が出現するかもしれないため、次のような問いが浮かび上がる。この類の起源を持つ種はどのくらい存在するのだろうか？

方向性のある突然変異の一形式としてのDNA修復

自律進化を例示する現象として、DNAの修復以上に適切なものはないだろう。DNAの塩基シトシンは（通常はRNA中に存在する）ウラシルへと自発的に変化する（脱アミノ反応）。ヒトの生涯では、一〇〇〇分の一のシトシンがウラシルへと変化して、異常な遺伝子と染色体を生じると予想される。修復プロセスはこの変換を逆転させることでウラシルをシトシンに変化させ、それによってDNAの秩序は維持される。このプロセスは細胞内で、シトシンからウラシルへの脱アミノ反応を阻害するウラシル-DNA-グリコシラーゼによって進められる。

この組み込まれた修復プロセスは、染色体の元の構成が維持される原因である。またそれは、方向の決まった突然変異のメカニズムとも見なされている（Brash and Haseltine, 1982; Lindahl, 1982; Haseltine, 1983; Friedberg, 1985; Bohr and Wasserman, 1988; Imlay and Linn, 1988; Lahue et al., 1989）。

特殊なタンパク質がDNAのパターンを強制的に維持する

制御下にあるDNA塩基は、シトシンに限らない。大まかに言って、ヒトのDNA中の塩基のほんの一つが置換するだけで、鎌状赤血球貧血としてよく知られている致命的な遺伝病へとつながる。ヒトのゲノムが約三〇億の塩基からなり、置換エラーがわずか一〇〇万分の一程度だと仮定すると、ゲノムが一回複製されるたびに生じるエラーは三〇〇〇にのぼることになる。そのような大量のエラーは容認できるものではないだろう。受精卵から一人のヒトになるまでに、一〇〇〇兆回もの複製が必要になるのだ。この複製の産物は通常の個体であり、それは現実に生じるエラーの割合が一〇〇億分の一程度であるためである。この秩序は三つの酵素プロセスによって維持されている。(1)DNA鎖に付加されるヌクレオチドは、相補的な塩基と正確に対になるものだけである。つまり、エネルギー的に最適の状態となるのはそのヌクレオチドである。(2)「校正作業」により、相補的でないヌクレオチドはDNA鎖から切除される。そして(3)DNA合成の完了にともなって、DNAのメチル化を利用して親に由来する鎖と新たに形成された鎖を区別し、そのことで一番目のプロセスと二番目のプロセスの有効性が最終的に制御される。

DNAの秩序維持の主要因は、DNAそのものではなく酵素にある、ということは特筆すべきだろう。このことを最も説得力のある形で示しているのが、酵素のない状態でDNAが合成されると、生じるエラーの数は一〇〇塩基に一つの割合にまで増加する、という事実である。しかし酵素の存在下では、複製の精度はその一億倍以上になることがわかっている(Radman and Wagner, 1988)。

5SリボソームRNAの突然変異の方向はその塩基が決定する

塩基組成レベルにおける5SリボソームRNAの進化は、大腸菌*E. coli*やその他の生物で詳細に研究されている。このRNAの二次構造の特徴はらせん状の軸を形成する塩基の対合領域である。この分子には、次に挙げるような過程の結果として、自身の進化の方向を決定してきた可能性がある。

❶──相補的塩基対の強度の違い：グアニンとシトシンの塩基対は三つの水素結合を形成し、アデニンとウラシルの塩基対は二つの水素結合を形成する。グアニンとウラシルはたった一つの水素結合しか形成しない。

❷——塩基は通常、アデニンとウラシルの間かグアニンとシトシンの間でしか対合しない、アデニンとシトシンの間の対合も可能である。事実、ある種の真菌に見ることができる。

❸——ウラシル同士での異常対合が生じる可能性もある。

❹——RNAのらせん軸の向かい合った塩基の変化は、以前に考えられたように、完全に独立した事象ではない。

❺——最も大切なことは、隣接部位に生じる変化は完全に独立したものではない、ということである。

❻——ランダムという基盤のもとでは、グアニンは他の三つの塩基に変われるが、5SリボソームRNAの二次構造で生じるのは、規則正しい置換である。三つの可能性のうちの二つしか実現しないのだ。

❼——さらに、グアニンとシトシンのヌクレオチド対合からグアニンとウラシルの対合への変化は、グアニンとシトシンから(正常な塩基対である)シトシンとグアニンという変化よりも頻繁に生じる。

❽——欠損や(隣接したヌクレオチドの複製による)挿入も生じていることが知られている(Ghiselin, 1988)。

こういった証拠が示しているのは結局のところ、5SリボソームRNAの突然変異は主にその塩基の性質によって方向づけられている、ということである。以前考えられていたように、それはランダムに変化しているのではなく、その原子的な性質によって規定されたゆるぎないスキームに従って置換されているのである。

分子が示す自律的な進化

ある種の分子では、その大部分がその生物の本体とは独立して進化する、ということを示す証拠がパターソンによって提示されている(Patterson, 1987)。その主要例が、タンパク質製造装置を構成するリボソームRNAである。リボソームＲＮＡの変化は、その大部分が生物の他の部分とは独立している。あとにも触れることになるが、ｒＲＮＡ分子の長い領域は三五億年間変化していないのだ。分子プロセスに見られるこういった自律的な進化は、周期性の出現と同様に、生物の系統的な位置とは必ずしも関連しない。

遺伝的な変化の方向は細胞の内部構成により決定されている

要約すると、次のような結論を得ることができる。

❶──有性生殖における減数分裂の際の染色体の分配は、染色体自身が制御する事象である。
❷──交叉もまた、ある種のタンパク質の指揮下で統制される分子的プロセスである。
❸──突然変異は、ＤＮＡ分子が自身で変化した結果であり、真正細菌や高等生物（たとえば寄生昆虫）で見つかっているように、新しい要求に反応するという形で方向が決まっている。
❹──ＤＮＡの修復は変異率を制御するのに最も効果的なメカニズムであることが示されている。特殊なタンパク質がＤＮＡ内部の秩序を維持している。
❺──ある種のＲＮＡで起こる突然変異は、その塩基の性質によって方向づけられている。
❻──ある種のＲＮＡは、その生物とは独立に進化してきている。

差異のある死が進化の周期的傾向に与える影響は少ない

生物の死因には様々なものがある。（１）他の生物が食料源として利用する。（２）環境の悪化が死につながる。（３）細胞の内的な時計によって特定の年齢でその存在が終わる。動物と植物には、種に特異的な最大生存期間があることが知られている(Röhme, 1981)。

食料不足や環境悪化の結果生じる死には差異が見られるが、そのような死は、周期性の維持にはほとんど影響を与えないか、あるいは全く影響を与えないだろうと思われる。周期性の確立につながる道は主に内的なものであるため、差異のある死による淘汰とは独立して、同一の解決策が何度も生じる可能性があるのだ。

サーベルタイガーのような特定の種や、恐竜のようなもっと大きな集団の絶滅はまた別の問題である。これは、容易に復元できない独特な細胞群や遺伝子群の存続を妨害してしまっている。しかし、進化をその全体として捉え、周期性をすべての進化プロセスに浸透している現象であると認めれば、基本的に似たような解決策は何度も生じるだろうということが明らかになる。たとえば、サーベルタイガーのような種は有胎盤類では三回、有袋類では少なくとも二回、独立して出現している(Halstead, 1978; Savage and Long, 1986)。

プテロサウルス(飛行する爬虫類)が地球上から姿を消したことが鳥類の出現を妨げることはなかったし、後に翼を獲得することで同じように完全な飛行能力を持つにいたった哺乳類の出現を妨げることはなかった。その極端な例はもちろん、独立して三〇回以上も出現している生物発光である(Cormier, 1974; Campbell, 1988)。

VI

周期性の確立における発生の役割

第18章

発生と進化は同じ現象の二つの側面である

進化と発生には同一の分子機構が用いられている

発生には、次に挙げるような一連のあらゆる事象が関与している。(1)厳密なカスケードの連続に従う。(2)同一の基本的な解決策が世代を超えて反復することになる。(3)数百年間にもわたって同一構造が反復され、それと同時に新しい解決策が創造されることになるため、安定と変化の源となる。パターンの維持能力の一例が体節である。それは、無脊椎動物、そして特にほとんどの脊椎動物が逸脱できなかったプロセスである。もう一つの例は鰓である。鰓は、それが充分に成長していようが痕跡的であろうが、多くの脊椎動物の胚で普遍的に見られる特徴である。

変化の証拠は主に、新しい遺伝的組み合わせや遺伝子の新しいはたらきに関する事象から得られる。遺伝子発現のタイミングの変化も、新規性の主要な供給源になると考えられている。

特に重要なのは、発生と進化は細胞の形態や機能をつくり出すために同一の分子機構を用いているという点にある。

細胞は、多くの分子や各細胞小器官や多くのＲＮＡを利用することで、特に胚に必要なプロセスを進めるために使えたであろう独立した分子区画を容易につくり出せていたはずである。しかし、そうではない。進化と発生で使われている遺伝物質と転写翻訳システムは同一なのである。このことは周期性の確立において重要な要素であった。電気と磁気が電子のはたらきという現象の二つの異なる側面であるのと同様に、発生と進化も言わば遺伝子のはたらきという同一の現象の不可分な二つの側面なのである。

——いわゆる変態とは個体内部で生じる進化である

進化における発生の関与を理解するために、まず大切な点が二つある。その一つが、同一種内で全く異なる個体をつくり出すために遺伝構成を変化させる必要はない、ということ。もう一つが、ある生物を大幅に変化させるために遺伝構成を変化させる必要はない、ということである。遺伝構成が同じ二個体でも、属の違いや亜門の違いさえ示すくらいに、構造の差が大きくなる可能性がある。

最初の議論を支持する例には次のようなものがある。

❶——女王バチの遺伝構成はコロニー内のワーカーと同一である。女王バチは、女王を生じる特殊な化学物質「ローヤルゼリー」を摂取する結果、繁殖能を持つ雌である女王になる。似たような状況はシロアリにも見られる。ある種のシロアリが生産する化学物質は、コロニー内の他個体の形態と機能をコントロールする(Wigglesworth, 1970; Matthews and Matthews, 1978)。シロアリの女王は大きな腹部を持つ一方、雄の腹部は小さい。しかし、両者の遺伝構成と二倍体の染色体数は同一である(図１)(Crozier, 1979)。

❷――ある種の魚の遺伝構成は、性染色体の違いを除いて、雄と雌で同一である。それにもかかわらず、その性差は同一種に属しているとは思えないほど大きい。雄は、雌の腹部の単なる付属肢のように見える（図1）。これはボネリムシ*Bonellia*（ユムシ動物）にも見られる。雌は長さ一メートルを超えるが、雄はたった一・五ミリしかないのだ。雄には口も肛門もなく、その形態と機能は全く別のものである（図1）（Pierantoni, 1944）。

❸――昆虫の幼虫と成虫も同一の遺伝構成を持つ。しかしその両者の生息場所や形態や機能は完全に異なっている。たとえば、水生のトンボ幼虫の体形は、大きな翅で空を舞う成虫とは大きく異なる。カイコ*Bombyx mori*の幼虫と成虫の間には、形態と機能における類似点は存在していない。さらにコウスバカゲロウ*Myrmeleon formicarius*にも同じことがいえる（第21章の図1 p.239）。

第二の議論を支持する例には次のようなものがある。

❶――水生のカエル幼生には、鰓（えら）と脊索は備わるが骨格は備わっていない。陸生のカエル成体には肺が備わるし、完全な骨格とそれに付随する筋肉が備わっている。その差は、尾索動物と脊椎動物の間に存在する差に匹敵し、亜門間における飛躍ほど大きいものだ。この変形はチロキシンという小さな分子を与えるだけで生じる。このホルモンが存在すると、数日以内に変態が生じる（Fox, 1981; White and Nicoll, 1981）。

❷――サンショウウオ*Amblystoma mexicanum*（両生類）の幼生は水生である。体外に突き出した鰓と平らな尾を持っている。成体は陸生になって肺を手に入れる一方、尾は丸くなってしまう。サンショウウオの幼生には生殖能が備わっている。このことから当初、その二つの形態は全く違う種であるとされただけでなく、*Siredon pisciformis*と*Amblystoma mexicanum*という異なる属に分類されてしまった。*Siredon* 形態にあるホルモンを投与したところ、

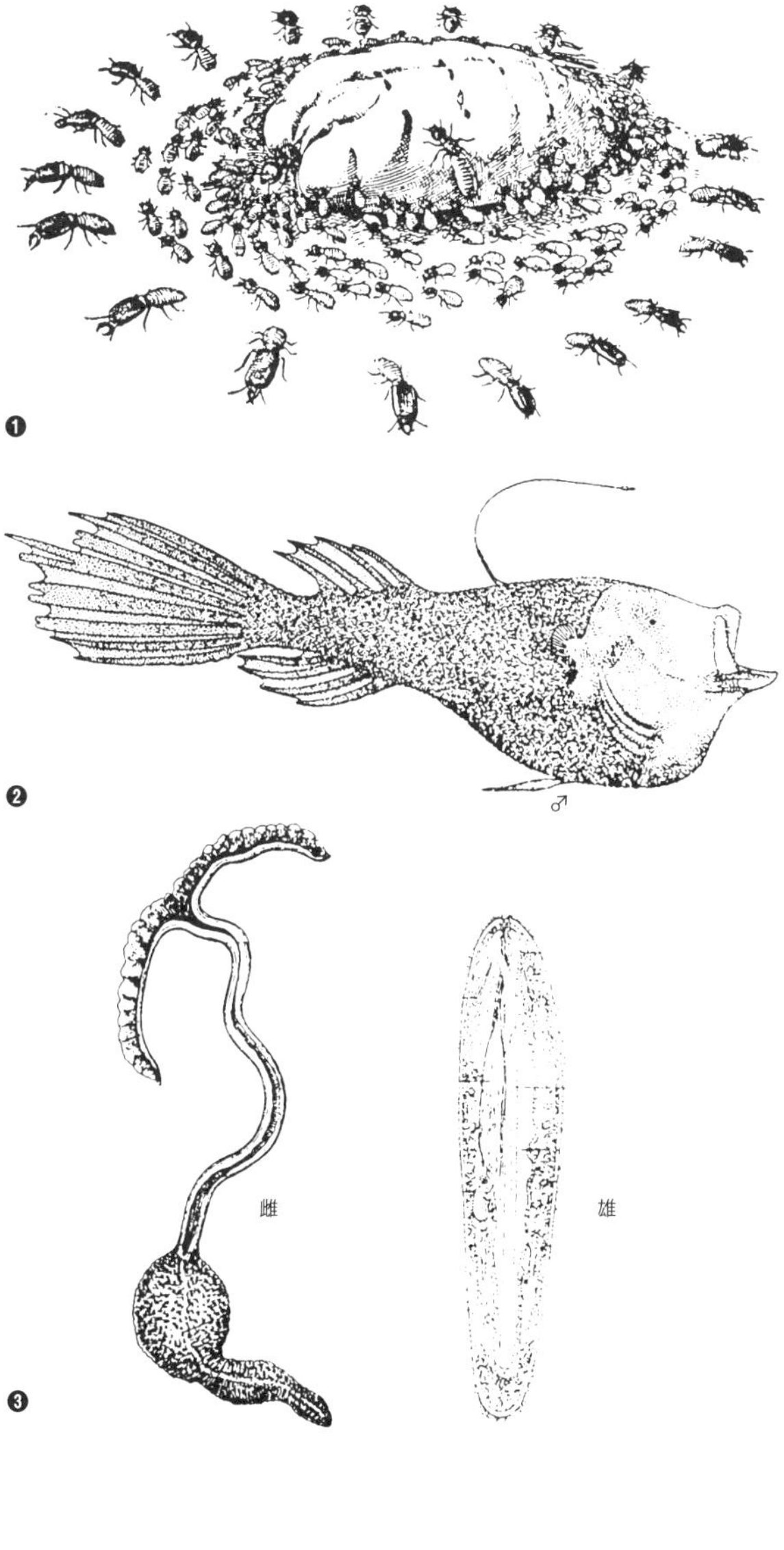

図1　同じゲノムが生殖の介在なしに全く異なる動物を生じる。❶シロアリ（昆虫）の体の違い。中央の女王の白くて膨らんだ腹部は、女王をとり囲む雄や「兵隊」のものに比べて大きい。❷ビワアンコウ *Ceratias holboelli* の雌と雄（非常に小さい）。雄は雌の下腹部に付着しており、♂で示してある。❸ボネリムシ *Bonellia*（ユムシ動物門）の雌と雄は、その形とサイズが完全に異なっている。雄（右）は60倍に拡大してある。

Amblystoma 形態へと変化した(Perrier, 1936; Aron and Grassé, 1939; Raff and Kaufman, 1983)。この変形にはもう一つ別の要因が絡んでいる。水生の幼生 *Siredon* を乾燥した場所へと移動させると、肺と丸い尾を持つ陸生型へと変態するのだ。水の不足はチロキシンの投与と同一の効果を持つ(Freeman, 1972)。このように、体内の化学物質だけではなく体外の化学物質も変形を生じることができ、それはハチの場合も同じである。

こういった変態には以下のような共通点がある。

❶新しいゲノムをつくり出すことなく達成される。
❷無脊椎動物でも脊椎動物でも生じる。
❸内的な要因により決定される。
❹外的な化学物質によっても決定される。

発生過程におけるこのような変形は、進化過程で生じるものと同じくらい劇的ではっきりしたものである。このことから、同一個体が異なる種、属、綱、あるいは別の亜門にさえ分類されるのである。変態とみなされているものは、個体内部で生じる進化である。

腔腸動物の幼生と考えられていた動物が他の動物門の成体であることが判明する

板形動物門はセンモウヒラムシ *Trichoplax adhaerens* という単一種から構成される。この無脊椎動物は既知の動物の中でも最も単純なものである。組織や器官、口や頭や尾は備わっていない。この動物は繊毛に被われた大きなアメーバのようで、数千の細胞から構成される。海中で遊泳するところが観察されており、有性生殖をおこなう。センモウヒラムシの体構造は、腔腸動物という他の動物門のプラヌラ幼生を思わせる。プラヌラ幼生にあまりにも似ているため、詳細に研究される以前には腔腸動物の幼生として考えられていたほどである。それが別の動物門の成体であると認識されたのは、のちになってからのことである(Margulis and Schwartz, 1982)。

変態の一段階であると解釈されていたことが突如、進化的な事象になったのだ。

幼生は生殖しないが、成体とほぼ同程度に進化している

幼生から成体への変形という問題は、多くの種に関して詳細にわたり研究されてきた。しかしその考察は、単に胚のあとに続く発生という観点に留まり、まるでその問題と進化との間にはほとんど関係がないかのようであった。

一般に、幼生は生殖器官を持たず、ゆえに生殖できない。そのため、その生存には、生殖ではなく死に関する差異が生じる。驚くべきことに、幼生は成体と同じ程度に多様である。門が異なれば、幼生は全然似ていない。前に言及したように、繊毛とアメーバ状形態を持つプラヌラ幼生は腔腸動物であるが、チョウの幼虫に酷似している。

幼生の進化は自身の経路を辿る

ガースタングはこう述べている。「個体発生は系統発生を繰り返さない。個体発生は系統発生をつくり出すのだ」(Garstang, 1922)。彼は、幼生の段階でも適応は存在し、それは進化上重要であると強調した。彼の主要な功績は、胚

と幼生の発生は生物進化の主要因の一つである(Haeckel, 1875)、というヘッケルのアイディアを発展させたことにある。

ガースタングが幼生を用いておこなった研究は以下のような結論に達した(Garstang, 1928a and b, 1929)。

❶――幼生の進化は、成体の進化と多少なりとも平行する形で生じる。このことは、海産無脊椎動物の幼形の比較から明らかである。

❷――軟体動物の幼生に見られる二次的な特徴は、基本的に発達途中にある成体の特徴である。つまりそれは、主に成体の初期の特徴である。

❸――このような二次的な特徴は幼生の生活様式とは無関係である。ヒザラガイ*Chiton*の幼生の殻板はその動きには邪魔だし、ヤカドツノガイ*Dentalium*の幼生の掘足は、発生のこの段階では無用である。

❹――最初の腹足類で外套腔が逆転した時、その成体の生活にはいくつかの重大な機能的問題が発生した。「成体段階にねじれが課されることとなり、そのねじれは当初、その利益ゆえに生じたものではなかった」。

❺――普通の左右対称の軟体動物と腹足類の成体の間にはギャップがある。その原因を自然要因による絶滅に帰することはできない。それは、初期幼生の進化における突発的なジャンプの結果なのである。

昆虫とヒトの進化の源としての幼生と幼若の変形

ド・ビアは、多足類の幼生が孵化する時の形態は昆虫に非常に似ていることを示した(De Beer, 1958)。ハーディーはこれに加え、その二つの集団間に見られる他の類似点から、昆虫は脊椎動物と同様に、幼生と幼若の変形を伴うプロセスによって生じたと結論している(Hardy, 1985)。

ヒトという種は類人猿に起こった幼生と幼若の変形の産物である、とボルクは考えた(Bolk, 1926)。彼はこのプロセスを胎児化(fetalization)と名づけた。胚の過去の形態の特徴が現在の成体に組み込まれたという意味である。この解釈は最近、大型類人猿に関する分子的な研究によって支持されている。

チンパンジーとゴリラとオランウータンは祖先を共有している。ヒトの特徴は直立姿勢と大きな脳にある。しかしこのような特徴は、出生後に主にホルモンが引き起こす生理的変化の結果としてあらわれるのであって、新生児に見られるわけではない。直立姿勢は生後三か月から九か月の発育過程で、頸部と腰部の脊椎が彎曲する結果である(Napier and Napier, 1985)。ヒトの脳は出生後も長期間にわたって大きくなり続けるが、チンパンジーの場合はほんの少し大きくなるに留まる(Changeux, 1985)。

DNA-DNAハイブリダイゼーションの結果、ヒトとチンパンジーの間のDNAの相同性が確認されている。その差はほんの一・一%にしかすぎず、その差は主にDNAの調節領域に存在している(King and Wilson, 1975)。両者のタンパク質の類似性もまた印象的で、九九%を超えている(Wilson, 1976)。

第19章 ある発生時期が進化的事象なのか発生学的事象なのかを決定するのは生殖のはじまりである

発生段階と進化段階との区別は容易でない

もしある発生段階に突如生殖行為が出現したら、それは進化的な出来事とみなされるだろう。発生と進化という二つの様相の間に明確な境界を引くことはできない。その区別は、生殖の有無にもとづいた人為的なものである。花虫類と呼ばれる腔腸動物はサンゴやイソギンチャクの仲間だが、それがクラゲと見なされることはない。花虫類は、ポリプという幼生段階に留まったまま生殖器官を獲得している。たとえば、イソギンチャクはヒドロ虫のポリプよりも重くて大きい一つのポリプであり、胃水管系腔を非常に発達させるが、その他の特徴は幼生の基本を維持している。鉢虫類の幼生の発生段階は多様に変化する。何人かの動物学者が指摘しているように、そこには「信じられないような柔軟性」が見られる(Russell-Hunter, 1979)。特に興味をひくのが、突然無性的に(出芽によって)生殖できる幼生が出現するということである。成体だけでなく、(生殖器官を持たない)幼生までもが生殖可能なのである。

突如、生殖能を獲得することで幼生から成体へと変形する脊椎動物もいる。両生類では、サンショウウオ *Amblystoma mexicanum* のケースのように、幼生が生殖器官を獲得することがある。

脊椎動物の祖先は幼生段階を成体へと変化させた

脊椎動物は、ホヤに似た原始的形態から生じたと考えられる脊索動物である。しかしそれは、ホヤの成体から進化したのではなく、その幼形から進化したと考えられている。というのもホヤはたいてい成体になってしまうと、完全に固着し移動することがないためである。脊椎動物は、脊索動物の初期幼生が持つ活発で自由な泳法を維持した進化系統となったのである。これは、最初の脊椎動物である魚類の特徴である。ラッセル＝ハンターが指摘しているように、脊椎動物は脊索動物門の特異な成員であり、その祖先は幼生段階を成体へと変化させたのだ(Russell-Hunter, 1979)。

脊椎動物は、(現在の尾索動物に似た)自由遊泳する無脊椎動物の幼生から進化した可能性もあるが、生殖可能な成体型から進化したわけではない。既存の形態的特徴や機能的特徴が、生活環の後の方の段階へと組み込まれたのだ(McNamara, 1989)。

第20章

同じタイプの幼生から異なる門が生じる

同じタイプの幼生から異なる目、綱、門に属する全く異なる成体が発生する

トロコフォアは、環状になった繊毛細胞と繊毛の束を頂部に持ち、水中を自由に遊泳する幼生である。この幼生からは、環形動物、ユムシ動物、星口動物、軟体動物という全く異なる門が生じる(図1)。似たような状況は昆虫にも見られる。シミ型幼虫からは、コウチュウ目、アミメカゲロウ目、トビケラ目という全く異なる三つの目が生じる(図2)。昆虫にはもう一つ蠕虫型幼虫と呼ばれるタイプがあるが、これもまたハエ目、ハチ目、ノミ目の三つの異なる目を生じる(図3)。

棘皮動物には、ヒトデ、ナマコ、ウニという三つの綱があるが、それぞれは単一のタイプの幼生から派生すると考えられている(図4)。

このように、動物によっては、同じタイプの幼生が異なる目や綱、門をつくり出すことができるのだ。

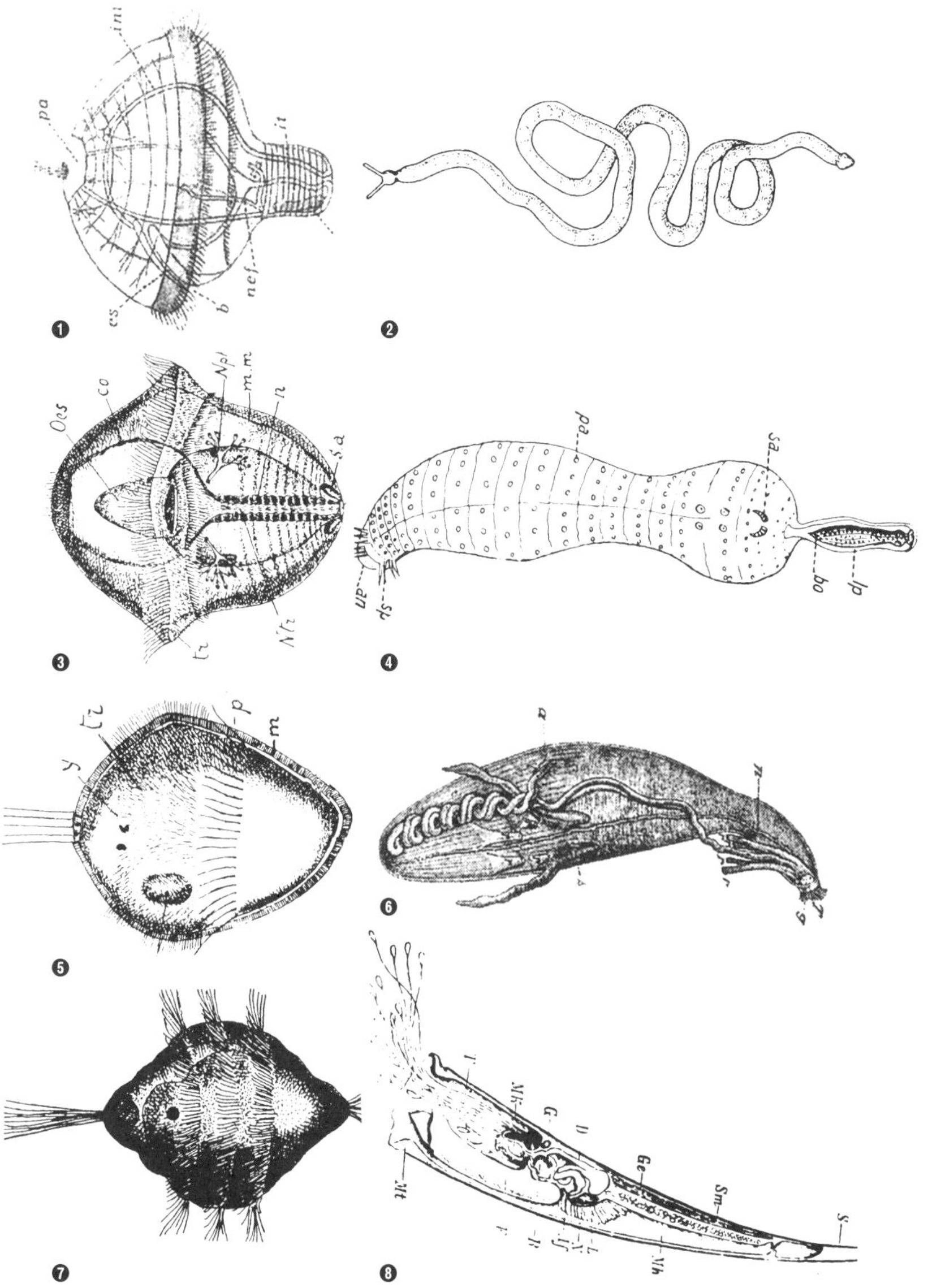

図1　トロコフォアと呼ばれる同じタイプの幼生から、環形動物、ユムシ動物、星口動物、軟体動物という4つの異なる動物門が生じる。❶環形動物イイジマムカシゴカイ *Polygordius* のトロコフォア幼生。❷イイジマムカシゴカイ *Polygordius neapolitanus* の成体。❸キタユムシ *Echiurus* のトロコフォア幼生。❹キタユムシ *Echiurus pallasii* の成体。❺星口動物のサメハダホシムシ *Phascolosoma punta-arenae* のトロコフォア幼生。❻その成体。❼軟体動物ヤカドツノガイ *Dentalium* のトロコフォア幼生。　8: その内部構造を示した同属の成体。

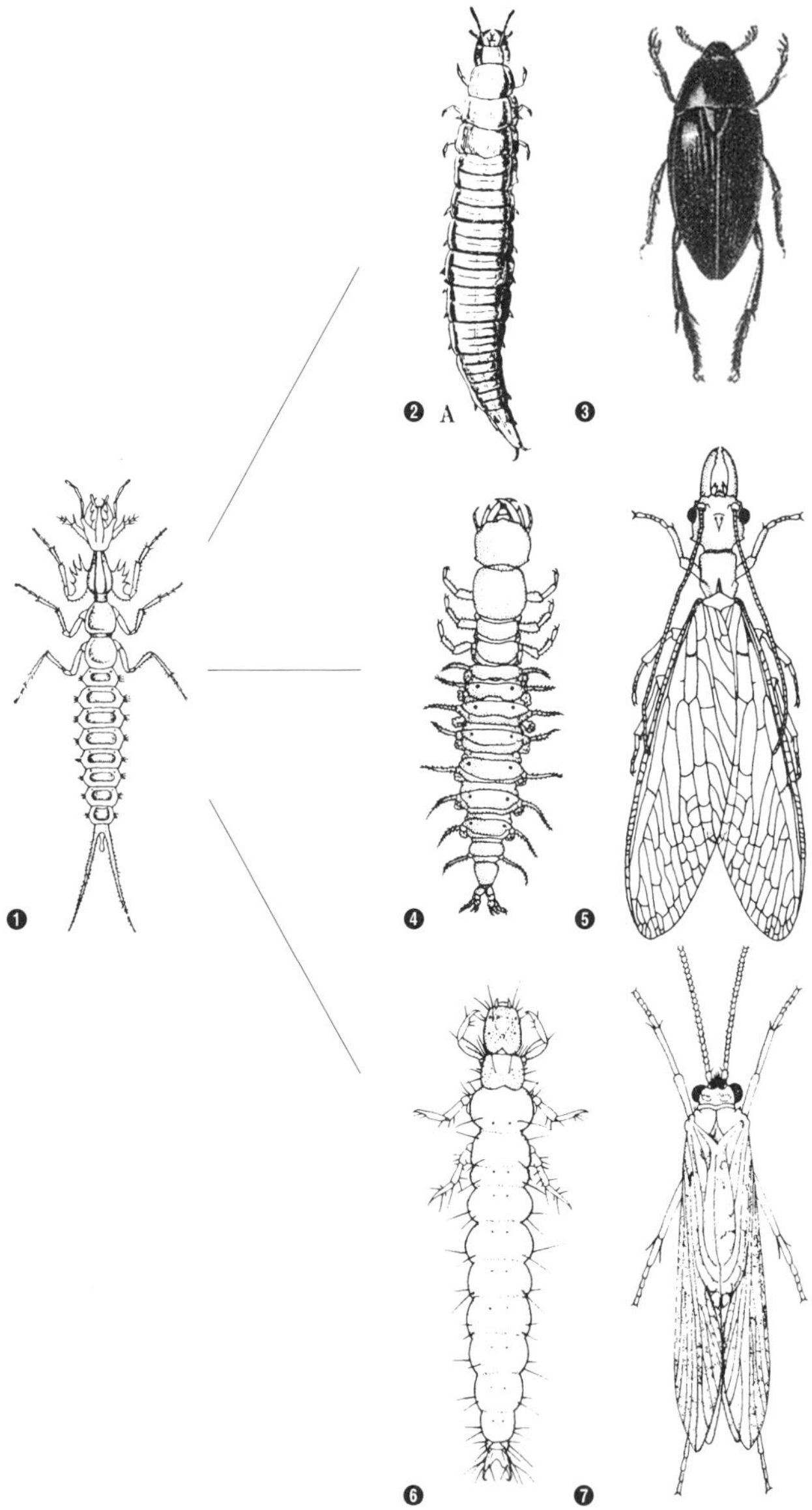

図2　昆虫のシミ型幼虫からは、コウチュウ目、アミメカゲロウ目、トビケラ目という3つの異なる目が生じる。❶昆虫クビボソゴミムシ *Galerita* のシミ型幼虫。❷コウチュウ目のガムシ *Hydrophilus piceus* のシミ型幼虫。❸ガムシの成体。❹アミメカゲロウ目のオオアゴヘビトンボ *Corydalis cornutus* のシミ型幼虫。❺オオアゴヘビトンボの成体。❻トビケラ目のナガレトビケラ *Rhyacophila fenestra* のシミ型幼虫。❼ナガレトビケラの成体。

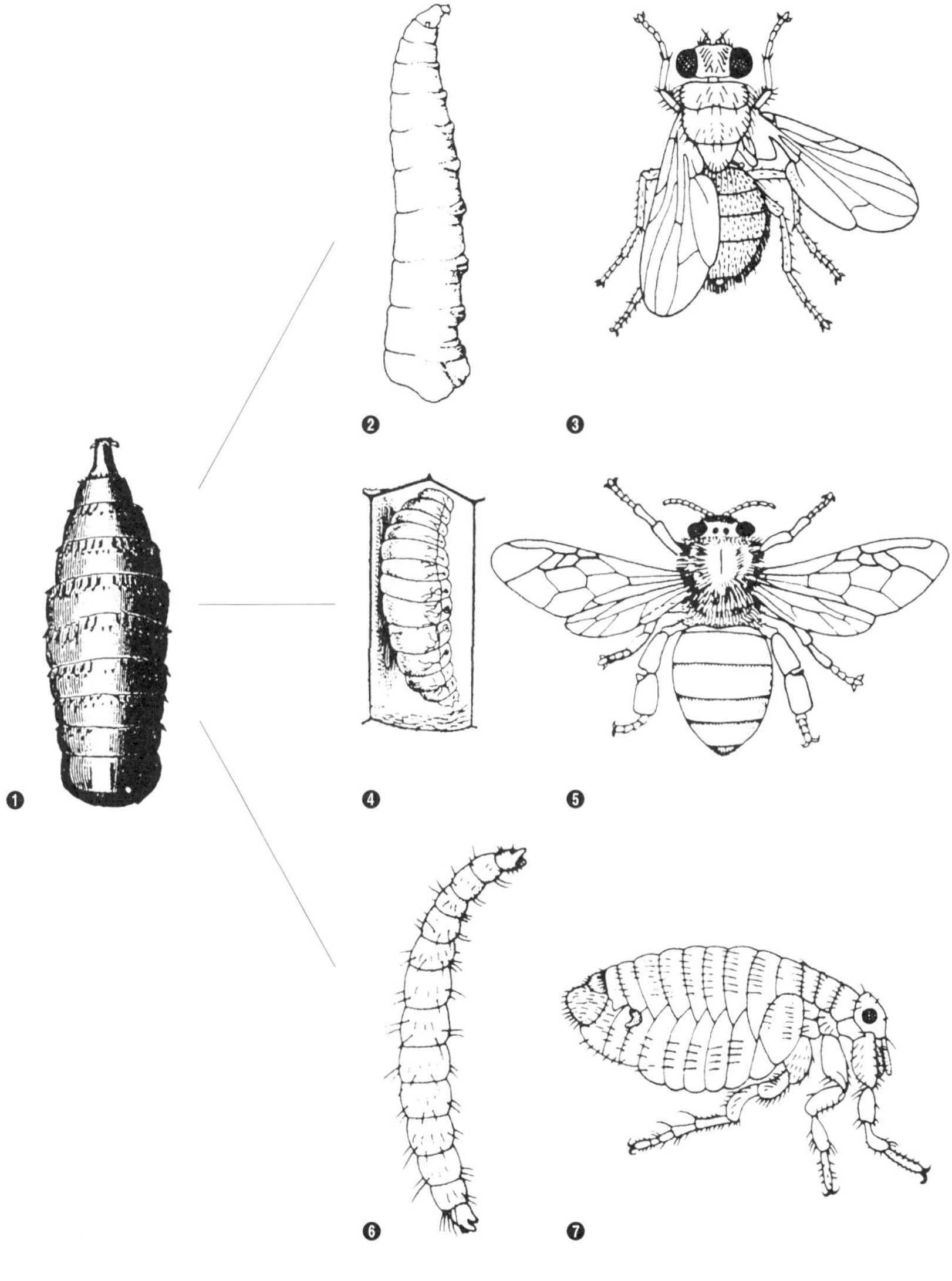

図3　昆虫の蠕虫型幼虫からは、ハエ目、ハチ目、ノミ目という3つの異なる目が生じる。❶ハエの蠕虫型幼虫。❷ハエ目のイエバエ *Musca domestica* の幼虫。❸イエバエの成体。❹ハチ目のセイヨウミツバチ *Apis mellifera* の幼虫。❺ミツバチの成体。❻ノミ目のヒトノミ *Pulex irritans* の幼虫。❼ヒトノミの成体。

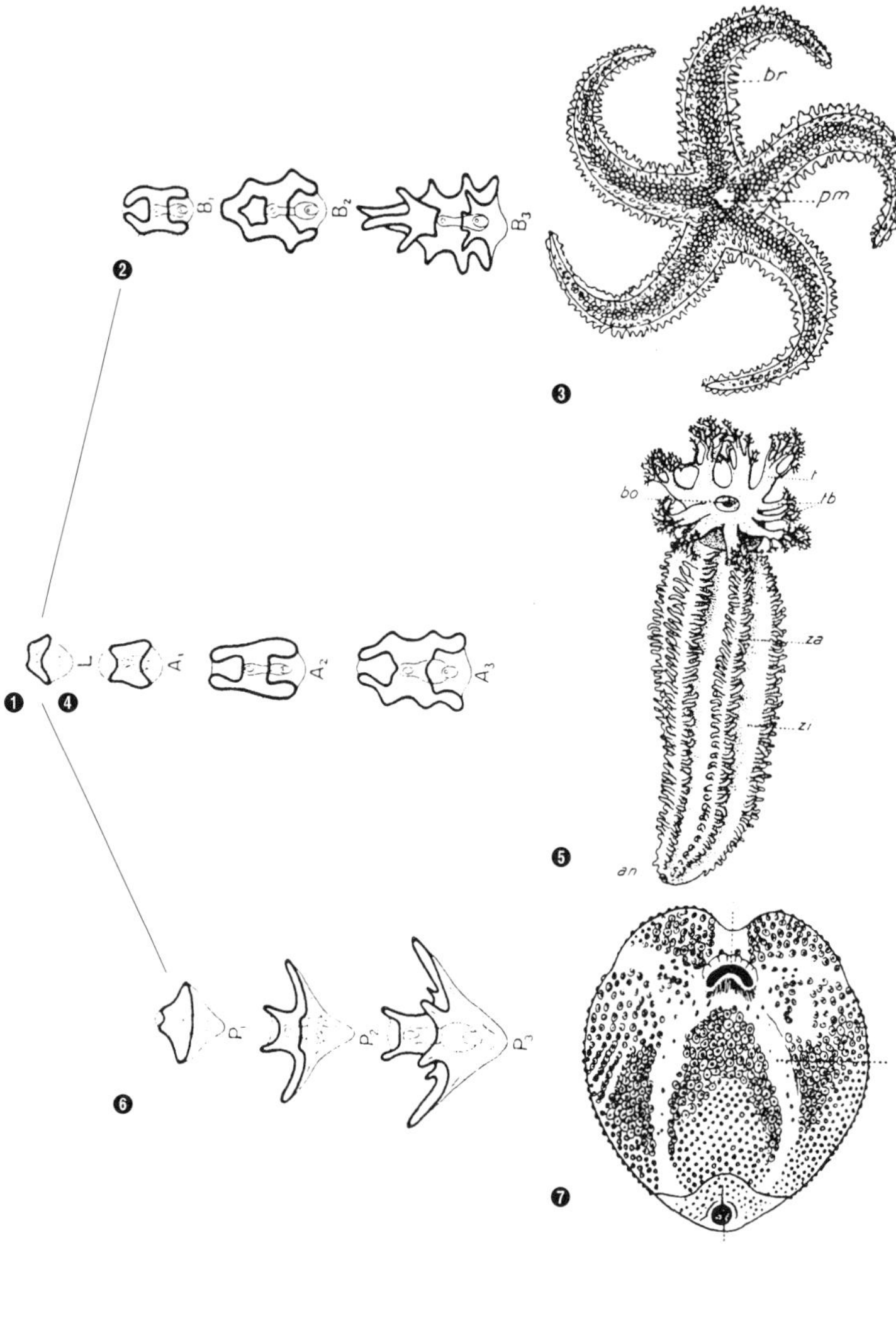

図4　棘皮動物の類似する3タイプの幼生から、ヒトデ、ナマコ、ウニという3つの綱をなす異なる成体が生じる。❶3つのタイプの幼生が由来すると考えられている一般型。❷ヒトデ幼生の発生における3つの段階。❸マヒトデ *Asteria glacialis* の成体。❹ナマコ幼生の発生における3つの段階。❺キンコ *Cucumaria planci* の成体。❻ウニ幼生の発生段階。❼ブンブクチャガマ *Schizaster* の成体。

第21章

同じ種に属する胚や成体でも、遠く離れた動物群に属する個体と同じくらい異なる

自然発生説の受容はパスツールの実験よりも容易だった

科学に対するパスツールの貢献としてよく知られているものの一つに、生命は自然発生しないと示したことがある。実は、このことを示したのは彼が最初ではなかった。スパランツァーニはそれよりも一世紀ほど前に実験をおこない、動物はその親が産んだ卵に起源を持つことを示した。では、なぜパスツールの時代でさえ、そうした新しい見解の受容に対する抵抗が存在したのであろうか。その理由は単純である。ハエの幼虫がその成虫と発生的な関係を持つ可能性があると考えることは容易ではなかったのだ。両者は構造的にも機能的にも完全に異なっている。白くて地面を這いずりまわるほぼ無定形な幼虫と、黒くて大きな眼と翅と肢を持って空を飛ぶ成虫が、齢の違う同一の個体であると受け入れることは簡単ではなかったのである。自然発生説の誤りが証明されても、他の生物ではかなり最近になるまで、幼生と成体の関係は明確にはならなかった。このプロセスを明らかにすることが難しいのは、発生過程で規則的

に生じる形態と機能の大幅な変化のためである。その結果が、混乱した用語の膨大な蓄積と、時代遅れとなった大量の解釈である(Gould, 1977)。

同じ種に属する幼生と成体は普通、構造的にも機能的にも全く異なっている

幼生の構造と機能は通常、その成体とは異なっている。イモムシの形はチョウとは無関係である。その主要な機能も異なっている。チョウはその体形、筋肉、翅の結果として完璧な飛行能力を持つ一方、イモムシは葉や土の表面を這いずり回る。その食性にも関係はない。幼虫は、繭構築に用いるタンパク質を唾液線によって生産することを主要な機能とし、するどい大顎で葉を切りとって食べるが、成体は、絹の繭を生産することはなく、口器を使って花蜜を吸いとる。

これはチョウ目に限ったことではなく、トンボ目やアミメカゲロウ目でも明白である。トンボの若虫は水生である一方、その成体は飛行する。強力で大きな大顎と幅の広い腹を持つコウスバカゲロウ *Myrmeleon* は、成虫には全く似ていない(図1)(Romoser, 1973)。

その他の目に属する昆虫にも同じ現象が見られる(表1、2)。

慎重な研究によってその生活環をはっきりさせ、その事実をあらかじめ知ってでもいない限り、生物学者が、幼生と成体の間に直接的な関係を見いだしたり、一方が他方へと変形しうると考えるのは難しいだろう。

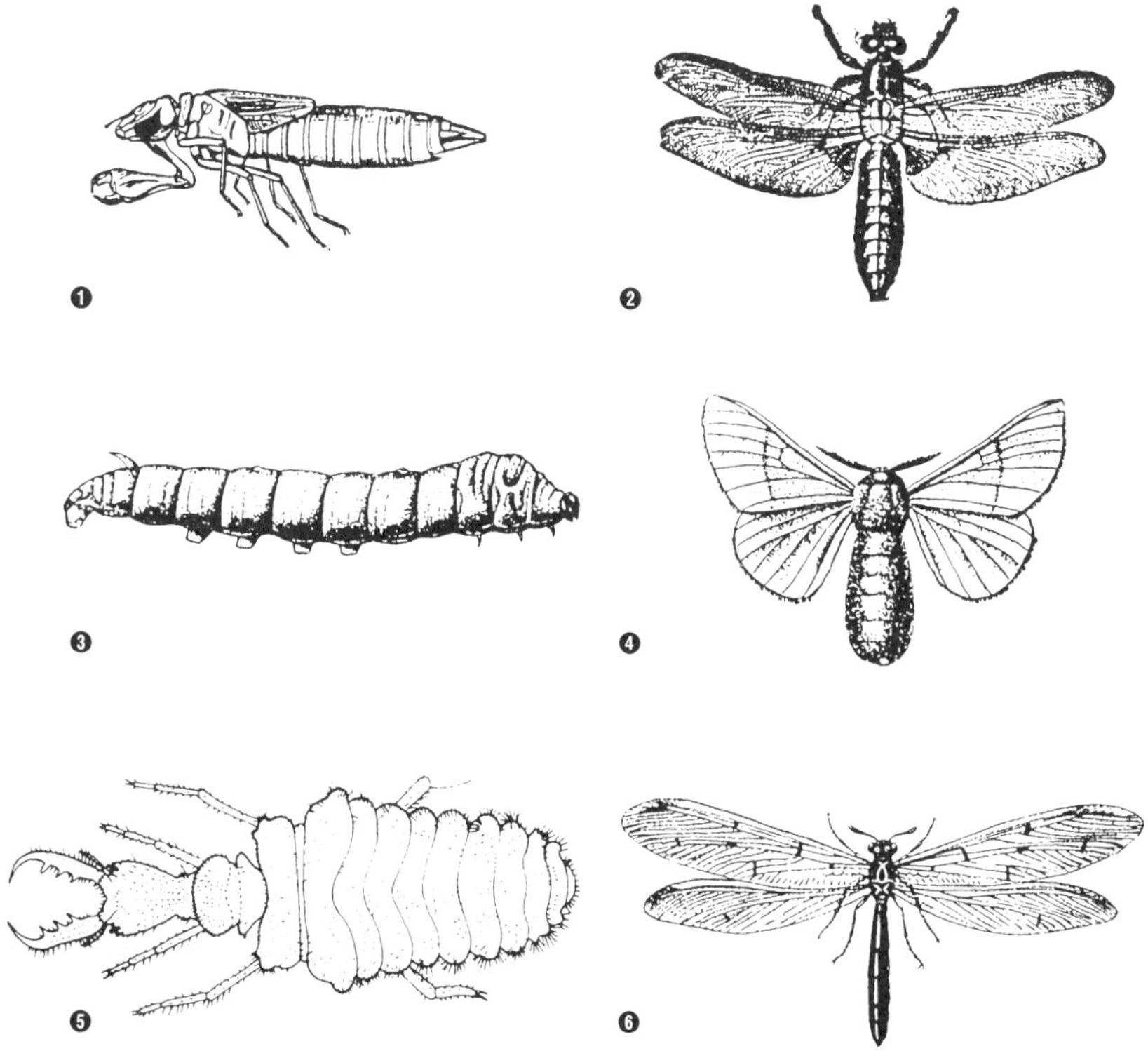

図1　幼虫と成虫の間に存在する形と機能の違い。❶❷トンボ目。(1)トンボの若虫は水生である。(2)トンボの成体は飛行する。❸❹チョウ目。(3)オークカイコ *Sericaria mori* の幼虫には翅がなく、絹をつくる。(4)カイコの成体は、繭をつくることはないが空を飛ぶ。❺❻アミメカゲロウ目。(5)コウスバカゲロウ *Myrmeleon formicarius* の幼虫は強力な大顎を持つ。(6)コウスバカゲロウの成体には大顎はないが、4枚の翅を使って飛行する。

チョウ目(Lepidoptera)			
チョウ、ガ、セセリチョウ			
		第1段階　幼虫	第2段階　成虫
構造	口器	強力な大顎、咀嚼する	長い吻管、痕跡的なものも数種存在
	眼	側単眼の集合	大きな複眼と0個か2個の単眼
	翅	翅はない	鱗粉に被われた2対
	肢	3対プラス通常は5対の腹脚	3対(5つの節に別れた跗節)
	腺	下唇部の巨大な絹糸腺	絹糸腺はない
機能	生息場所	ほとんど陸生	ほとんど陸上と空中に生息
	化学物質の生産	多くは忌避腺を持つ	そのような腺はない
	構造物	絹を生産し、繭の形成に用いる	繭は形成しない
	食物	貪欲で植物性物質を咀嚼	花蜜を摂餌、主に流動食
	毒素の生産	多くは針のような体毛を持つ	針のような体毛はない

表1　チョウ目の幼虫と成虫の違い

トンボ目(Odonata)			
トンボとイトトンボ			
		第1段階　若虫	第2段階　成虫
構造	口器	咀嚼しつかむことのできる下唇	縮小した口器
	翅	1対の翅の芽体	2対の翅
	腹部	陰茎はない	複雑な陰茎
機能	生息場所	水生	陸上と空中に生息
	呼吸	閉鎖気管系、鰓呼吸	開放気管系
	食物	主に魚や両生類のような脊椎動物を摂食	主にカやハチのような無脊椎動物を摂食

注:変態過程にある昆虫の未成熟段階は、変態が完全なものか部分的なものであるかによって、幼生や若虫と呼ばれる。

表2　トンボ目の若虫と成虫の違い

第22章

尾索動物と脊椎動物の幼生との類似性

――尾索動物と両生類の幼生は似ているし、両者とも劇的に変化する

尾索動物は脊索動物門の中でも、その非常に原始的な特徴から尾索動物亜門に分類されている。ホヤは尾索動物の一種で、その幼生は両生類の幼生に酷似しているという理由から、動物学者たちからオタマジャクシ型と呼ばれている。逆説的だが、両生類はさらに進化の進んだ脊椎動物に属する別の綱を形成している。ホヤの幼生は、オタマジャクシの一般的な形以外にも、他の構造上の特徴や生理的な特徴を共有している。後部の長い尾で泳ぎ、前部に口、眼、咽頭、腸を持っている。胚には脊索が備わっていて、これはすべての脊索動物の特徴でもある。そして、咽頭に鰓裂を持つ。

ホヤの幼生は遊泳期の終わりに海底に付着して、そこで構造的生理的変化(変態)を経ることになるが、その変化は両生類と同じくらい劇的なものであるとともに、ある程度平行したものとなる。尾は吸収されて、内臓は一八〇度回転する。上端部では口が開裂する。尾部の脊索と筋肉は体内に引き込まれて再構成される。成体はこうして、全く異

なる外観を獲得して固着性となり、樽のような形状になる(図1、表1)。

幼生段階のカエルもまたオタマジャクシ型と呼ばれる。それはホヤの幼生と同じく水生である。平らな尾、丸い頭部、外鰓、脊索を持つ。この遊泳型幼生は、成体であるカエルになる時に、劇的な構造的生理的変化を経る。この変化によって、尾が吸収され、肺呼吸がはじまり、筋肉と骨格が形成され、内臓が再形成され、肉食へと変化して、陸生へと適応する(図1と図2、表2)。

ホヤの変態を引き起こす化学的なプロセスはまだよくわかってはいないが、カエルの場合でははっきりと説明されている。オタマジャクシの血液中の甲状腺ホルモンのレベルが一〇倍に増加することが、構造的で機能的な一連の事象を完全に説明している(Alberts et al., 1989)。

特に重要なことだが、このオタマジャクシ型幼生が他の動物集団では成体として機能している例が見つかっている。オタマボヤ綱と呼ばれる尾索動物を考えてみよう。それは、幼生だけでなく成体までもがホヤの幼生に酷似していることから、そう名づけられているのだ[訳注:オタマボヤ綱の英名は'Larvacea'。'larva'とは幼生の意であり、オタマボヤ綱は幼形類とも呼ばれる]。その成体は紡錘体形の典型的なオタマジャクシ型幼生に似ている。口も前方にあって、咽頭、空気孔、胃、内臓、長い波形の尾を持つ。成体になると卵巣と精巣を獲得する(図1)。

このように、脊索動物では、ある動物が幼生としても成体としても機能するという図式が浮かび上がってくる。明らかに、生殖現象が介在することによって、二つの異なる進化段階が確立されたのだ。

——ヒトは生後、三つの段階を経る

魚類や両生類では、発生が幼生段階と成体段階に分類されるが、爬虫類や鳥類、哺乳類では、出生時は成体の小さな

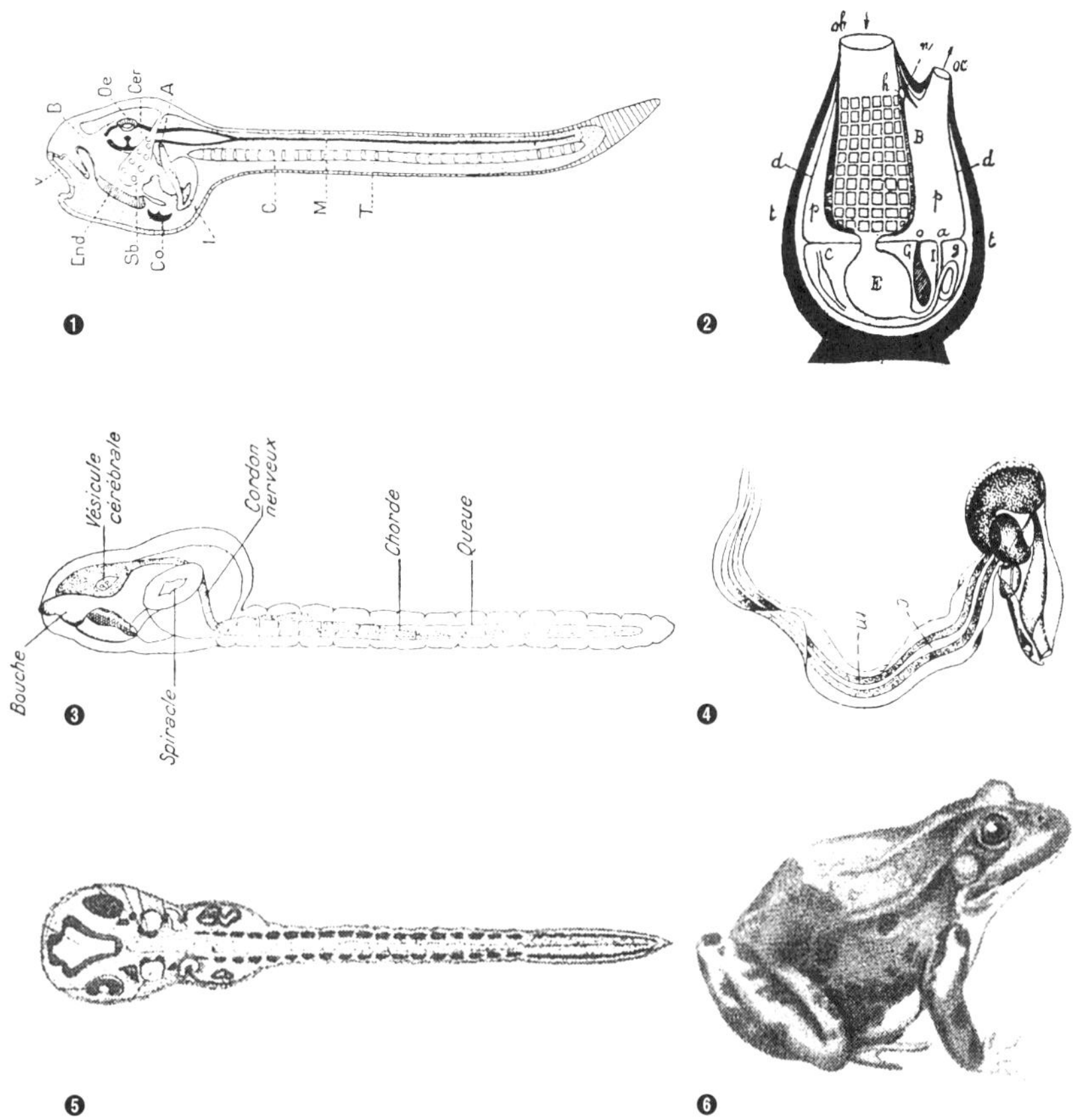

図1　ホヤ類、オタマボヤ類、両生類は、脊索動物門に属する3つの綱である。これらの幼生は、動物学者からオタマジャクシ型幼生と呼ばれるほど似通っているが、その成体は完全に異なっている。❶❷ホヤ綱。(1)ヘンゲボヤ *Polycitor* のオタマジャクシ型幼生。体には、脊索、神経管、裂け目が貫通した咽頭が備わる。(2)ホヤの成体。脳の代わりに脳神経節しか持たない。❸❹オタマボヤ類。(3)オタマボヤ *Oikopleura* のオタマジャクシ型幼生。脊索を持ち、ホヤの幼生に非常に似ている。(4)オタマボヤの仲間 *Folia aethiopica* の成体は、典型的なホヤのオタマジャクシ型幼生に似ている。成体は幼生の特徴を保持しているものの、性的には成熟している。❺❻両生綱。(5)カエルのオタマジャクシ型幼生。脊索を持つ。(6)ヨーロッパアカガエル *Rana temporaria* の成体。骨格と筋肉が発達している。幼生は、解剖学的な細部が比較できるように、断面図を掲載してある。

コピーであるため、そのような分類は存在しない。しかしその特徴を詳しく調べてみると、生後の発生は、いくつかの段階に分割できることが示唆される。このことは特に、ヒトの場合にははっきりしている。実は、歯が抜け落ちて新たに生えかわることなど、その構造的変化や機能的変化のいくつかは劇的なものである（表3）。

単体性のホヤ			
尾索動物			
		第1段階　幼生	第2段階　成体
構造	脊索	よく発達した脊索	脊索は退化し、なくなる
	鰓	裂け目のある鰓	咽頭を形成する内鰓
	内臓	体軸に沿って配置	内部器官の回転
	尾	長い尾	尾は再吸収されて、なくなる
	体形	両生類のオタマジャクシに類似	樽型の形状
機能	移動	自由遊泳	活発ではなく基底に付着
	食物	探索して摂食	濾過摂食

表1　尾索動物(ホヤ類)の構造と機能の変化

ヨーロッパアカガエル *Rana temporaria*				
		第1段階　幼生	第2段階　幼生	第3段階　成体
構造	骨格	脊索	脊索から椎骨へ変化	脊椎
	尾	矢状で平らな尾	尾は存在	尾は退化し、痕跡のみが残る
	鰓	外鰓	内鰓	鰓はない
	消化器官	らせん状の長い腸	腸は短くなり形も変化	肝臓と膵臓も変形
	肢	肢はない	前肢と後肢が発生	前肢と後肢、筋肉が備わった骨格
	血管系	動脈4本のみ	出鰓血管が消滅	動脈に変化
機能	生息場所	水生	水生	陸生
	呼吸	鰓呼吸	鰓呼吸	肺呼吸と皮膚呼吸
	栄養	主に草食	主に草食	ほとんど肉食
	血液循環	一経路の鰓循環で、心臓には静脈血のみが入る	一経路型の循環から二経路型へ劇的な変化	二経路型の血液循環;心臓には動脈血と静脈血が入る

表2　カエル(両生類)の構造と機能の変化

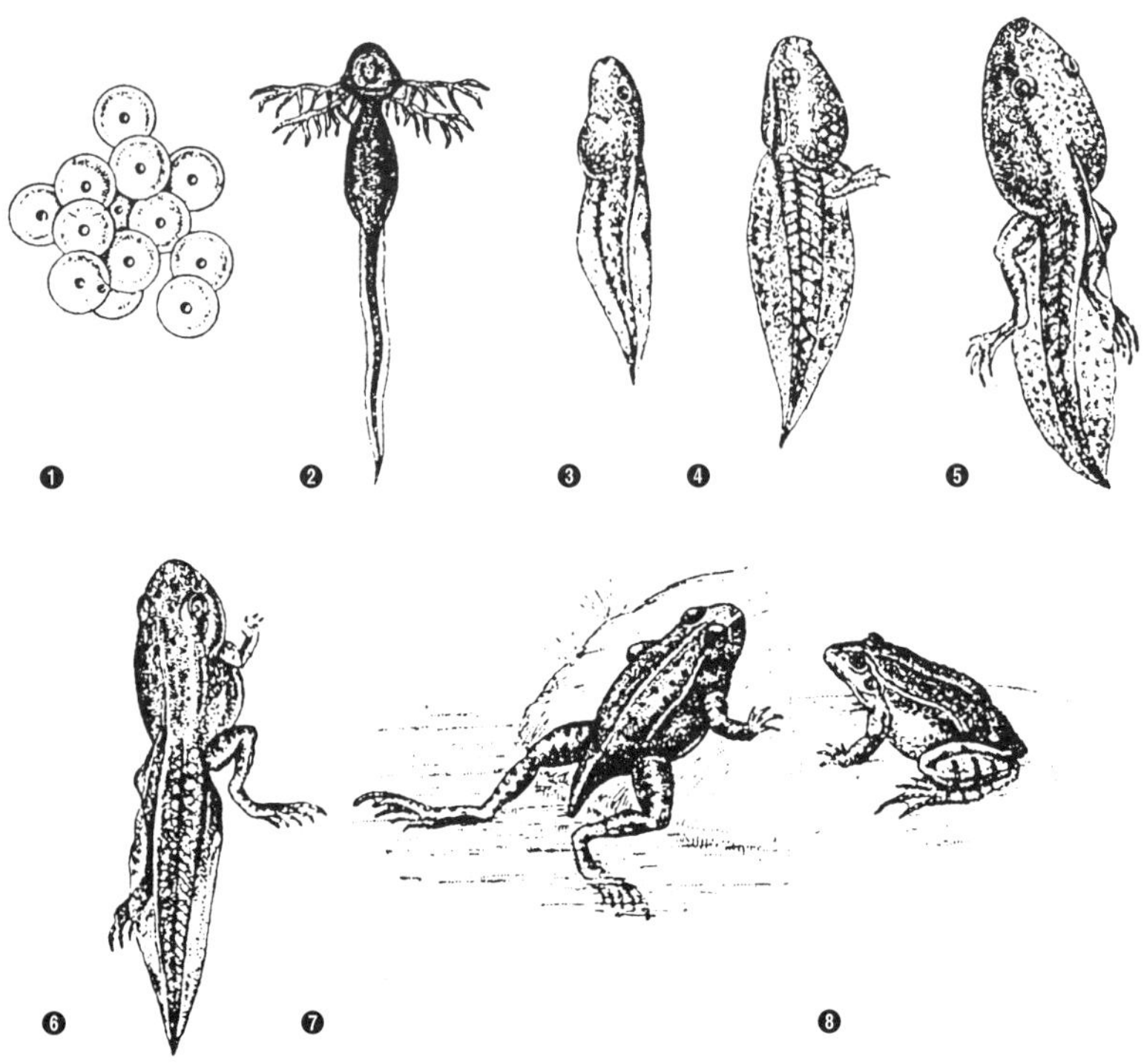

図2　発生におけるカエルの変態。❶卵。❷〜❼中間的な6つの幼生段階。❽ヨーロッパトノサマガエル *Rana esculenta* の成体。幼生の最初の段階の構造には次のような特徴が見られる。脊索の存在、平らな尾、外鰓、肢の不備、長い腸、4本しかない動脈血管。カエルはその構造を数日間で変化させる。完全な骨格を獲得し、尾と外鰓を失い、腸の形が変化し、前肢と後肢が形成され、動脈血管が変化する。最初の幼生段階の機能は次のとおり。水生、鰓呼吸、草食性栄養、心臓に入るのが静脈血だけの血液循環。成体は、次のような機能的変態のあとで出現する。陸生、肺呼吸と皮膚呼吸、動脈と静脈から血液を得る心臓、そして主に肉食に依存する栄養条件の獲得(表2を見よ)。
Source: Curry-Lindahl and Tinggaard, 1965

		第1段階　新生児
	環境	液状の環境からガス状の環境への変化（羊水から大気へ）
構造	脊柱	誕生時の脊柱は、ゴリラに似て、うしろ側に1回弯曲している
	脳	誕生時の容積は小さい
	眼	子宮内では閉じられている眼は、大気に触れると開く
	鰓	胚の初期段階で存在する鰓の痕跡器官は生後再吸収される
	腸	子宮内では使用されない
機能	呼吸	母体の血液から酸素を獲得、その後肺呼吸による吸収へと変化
	視覚	生後眼は開くが視覚は充分発達していない
	栄養	食物は胎盤経由によって利用可能で、その後活発になる腸を通じた摂取へと変化
	免疫系	免疫防御は主に、胎盤経由で母体から供給される

		第2段階　幼児	第3段階　青年と成年
構造	脊柱	3か月で頚部に、9か月で腰部に弯曲が出現し、直立姿勢となる	直立姿勢
	脳	生後も長期間にわたって増大し続ける	大きな脳
	胸腺	大きい	縮小する
	歯	歯が生えて、そして抜け落ちる。ただし6歳で生えてくる第一大臼歯を除く	永久歯が乳歯と生え替わり、臼歯が出現し、18から26歳で第三大臼歯があらわれる
機能	移動運動	静止とほふくから、1歳で歩行へ	歩行
	記憶の協調	初期は貧弱な記憶と動作との部分的な協調	記憶と協調が確立
	免疫防御	変化し発達中	充分に発達した免疫防御
	口による消化機能	最初は流動食だが（歯がない）、その後乳歯によって食物を少し噛み切れるようになる	食物を噛み切り、すり潰し、咀嚼する

表3　ヒトが生後に経るステージ

第23章 植物の幼若段階と生殖のはじまり

植物の単相期と複相期は、昆虫と同様に、構造的にも機能的にも異なる

植物には幼若段階が存在しないが、その代わりに、単相期と複相期とが規則正しく交互に繰り返す。

蘚類などのコケ植物では、人目につきやすい緑色をした植物は葉状の単相期であり、卵や精子を生産する生殖器が備わっている。複相期は小さくて茶色で、見た目が異なっている。コケ植物は通常、単相の植物として成長する。顕花植物(被子植物)の場合は、その反対である。複相期は緑色で大きい。単相期には、分割の限界まで小さくなる。それは、花の奥に隠れた細胞の小集団からなるが、その花は完全に複相期にある。

動物の幼生が成体の形を直接呈し、そのことで他の種類の生物をつくり出すのと同様に、植物もその複相期を人目につきやすい緑色の植物に変化させたり、それを微細な構造へと縮小させる能力を持っている。

昆虫も、単相と複相を利用することで、様々な構造的機能的解決策を産み出している。ミツバチ *Apis* の場合、受精

卵は複相性の個体となって雌のワーカーへと発生する一方、未受精卵は単相の雄個体を生じる。この二つの性はハチ社会において全く異なる機能を持つ。同じ現象はアリや社会性スズメバチにも見られる(Hermann, 1979)。

植物がいつ生殖しはじめるかは物理的要因や化学的要因が決定している

多くの植物では、器官の変形と生殖の開始には関係がある、ということを植物学者が示してから久しい。生殖の前段階は幼若型として知られる一方、生殖器官の出現が意味するのは成熟期の開始である。

植物と動物との間で見られる類似点はこれに留まらない。幼若相の植物は、動物の幼生と同様、特徴的な形をしているし成熟相とはかなり異なる対称性を備えている。イトシャジン *Campanula rotundifolia* の第一葉は丸くて外縁がほぼ円形であるが、花が咲きはじめるとその葉は細長い卵形になる。アサ *Cannabis sativa* の葉は常に変化し続け、成長するにつれて浅裂が増えて、その形はギザギザとなる。花が咲くと、その葉はキザキザが小さくなって浅裂が消失し、小さくなる。この二つの種(しゅ)では、植物に当たる日光の量がこういった変化の要因になっている。日が短くなると、花が形成されて葉の形状が変化する。この形態形成プロセスは両者とも、単なる物理的な要因に依存している。

幼若相にあるセイヨウキヅタ *Hedera helix* には、(1)柔毛に覆われた茎、(2)不定根、(3)掌状の葉、(4)互生葉序が見られる。同じ個体でも花をつける成熟部に見られるのは、(1)なめらかな茎、(2)通常の根、(3)平滑な縁を持つ卵形の葉、(4)らせん葉序である。成長した植物から切りとってきても、幼若部は幼若として成長するだけであり、幼若の台木に成長した茎を接ぎ木してもまた、それは幼若として成長するということを実験は示している。後者のケースにおける潜在的なメカニズムは、実はホルモンに関するものである。成長した植物に対してジベレリン酸というホルモンを投与すると、幼若形の成長が引き起こされる。このように、幼若パターンの形成を決定するのは、根に高レベルで含まれるジベレリンなのである。茎の中のそのホルモンの濃度が減少して閾値を超えると、花を形成する能力を持った成熟体が生じる(Dale, 1982)。

チロキシンというホルモンの増加によって、オタマジャクシから生殖能を持つ成体への変化につながる一連の変形がはじまるが、この植物で平行する効果を生み出しているのはジベレリンの減少である。植物や脊椎動物に見られるこのような変形を支配している重要な要因は、どちらのケースでもホルモンである。

甲殻類と昆虫類の変態のホルモンによるコントロール

甲殻類に存在することが知られているある種のホルモンは、両眼の眼柄を切除する実験で発見された。この処理は、急速な成長と脱皮の迅速な反復へとつながった。さらに詳細に探究してみると、そこには次の三つの構造が関与していることが明らかになった。つまり(1)脱皮開始につながるホルモンを生産するY腺、(2)脱皮を抑制する化学物質を生産し卵巣形成も停止させる、眼柄の中にあるX器官、(3)内分泌系の貯蔵器官として機能するサイナス腺。

最近の研究によって明らかになってきたことだが、すべての節足動物(たとえば、昆虫類、甲殻類、クモ類やその他の生物)では、体の構造変形と機能変形(脱皮と変態)は、同じタイプのホルモンによって実現されている。甲殻類のY腺が生産するホルモンはβ-エクジソンというステロイドである。α-エクジソンは、昆虫類で同様に機能するステロイドであるが、β-エクジソンと異なっているのはヒドロキシ基がないという点だけである。二つの化合物はすでに、化学的に単離、精製、合成されている。そのどちらとも、構造的な変化と機能的な変化を誘発して、すべての節足動物の脱皮を引き起こすだろう(Russell-Hunter, 1979)。

発生はいかにして、周期性の確立に関与しているのか

周期性の出現と確立は、右に挙げたような規則正しい現象をすべて必要としてきたに違いない。つまり、発生はこのプロセスの主要な要因の一つであったのだろう。いくつかの証拠を次に挙げる。

❶――進化と発生に用いられている分子的な機構は同一である。

❷――属や亜門の飛躍さえ思わせるほどの大きな差のある個体をつくり上げるために、遺伝的な構成が変化する必要はない。

❸――同じタイプの幼生が、全く異なる門に属する成体へと発生する。

❹――幼生の特徴の多くは成体の特徴を先どりしている。

❺――発生過程と進化過程の差は明瞭なものではない。いくつかのケースでは、ある構造群と機能群がどの段階に分類されるのかは、生殖のはじまりによって決定される。無脊椎動物でも脊椎動物でも、幼生は生殖能を獲得することができて、そのことで別の生物として機能しはじめることができる。その差は主に、生殖できるか否かという点にもとづいている。

❻――植物でも動物でも、生殖器官の出現はホルモンのような化学的な要因と物理的な要因に大きく依存している。

❼――広く認識されていることであるが、脊椎動物の祖先は、既存の構造的機能的プロセスを、生活環のよりうしろの段階に組み込むことによって、幼生段階を成体に変化させることができた。

❽――発生過程における遺伝子スプライシング[訳注：スプライシングとは、一般には転写直後の未成熟mRNAからタンパク質に翻訳されないイントロンを切り出し、成熟mRNAをつくり出す過程をいう。ここではDNAそのものに生起する類似した現象を指して

いる」における変化。このことは、免疫グロブリン遺伝子のケースにおいて、分子レベルではっきりと記述されている。マウスとヒトの免疫グロブリン遺伝子は、胚の段階でその位置と機能を変化させる(Brack et al., 1978; Alt et al., 1987)。

このように、発生が進化に関与しているために、周期性が比較的容易に確立されたのだ。

VII

環境と周期性の関係

第24章

環境とともに変化する生物の能力はすでに鉱物に存在している

温度による性質の変化は原子構成によって調節される

ボラサイト（方硼石）の結晶は、環境の温度が上昇して二六五℃を超えると、その形と色を変化させる。二六五℃より低い場合、その結晶は立方晶系であるが、それ以上だと斜方晶系となる（図1）。たとえばカラスムギという植物を考えてみると、もし八℃で育った場合と一五℃で育った場合では、そのサイズと形は異なったものとなる。無脊椎動物の場合だと、アカマダラ*Araschnia*というチョウは春と夏とでは色とサイズが違う。脊椎動物も同様である。オコジョ*Mustela erminea*は、冬には主に白く、夏には黒っぽくなる。高等動物の色素形成に対する温度の影響はウサギを用いて研究されている。黒い毛を切って温度を下げると、同じ場所に白い毛が生えることがわかっており、また、その毛を再び切って温度を上げると、次に生えてくる毛は再び黒くなる。すべてのケースで、より高い気温はより黒い体色を生じる（図1）（Schmalhausen, 1949）。

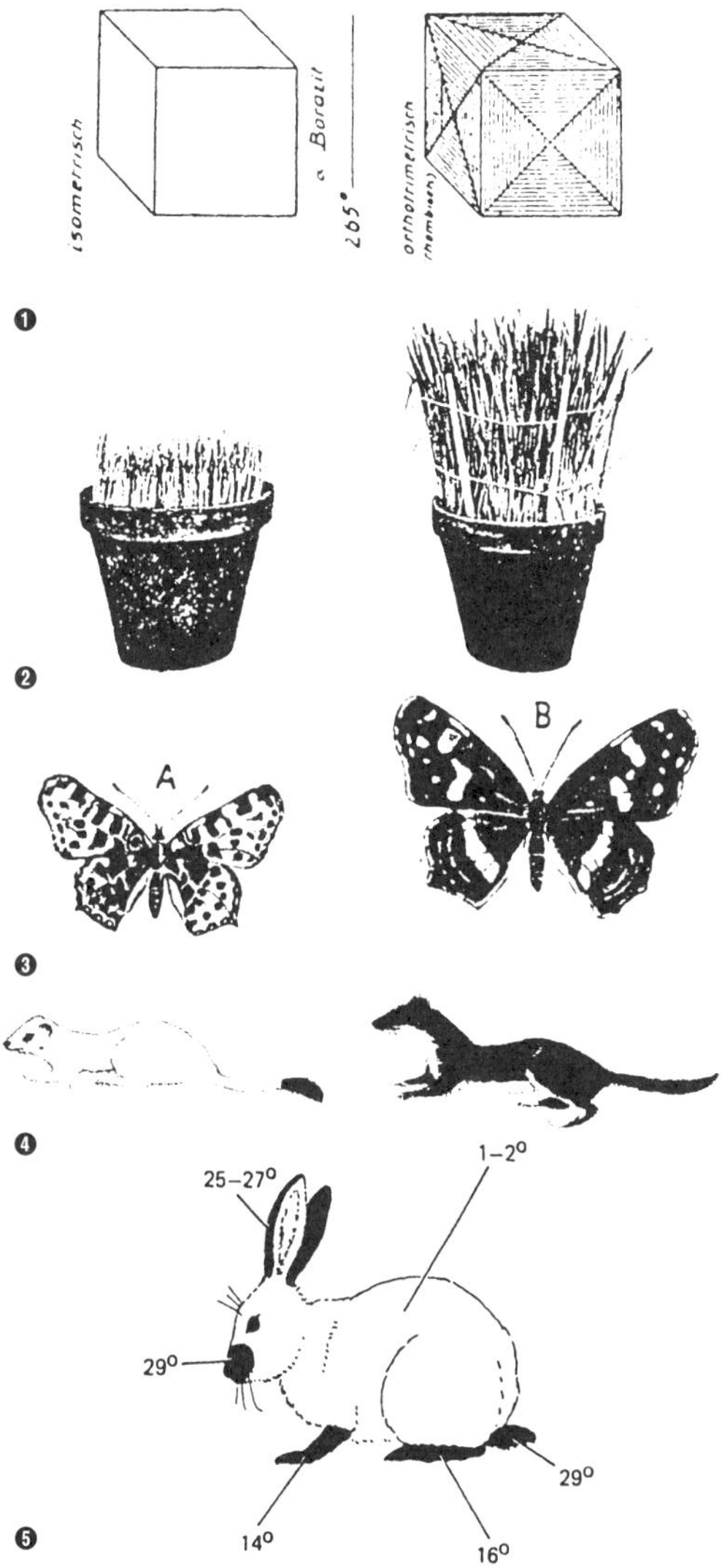

図1　温度変化にともなう形状の変化。❶ボラサイト $Mg_3ClB_7O_{13}$ の2種の結晶。265℃以下で結晶したもの（左）と、それ以上の温度で結晶したもの（右）。形と色の違いに注意。❷8℃で生育したカラスムギ *Avena sativa*（左）と15℃で生育したカラスムギ（右）。❸春期のアカマダラ *Araschnia levana*（左）と夏期のアカマダラ（右）。❹冬期のオコジョ *Mustela erminea*（左）と夏期のオコジョ（右）。❺ヒマラヤウサギの皮膚における色素合成の温度閾値の分布（単位は摂氏）。すべてのケースで、より高い温度はより暗い色を生じる。

全く当たり前に思えることだが、色素形成へとつながる化学経路にかかわる原子は、事実、鉱物に含まれている原子と同様に振る舞っている。動物の体毛の主要色素はメラニンである。毛色の変化はメラニンと酸素原子との結合の産物である(Lerner, 1967; Atkins, 1987)。どちらのケースでも、温度が変化すると化学的な構成は異なるものとなる(動物の場合は色素分子が異なったものになり、鉱物の場合には晶系が異なったものになる)。それと同時に、どちらのケースの変化でも、その限界は原子の性質によって完全に決められている。ウサギは緑色や青色、黄色の毛を生やすことはできない。可能なのは、白色から黒色への変化と黒色から白色への変化だけだ。ボラサイトの結晶が六方晶系や三斜晶系、単斜晶系になることはできず、可能なのは立方晶系か斜方晶系に限られている。どちらのケースでも、構成要素である原子のために変化が可能になっているものの、それは明確に定められた経路の中に限定されている。

――圧力と原子構成が形を決める

鉱物と生物のどちらのケースでも、圧力は(時に温度とともに)形の変化を決定する主要な要因であると考えられている。ダイヤモンドの結晶は、これらの条件が異なると、違ったものとなる。圧力は、フツウゴカイ*Nereis*の卵割パターンを変化させるし、タンポポ*Taraxacum*のような植物の発生を(標高の異なる地点で成長する場合のように)変化させる。深度一九〇〇メートルから二五〇〇メートルの深海に生息する魚類は強大な圧力を受け、それによって体の性質が変化する。生体のすべてのレベルにおいて圧力の変化が生み出すのは、あらゆる形ではなく、構成要素である原子が許すものに限定されている(図2)。

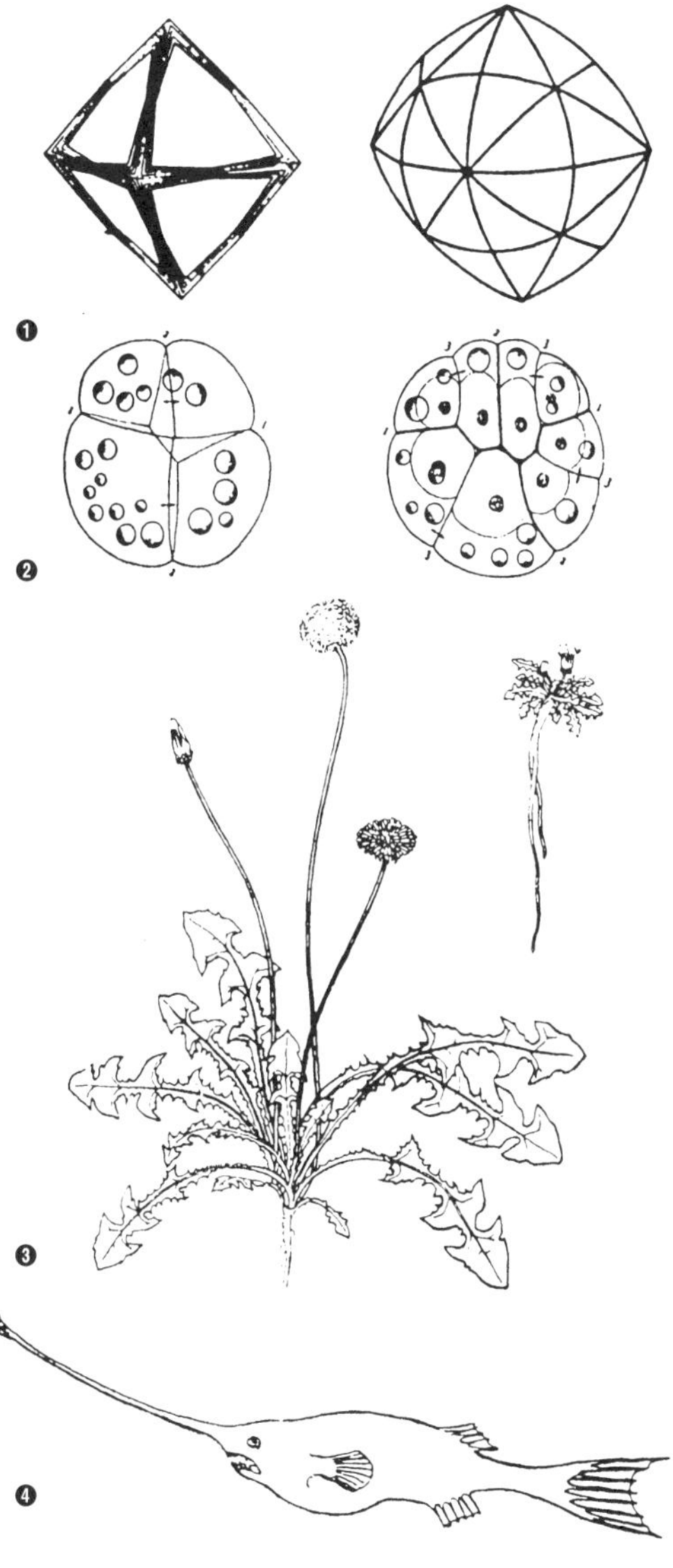

図2　圧力変化は形を変える。❶異なる圧力と温度で形成されたダイヤモンド結晶2種。❷圧力によるフツウゴカイ*Nereis*の卵割パターンの変化。通常の発生（左）と圧力にさらされた卵の八細胞期（右）。❸海面レベルで成長したタンポポ*Taraxacum officinale*（左）と高地で成長したタンポポ（右）。❹深度1900メートルから2500メートルのインド洋に生息する魚シダアンコウ *Gigantactis vanhöffoeni* と、その吻端にある発光器官。

塩濃度はすべてのレベルにおいて形を変化させる

尿素と塩化ナトリウムの溶液中に浸された岩塩の結晶は、その形を連続的に変化させる。甲殻類であるアルテミア *Artemia salina* は、海水中の塩濃度の上昇にともなって、三つの品種を生じる。魚類の場合では、水中に塩化マグネシウムが存在すると、眼の形成が阻害される場合がある。アッケシソウ *Salicornia* という植物の場合、土壌中に存在する塩化ナトリウムの量に依存して、成長が異なる（図3）。

鉱物と生物の色の変化

分子や生物の色は、それが受けて反射する光の波長に依存する。すべての分子において、光の吸収は電子の変化を引き起こす。蛍石のような鉱物では、分子中の電子の置換によっていくつかの色が生じる。もう一つの例としては、動物の視覚で重要な役割を果たしているレチナールを挙げることができる。レチナール分子に含まれる電子が移動できることがその要因である（Atkins, 1987）。シロチョウ *Pieris* という生物の蛹の場合、成長した環境によってその体色を変化させる。同じことがカレイの場合にもあてはまる。眼が見えない場合には、異なる環境に移動してもその体色を変化させることができない。眼で受ける光の波長は、アドレナリンやその他のホルモンの放出につながり、体内の色素細胞の形状を変化させることで、カレイの体色を変更させる（図4）（Veil, 1938; Eckert and Randall, 1978）。

温度や圧力、塩濃度や光に依存するこのような変化は、必ずしも子孫に遺伝するとは限らない。換言すれば、それは遺伝的に安定な状態を生じない。しかしその他のケースでは、環境からの分子シグナルが、次章で述べるような永続的な遺伝的変化を引き起こす場合がある。

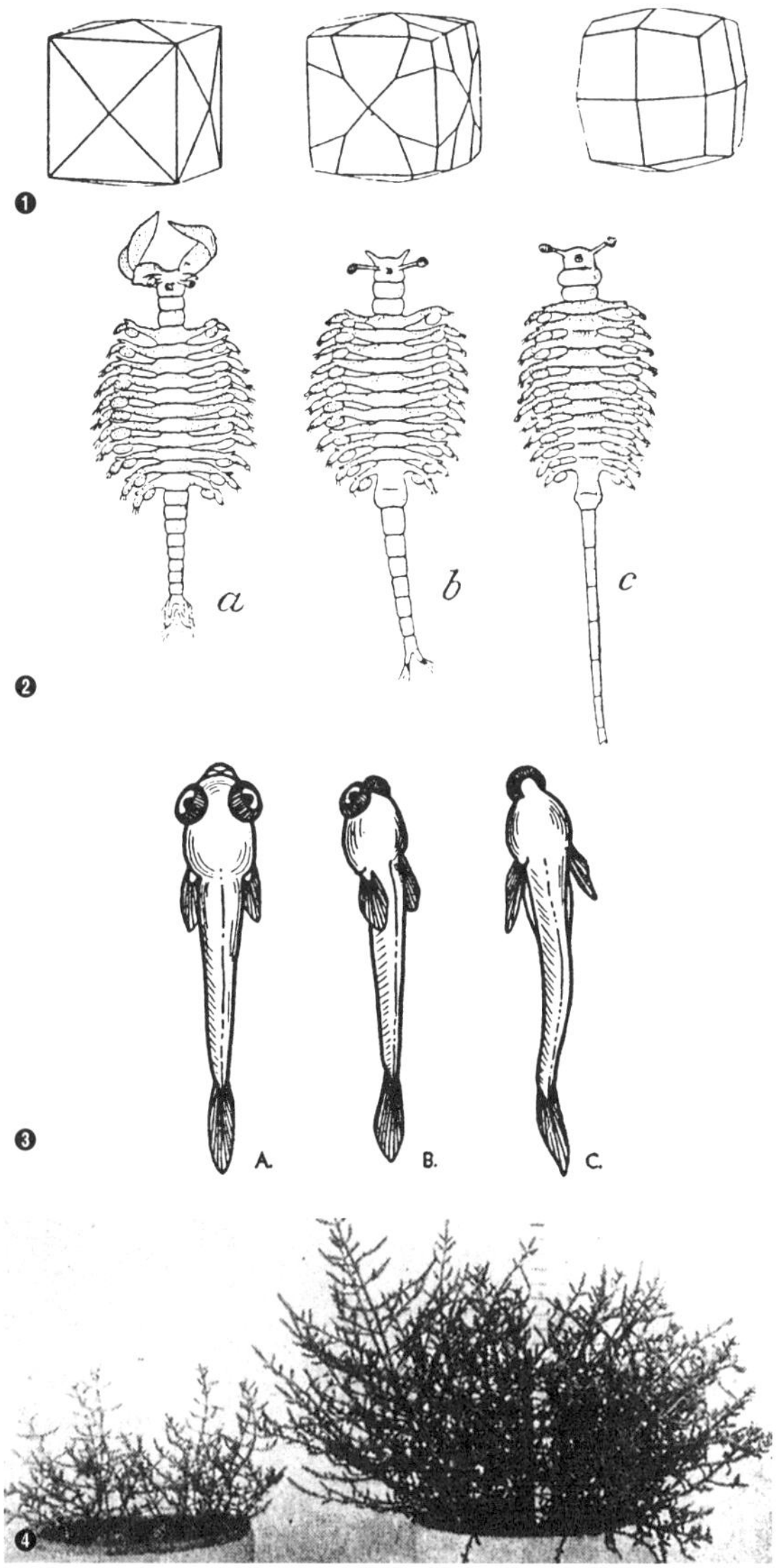

図3　塩濃度の違いによる変形。　❶結晶形状の連続的変化。(塩化ナトリウム中に希釈した)尿素に浸した岩塩結晶NaClを示す。　❷海水の塩濃度が上昇することで生じる甲殻類アルテミア *Artemia salina* の3品種。　❸魚類における眼の形成阻害。水中に存在する塩化マグネシウムに起因する。通常の個体(左)、一緒に発生した眼を持つ個体(中)、中央に1つの眼を持つ個体(右)。　❹塩化ナトリウムの非存在下で成長したアッケシソウ *Salicornia*(左)と存在下で成長したアッケシソウ(右)。

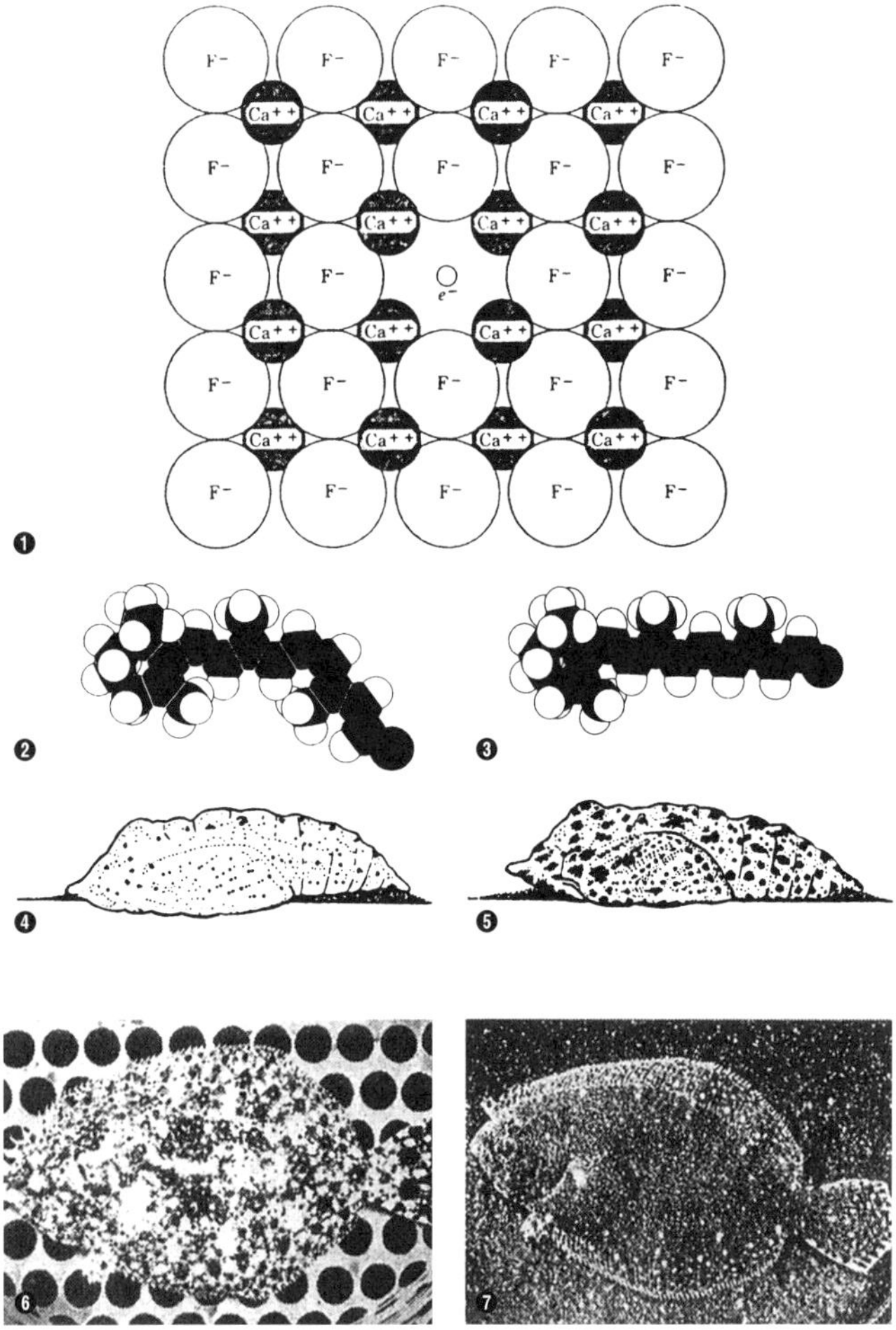

図2　色の変化。❶蛍石 CaF_2 はいくつかの色を持つ鉱物である。この要因として可能性があるのは、電子によるフッ素原子(F)の置換である。この分子では、電子e-が(分子の中心にある)フッ素原子を置換することで、色中心が形成された。❷❸シス型レチナール分子(2)とそのトランス配置(3)。シス型は、レチナールのトランス型への変化とタンパク質への結合の結果、その電子配置を変化させることで、光エネルギーを吸収貯蔵する。無脊椎動物や脊椎動物が持つ結像型の眼には、光感受成分としてレチナールが含まれている。❹❺シロチョウ*Pieris*の蛹。環境が緑色だと緑色の蛹が形成され(4)、暗い環境では暗色の色素を持つ蛹が形成される(5)。❻❼環境が明るい場合と暗い場合での、魚の体色変化。体色変化は、眼から入ってくる情報が、ホルモンを媒体として引き起こす結果である。眼の見えない魚の体色は変化しない。

第25章

遺伝的変化と環境

環境からの分子シグナルが酵母の遺伝子発現を変化させる

酵母 *Saccharomyces cerevisiae* には遺伝子によって決定される二つの交配型があるが、その染色体にはそれぞれの交配型に対応し発現しない遺伝子も二つ含まれている。交配型の異なる細胞の認識はそれ自体が分子的なプロセスである。そのプロセスではまず、放出されたフェロモンが表面レセプターに結合する。この情報は次に、トランスデューシンと呼ばれるタンパク質の介在によって細胞内部へと伝達される。タンパク質のその一連の相互作用は、最終的にはDNAに対する結合へとつながる。これによって、プロモーターから二・五k塩基も離れた位置にある遺伝子配列の活性化と抑制化の両方が引き起こされる。さらに、エンドヌクレアーゼが特定の遺伝子部位で二重鎖を切断し、その結果、切り出されたDNA配列が他の遺伝子に挿入されて、遺伝子発現が変化する(Nasmyth and Shore, 1987; Lewin, 1990)。

このプロセスに見られるいくつかの特徴は、新しい遺伝的メカニズムを示している。（1）遺伝的変化を開始するのは環境からの分子シグナル、つまりフェロモンである。（2）これは特定の分子、つまりトランスデューシンというタンパク質によって細胞内部に伝えられる。（3）結果として、タンパク質とDNAの相互作用が生じる。（4）当初の部位からは大きく隔たった領域で抑制が生じる。（5）染色体から切除されたDNA断片がその他の部位に移動することで、新しい遺伝子発現が引き起こされる。

環境は植物アマのゲノムを永続的に変化させることができる

われわれは、遺伝学や進化の領域で大変動（cataclysm）という用語を使用することに慣れていない。遺伝子のほとんどの突然変異はゲノム内の小さな変化をあらわすと考えられているし、進化も同じように、個別の適応が連続することで生じると考えられている。しかしアルバーツらは、ここ数年の間に蓄積されてきた証拠に触発されて、真核生物のゲノムに生じる大変動について記した（Alberts et al., 1983）。

リン酸過多の土壌か窒素過少の土壌で成長したアマ *Linum usitatissimum* の種子からは、茎や葉や種子の性質が異なる娘植物が生じる。この植物では、たとえ土壌の状態が変化しても、将来の世代でも同じことが起きる。その詳細は、L型とS型と呼ばれる二種で研究されてきた（図1）。親植物からS型とL型への変形には、DNAの変化が関与している。L型の植物では、いくつかのDNA配列が様々な程度で増幅されている。S型の植物では反対に、リボソームRNA遺伝子の数が半減している（Cullis, 1977）。似たような安定的な変化はマルバタバコ *Nicotiana rustica* でも記載されている（Hill, 1965）。両種の植物では、一つの特徴だけではなく、いくつかの特徴が同時に変化した。

最近、アマの種子を5-アザシチジンで処理することでも、遺伝する効果を得られることがわかった。花をつける

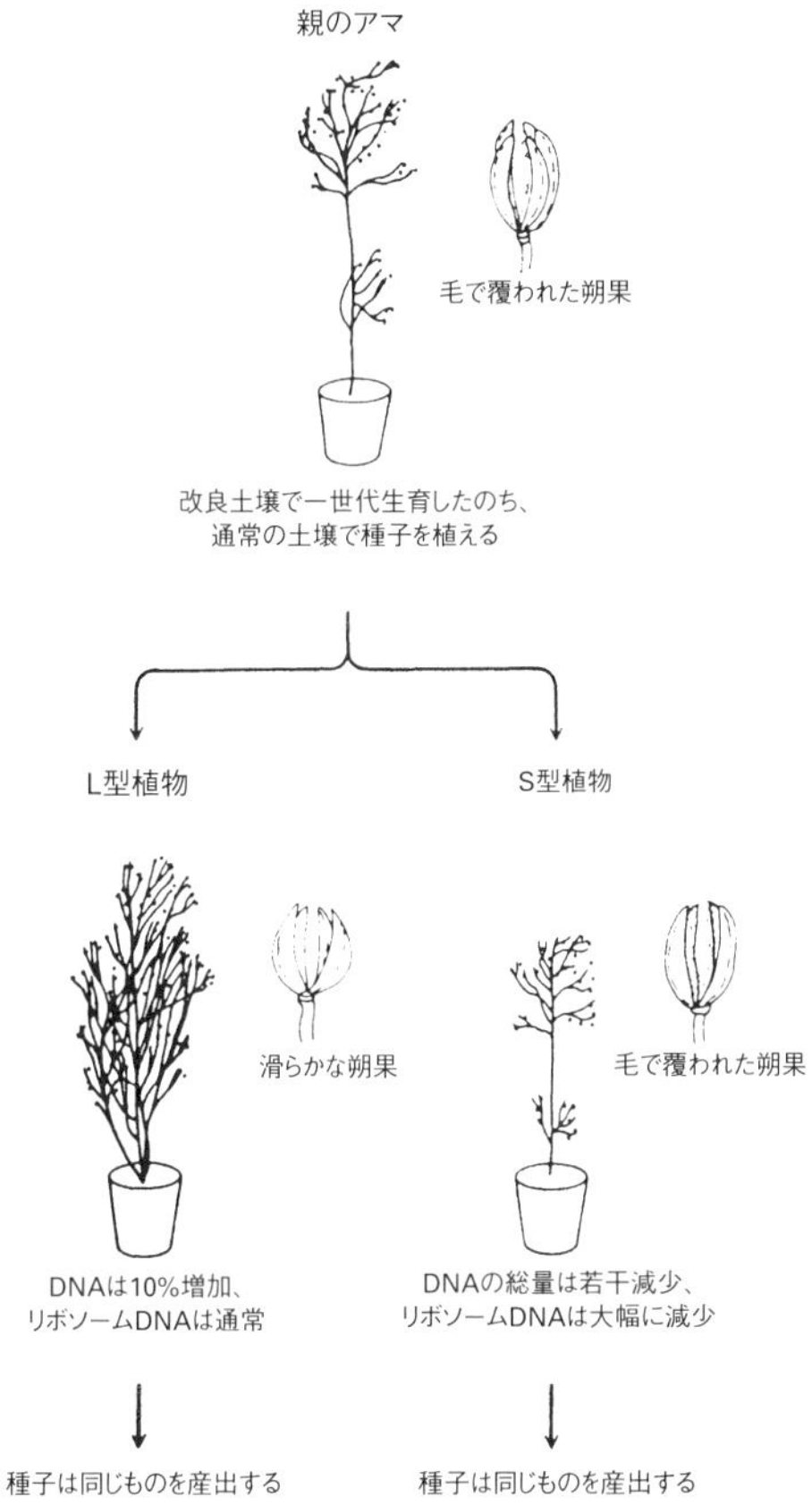

図1　土壌の化学組成を変化させることで、アマ *Linum usitatissimum* の遺伝構成に永続的な変化を導入。S型の植物では、リボソームRNA遺伝子の数が大幅に減少している。この植物の種子も同じで、遺伝的変化が永続的であることを示している。
Source: Alberts et al., 1983, based on the work of Cullis, 1977

時期と茎の高さの変化は、第二世代にも遺伝された(Fieldes, 1994)。

生物には未経験の環境に対応できる内的なメカニズムが備わっている

生物がある環境に適した形や機能を生み出すためには、あらかじめその環境を経験している必要はない。動物や植物は、身をさらしたことのないような環境に「適応」することができる。

絶対零度つまり氷点下二七三・一五℃は(Pitt, 1988)、理論的に可能な温度にすぎず、自然の状態で存在することはない。それは実験的に得られるだけである。ここで極限環境に対する抵抗力を持つ無脊椎動物の一動物門である緩歩動物を考えてみよう。乾燥状態にある緩歩動物は、七年間も生き続け、実験室で氷点下二七二℃にさらされても耐えることができる。休眠中の緩歩動物は、無水アルコールに沈められても生き残る(Russell-Hunter, 1979)。

緩歩動物が生き残ることのできる温度と絶対零度の差はほんの一℃にすぎない。彼らには、この温度を経験していないという事実にもかかわらず、それに耐えるための機能的な手段が備わっているのである。

熱ショックタンパク質は体温調節よりも前にあらわれた

高温にさらされる動物が熱ショックタンパク質を生産するということは、いまではよく理解されている。そのようなタンパク質はほとんどの真核細胞に存在している。内的な体温調節メカニズムを備えている鳥類や哺乳類(体温はほぼ三七~三八℃)のような動物では、熱ショックタンパク質が、温度の逸脱から細胞を保護している。熱ショックタンパク質が存在するのは動物ばかりではなく、それが原生動物や真菌や植物といったもっと単純な生物にも存在しているということは、周期性の理解にとって無駄なことではない(Nover et al., 1984; Nelson et al., 1992; Goldfarb, 1992)。

このように、その分子的な解決策は高等脊椎動物に体温調節が出現する前から存在していた。これは、その保護メカニズムは必要とされる前から利用できた、ということを示唆している。

環境と周期性

環境と周期性の関係は単純なものではない。調和して相互作用する状況もあるし、そうでない場合もある。

［調和した諸プロセス］

❶――鉱物、植物、動物は、物理的要因や化学的要因の存在下でその形状を変化させる。

❷――温度や圧力や塩濃度が引き起こす構造変化は、その要因はもちろん鉱物や生物に特異的である。様々な生体レベルにおいて、引き起こされる変化は制限され、特異的なものである。

❸――酵母では、化学的要因が特定の機能に対する遺伝子発現を変更する。

❹――アマでは、土壌中のリン酸濃度と窒素濃度の変化が、リボソームRNA遺伝子の数を変化させ、子孫へと伝えられる永続的な遺伝的変化が生じる。

❺――植物でも動物でも、水が遺伝子活性を変化させる。植物の頂端部が水没すると、葉のパターンが細長い形へと変化する。両生類の体形と機能は、水に接したり乾燥した状況に置かれたりすると、劇的に変化する。細胞の含水量は、内的な化学シグナル(ホルモン)を放出するよう影響して、遺伝子を活性化する(第8章を見よ)。

❻――様々な目(もく)の哺乳類が水に回帰したことは、似たような生物学的解決策につながった。哺乳類の変形には、無呼

吸に対する耐性のような哺乳類の一部の構造の性質とホルモンシグナルが関与している(Lima-de-Faria, 1988)。

［調和のない諸事象、あるいは調和が部分的な諸事象］

❶――視覚とは、ある状況では環境中の光量に密接に関連している現象だし、その他の状況では光量とは無関係の現象でもある。その例としては、洞窟や深海に生息していて視覚を持たない動物がいたり、同じ場所に生息していながら非常に発達した眼を持つ動物がいたりすることを挙げることができる。さらに、海面で強力な日照を浴びていながら、視覚を全く持っていない動物が存在することを挙げることができる(第四章)。同じことは生物発光にもいえる。たとえば、発光器官を持つ深海魚がいれば、似たような領域に生息していながら発光器官を全く持っていない哺乳類もいる(第六章)。

❷――胎盤や飛行の出現は、一般的な環境と直接的な関係を持たない。胎盤は、海産魚類、両生類、そして陸生哺乳類と海産哺乳類とで発達している。飛行は、魚類(硬骨魚類)で突如出現したことがわかっており、そのために数分間しか耐えることのできないほど不利な媒質(空気)の中を移動できるようになった。その他にも、エイのように事実上水中を飛行する魚もいる。エイは、その大きなひれを猛禽類の羽のように羽ばたかせて使い、別の媒質の中を飛翔する。

❸――植物の多くの科は、三枚あるいは五枚の花弁が放射状に配置された花をつけるが、それは自身がおかれている環境とは無関係である。同じことは、最も多様性に富んだ環境にいる昆虫でも同様で、その肢はすべて六本である。

❹――生物には、過去に経験したことのないような極限の環境に耐えるだけの生理学的な解決策が備わっている。

このようなデータから得られる結論は、生物には環境とは独立した性質が備わっているが、それと同時に、その作用に依存した性質も備わっている、ということである。これは、独立した性質も依存した性質も規則正しい分子プロセスの結果であるという事実にもとづいている。この問題は、われわれを次に扱う構造の周期性に関する研究へと導く。

加えて、環境によって引き起こされる変化には子孫に伝えられないものもある一方、永続的な遺伝的変異につながる場合もある、ということを理解することが重要である。

VIII

構造の周期性：
原子、分子、生物に規則正しく
付加された構成要素

第26章 原子と分子に対し規則正しく付加された構成要素

構造と機能は同一の現象の二つの側面である

本書では最初に機能の周期性を大きく扱ったが、これまで述べてきた周期のすべてにおいて、構造と機能の緊密な「パッケージ」が構成されている。たとえば飛行は、諸構造と諸機能の明瞭な「パッケージ」が利用できるようになってはじめて出現する。

ここでは全面的に構造の周期性を扱うこととする。しかし、すべての形状には機能的な要素が存在しているため、構造を単独で扱おうとする試みにはつねに限界が存在する。花の五本の雄しべは生殖器官だし、ヒトデの五本の腕は移動のために用いられる。

アインシュタインの方程式によって広く知られているが、エネルギーは物質に変換し、物質はエネルギーに変換する。それと同様、形態と機能は同一の現象の二つの側面である。形を機能から引き離すことはできないし、機能を形から引き離すこともできない。

水は、一定の形状と特定の変異をつくり出すのに遺伝子を必要としない

ヒトが生み出すことができるのはヒトに限られる。このことは他の生物にもいえる。生物は、生殖と呼ばれるコピープロセスによって、同じ基本的パターンを生産できるにすぎない。茶色い眼やグレーの眼、長い脚や短い脚といった、ほんのわずかな変異が生じているにすぎないように思われる。

このことは水にもあてはまる。水は遺伝子を持たないし、ほとんどの鉱物よりも極めて単純で、水素と酸素のみから出来ている。雪の結晶が形成されるたびに、六本の放射状構造からなる同一の基本的な形状が繰り返される。小さな変異が生じるのでどの結晶もわずかに異なっているが、その差は偶然ではなく、構造に典型的である。水はいわば六放射状結晶という堅固な構造から離れることができないが、秩序のこの極端な遺伝にはDNAもRNAも関与していない。直径が八～九ミリで厚さが〇・〇一ミリの雪結晶は、約10^{18}個の水分子が連携することでつくられる。これは、原子の大きさからすればとてつもなく大きな構造である。

水の結晶の形状における不変性と変異の特徴

雪の結晶に関しておこなわれた研究のほとんどは、大気条件にもとづく結晶パターンの分類か、その結晶学的な性質に集中している(Nakaya, 1954; Bentley and Humphreys, 1962; Knight and Knight, 1973; Allen, 1984)。しかし入手可能なデータは、いくつもの方法で生物学上の問題を明かしている。

❶——妥当な大気条件のもとでは、水は対称性の高い六本の枝を持った結晶のみをつくる。その枝は中心から放射し、いつも互いに六〇度をなしている（図1）。

❷——枝はすべて同じ長さになる傾向がある。三本が他の三本よりも短くなる場合がいくつかある。支配的な放射形は、このことによって左右相称へと変形する（第28章の図4 p.291）。枝の長さを決めるのはその重さではないが、それは、いくつかの結晶では、枝の末端に大きなプレートが形成されるためである。

❸——六本の枝は、あらゆる方向に放射するわけではなく、一つの平面内におさまる。結晶は水平な平面として形成され、必然的に二次元となる。

❹——主枝が副枝をつくることがある。副枝もまた主枝から六〇度で形成される。

❺——副枝は互いに平行となる。

❻——副枝はあらゆる方向に配置されるわけではなく、結晶の他の部分と同じ平面状につくられる傾向がある。

❼——副枝は互いに反対方向につくられる。それぞれの長さと形は、反対側の枝と同じになる（第15章の図6 p.195）。

❽——枝は互いに一定の時間間隔で成長する傾向がある。

❾——副枝ではサイズの勾配が形成される。副枝は通常、結晶の中心部付近では短いが、中央部で最長となり、主枝の先端に近づくにつれて短くなる。この勾配の形状とその位置は、結晶形状の変異の主要な源である。

❿——水の分子は三回目の分枝も可能であり、そのことで第三の枝が形成される。これも、結晶の他の部分と同じ平面に成長し、六〇度を保って生成し続ける。また、互いに反対方向につくられ、同じ長さ同じ形状になる傾向がある。また、一定の時間間隔で生じる（第15章の図6 p.195）。

⓫——雪の結晶をX線解析することで、水の結晶は六方晶系に属していることが明らかになっている。菱面体晶系と立方晶系に属する形状も記載されているが、その差はおそらく圧力条件に依存している。

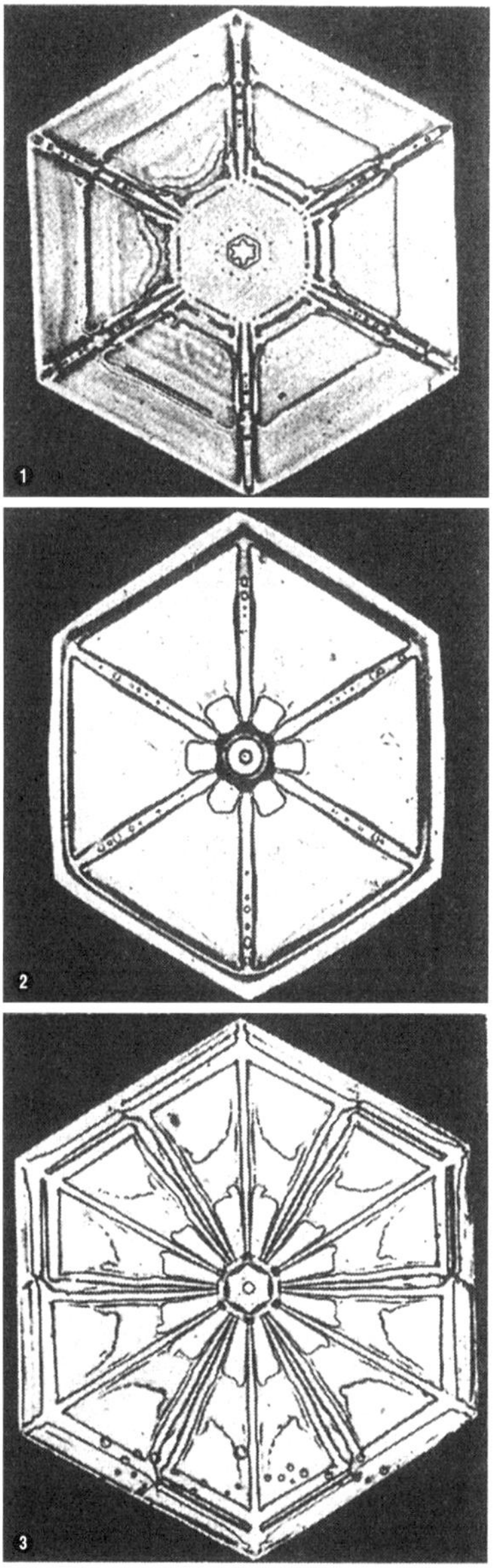

図1　水の結晶における6本と12本の枝の配置。❶6本の枝を持つ雪の結晶。❷遷移形。既存の枝の間に2つ目のセットとして6本の枝が形成されつつある。❸12本の枝を持つ結晶。6本の場合と同様に、枝は互いに同じ距離を保っている。

⓫——結晶に二次的な中心が生成することがあり、そこでは枝が側面を三次元的に成長させる。それはランダムに配置されるわけではなく、最初の結晶中心のパターンにならう。

⓬——二つの（六つの枝を持つ）結晶がその中心で重なり合うことがある。その結果、一二本の枝を持つ構造が形成される。しかし、その融合プロセスはランダムではない。枝は様々な角度で形成されるのではなく、三〇度に限定されている（図1）。

⓭——放射状の星形以外の形状も生じることが知られている。大気の温度と圧力によって、雪には角錐形、球形、円柱形、平板形が見られるが、六放射相称は維持されている。

雪の形状がつくられる際の規則正しいプロセスの数は、それが水素と酸素という二つの原子の性質の産物であるにもかかわらず、一四を下らない。

雪の結晶の写真を五〇〇〇枚以上見比べても、完全に似ているものは何一つない。変異は膨大だが、それは規則正しく、原子の堅固な枠組の中で生じているのだ。この結晶の約九八％が六本の枝を持つ状態で見られる。

結晶化学は雪結晶の構成を充分に説明するほど発展していない

雪の結晶の対称性に関する現在の知見は限定的なものではあるが、氷の中では、水分子が六方晶系の構成をとる前に、二つの水素原子がそれぞれ酸素原子に近くなければならないことを示している（Pauling and Hayward, 1964）。しかし、結晶格子に関する理論は、雪の結晶に見られる次のような特徴を充分に説明しきれていない（Knight and Knight, 1973; Hill, 1990）。

❶——六本の主枝の長さが同じであること。

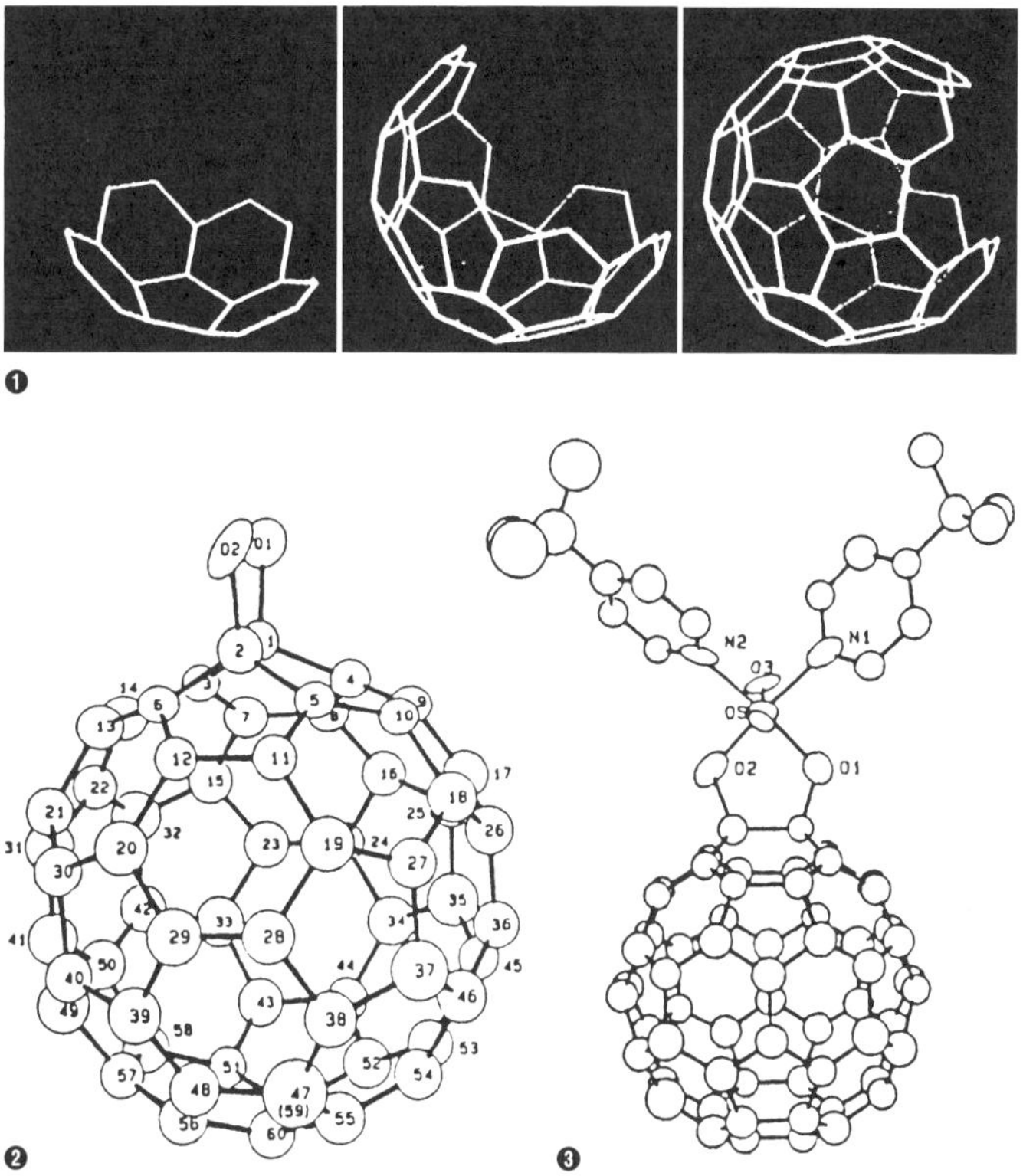

図2　炭素原子は20面対称の球体をつくる。❶60個の炭素原子が20面体の非常に安定な構造を形成する。図では連続的に結合して球体へとつながる様子を示している。これが炭素の特筆すべき構造――いわゆるフラーレンC_{60}――である。❷❸ C_{60}と四酸化オスミウムとが結合して形成される2つの分子。その原子の位置と関係を示してある。
Source: (1) Smalley, 1991; (2) Hawkins et al., 1991

❷——副枝と第三の枝の形と長さが同じであること。

❸——規則正しい間隔で、向かい合わせに形成される副枝と第三の枝。

❹——副枝がサイズの勾配を形成すること。

中谷が指摘しているように、結晶のサイズの普遍性に関しては、最初の観察は何も示してはくれなかった(Nakaya, 1954)。しかし、四度の冬にわたっておこなわれた精密な分析の結果、それぞれのタイプの結晶には特徴的なサイズがあることが明らかになった。たとえば、一般的な放射状タイプの中で最も枝の多い結晶のサイズは約二・五ミリである。結晶中に存在する分子の場が雪結晶の主枝と副枝の長さを支配しているとも考えられる。この可能性があるのは、水素原子と酸素原子の電子レベル・陽子レベルで生じている原子間相互作用のためである。

炭素原子は二〇面球体をつくる

炭素原子は、堅くてキラキラと光るダイヤモンドと、柔らかくて鈍色の黒鉛(鉛筆に用いられる)という二つの形で結合する。この二つの鉱物は炭素原子だけから形成される。形成される時の圧力と温度が異なれば、その性質は正反対となるのだ。ダイヤモンドでは炭素原子は三次元の正四面体構造をとるのに対して、黒鉛では六角形が続くシートが形成される(第30章、図5を見よ)。つい最近になって炭素のみからなる三つ目の分子が発見された(Smalley, 1991)。レーザー装置を用いることで炭素原子同士を閉じた球形のネットワーク状に結合させ、フラーレンと呼ばれる球体をつくれることがわかったのだ。この分子は非常に安定しており宇宙空間にも存在しているため、非常に古くから存在し、最初の惑星形成に関与していたのではないかと考えられている。この球体は二〇面体となる(図2)。炭素原子のこの性質

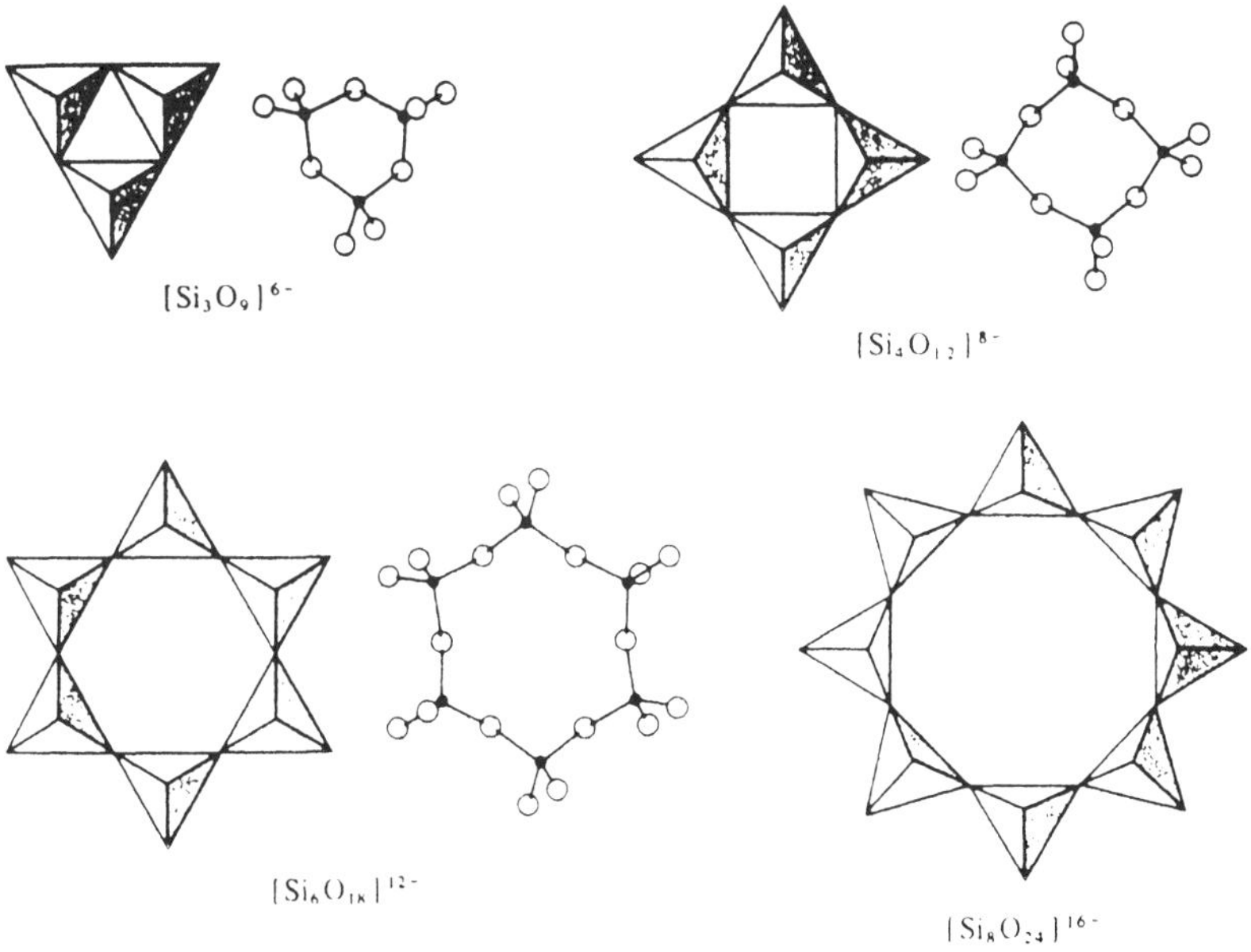

図3 ケイ素原子と酸素原子が組み合わさると、規則正しい特徴的なパターンが形成される。ケイ素原子Siは通常、4つの酸素原子Oと結合して、正4面体SiO_4を形成する。これは、その頂点のO原子を共有することで、環状構造を持つもっと大きな単位へと結合することができる。3個、4個、6個、8個の正4面体が形成する環状のメタケイ酸塩構造を示してある。これらが規則正しく配置されることによって、対称な放射構造が生み出される。
Source: Greenwood and Earnshaw, 1989

は、いままでは原子の単純なパターンと関連づけることのできなかったような球状の生物形態の多くを説明するために有用である。

ケイ素原子はその数が増加しても放射状の構成を維持する

ケイ素は単独で生じることはなく、その酸素との大きな親和性のために自然界では主にSiO_4として見られる。四面体をとるこの原子群がもつ生物学的な意義は、それが鎖状、環状、三次元構造へと結合することができるという事実にある。それぞれのSiO_4が二つの酸素を共有して連続的な正四面体を形成すると、正四面体が三個、四個、六個、八個結合した環状のメタケイ酸塩が形成される(Greenwood and Earnshaw, 1989)。

特記すべき特徴として、SiO_4の原子群は環状形を維持したままその数を増加させる。

❶——頂点で結合することにより、正四面体は維持される。

❷——その内部距離を増やすことで、より大きな環状形を形成する。

❸——これらは、その規則正しい配置を失うことなく達成される。

❹——アスベストに見られる最も一般的なパターンは、六つの正四面体の環状形によってつくられる(図3)。

ここで指摘すべきなのは、こういった性質が示唆しているのは、ケイ素や酸素といった単純な原子が、花の花弁やヒトデの腕の配置にも見られるような要素の規則正しい環状配置を決定する能力を持っているということである。

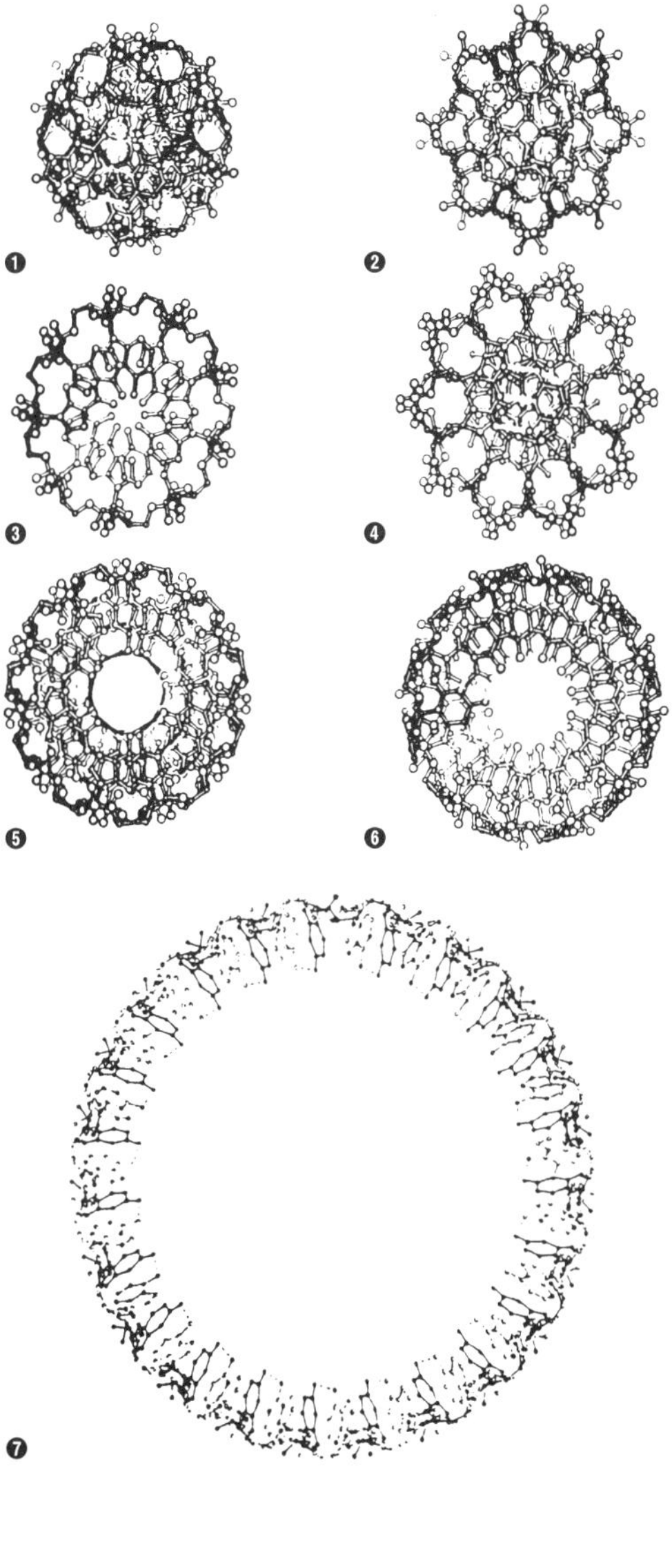

図4　DNA、DNAとRNAのハイブリッド、ポリヌクレオチドの構造。6、8、9、10、11、12、22の構成要素から形成される放射構造を示している。X線回折の分析によって得られた座標をもとにして、コンピュータで核酸構造を図示化。らせん軸に平行に構造を眺めている。❶左巻きの二重らせんポリ(dG-dC)・ポリ(dG-dC)の分子構造。❷D-DNAの構造。❸ポリ(A)の一重らせん。❹B-DNAの構造。❺A-DNAの構造。❻DNAとRNAのハイブリッドの構造。❼ポリ(A)・ポリ(U)の二本鎖として構成した二重らせん。ポリ(U)鎖をポリ(A)鎖よりも太線で描いている。

核酸は、その構成要素の数が増えても規則正しい構造を維持する

DNAは明瞭な六方晶系で結晶し、それを電子顕微鏡で観察することができる。さらにDNAは、溶媒中の水分量と金属イオンの存在によって、A、B、C、D、E、Zと呼ばれるいくつかの形状をつくることができる。DNAとRNAのハイブリッドとDNAのようなポリヌクレオチドはらせん構造を形成する。

X線回折によって分析して、コンピュータを用いて図示化すると、その構成要素の配置を明らかにすることができる(図4)(Saenger, 1988)。この高分子を構成している炭素、水素、酸素、リン酸、窒素といった原子のため、この高分子は規則正しいパターンを形成することができる。らせん軸に平行に眺めてみると、構成要素の数が六から二二に増加しても、その構造は秩序を保つような配置を示している。

第27章
鉱物の規則正しい変形

結晶の結合プロセス

ほとんどの鉱物は対称な系に属する単一の結晶を形成する。特別な条件の下ではいくつかの結晶がいっしょに形成される場合がある。このことで双晶と呼ばれる配置が生成されるが、その例としてセッコウと方解石の二つを挙げることができる。これらの結晶の形状とサイズは偶発的なものではない。双晶は通常(1)同一の形状で(2)同じ長さとなり、(3)互いに鏡像となる傾向がある。右旋形と左旋形として出現すると、単一の構造に結合することができ、それは特にセッコウで明白である。セッコウの双晶は先端が尖っていて、その形状は鉱物学者からは**ツバメの尾**と呼ばれている。

さらに、ある鉱物がつくり出す三つの結晶はその配置も秩序正しい。その三つの構成単位は、(1)放射状に配置され、(2)互いに同じ距離を保ち、(3)同じ形で、(4)同じ長さとなる。さらにその三つの結晶は、たとえばメタリックグレーの同色になる。硫銀ゲルマニウム鉱は結晶のそんな組み合わせの一例である(第28章の図1参照 p.285)。

四つあるいは六つの結晶が結合する時にも、同様の現象が生じる。それらは、(1)放射状に配置し、(2)互いに同じ平均的な距離を保って位置し、(3)同じ形状をとり、(4)長さが同じになる。環状の金緑石双晶を形成する六つの結晶は通常、緑色である(第28章の図8 p.297)。結晶のそういった結合のもう一つ別の例は、十字石に見ることができる(第28章の図1 p.285)。

六つ以上の結晶が結合する場合、その結晶は、中央から多くの方向へと放射するような空間構造を形成する傾向がある。その結果、多数の腕を持った星状の構造となる。これはたとえば、霰石や毒石(ファーマコライト)の場合にあてはまる。

化学構成の異なる結晶が重なった場合でも、その位置はでたらめにはならない。占められる位置は互いの位置に応じたものとなる。十字石が藍晶石と結合して結晶を形成する場合、その成長の方向は決まっている。それぞれは異なる構造と単位格子幅を維持するが、形成される結晶面は互いに平行なものになる。同様のことは微斜長石の上に成長する斜長石でも起きる。斜長石結晶の成長は微斜長石の結晶面の方向性に従う。結晶学者たちはこの現象のことを、成長に由来する秩序という意味でエピタクシー[訳注：epitaxyのepiは「上」、taxyは「秩序」という意味]と呼ぶ(Whitten and Brooks, 1988)。

鉱物の双晶化メカニズム――エネルギーは秩序を決定する

原子レベルでは、結晶が成長している時に通常の原子配列が外部から阻害された時に双晶化が生じる。

しかし、変更を受けた原子配列は秩序正しくなければならず、そのことが二つの結晶の共有平面の維持へとつながる。さもなければ双晶は形成されない。単一結晶から双晶形成への推移は内的な原子エネルギーの増加をともなっている。

いくつかの結晶が大きな集団へと成長した結果生じるのは、でたらめな構造ではない。その結晶はむしろ、結晶軸と結晶面とを平行にして集合する傾向がある。

その配置は、偶発的なパターンではなく、秩序正しいパターンを形成する際に原子が用いているような、より低いポテンシャルエネルギーの産物であるとみなされている。

結晶の物理化学的な性質は、生物の変形に関するわれわれの理解に対して道を開いてくれる

秩序ある構成へと向かう原子の結合と結晶の結合のおかげで、われわれは生物の構造に見られる要素の規則正しい結合をよりよく理解することができる。さらに結晶には、内的に誘導されたパターンと長距離に及ぶプロセスが備わっていることが知られている。そのパターンとプロセスはその面と形状の出現を決定している(Klein and Hurlbut, 1985)。原子に備わるこのような物理化学的な性質は、生物の変形を理解するためにはきわめて重要である。

このことは、次のレベルの組織、つまり植物の構造の分析へとつながってくる。花は、鉱物に知られているような要素の対称性と部分の組織化とを最も直接的に受け継いでいる植物器官である。しかし、根から果実にわたる植物のその他の器官もすべて、外的にも内的にも同一の堅固な変形プロセスに従っていることが明らかになる。

第28章 植物の規則正しい変形

鉱物と花の変形

鉱物と植物の構成要素をその数の少ない順に図1から図3に示した。ハクサンチドリ *Orchis morio* の花の左右対称性が、硫銀ゲルマニウム鉱の結晶と比較できる。対称性が同じであるばかりでなく、結晶の多くの面の配置や構造が、部分的に花の中に繰り返されている。

サジオモダカ *Alisma plantago-aquatica* の三枚の花弁は中心から放射し、その中心には六つ（2×3）の葯（やく）が存在し、三つの萼（がく）もまたそこから放射している。硫銀ゲルマニウム鉱の三つの結晶は中心から放射し、同じ三放射相称を示す。三枚の花弁が同じ長さであるのと同じく、三つの結晶は同じサイズとなる。結晶はいくつかの小さな面で終端し、そのために幾分丸みを帯びた形状になっている。この終端の形状は、サジオモダカの花弁でもはっきりしている。

十字石は、鉄、アルミニウム、ケイ素、酸素、水素から構成される複雑な鉱物 $FeAl_4SiO_{10}(OH)_2$ で、構成要素として

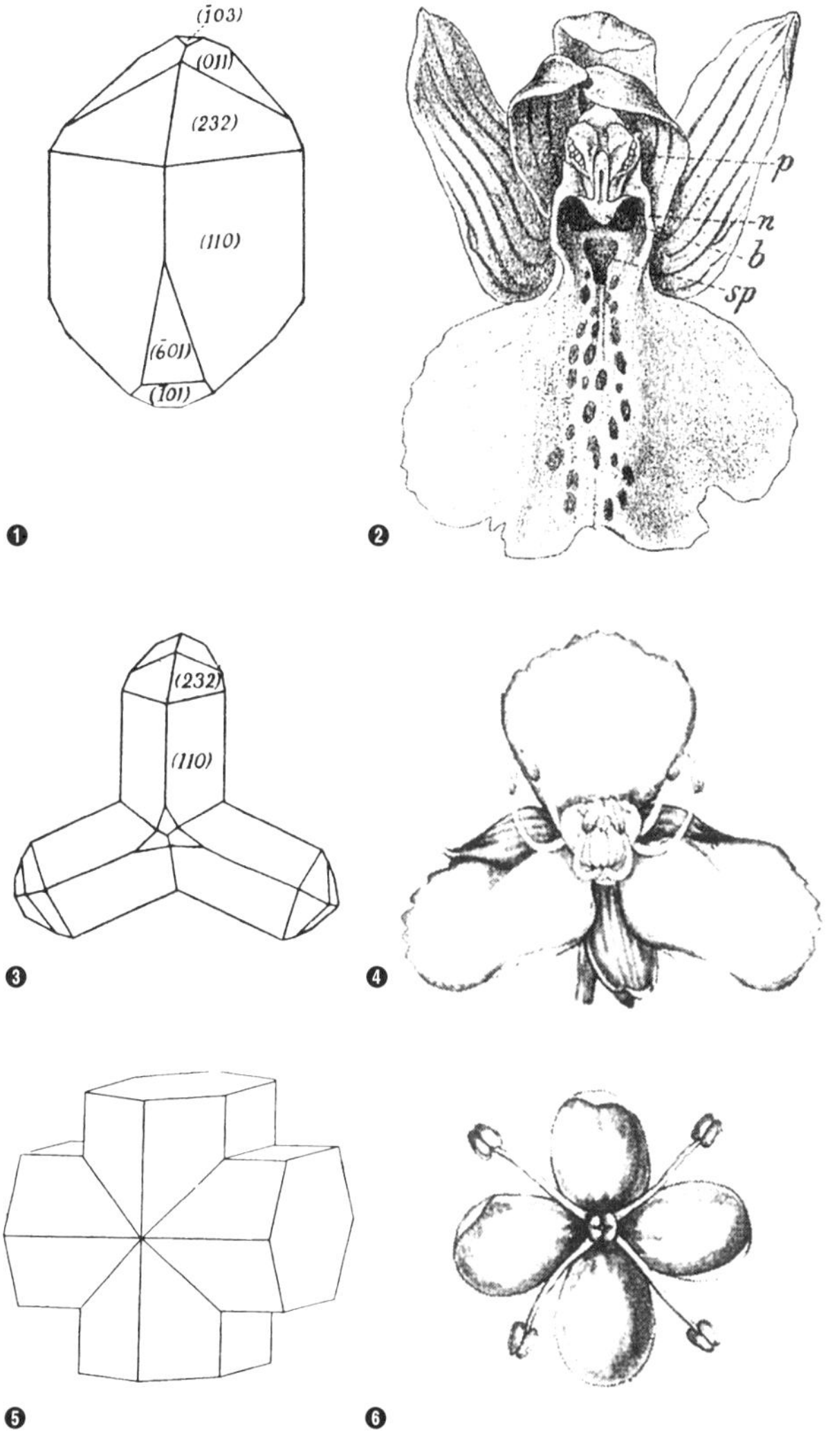

図1　2〜4つの構成要素の結合による鉱物と植物の形成。❶硫銀ゲルマニウム鉱 Ag_8GeS_6 の単結晶は左右対称を示す。❷ハクサンチドリ *Orchis morio* の花。同じく左右対称。❸硫銀ゲルマニウム鉱の3つの結晶の中心周囲の結合。❹3枚の花弁を持つサジオモダカ *Alisma plantago aquatica* の花。❺十字形の十字石 $FeAl_4Si_2O_{10}(OH)_2$ 結晶。❻セイヨウヒイラギ *Ilex aquifolium* の雄花。4組の花弁と雄ずいを持つ。

様に中心から成長する。さらにどちらのケースでも形成されるのは決まった十字形であって、鉱物でも生物でも、すべての構成要素はある特定の形状になり、すべての要素は同じ長さで成長を止める(図1)。

五放射相称は鉱物に広く行き渡る結晶系には見られないが、いくつかの結晶が一緒に成長することで五つの単位が規則正しく結合することはできる。これが重要なのは、あるレベルでは禁じられている対称性がより複雑な状況があらわれると成立する可能性を示しているためである。五つの結晶の結合は鉄と硫黄から構成される鉱物である白鉄鉱FeS_2で生じる。カモメヅル*Cynanchum vincetoxicum*の花は、同じ科やその他の科に属する他の多くの花と同じように五枚の花弁を持っている。その花弁は中心から放射し、白鉄鉱の結晶に似た形状と配置の五つの要素から構成される。どちらのケースでも、それぞれの対称性の間の中間的な解法は排除されているように思える。さらに、それぞれの構造内部でも、それが鉱物であろうと植物であろうと、すべての要素は同じ形状と同じ長さで互いの平均的距離は等しい。

構成要素の数が増えても組織化に関する同じルールがあてはまるのは、植物が鉱物の原子構造に捕えられているためである。六組の花弁と雄ずいを持つツルボ*Scilla autumnalis*の花は、中心から成長した硫ヒ鉄鉱(鉄、ヒ素、硫黄の化合物、FeAsS)の六つの結晶のコピーである。このケースでも、それぞれの構造の構成要素は互いに等距離で、その長さと形は等しい。

一般に、結晶系には六放射以上の対称性は存在せず、鉱物に見られるもっと複雑な構造はもっと脆弱なつくりになっている。その主要な例である方鉛鉱PbSは広く見られる鉛の鉱石で、オクタヘドロン(八面体)の結晶の結合体を形成する。つまり、結合した二つの結晶はそれぞれが八つの頂点を持つ。似たような解決策はヨーロッパカエデ*Acer platanoides*の雄花に見られ、そこでは八組の花弁と雄ずいが結合している。このことは、生物の対称性に備わるよ

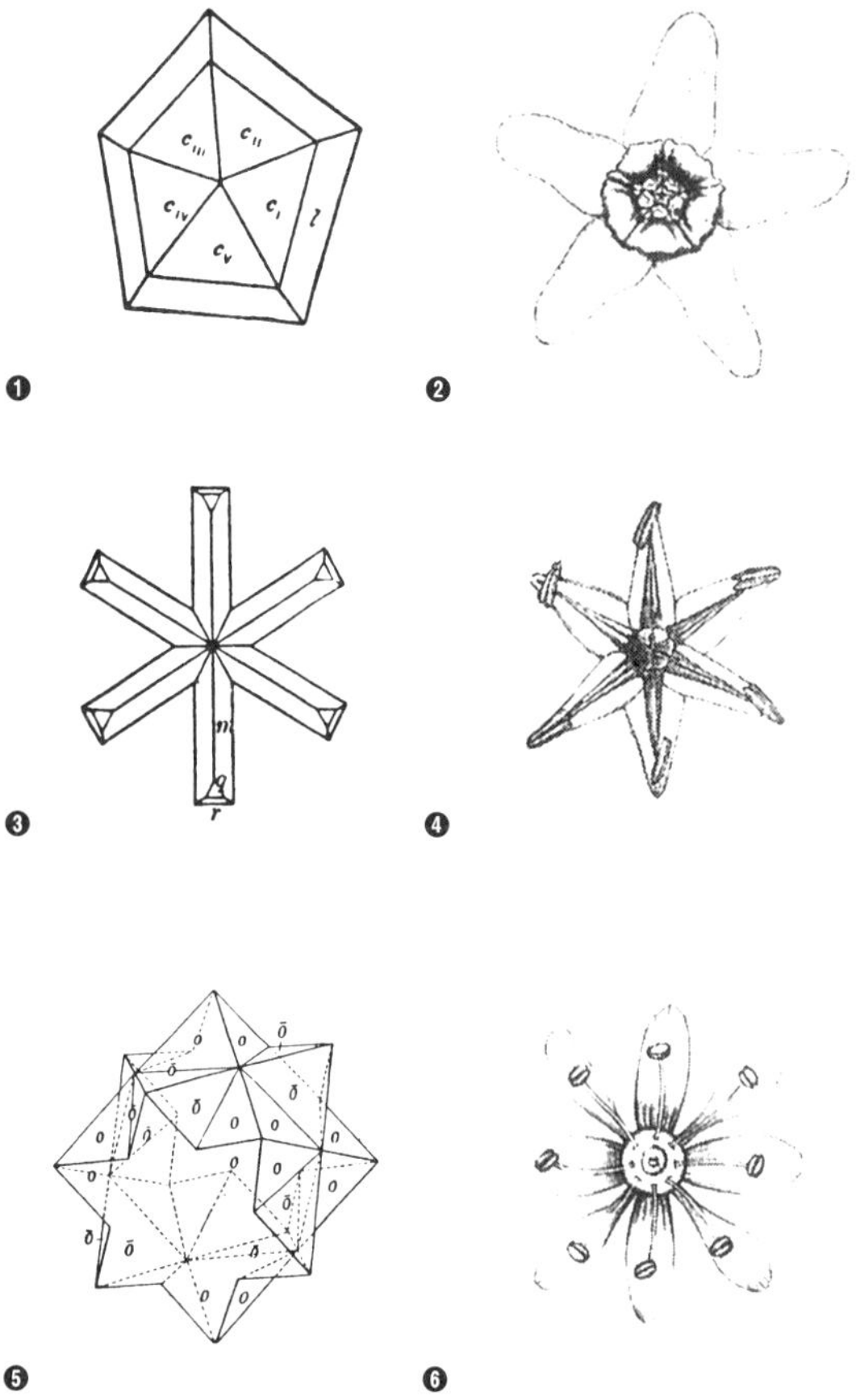

図2　5〜8つの構成要素が結合した鉱物と植物。❶白鉄鉱 FeS_2 の5つの結晶の結合。❷カモメヅル *Cynanchum Vincetoxicum*（ガガイモ科）の花。5つの要素からなる。❸硫ヒ鉄鉱の6つの結晶。中心の周囲に形成される。❹6つの花弁を持つツルボ *Scilla autumnalis* の花。❺方鉛鉱PbS結晶の結合体。2つのオクタヘドロンから構成され、16の頂点を形成する。❻ヨーロッパカエデ *Acer platanoides* の花。16の要素（8組の花弁と雄ずい）からなる。

り高度な対称性は鉱物にその祖先があるということを示す証拠の一部として考えることができる。

最近得られた走査型電子顕微鏡写真によって、バテライト$CaCO_3$の結晶は、多くの花との区別が容易ではない形状を形成することが明らかになった。(1)他の部分より暗くて分化の進んでいない中心部が存在する。これは花の芽の特徴である。(2)結晶の周縁部の要素は花冠の要素にふつうに見られる形状である。(3)周縁の要素はまた、花弁や萼と同じように環状に配置している。(4)周縁の要素は、いくつかの植物と同じように、互いに部分的に重なり合っている。(5)結晶の下部の要素は、暗い中心領域近くの上部のものよりも大きい。これは、植物の構造のよく知られたもう一つの特徴である。比較のために、二重変異株のシロイヌナズナ*Arabidopsis thaliana*の花を示してある(図3)。

孔雀石は銅の炭酸塩$Cu_2(OH)_2CO_3$である。一七の要素が放射状に配置し、中心の渦巻きから四つの同心円を分化させる。似たような放射状の配置は、ナポレオナ*Napoleona imperialis*の無花弁花に見ることができる。その花冠様構造を形成する三八の構成要素(雄ずいと仮雄ずい)にも、中心のらせん構造から四つの同心円が分化するのが見られる。

銀星石$Al_3(PO_4)_2(OH)_3 \cdot 5H_2O$は一〇〇以上の構成要素からなる放射構造で知られる鉱物である。その構成要素は小さな円形の中心のまわりにきわめて規則正しく分布する。トケイソウ*Passiflora caerulea*の副花冠は一〇〇本以上の花糸からなり、中心領域からの放射は同じような秩序を備え、その中心領域も銀星石と同じく環状構造となっている。

鉱物と根の構造

若い根や古い根の維管束系が形成する構造は断面切片で観察することができる。そこにはよく三プラス三という要素の組み合わせが見られる。これは水の結晶を思い出させる。水結晶は三プラス三という要素が似たように配置される構造を生じるためである。チタンの鉱物である金紅石TiO_2が鉄の鉱物である赤鉄鉱Fe_2O_3と結合すると、混ざり合う

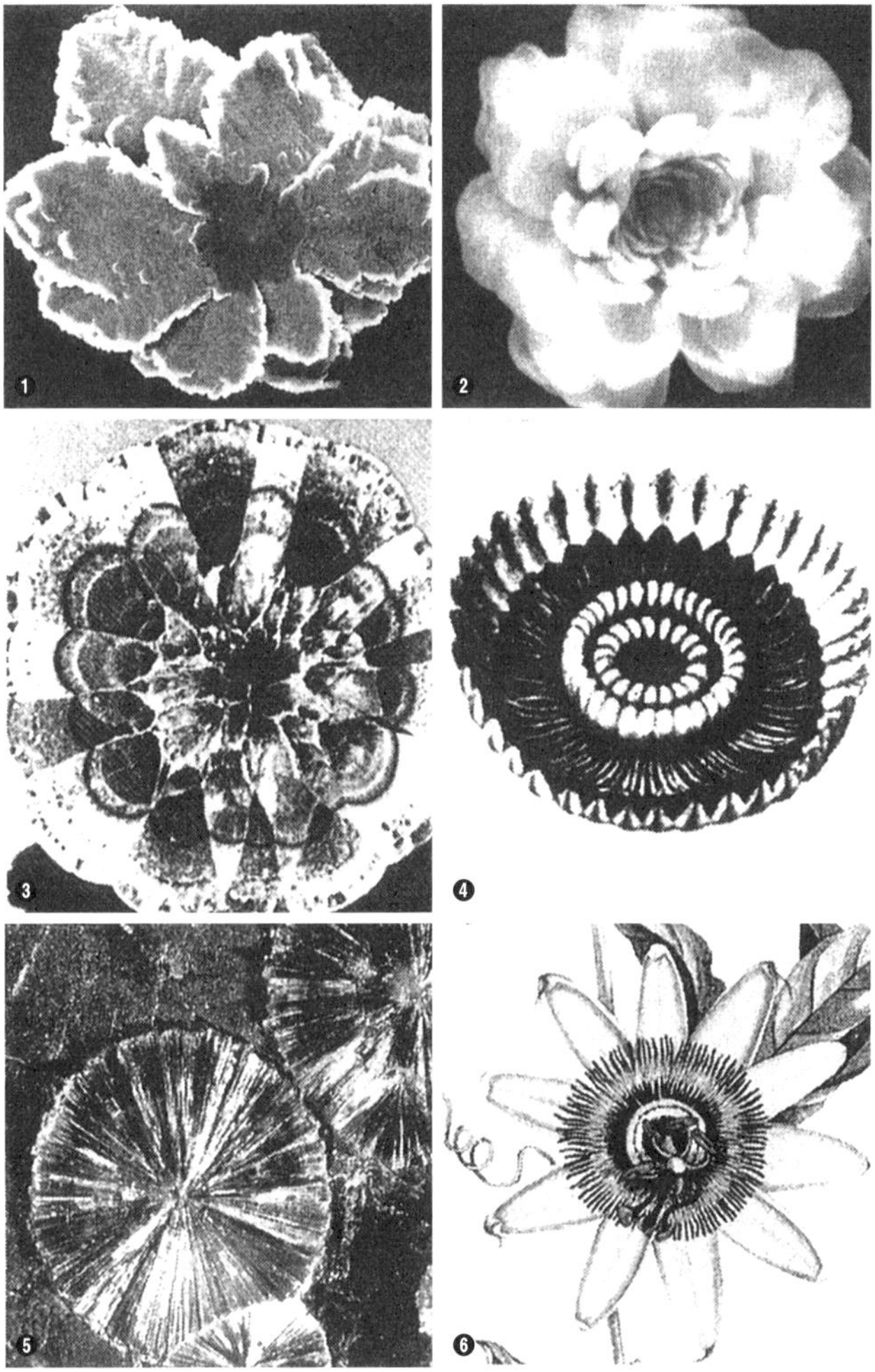

図3　鉱物と植物に付加される多数の要素。❶バテライト $CaCO_3$ 結晶の走査型電子顕微鏡写真。20を超える構成要素が規則正しく配置され、花のような形状を得ている。❷二重変異株のシロイヌナズナ *Arabidopsis thaliana*の花。❸銅の炭酸塩である孔雀石 $Cu_2(OH)_2CO_3$ は、周縁に向かって大きくなる17の主要領域が放射状に配置する。❹ナポレオナ *Napoleona imperialis*の花。花弁を持たず、変形した38の雄ずいからなり、花冠様構造を形成する。❺銀星石 $Al_3(PO_4)_2(OH)_3{\cdot}5H_2O$ では、100を超える構成要素が規則正しく配列する。❻トケイソウ *Passiflora caerulea*の花。その副花冠は中心のまわりに規則正しく配置され、10枚の苞葉で包まれた100本を超える花糸からなる。

のではなく放射状に規則正しい間隔で配置された六つの要素からなるパターンへと成長する。根では二つの組織が結合して同じような構造を生み、六本の維管束が放射状に規則正しい間隔で配置される（図４）。

葉や果実の構成要素は、鉱物の原子の秩序に従って増加する

葉を構成しているのは通常数個の要素であるが、それは二四にも達することがある。構成要素の数が増えても、鉱物と同じように秩序は維持される。結合した要素は、左右相称か放射相称あるいはその両者の組み合わせを形成し、規則正しい間隔で配置される。このことは、要素が多くても少なくても明らかである（図５）。

果実の構成要素は二二にものぼることがあるが、そこには植物があらわれる前に鉱物が従っていた原則に沿う構造を見ることができる。

その構成要素に見られるのは、（1）放射状配置、（2）同じ平均距離の維持、（3）同じ形状、（4）同じサイズである（図６と７）。

キク科は花の構造を決める堅固な秩序の一例である

シオン*Aster*、アキノノゲシ*Lactuca*、タンポポ*Taraxacum*、ヒマワリ*Helianthus*といったキク科の花の構造は多くの植物学者によって詳細に研究されてきた。これらの花は真の花ではなく、単一の花の大きな集合、つまり花序である。何世代にもわたって植物学者たちを悩ましてきたのは、こうした花序が一つの花を構造的にも機能的も擬態しているという事実である。（1）苞葉（ほうよう）が萼（がく）として機能することがある。（2）花序の周縁の小さな花が、一つの花の周縁の花弁を模倣している。これは、花の外側の花冠が極度に非対称であることによる。その外側だけが非常に大きくて

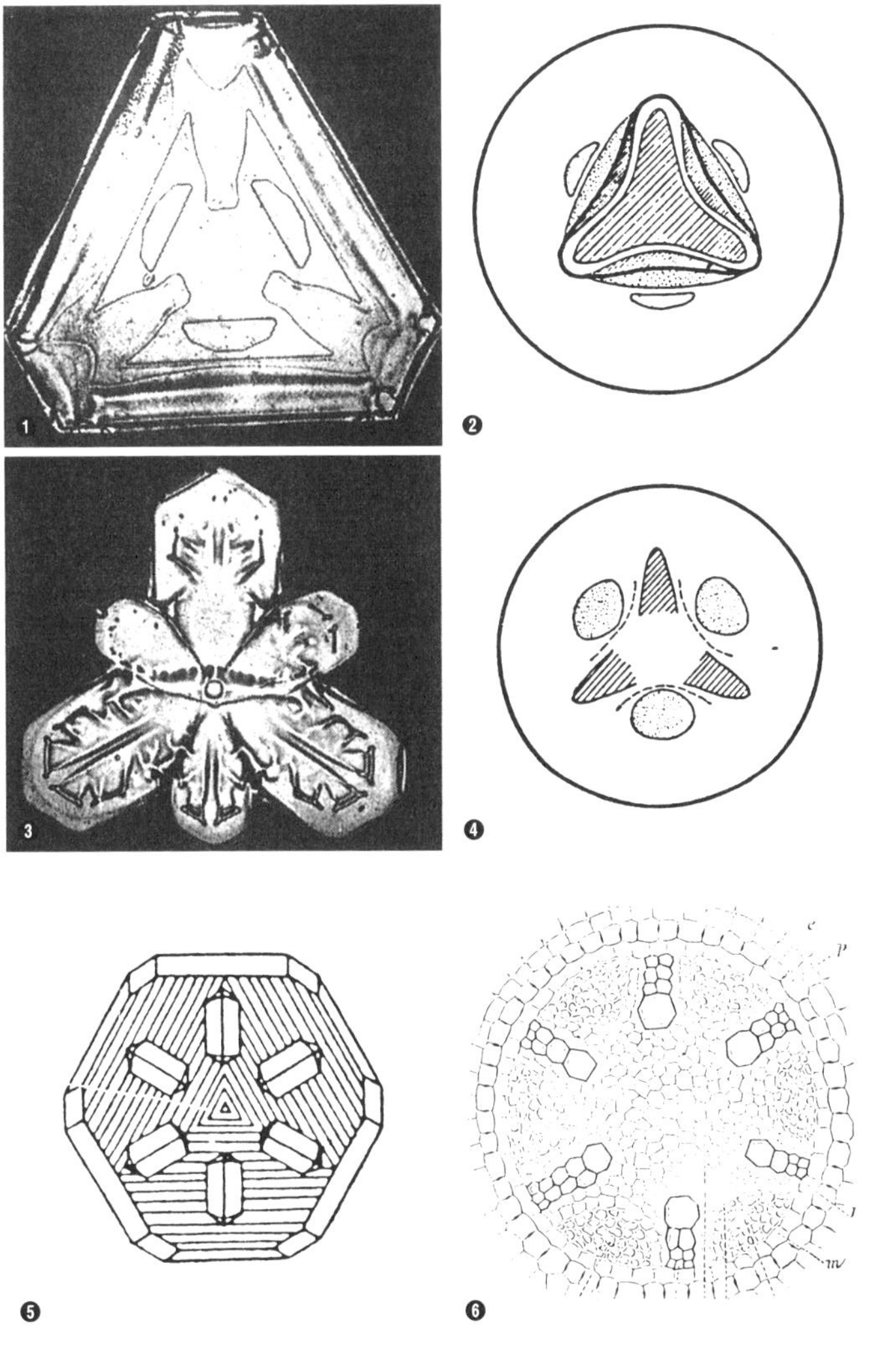

図4 結晶と植物の根の構成要素の結合。❶❸雪の結晶は、湿度と温度が異なる条件下で成長すると、様々な六放射相称をつくり上げる。❺金紅石 TiO_2 と赤鉄鉱 Fe_2O_3 を組み合わせると、6つの構成要素の放射状配置が形成される。❷❹❻若い根や古い根の断面切片は、様々な六放射相称を示す。

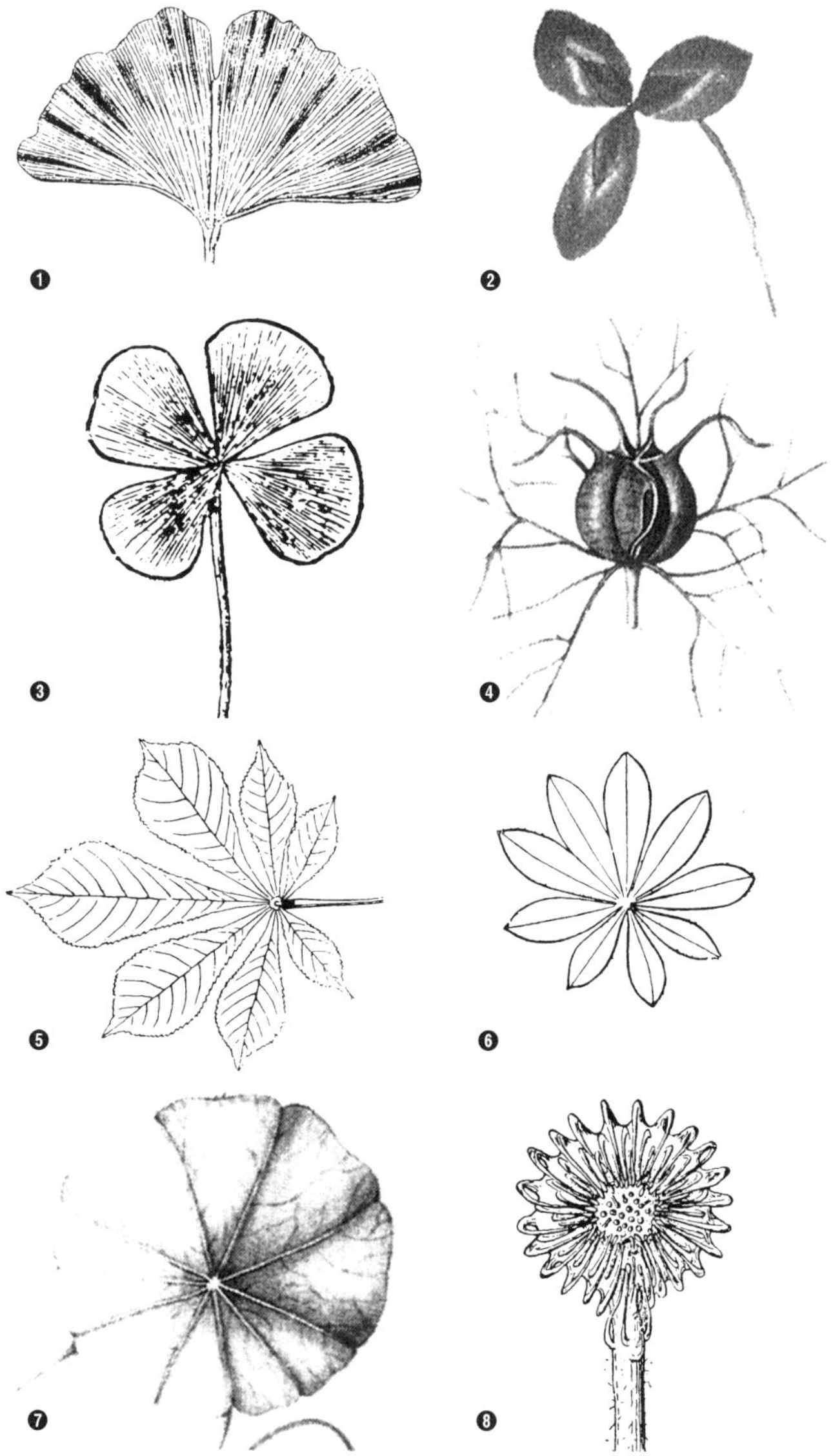

図5　2〜24の構成要素からなる葉。❶イチョウ *Ginkgo biloba* の葉(2)。❷シロツメクサ *Trifolium repens* の葉(3)。❸デンジソウ *Marsilea quadrifolia* の葉(4) ❹羽毛状の葉で覆われたニゲラ *Nigella damascena* の果実(5)。❺セイヨウトチノキ *Aesculus hippocastanum* の葉(7)。このケースでは、放射相称が左右対称に近くなっている。これは葉ではよく見られることだ。❻ルピナス *Lupinus* の葉(9)。❼ナスタチウム *Tropaeolum majus* の葉(10)。❽食肉植物マルバモウセンゴケ *Drosera rotundifolia* の葉(24)。

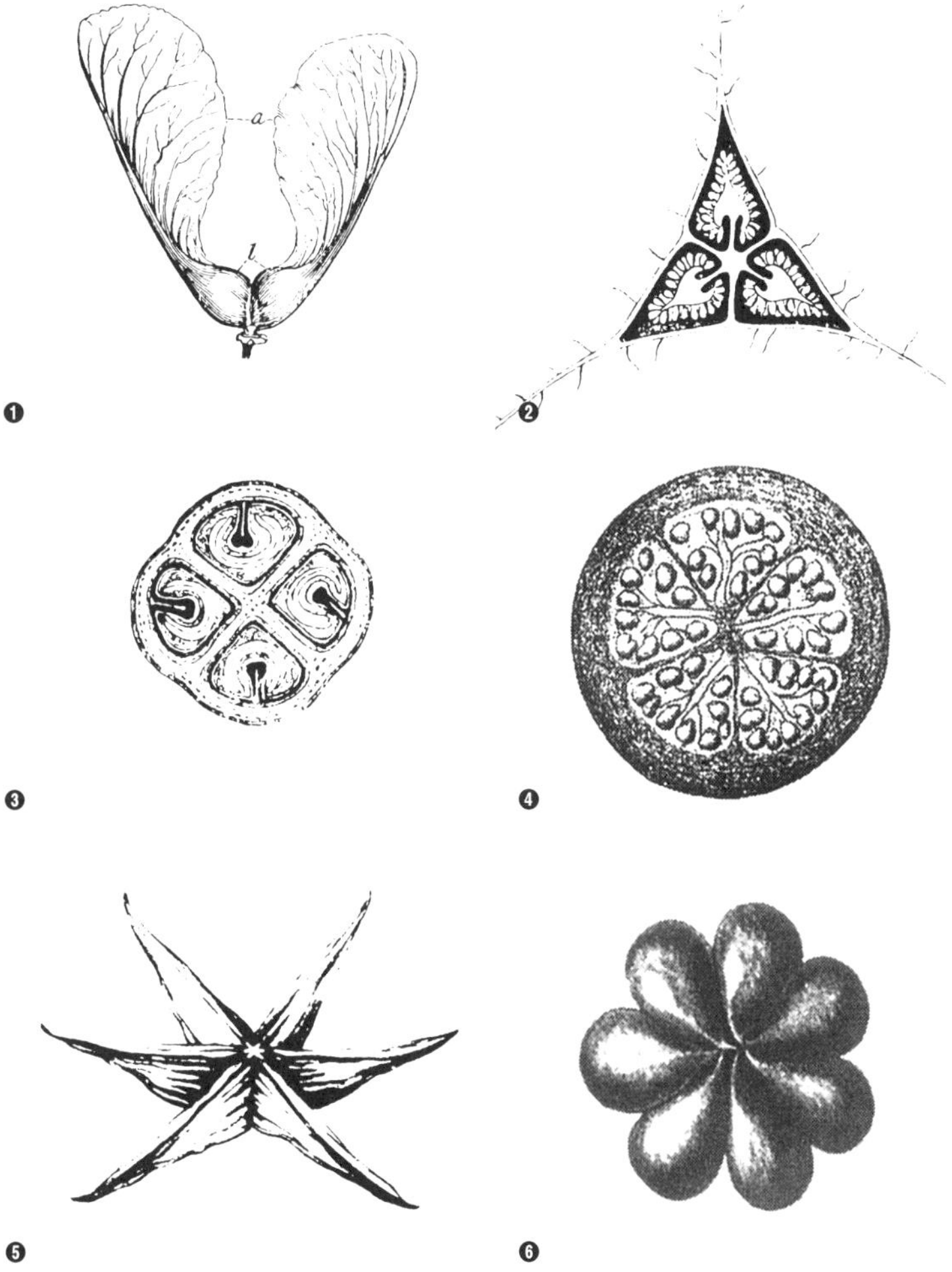

図6　2〜7の構成要素からなる果実。❶セイヨウカジカエデ *Acer pseudoplatanus* の果実(2)。❷ベゴニアの子房の断面図(3)。❸セイヨウクロウメモドキ *Rhamnus cathartica* の果実の断面図(4)。❹グアバ *Psidium guajava* の断面(5)。❺スターフルーツ *Damasonium alisma* の果実群(6)。❻ヤマゴボウ *Phytolacca clavigera* の多肉質の果実(7)。

色が明るいため、花弁に似る結果になっているのだ。(3)花序の中央部の小さな花の集団は単一の花の中央部に似ている。その花弁はほとんど見えないほど短く、代わりに雄ずいと花柱が突き出ている。この結果、花序の中心には主に雄ずいを見ることになり、そのために雄ずいと花柱しか存在しない単一の花の中心に似ることになる。

レピックが適切に述べたように、そこで実際に起こっているのは、こういった「偽の花が真の花を模倣している」ことなのだ(Leppik, 1977)。キク科の偽花は単に、キンポウゲ科などの全く無関係の科が持つ単一で独立した花の基本構成に従っているだけである(図8)。

― 偽花は真の花の性質も備えている

周縁の花が形状を大幅に変化させているだけではない。偽花には多くの点で単一の花の性質を見ることもできる。(1)それはすべて同じサイズであるが、それは単一の花の花弁と同じである。(2)その形状は花弁の形状を模倣している。(3)単一の花に似て、明るいまだら色である。(4)規則正しい放射相称で、花序の中央から出ている。(5)芳香を放つ。つまり、すべての点において真の花の特徴を示しているのだ。

― 花の配置は特殊な数列と対数らせんに従う

キク科の花序における花の配置がある数列に従っていることは、かなり前から知られている。花序の中央にある小さな花の数は多く、花弁に似た周縁部の花の数は通常少ない。その数は八、五、三、二となる傾向にある。七という数が生じることはなさそうだし、六と一は稀である。最も頻出する数は五で、それはバラ科などの他の科に属する単一

図7　8〜22の構成要素からなる果実。❶ダイウイキョウ *Illicium verum* の集合果(8)。❷マルクグラビア *Marcgravia nepenthoides* の子房の断面(9)。❸ゼニアオイ *Malva silvestris* の果実(10)。❹下から眺めたフラ(オチョ) *Hura crepitans* の果実(11)。❺ビワモドキ *Dillenia indica* の果実の断面(17)。❻アンモブローマ *Ammobroma sonorae* の果実の下部(22)。

の花の花弁の数と同じである。

ヒマワリ *Helianthus annuus* の花序は中央部の一〇〇個以上の花から構成されている。その花は放射相称に配置されて、様々な数学の研究対象になってきた対数らせんに従っている。その配置で最も頻繁に見られるパターンは、2／5、3／8、5／13、8／21、13／34と続く開度に収まる。三四本の短いらせんには二一本の長いらせんが交差する。花弁のように見える周縁の花もまた中央の花と同じ幾何構成に従い、長い対数らせんの末端でのみ生じる。

同一の解法が別の亜科や別の器官で生じた

キク科の花序は、一つの独立した花が新しい構造の一部になるにあたってその固有の形を失って集合した結果である。キク科の別の亜科(キク亜科とタンポポ亜科)でも、その花序の構成はそれと同じ進化的傾向に従っている。このことは、進化におけるその決定がいかに堅固であるかを示している。

茎などのその他の植物の器官も、同じ解決策を獲得した。偽花が最初に生じたのは一つの茎頂にすぎなかったが、のちにそれとは異なる茎も関与するようになった。しかしそれは、でたらめな位置を占めるのではなく、セリ科(ニンジンの仲間)などのその他の科の巨大な花序に似た規則正しい構造を形成した。

キク科の花の変形の特徴

次に挙げる特徴が顕著である。

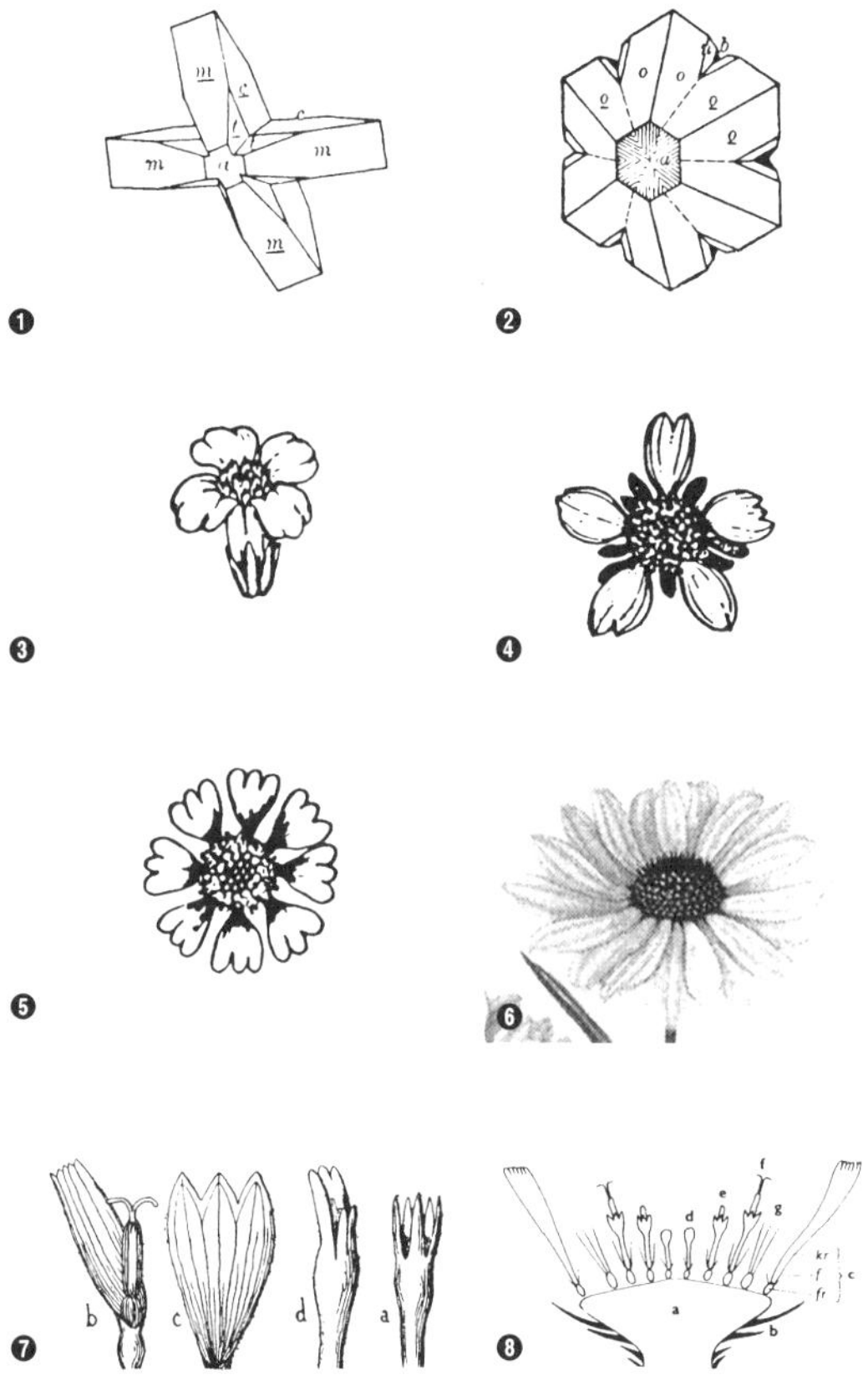

図8　中央部と周縁部に向かって分化する鉱物と花の集合体。キク科の単一の花は、花序にまとまるとその形を変化させる。花序全体が単一の花に見える。キク科の花序は、中央の小さな花の集まりと、周縁の突出が目につく大きな花弁を持つ単一の花から構成される。❶芒硝石の結晶が4つ結合すると、中央から構成単位が分化して突出する。❷金緑石の結晶が6つ結合すると、中央の6角形領域と6本の放射単位への分化につながる。❸キクの仲間 *Bryomorphe zeyheri* の花序。中央には多くの小さな花、周縁には突出した花弁が備わる4つの花を持つ。❹コバノセンダングサ *Bidens bipinnata* の花序。中央に多数の小さな花と、周縁に大きな花弁が備わる5つの花を持つ。❺ノコギリソウ *Achillea odorata*の花序。中央の花の集団に加え、突出した大きな花弁を持つ8つの花を周縁に持つ。❻キク科のヒマワリの1種 *Helianthus angustifolius* の典型的な花序。1つ1つは小さい大量の花が中央部の濃い部分を構成し、花弁を突出させた多数の花が周縁に位置している。❼花序の中で通常生じている4種の典型的な花。❽花序の断面の模式図。様々な種類の単一の花の分布を示している。

❶――花序を形成する花は中心から放射状に配置する。

❷――花序は全体として、上部の花と下部の苞葉という極性のある方向性を持つ。

❸――中央を形成する花は、いくつかの種では対数らせんに従って配置する。

❹――周縁の花は、内部のらせん状の花の位置に従って配置する。

❺――周縁の花はほぼ同じ長さを維持している。しかもその形や色は、バラバラではなく、通常は同じである。

❻――周縁の花は、外側に向いた大きな花弁を持っている。

❼――周縁に位置する花は、その数が(二から三〇以上に)増えても、不規則な集団へと集合するわけではなく、通常は同じ平均距離を維持する。その結果、規則正しい放射分布となる。

❽――周縁の花の数は様々だが、頻繁に見られる数がいくつかある。一般的な数は五である。

第29章 無脊椎動物における構成要素の統合

現生のヒトデと化石のヒトデの腕の数

現生するヒトデ（棘皮動物）のほとんどの種は五本の腕を持っている。しかし、（アメリカ沿岸に生息している）ニチリンヒトデ*Heliaster*のように四〇本以上の腕を持っているものも少数ながら存在している。ヨーロッパの深海に生息しているフサトゲニチリンヒトデ*Crossaster papposus*のように、一つの種の中でも腕の数が七本から一四本まで変化することがある。その数の変異は非常に広範囲にわたる（図1と図2）。

特に興味深いのは、すべての種において成体の対称性が幼生のものとは異なっているということである。幼生は扁平な体の両側に腕を持ち、完全な左右対称である。変態がはじまると幼生の前端部が縮退し、成体の腕があらわれて新しい付属肢となる。幼生の左右は成体の上下に変わり、上下相称と放射相称を獲得する。その変形はそれ以上ないほど劇的で急速なものである。

化石のヒトデに関する研究により、太古には、三本の腕を持つヒトデ、四本の腕を持つヒトデ、五本の腕を持つヒトデが多かったことが明らかになっている(Raff and Kaufman, 1983)。このことが意味するのは、ヒトデは要素を付加する能力と同時に、その体形を維持する能力を持っていたことである。化石種と現生種の腕の数は、二、三、四、五、六、七、九、一〇、一一、一三、一四、一九、四〇、それ以上である。

同一の動物群内部における構造の変化の特徴

ヒトデで生じた変形は特定の経路を辿っている。

❶──同一の個体が左右対称と放射相称を生むことができる。このことは、体の対称性と方向性を全く異なるものにするために、遺伝的構成を変化させる必要がないことを示唆している。

❷──ヒトデの成体の腕は明瞭な中心から放射している。

❸──体には上下もある。口は下面にある。

❹──構成単位の数には大きな変異があり、体の対称性に寄与している。

❺──多少にかかわらず、ヒトデの腕は同じ長さで同じ形である(根元は広く、末端は尖っている)。このルールの例外の一つがスナヒトデ*Luidia ciliaris*であり、そのヒトデは五本の大きな腕と二本の小さな腕を持つ。これは、長さの変化は起きうるが一般的ではないということを示している。

❻──腕の数が増えても、その腕が(ありえたような)不規則な配列になることはなく、同じ平均距離が維持される。その結果、規則的な放射状配置が維持される。

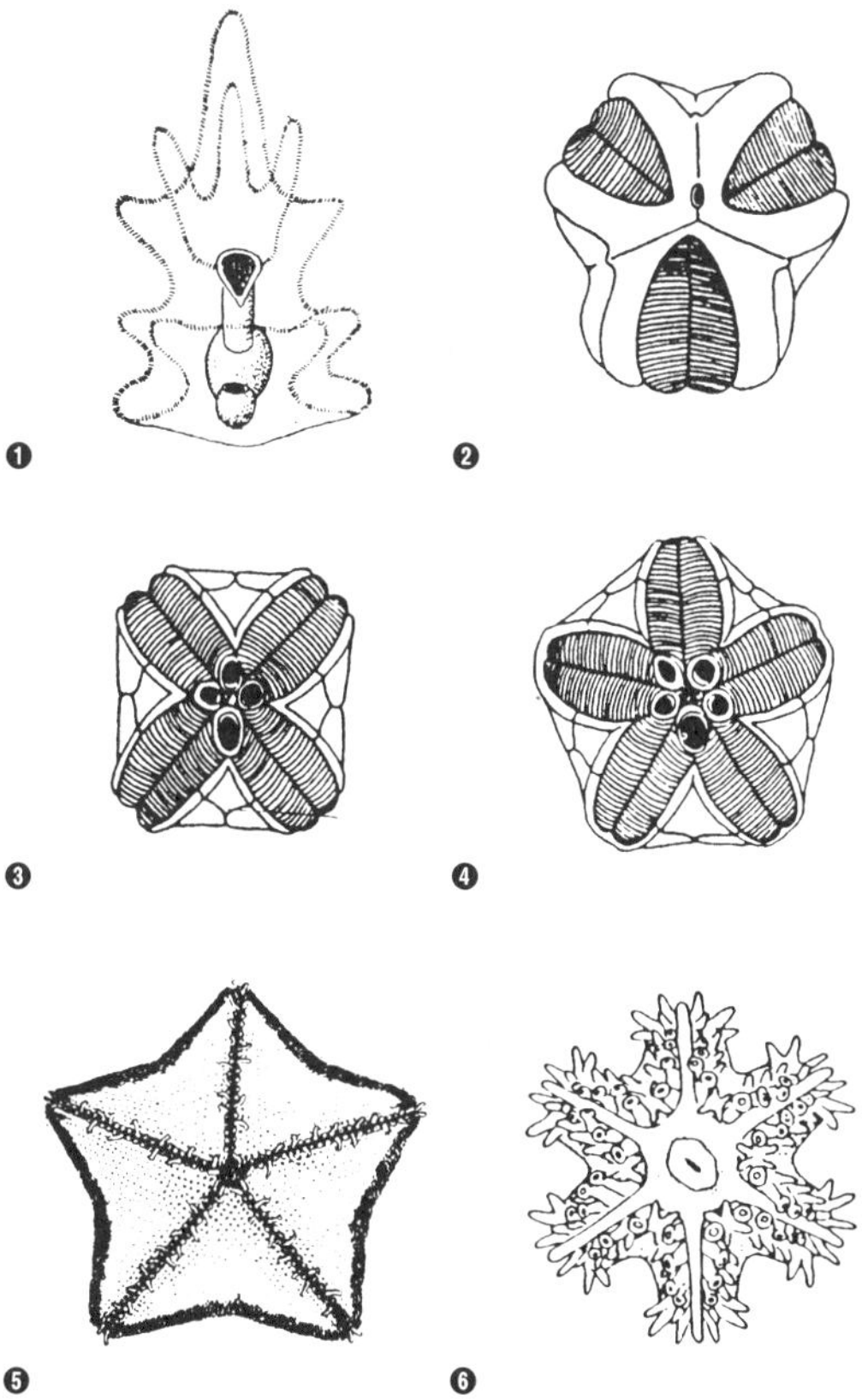

図1　ヒトデとその近縁の棘皮動物。2〜6の構成要素からなる。❶ヒトデ（ヒトデ綱）に特徴的なビピンナリア幼生。左右対称である。❷ウミツボミ綱に属する化石棘皮動物（腕は3本）。❸ウミツボミ綱の他の化石（腕は4本）。❹同綱のもう1つの化石（腕は5本）。❺現生のヒトデの1種 *Palmipes membranaceus*（腕は5本）。❻現生のヒトデの1種 *Leptasterias hexactis*（腕は6本）。

❼──これまでに記載されている一六〇〇種の中で最も頻繁に見られる腕の数は五本である。

❽──頻繁に見られる色もあり、それは通常黄色である。ヒトデはいくつかの色調をとりうるが、それは、赤色、青色、紫色、緑色、そしてそれらの組み合わせである。しかし、最も一般的な色は淡褐色がかった黄色である。

❾──成体の一般的な放射相称は幼生に見られる左右対称に戻ることもできる。たとえば、スナヒトデ*Luidia ciliaris*の五本の大きな腕と二本の小さな腕は、その体の一部を左右対称に分けることができる。

❿──中間的な解法やこの基本パターンから極度に離脱することは許されていない（図1と図2）。棘皮動物の他の動物群にも、同様に変化する対称性を見ることができる。クモヒトデ（クモヒトデ綱）とウミユリ（ウミユリ綱）の放射状の腕は、同じ長さで同じ形状、しかも互いに同じ平均距離で配置している。さらに、これらの綱には起こりうることであるが、腕の数が五本から一〇本に増加しても、その腕がでたらめな配列を形成することもサイズや形状が違うものになったりすることもなく、当初の秩序は保たれる。

腔腸動物における触手の分布

腔腸動物には、ヒドラ、クラゲ、イソギンチャク、サンゴ、クシクラゲが含まれる。その印象的な放射相称性によって、彼らは放射相称動物（Radiata）［訳注：放射状のボディプランを持つ動物群で左右相称動物と対置される。キュヴィエが提唱した］としても知られている。

❶──これらの動物の体には上下がある。口は体軸の一方の終端を占めている。

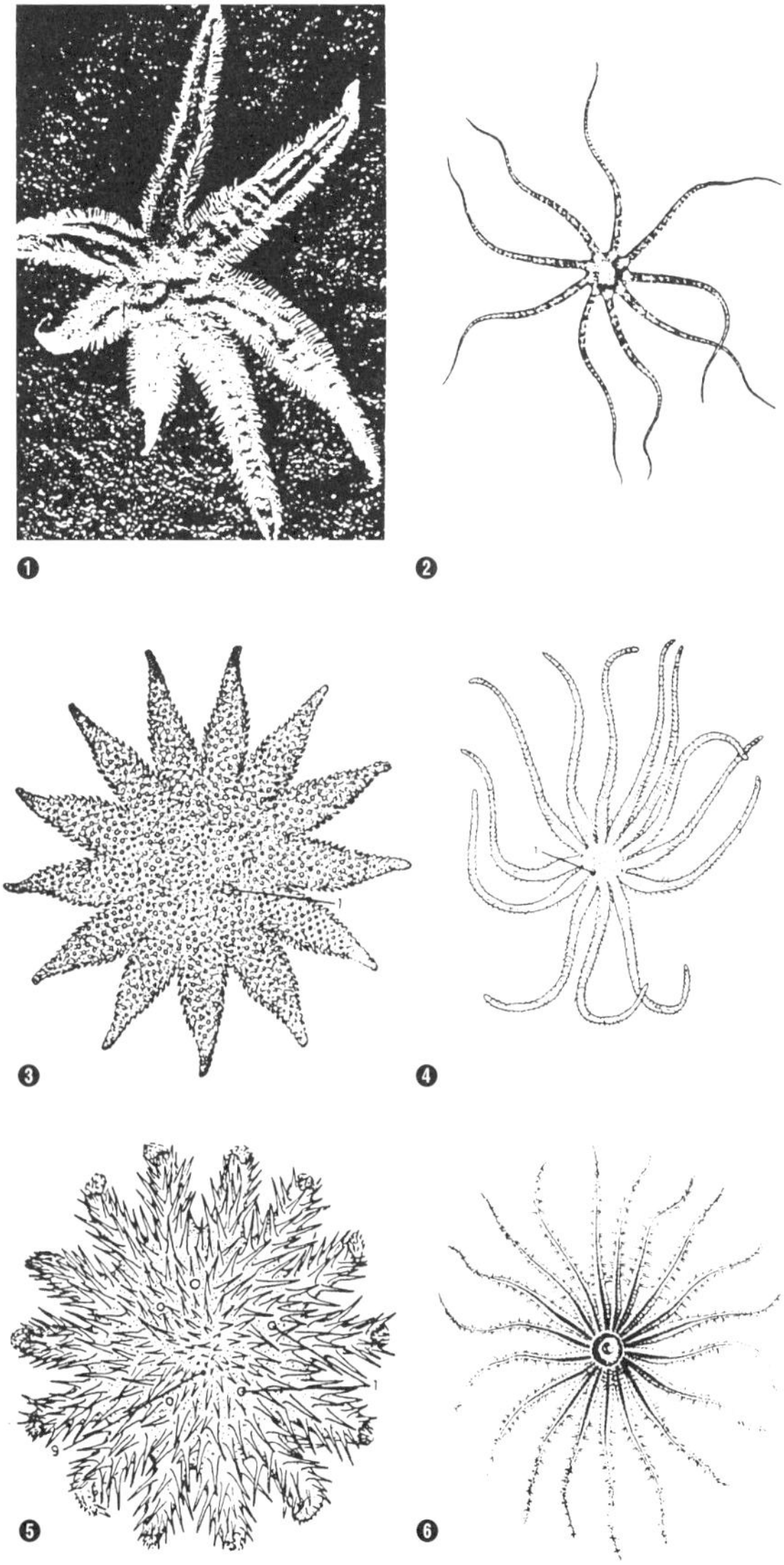

図2　7〜19の構成要素を持つヒトデ。❶スナヒトデ *Luidia ciliaris* は部分的に左右相称(腕は7本)。❷ウデボソヒトデの1種 *Brisinga mediterranea*(腕は9本)。❸深海に生息するフサトゲニチリンヒトデ *Crossaster papposus*(腕は13本)。❹ハネウデボソヒトデ *Freyella sp.* は細い13本の腕を持つ。❺オニヒトデ *Acanthaster*(腕は14本)。❻ウデボソヒトデの1種 *Odinia elegans*(腕は19本)。

❷——触手の輪が口のまわりを囲い、それゆえに放射相称が形成される。

❸——ほとんどの動物の触手には典型的な数がある。ヒドラでは六本、クダウミヒドラ *Tubularia* の幼生では八本、シロガヤ *Aglaophenia* では一〇本、オベリア *Obelia*（ヒドロ虫）では一八本。ヒドロクラゲの場合だと、通常は四本（しかし、一本、二本、四本以上のものもいる）である。八放サンゴは、その腕がつねに八本であるためにそう呼ばれている。クシクラゲの触手の数は二本しかなく、最も少ない。二種の動物が決まった数から逸脱している。クラゲの触手の数は四本から四〇〇本までに及ぶ（ミズクラゲの幼生の触手の数は八本、九本、一五本である）。イソギンチャクの触手の数は八本から数百本まで変異する。

❹——ほとんどの種で、動物一個体の触手は同じ長さで同じ形、同じ色である。

❺——すべての触手は規則正しい間隔で配置している。その数が増えると平均距離が減少する。

❻——触手は、その数が数百にまで増加すると、非常に薄くて短いものに変化する。しかし、（ミズクラゲの成体のように）同じ長さで同じ形状、同じ色であり続ける。

体腔の区画は典型的な数に従う

イソギンチャクでは、触手だけではなく胃腔の区画も放射パターンを示している。

❶——典型は一二という数である。

❷——区画は一二の倍数で増加することもある。それは種によって異なり、一二、二四、四八……となる。

❸——新しい一二の単位は既存の単位の間につけ加えられるが、それは、単位の数が増加するにつれて単位間の距離

が減少するとともに、それぞれの単位同士の平均距離が維持された結果である。

❹――数に関するこの対称性には変異が存在し、例外も存在している。

同じ現象は八放サンゴなどの他の動物にも見られる。彼らの場合も触手の数と体の区画とは関連している。どちらの構造もその数はつねに八である(Barnes, 1980)。

――クモと昆虫の脚の数は決まっている

ヒトデの腕の数は典型的なものになる傾向があったが、腔腸動物とクモはこの傾向をさらに一歩拡張して、その数は綱や目全体で一定になっている。このことはその他の無脊椎動物にもあてはまる。

❶――三万二〇〇〇種を下らないにもかかわらず、すべてのクモの脚は八本である。

❷――すべての昆虫の脚は六本である。昆虫は生物の中で最も多い生物群であり、一〇〇万種以上を数える。

❸――種の膨大な多様性にもかかわらず、すべての甲殻類には二対の触角が備わる。この綱では、すべてのカニが四対の歩脚をもつが、それは四五〇〇種以上から構成される。

第30章 脊椎動物における構成要素の付加

脊椎動物の場合も、付加された構成要素の数は一〇〇に達するかもしれない

トケイソウ*Passiflora*という植物では一〇〇を超える構成要素が規則的に配置されている（第28章の図3 p.289）。無脊椎動物では触手の数が四〇〇本を超えることがある。脊椎動物では、似たような配置で付加される要素の数が一〇〇に達する。一〇〇本以上の棘から構成される胸びれを持つ化石種の魚類*Cyclobatis*がそのケースである（図2）。その他の動物では付加される構成要素の数は二、三、四、五、六、八、一五、一六、一七、二九、五四などである。（図1と図2）。

化石の魚類と爬虫類における骨板の放射状配置

いくつかの証拠によれば、脊椎動物が従ってきた構築の規則は、無脊椎動物、植物、鉱物の組織化を方向づけたもの

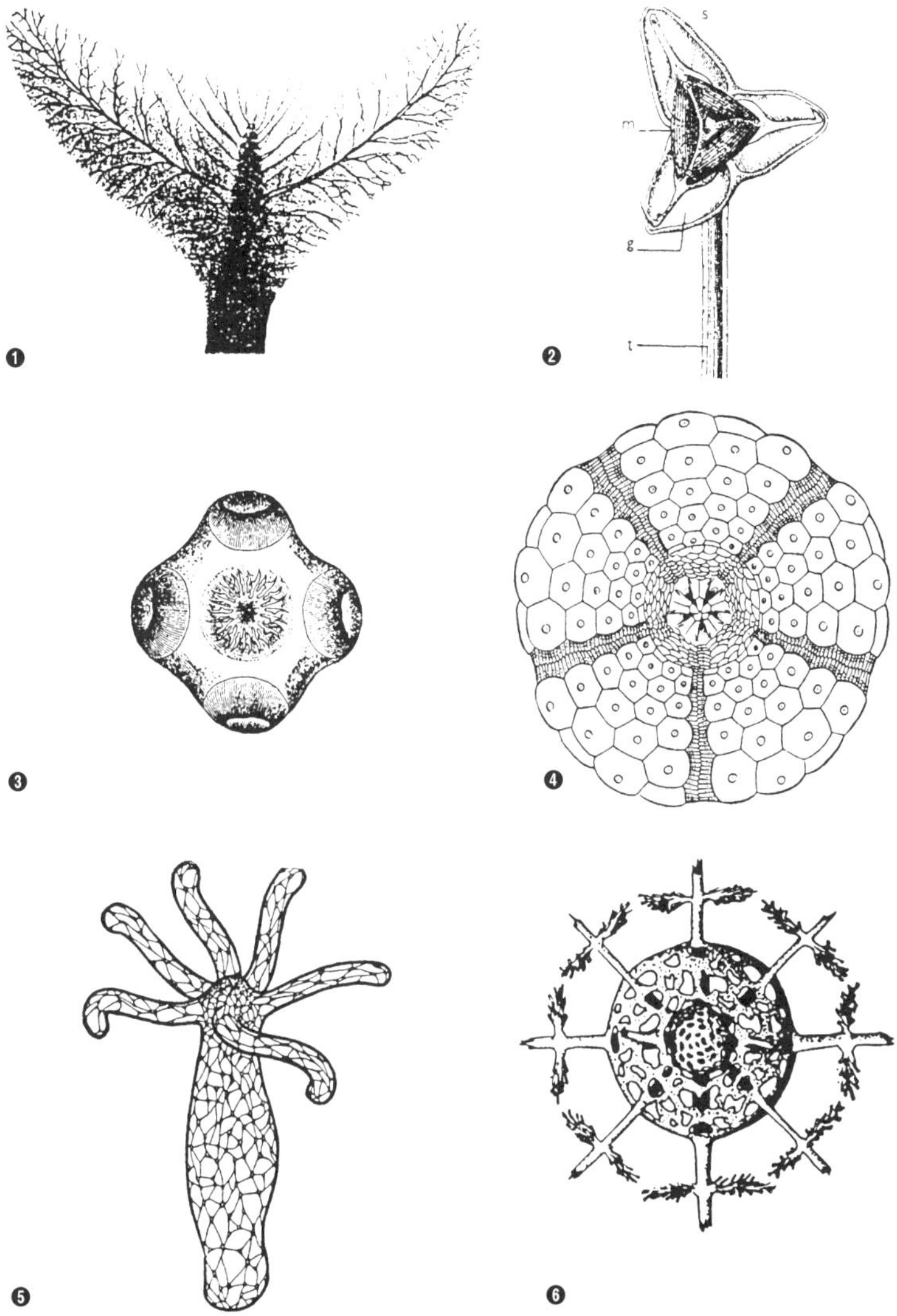

図1　2〜8の構成要素からなる動物やその構成要素。❶ネズミイルカ *Phocaena phocaena* の尾の動脈のX線写真(2)。❷棘皮動物ヨーロッパホンウニ *Echinus esculentus* のペンチ様構造(3)。❸ユウコウジョウチュウ *Taenia saginata* の頭部(4)。❹化石種のウニ *Archaeocidaris wortheni*(5)。❺ヒドラの神経網。口のまわりの触手を示している(6)。❻放散虫 *Phractopelta tessarapsis* の殻(8)。

と同じである。

イクチオサウルスは主に三畳紀（二億三〇〇〇万年前）に生息したものの中でも最も特殊化した海産爬虫類であった。その最も古い種として知られているウタツサウルス *Utatsusaurus* の眼の強膜輪は、眼の中央のまわりに放射状に配置した七枚の骨板から構成されていた。それぞれの骨板の幅は、中心付近で狭く、周縁に近づくにつれて広くなる。七枚の骨板のサイズと形はすべて同じでファンのような構造を形成している。その他にも、ミクソサウルス *Mixosaurus* のような種は、一四枚の骨板を持っていた。それもまた放射状に配置し、同じサイズで同じ形状だった（図3）。プラテオサウルス *Plateosaurus* は一八枚の骨板を持ち、それはすべて放射状に配列していたが、そのうちの二枚は他のものよりも大きく、向かい合わせになっていたため、その骨板の輪は二次的な左右対称を形成していた（図3）。こういった種では一四枚の骨板が最も一般的で、それらはすべて同じサイズで同じ形状だった（Boule and Piveteau, 1935; Carroll, 1987）。

骨板が備わるこのような大きな眼は、（両生類と爬虫類の祖先となった）最初期の数種の魚類に存在していた。その眼には一七枚か一八枚の骨板が存在し、その骨板は同じサイズで同じ形であるため、規則的な放射構造が形成される（Babin, 1980）。このパターンは魚類から爬虫類まで維持された。そこには、いくつかの性質が保存されたという特徴を見ることができる。その中でも主要なものを次に挙げる。

❶―放射相称。
❷―骨板のサイズと形状は同じ。
❸―構成要素が七から一八に増えてもその構造は維持される。
❹―最も一般的な数は一四である。

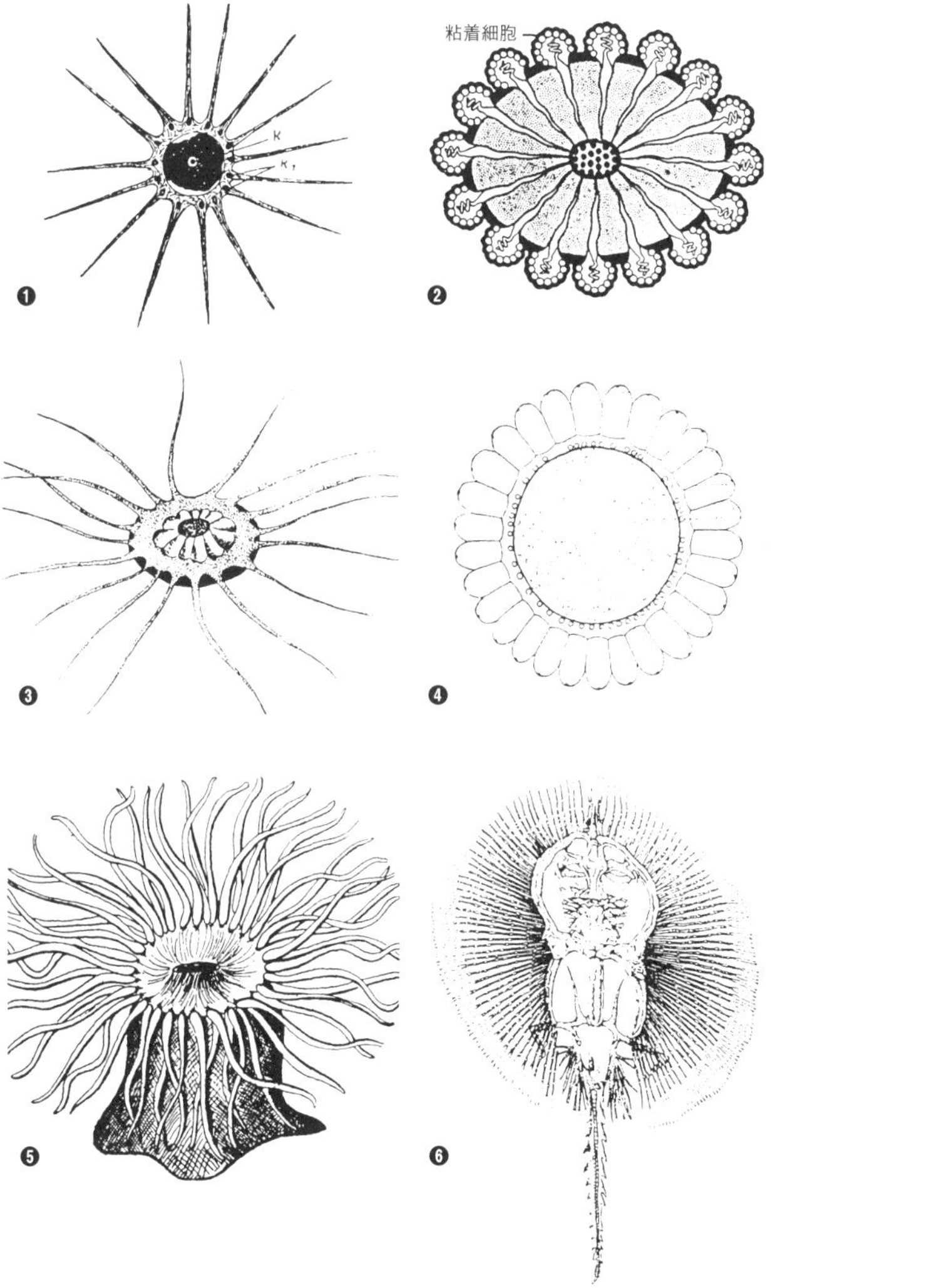

図2　動物と動物細胞に付加される構成要素。その数は15～約100である。❶軟体動物の星形の色素細胞（15）。❷クシクラゲの触手の横断面。周囲の粘着細胞を示してある（16）。❸甲殻類の精子（17）。❹被嚢動物ホヤの1種 *Ascidiella aspersa* の卵とその外被（29）。❺ウメボシイソギンチャク *Actinia* とその触手（54）。❻化石種のエイ *Cyclobatis* の非常に広い胸びれは、多数の棘から構成されている（約100）。

脊椎動物の左右対称性はその卵の対称性と直接関係しない

発生学者たちは体の対称性の裏に潜むメカニズムを明らかにしようと試みてきた。彼らは卵割面と将来の胚の対称性の間に関係があるかどうかを見つけるために様々な実験をおこなった。生体染色などのいろいろな工夫を凝らすことで彼らが辿り着いたのは、この二つの現象は無関係であるという結果であった。胚の正中面が生じるのは、つねに卵の第一卵割面だというわけではなかった。それゆえに彼らは、卵割は胚の左右対称性をつくり上げる際の特定要因であることはおそらくないであろうと結論した(Weiss, 1939)。われわれの知識に存在するこのギャップには、高分子レベルのみではなく、分子レベルや原子レベルの架け橋をかけることが必要とされている。

ヒトの体は双晶の原子のプランにもとづいてつくられている

ヒトの体は、他の動物と同じように結晶のプランに従って形づくられている。ヒトの左右対称性と鉱物の双晶化プロセスとを区別することはできない。二つの半身は接触双晶と全く同様に形成されるのだ。それは軸を共有し、互いに一八〇度回転した状態で大きくなるため互いに鏡像となる。

鉱物の接触双晶は、その全構造にわたって癒合しているわけではない。その癒合は二つの結晶の共通軸上に限定されている。このことはヒトの場合にもあてはまる。その二つの鏡像構造は頭部と胴部で癒合している。つまり、共通軸は頭蓋と脊柱を構成するが、腕と脚は接触していない鏡像構造なのである。脚を伸ばしたヒトを上下逆さまに見ると、基部でのみ結合し上部は二つの独立した単位として分離する金紅石の双晶に似ている(図4)。加えて、ヒトの上下は、頂端と基部を持つ結晶のものとは区別できない。

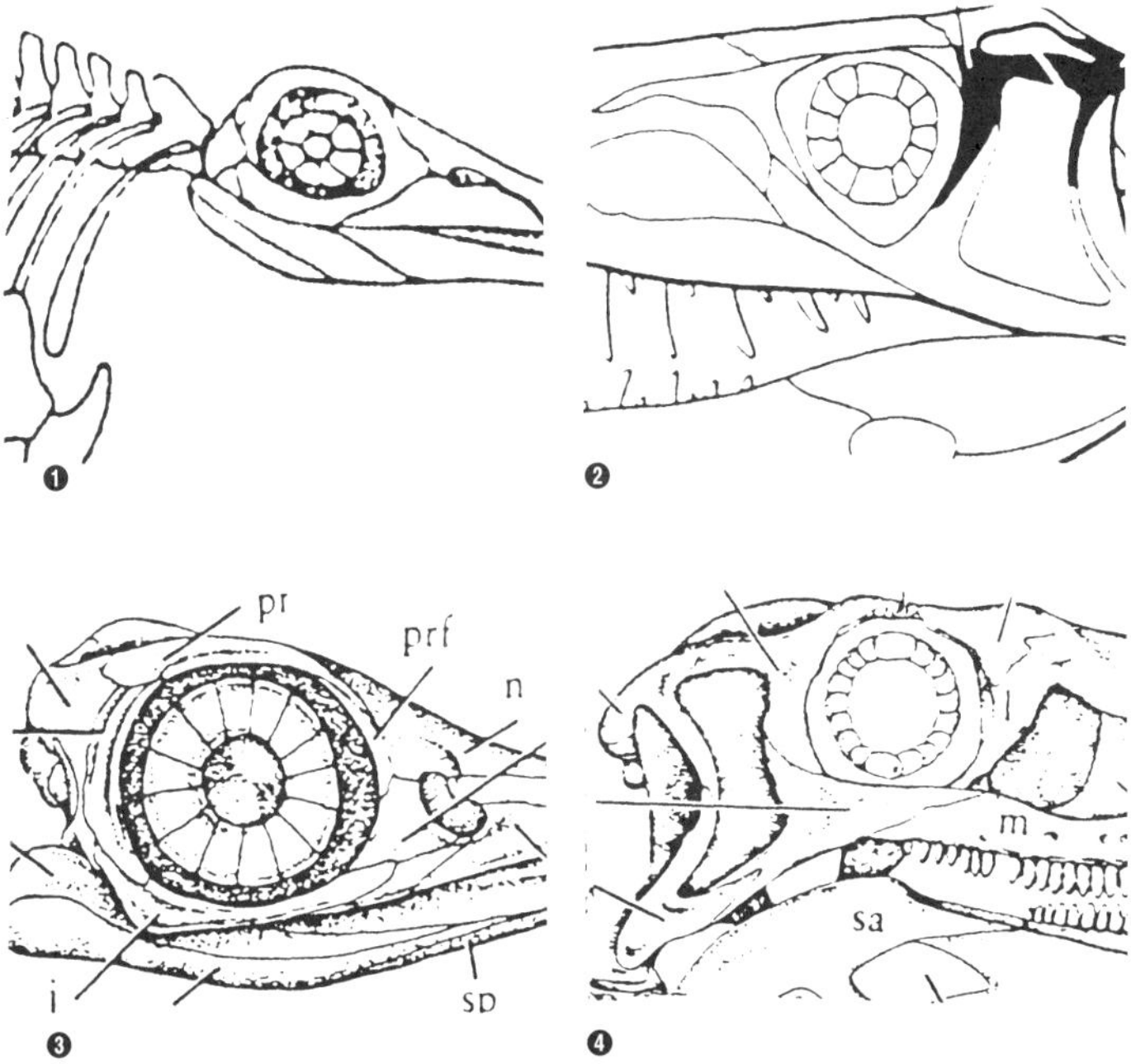

図3　爬虫類の化石種の眼に付加された強膜輪の7〜18枚の骨板。❶海産爬虫類ウタツサウルス *Utatsusaurus*(7)。❷ユーパルケリア *Euparkeria*の頭蓋(12)。❸海産種 *Ophtalmosaurus* の頭蓋(24)。❹草食性の恐竜プラテオサウルス *Plateosaurus*(18)。2と4では、2枚の骨板が若干大きく、向かい合わせに位置しているため、放射相称から左右対称に変わっている。

鉱物の構造に由来する特徴は他にもあるが、その中の一つに無脊椎動物やヒトの脊柱で見られる体節の基礎となる要素の繰り返しがある。付加される単位であるそれぞれの椎骨は、同一の基本形状を持っているが、椎骨は互いの鏡像ではない。椎骨は体の上下が決める一つの方向に向いている。これは結晶の場合にも当てはまる。たとえば重晶石の場合、結晶は平行に成長する。同じ単位が何度も繰り返され、同じ方向に向く。

ヒトに限らず、左右対称の無脊椎動物と脊椎動物はすべて双晶に似て形づくられている。最古の魚類は体全体が左右相称で、頭の先から尾の先で二つの鏡像構造が癒合することで形づくられている。突き出したひれも一般的な双対称に従っている。

同じことは植物の器官にもいえる。顕花植物の葉は通常、厳密な左右対称になっている。それは鏡像の二つの双構造から形成される。葉の中央にある葉脈は共通の主軸である。いくつかの種ではその双構造は、葉の中央部と先端でのみで癒合し、基部領域では分離している。これはアルム *Arum* やセイヨウオモダカ *Sagittaria* に見られ、それらの葉の基部は分岐している。それらはこの点において、ヒトの体の腕や脚に似ているだけではなく、結晶が部分的にしか癒合していない接触双晶にも類似している。

花とヒトのパターンは同じ遺伝子によって決定されている

意外なことであるが、ショウジョウバエ *Drosophila* の胚発生に関する最近の遺伝子分析から、花とヒトの体のパターン形成につながる分子プロセスに関する情報が得られている。

ホメオティック遺伝子はその名の通り、様々な組織に位置価を提供することで、動物の前後軸に沿った体節同士の構造的違いを決定する。この遺伝子には染色体に沿った秩序があり、体軸に沿ったその発現は染色体の秩序に従っ

図4　鉱物の双晶と、植物と脊椎動物に見られる双晶様構造。❶金紅石の双晶。金紅石は酸化チタン TiO_2 である。❷体操競技で脚と腕を広げている女性。上下逆さまに見ている。❸アルム *Arum hygrophilum* の葉。

ている(Affolter et al., 1990; McGinnis and Kuziora, 1994)。

相同のホメオティック遺伝子が、蠕虫、軟体動物、哺乳類、ヒト、植物で見つかっている。ヒトの前後軸はマウスのものと相同であることがわかっており、その遺伝子は前後軸と遠近軸という二つの直交軸に沿って順番に発現する。ヒトと植物の対称性は似ているということに関連していえば、花の部分の配列を指定しているのはヒトと同じタイプのホメオティック遺伝子である。シロイヌナズナ *Arabidopsis* では、萼(がく)、花弁、雄ずい、心皮の出現につながる精密な秩序はその遺伝子によって決定されているのだ(Jofuku et al., 1994; Meyerowitz, 1994)。この遺伝子は花の形成を制御する調節タンパク質をコードしている。この遺伝子はペチュニア *Petunia* やキンギョソウ *Antirrhinum* などのトマトの仲間にも見ることができる(Coen et al., 1990; Sommer et al., 1990; Angenent et al., 1992)。

このように、現在植物とヒトの間の対称の類似性を分子レベルで追求することができるのは、同様のＤＮＡ配列とタンパク質が体の要素形成に関与し、そうした対称性を成立させているためである。この結論は、(分子が違っても生じるパターンは同じになるという)分子擬態から得られる結論と一緒にすることで、生物に対称性をもたらした純粋な原子プロセスの理解へとわれわれを導いてくれるだろう。遺伝子は、鉱物の対称性をすでに決めている原子の秩序を単に運び伝達しているにすぎない(Lima-de-Faria, 1988)。

対称性の変化における遺伝子の役割

構造遺伝子が実際にある種に見られる対称性の形成と維持に関して果たしている役割とは何なのであろうか？　遺伝学的な実験によって得られたデータはこのプロセスにいくばくかの光を照らしている。最も詳細に研究されたケースは、左右対称の通常の花から五放射相称の花へと直接変化するキンギョソウ *Antirrhinum majus* の突然変異である。そこには単一の遺伝子しか関与しておらず、中間形が生じることもある(Baur, 1930; Stubbe, 1966)。同じ現象はかなり前にその近縁種であるホソバウンラン*Linaria vulgaris*について記されている(図5)。

突然変異に関する理論の創案者であるド・フリースは、アラゲシュンギク*Chrysanthemum segetum*の突然変異を記述して、キク科の花序における花の特殊な配置形成を説明した。このシュンギクの花序の中央は通常、対称で痕跡的な花冠を備えた花からなる。その対称性は、放射状に配置した花冠の周囲に五つの小さな切れ込みが存在することの結果である。この花を見るのはその形と小ささから非常に難しい。周囲の花だけには非常に際立って大きな花弁が外側に向いて一枚備わっている。この花は完全に非対称で、その数には通常八から二一までの変異がある。ド・フリースはその突然変異体を発見したが、その中央部の花はすべて、大きな花弁を持っていてそのすべてが外側を向いていたために周囲にある花を擬態していた。二〇〇以上もの花が変化して、その特徴が子孫に遺伝していたのだ(Hertwig, 1929b)。このように、突然変異が完全な放射相称の痕跡的な花冠を極めて非対称な構造へと変形させたことは明らかである。その非対称な構造は、単一の大きな花弁がすべての花の中央から外側へ向くことで形成される。

キンギョソウの対称性が左右対称から放射相称へと変化した一方、シュンギク*Chrysanthemum*の場合は放射性のものから一方向性のものへと変更された。これは実質的に、逆向きのプロセスである。

ウニの幼生は成体へと成長すると左右相称から五放射相称へと変化することがわかっている。遺伝学的な研究によって、完全に機能的ではあるものの、その成体が四放射相称となる突然変異体が明らかにされている。この特徴の出現には複数の遺伝子が関与している。このような突然変異体を交雑させると、左右相称、三放射相称、四放射相称、五放射相称、六放射相称を生じる(Hinegardner, 1975)。ヒトデの幼生は左右相称であるが、成体になると放射状へと変化する。これが意味するところは明らかである。体のパターンと極性に劇的な変化を生じるために遺伝構成を変化させる必要はない、ということである。この現象の非常に単純な説明は、DNA配列は成体段階の開始時点でいくつかの遺伝子の発現を変化させる、というものである。

脊椎動物に目を向けてみると、似たような変化が生じていることがわかる。モルモットの後肢には通常三本の指がある。四本の指を持つ突然変異体を研究したライトは、この形質は四つの遺伝子からなる対立遺伝子によることを明らかにした(Wright, 1934a and b)。このケースでは、一方向性の三本指からなる部分的な左右対称が部分的に放射相称な四本指構造へと変化している。

無機化学はすでに、そのような変形が単純な原子プロセスの結果であることを示している。黒鉛とダイヤモンドは炭素原子のみから構成されるが、全く異なる性質と対称性を示す二つの鉱物の代表例である(図5)。この考え方は生物にも拡張することができる。その場合も、対称性の違いとはタンパク質分子が同じか違うかにかかわらず、その原子の構造の違いに依存していると考えられる。

二 原子、鉱物、植物、動物に共通した変形規則

変形に関してこれまで述べてきた比較から、生物であろうとなかろうとその変形は同じ経路に従っている、ということは明らかである。鉱物界、植物界、動物界に適用できる規則は次のように定式化することができる。

(1)二つの単位が結合すると、それらは互いに鏡像になり、そのために左右対称が生じる傾向がある。その例が双晶であり、二枚貝や植物の葉やヒトの体の対称性である。

(2)三つ以上の単位の結合体は、中央から放射状に生じ、その中心から成長する傾向がある。このことは、一〇〇もの単位が結合する鉱物や植物、動物にもいえる。

(3)放射状に結合する単位は、(i)同じ形、(ii)同じ長さ、(iii)同じ色になる傾向がある。化学元素の原子番号がその

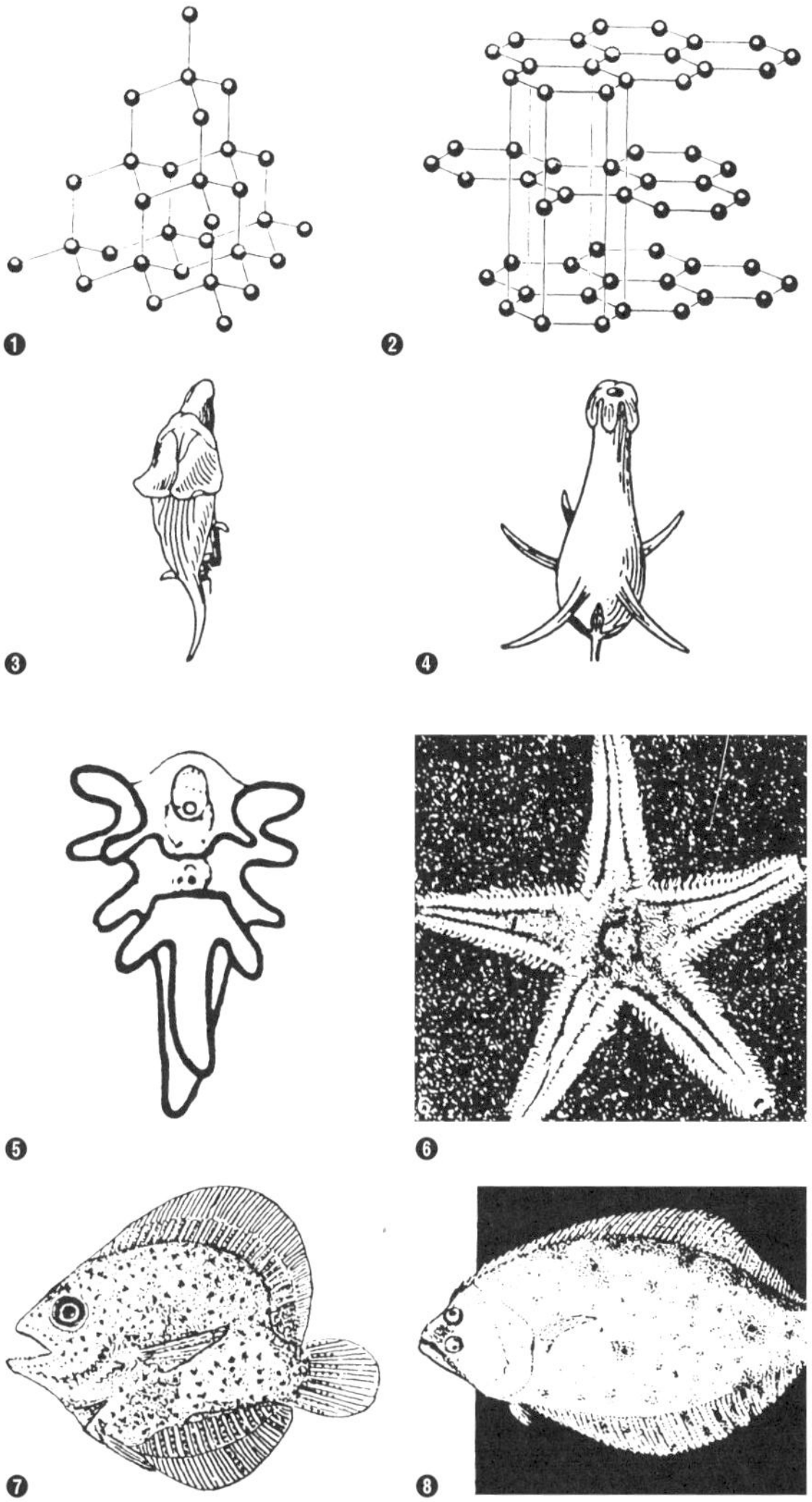

図5　対称性の変化。❶ダイヤモンドの原子構造。❷黒鉛の原子構造。1、2とも炭素原子のみから構成され、立方晶系（ダイヤモンド）もしくは六方晶系（黒鉛）で結晶化する。原子の対称的な配置は温度や圧力が異なると変化する。❸突起が1つのホソバウンラン *Linaria vulgaris* の通常の花。左右対称である。❹突起が5つのホソバウンラン *Linaria vulgaris* のあまり見られることのない放射相称型。❺ヒトデの左右対称の幼生。❻モミジガイ *Astropecten irregularis* の放射相称の成体。ヒトデの幼生はすべて左右対称である。❼マナガツオ *Stromateoides* の幼魚はヒラメに似ているが体の両側に眼を持ち、左右対称を維持している。❽ヒラメ *Paralichthys albiguttus* の成魚。その幼魚は体の両側に眼を持つが、成魚は体の上側に両目を持つ。この変化の結果、背腹対称となる。

色に影響を及ぼすことは、よく理解されている事実である。

（4）単位の数の増加はそれぞれの単位間の距離の変化をともなう。その結果、単位間の平均距離は同じものに維持される。それゆえに放射形は保存される。

（5）すべてのレベルの組織において、結合する単位には最適な数がある。ケイ素原子は六、水の結晶は六、花弁は五、ヒトデの腕は五、昆虫の脚は六、クモの脚は八、八放サンゴの触手は八、ヒドラクラゲの触手は四、脊椎動物の肢は四である。

（6）中間的な解決法は排除されるか回避される。これは、ケイ素原子のレベルで観察される。もう一つの極端な例だが、生物の形成における単位の付加は全か無かのプロセスである。肢は形成されるかされないかのどちらかである。他の構造や部分的な構造は鉱物、植物、動物では出現しないように阻害されている。たとえば、大きな腕の間に小さな腕を生じるヒトデはいない。それはヒトの場合でも同じで、小さな腕が大きな腕の間から出現することはない。

このように、植物と動物において器官が結合して大きな体構造が形成される際の秩序は、いいかげんなプロセスに由来するわけではなく、もっと前の原始的なレベルですでに機能していた原子配列にその起源を持っている。関与する原子が違っても他の原子の効果を模倣することができるので、結果として生じる構造は変わらずにいられる。その直接的な産物は、すべてのレベルにおける構造の周期性の出現である。

IX

周期性を生み出す
高分子と原子のメカニズム

第31章

新しいモザイクタンパク質の形成と古いタンパク質の突如とした再出現

周期性とそのメカニズム

現象としての周期性がようやく認識されるようになったのは最近になってからのことであり、そのメカニズムに関する情報は依然準備段階にある。はっきりとした何らかのプロセスが理解されるようになるまでには、おそらく数十年かかるだろうが、その時には突如として出現する周期性がなぜ広範に見られるのかが説明されるだろう。いまのところ手に入る情報は、新しい実験を計画して実行するためのガイドラインを提示するには充分であろうと思われる。

タンパク質は細胞内の住所を持っている

タンパク質の標的部位は細胞の内外にある。これが可能なのは、それぞれのタンパク質の中に短いアミノ酸配列である標的シグナルが存在するためである。タンパク質はこのように、非常に特異的な住所を携帯している。細胞膜や他の細胞構造に存在する他のタンパク質は、こういったシグナルを解読することができる。その結果、タンパク質同士の協動した相互作用が生まれ、細胞に調和のとれた組織化がもたらされることになる。その他にも、特異的なタンパク質の出入りを可能にするある種の輸送システムも存在している。タンパク質は、細胞表面にあるレセプターが認識するシグナルを持つことで、細胞内の適切な場所へと導かれる（図1）。

繰り返すが、小胞体、ミトコンドリア、葉緑体で合成されたタンパク質に備わるシグナルは、それがどこに輸送されるかを伝えるだけではなく、その構造がどのように修正されて、最終的な場所に到着した時には他の分子とどのような相互作用をするのかをも教えている（Pugsley, 1989）。

最近になって、メッセンジャーRNAにもまた、細胞内の特定の住所が書かれていることが明らかになっている（Singer, 1993）。

ヒトのタンパク質は年代によって分類できる

ヒトのタンパク質配列は、（1）太古（2）中世（3）近代という三つのクラスに分割することができる。太古のタンパク質は、原核生物と真核生物が分離した約二〇億年前から、その機能を変化させていない。その主たるものが、トリオースリン酸異性化酵素などの基本的な代謝活動に関与している酵素である。中世のタンパク質は真核生物に一般的で、原核生物には見つかっていない。アクチンはこのタンパク群の一例である。近代のタンパク質は、さらに三つの集団に分割することができる。（1）動物か植物のいずれかに存在するが、両方に存在することはなく、原核生物にも存在しないもの（例：コラーゲン）。（2）脊椎動物にのみ存在しているもの（例：血漿アルブミン）。（3）新しいモザイクタンパク質

（例：低密度リポタンパク質（ＬＤＬ）レセプター）。最後のモザイクのクラスは、このタンパク質がイントロンとエクソンの組み換えの産物として見ることができるために、生物の周期性に関連して特に興味深いものである（Doolittle et al., 1986）。

新しいモザイクタンパク質は、イントロンとエクソンの組み換えによって、古いタンパク質から形成された

一九七〇年代終盤、高等生物の遺伝子はエクソンとイントロンという二つの主要なＤＮＡ配列から構成されていることが明らかになった。遺伝子中のすべてのＤＮＡはＲＮＡに転写されるが、エクソン配列に含まれるＤＮＡ断片のみがメッセンジャーＲＮＡの形成に用いられ、最終的にタンパク質の翻訳プロセスに関与することになる。他方、イントロン領域のＲＮＡは切断されて除去される。ギルバートとブレイクはそれぞれこの発見を受けて、イントロンとエクソンは、もし遺伝子に沿ってその数と位置を変化させることができるならば、進化において重要な役割を果たした可能性があることを示唆した（Gilbert, 1978; Blake, 1978）。さらにイントロンは五〇から五万塩基対という長さに応じて遺伝子組み換えに関与することができ、そのことによって独立した構造としてエクソンが組み換わる速度を増加させることができたのでは、と彼らは示唆した。そうだとすれば、エクソンが進化過程において遺伝子上で重複することと移動することは、エクソンの組み合わせを新しくすることで新しい遺伝子をつくり出す方法の一つなのかもしれない。こういった見解は、様々な研究室で得られた多くの証拠によって支持されている（図２）。

現在では、遺伝子の中でエクソンが組み換わることで、植物、無脊椎動物、脊椎動物の進化の要因となった例がいくつか得られている。まずは、コレステロール輸送タンパク質である低密度リポタンパク質（ＬＤＬ）レセプターである。その機能は多岐にわたり、それぞれの機能はタンパク質の一つの領域が実現している。シュードホフらは、これらの

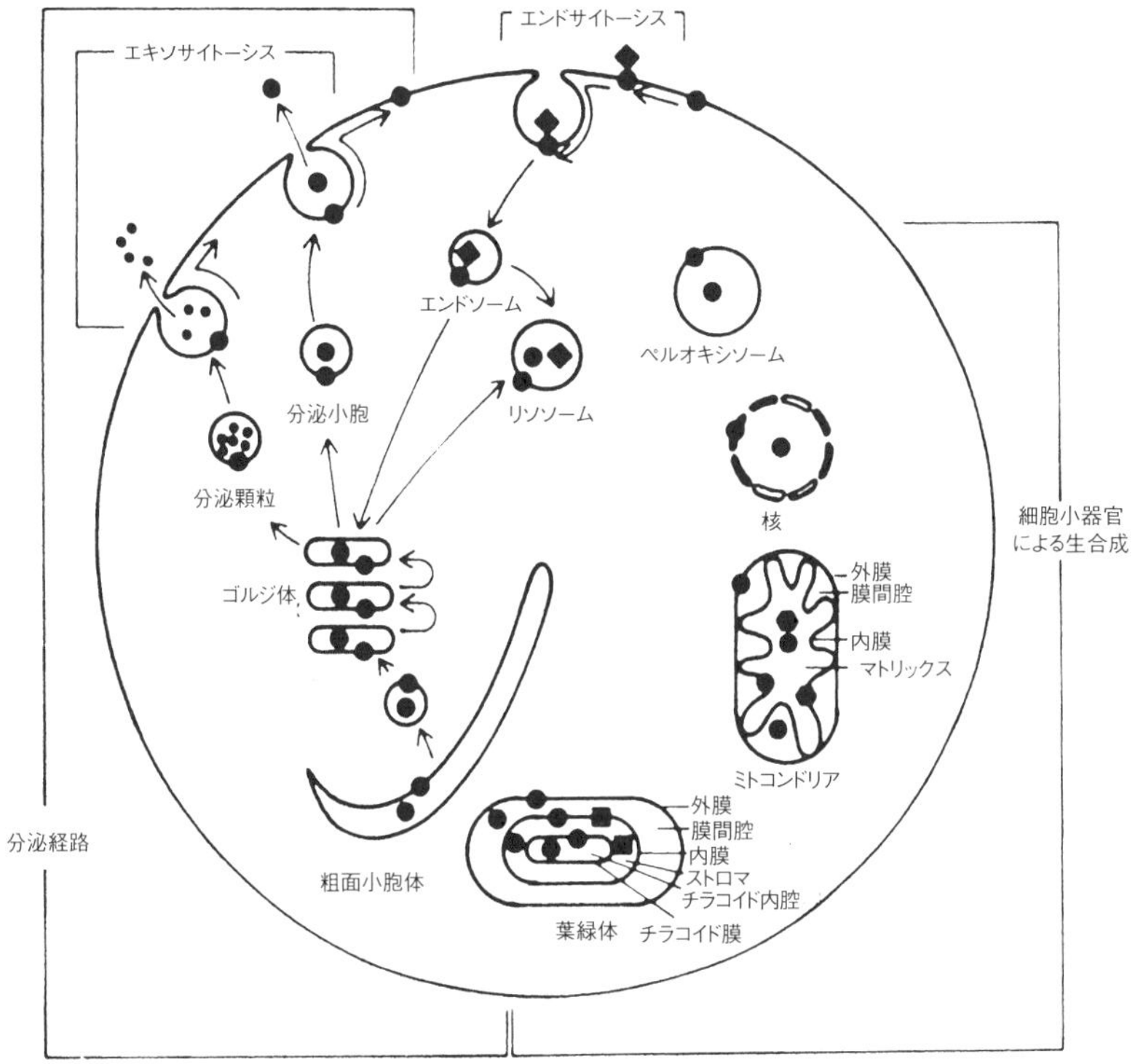

図1　真核細胞の模式図。標的のあるタンパク質が移動する部位を示している。核にコードされたタンパク質は細胞の様々な部位に向けて送られる。それは小胞体からゴルジ体に送られ、そこでリソソームと細胞膜へ（分泌顆粒と小胞を経由して）向けられる。葉緑体とミトコンドリアは小数のタンパク質をコードしている。その他のタンパク質はすべて核がコードしていて、細胞質を経由して送られる。
Source: Pugsley, 1989

領域の遺伝的基盤を明らかにし、関連のあるタンパク質との関係を明確にするために、このタンパク質のエクソンの構造を詳細にわたって調査した(Südhof et al., 1985a, b)。その遺伝子には一八のエクソンが存在し、その遺伝子の長さは四万五〇〇〇塩基対であることがわかった。各エクソンは機能領域に対応し、そのうちの一三のエクソンは他のタンパク質に存在するアミノ酸の配列をコードしている。そのうちの五つは、ヒトの血漿に存在しているものに似ている(補体第九成分)。三つのエクソンは、表皮成長因子(EGF)と血液凝固系に関与するその他の三つのタンパク質(第Ⅸ因子、第Ⅹ因子、タンパク質C)で見つかっているものに似た配列をコードしている。こういった結果によって提供される証拠は、LDLレセプタータンパク質の機能領域とその遺伝子のエクソンーイントロン構造との間には関係があり、別の五つのタンパク質にも共有されているエクソンが組み合わさってそのタンパク質となった、という結論を支持している。これらのエクソンは、他の遺伝子に由来していると考えられている。

もう一つの例が、ヒトの組織性プラスミノゲンアクチベーターの形成要因である構造遺伝子である。このタンパク質は、血餅に含まれるプロテアーゼの一つである。ニーらの研究によって、エクソンがそのタンパク質の離散した構造的機能的領域をコードする建築用ブロックのようであることが明らかになった。この遺伝子のDNA配列の分析によって、このタンパク質の構造領域と遺伝子内におけるエクソンーイントロンの分布とがよく一致することが示されたのだ(Ny et al., 1984)。この遺伝子の中には少なくとも、一四のエクソンと一三のイントロンが存在している。

タンパク質の多様性の原因となったその他のメカニズム

タンパク質の進化につながったメカニズムとしては、その他にも三つのものを考慮する必要がある。それは、DNAの重複、DNAの再編成、選択的RNAスプライシングである(Smith et al., 1989; Benne and Van der Spek, 1992)。

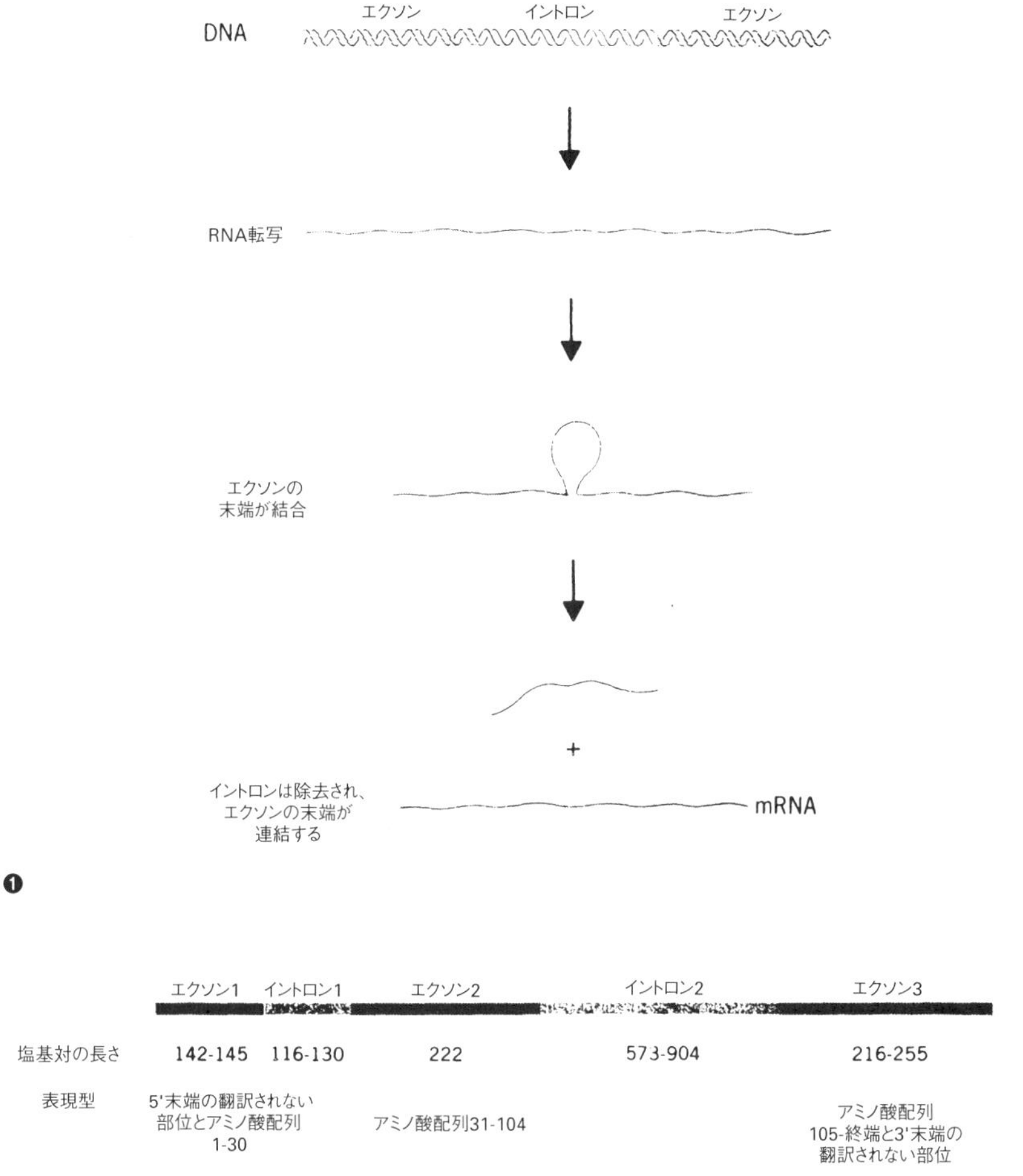

図2　多くの構造遺伝子は、介在配列（イントロン）とタンパク質をコードしている配列（エクソン）から構成されたとぎれとぎれの構造である。❶両者はRNAに転写されるが、エクソンだけがメッセンジャーRNAの一部となり、それがさらにアミノ酸配列へと翻訳されることでタンパク質が形成される。❷3つのエクソンからなる哺乳類のベータグロビン遺伝子と、それぞれがコードしているアミノ酸。
略語: mRNA=メッセンジャーRNA
Source: Lewin, 1983

❶――遺伝子重複は、ある遺伝子の完全な配列が増加した結果であるか、もしくは倍数性の場合のようにその遺伝子を含む染色体そのものが増加した結果である。牛乳に含まれているラクトアルブミンは、このプロセスによりリゾチームから生じた（Doolittle et al., 1986）。

❷――単一の遺伝子内におけるDNAの再編成は、タンパク質の多様性へとつながる。これを最も明解に例示しているのは、免疫系の一部をなす免疫グロブリンとT細胞のレセプター遺伝子である。これらは、体細胞中で結合し、タンパク質を生産する（Hozumi and Tonegawa, 1976; Rabbitts, 1978）。

❸――選択的RNAスプライシングは細胞中のDNA量を変化させない。そこに生じるのは、メッセンジャーRNAの修飾のみである。三つの例が引用できよう。まずはショウジョウバエ*Drosophila*のミオシン重鎖遺伝子である。その遺伝子に含まれる二〇を超すエクソンは、切除様式として複数の可能性を持っている。これによって、同形のタンパク質が非常に大量に生産されるのだ。二つめは、GTP結合タンパク質（Gs）である。そのαサブユニットのスプライシングは非常に多様である（Smith et al., 1989）。三つめのケースはサルコメアの収縮タンパク質の遺伝子で、三〇を超える個々のエクソンが単独でスプライシングされたり、複数のエクソンがまとまってスプライシングされたりすることが知られている（Breitbart et al., 1987）。

―様々なタンパク質は、その原子の構成にもとづいて、様々な速度で進化する

四〇〇〇を超える既知のアミノ酸配列のうち、二〇〇〇以上はヒトのタンパク質である。この情報から、タンパク質の進化に関するある結論を描くことができる。その中でも主要なものを次に挙げる。

❶——様々なタンパク質は、それぞれに特徴的な速度で変化するが、その支配要因はアミノ酸の置換である。
❷——タンパク質は、部位に特異的な速度で変化する。外側領域の変化のほうが早い。
❸——結合部位と触媒群は保護される傾向がある。
❹——システイン残基の変化は、タンパク質中にジスルフィド結合が存在する場合には、最も遅い。
❺——太古のタンパク質の変化は非常に遅いように思える。代謝酵素はヒトから真正細菌にわたり約40〜50%のものが同一である。

最初にコードされたタンパク質は、約三五億年前に地球上に出現したと考えられている。一定の割合で変化すると仮定すると、最も新しいタンパク質は偽遺伝子がつくるタンパク質とフィブリノペプチドである。ラクトアルブミン、リゾチーム、リボヌクレアーゼは、この時間スケールでは中間的なものと考えられる。古いものは、ヘモグロビン、酸性プロテアーゼ、トリオースリン酸異性化酵素などである(Doolittle et al., 1986)。

このような進化速度は、構成要素であるアミノ酸の構造と、特にジスルフィド結合の振る舞いを決定する硫黄のような原子の性質に依存している。このことは、進化の分子時計を決定する際にはこういった原子が重要な役割を果たすということも意味している。重要なのはおそらく、その生物自身が好むか好まざるかにかかわらず、それぞれのタンパク質は(その原子構造に依存した)自身の進化経路を進んでいる、ということの理解である。

——発生と進化におけるタンパク質の多様性は同一の分子メカニズムの産物である

ショウジョウバエ*Drosophila*を用いておこなわれた研究により、選択的RNAスプライシングは発生の初期段階と細胞分化の後期でタンパク質の多様性を生み出すこともできることが示されている(Boggs et al., 1987; Bell et al., 1988)。このように、選択的スプライシングは生物の発生と進化の両方に関与している。この証拠は、発生と進化という二つのプロセスを分子レベルでは分離することはできず、それが生む変異は類似する、という見解を補強している。選択的スプライシングが生じるのは、大部分がおおむね一致するタンパク質であって、異なる領域は少数にすぎない。

イントロンの数は進化とともに増加した

真正細菌がイントロンを持たないことは知られているが、古細菌のリボソームRNAとトランスファーRNAの両者にはいくつかのイントロンが存在している(Pace et al., 1986)。コウジカビ*Aspergillus*のような真菌は原始的な真核生物であり、その遺伝子にはイントロンはほとんど存在しない。酵母菌の場合、構造遺伝子の五から一〇%がイントロンを含んでいる。ヒトとマウスのチトクロムc遺伝子にはイントロンが含まれているが、酵母菌では欠如している。ショウジョウバエ*Drosophila*のアルコール脱水素酵素にはイントロンがあるが、酵母菌には存在しない。ほとんどの下等真核生物にはイントロンの存在しない遺伝子がある。

無脊椎動物に目を移すと、イントロンはほとんど存在せず、存在してもそれは短い傾向がある。昆虫では、ショウジョウバエのリボソームDNAのケースでそうであるように、イントロンの数と型は可変である(Engberg, 1985)。脊椎動物、特に哺乳類の出現とともに、膨大な量のイントロンを含んだ遺伝子が形成されていることに気づく。ニワトリのオバルブミン遺伝子には、七つのイントロンがある(Chambon, 1981)。ヒトの組織性プラスミノゲンアクチベーターには一三のイントロンがある(Ny et al., 1984)。低密度リポタンパク質レセプターには一七のイントロンが含まれている(Südhof et al., 1985a)。ヒトの血液凝固第Ⅷ因子をコードしている遺伝子には、二五のイントロンが存在している。

この遺伝子は一八万六〇〇〇塩基対という長さにもかかわらず、タンパク質をコードしている配列はたった九〇〇〇塩基対なのだ(Gitschier et al., 1984)。そのような巨大な遺伝子と膨大な数のイントロンは、原核生物と無脊椎動物では知られていない。

イントロンの数が減少している生物集団もいる

一般にはイントロンが簡単に失われることはないが、いくつかの生物に、その数の減少の証拠が存在している。事実、あるタンパク質をコードする遺伝子にはイントロンが全く存在しない。ヒストン(ヌクレオソームの主要な構成要素)をコードする遺伝子にイントロンが含まれるのは非常に稀である。このことは、脊椎動物がウイルス感染に反応して生産するタンパク質であるインターフェロンにもあてはまる。

さらに、真核生物においてはイントロンが削除されているケースがいくつか記載されている(Antoine and Niessing, 1984)。このような結果は、イントロンの削除とは実行可能な進化メカニズムである、という見解に信憑性を与える(Green, 1986)。

複合的なメッセンジャーRNAの形成による新しいタンパク質の生産

ネズミマクムシ*Trypanosoma brucei*やその近縁種に代表されるアフリカトリパノソーマは、分子レベルで詳細に研究されている。これは、宿主の血流中で増殖することで眠り病を引き起こす単細胞の寄生生物である。この生物が注目を集めているのは、彼らのタンパク質の周期的な変化のためである。このタンパク質は、その細胞表面を覆う被膜を形成する。この原生生物は、継続的に新しいタンパク質をつくることで免疫反応から逃れている。この変異性細胞の表面の糖タンパク質をコードしている遺伝子群は、ＶＳＧ遺伝子群と呼ばれている。これまでに、遺伝子のはたらきに関するいくつかの新しいメカニズムが解明されており、その中の一つにＲＮＡのトランス(分子間)・スプライシングがある(図３)。

ＶＳＧ遺伝子のメッセンジャーＲＮＡはすべて、二つのＤＮＡ断片の情報から構成される。二つのエクソンは異なる染色体に位置する独立した遺伝子に由来している。一つめの断片は(コードしない)ミニエクソンで、供与イントロンに結合している。ここからはミニエクソン由来ＲＮＡ(medRNA)がつくられる。二つめの断片は受容イントロンとそのうしろに続くコード・エクソンであり、そこからは未成熟なメッセンジャーＲＮＡ(pre-mRNA)が生じる。ミニエクソンは、別に転写される複数のＲＮＡ前駆体とのトランス・スプライシングを通じて、コーディングエクソンに結合する。結果として、異なる染色体に由来するＲＮＡ前駆体が結合して、複合的なメッセンジャーＲＮＡが形成され、新しいタンパク質へと翻訳されるようになる。

トランス・スプライシングにはもう一つのメカニズムが関与していて、そのことによって、単一のＲＮＡ前駆体から多様な成熟メッセンジャーＲＮＡが生成される(図３)。

生物の周期性を理解するために重要なポイントをいくつか挙げよう。(１)いくつかの分子的なメカニズムによって、トリパノソーマは、その遺伝構成を変えることなく全く異なるタンパク質をつくることができる。(２)新しいタンパク質の産出は周期的なプロセスである。(３)この現象は内的に決定されている。ネズミマクムシの変異率は、その環境とは無関係に一回の細胞分裂に対して10^{-6}から10^{-7}程度である(Van der Ploeg, 1990)。

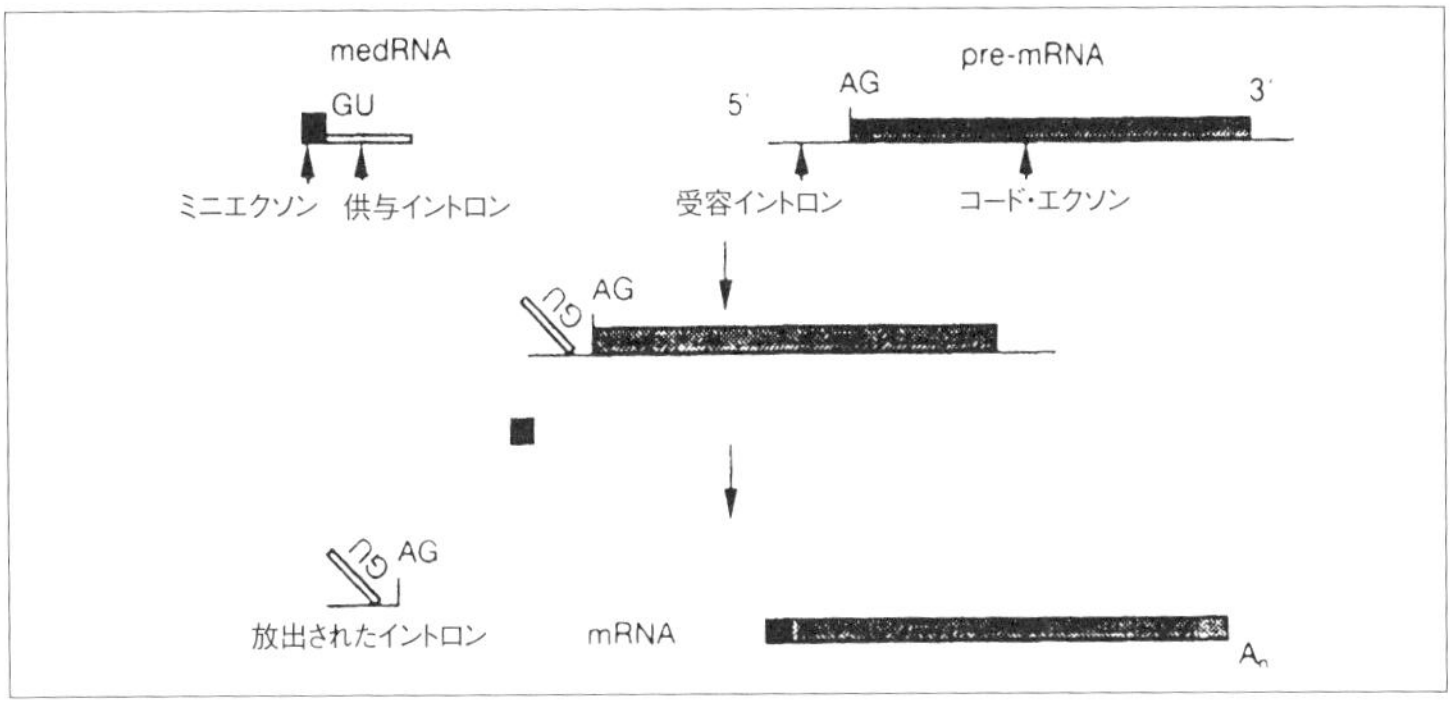

❶

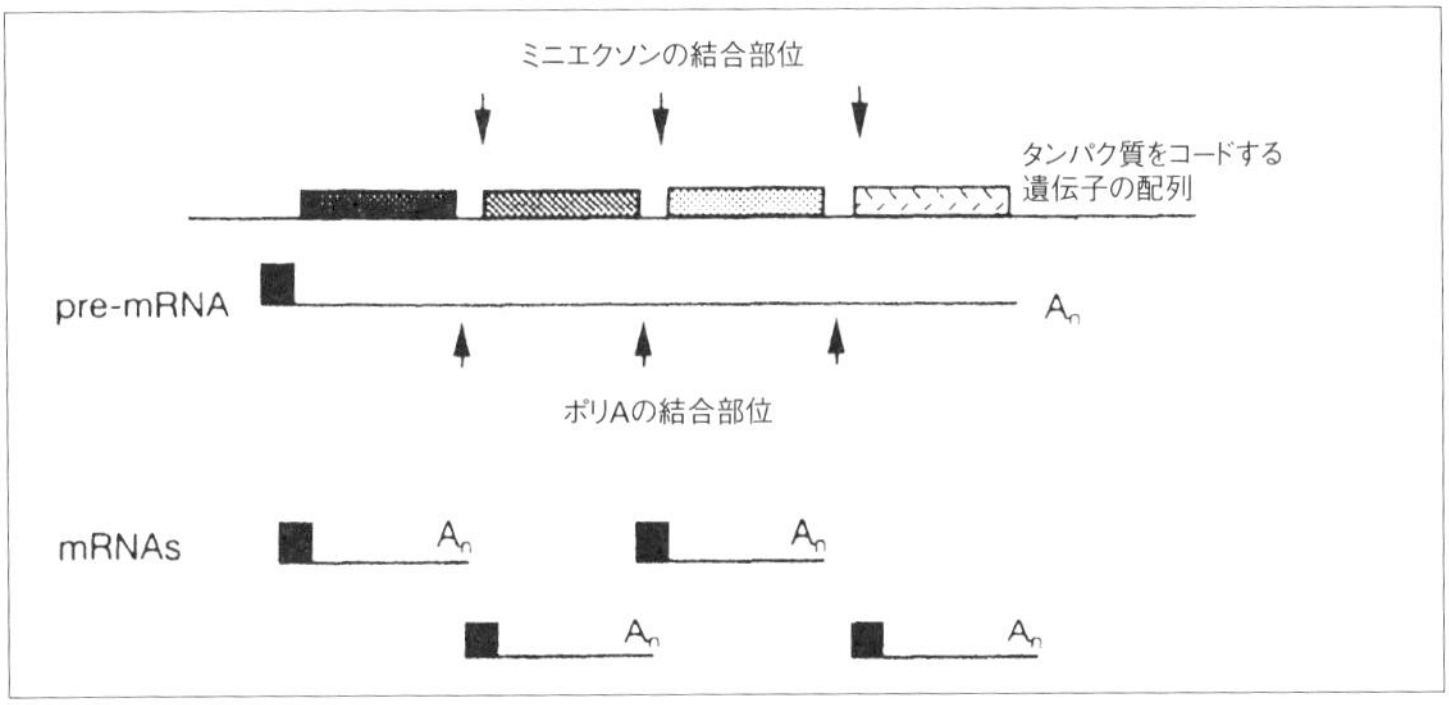

❷

図3 真核細胞における複合的なメッセンジャーRNAの生産。❶ネズミマクムシ *Trypanosoma brucei*(やその近縁種)のゲノムにおけるトランス(分子間)・スプライシング・プロセスの模式図。変異した細胞表面の変異糖タンパク質(VSG遺伝子)をコードする遺伝子が生じる。トランス・スプライシングが、いくつかの異なるRNAを単一のメッセンジャーRNAへと結合させる。別々に転写された2つのRNA前駆体が結合して最終的なメッセンジャーRNA(mRNA)が形成される。最初の前駆体はミニエクソンから転写され、そのミニエクソンは供与体として機能するイントロンと結合する(medRNA)。第2の前駆体は、受容イントロンに結合したコード・エクソンに由来する未成熟なメッセンジャーRNA(pre-mRNA)である。末端のヌクレオチド(GUとAG)で生じるスプライシングによってイントロンは放出される。最終的に、新しいタンパク質の翻訳に用いられる複合的なメッセンジャーRNAがつくられる。❷トランス・スプライシングは、供与イントロンがタンパク質をコードしている遺伝子配列にミニエクソン部位を付加させることで生じる。このことで、1つの未成熟メッセンジャーRNAから複数の成熟メッセンジャーRNAが生じる。最終的なメッセンジャーRNAはそれぞれ複合的な構造となり、そこには、pre-mRNAの断片の1つに加えて、ミニエクソン由来の配列が含まれている。
Source: Van der Ploeg, 1990

選択的スプライシングとエクソン-イントロンの組み換えの可逆性は、周期性の出現を理解するために鍵となる現象である

RNAの選択的スプライシングで最も興味をひく性質の一つに、このプロセスは可逆的である、ということがある(Smith et al., 1989)。異なる産物を利用するために、遺伝構成が変化することもないし、スプライシング経路を破棄する必要もない。これは、その現象がDNAレベルで生じるのではなく、転写されたRNAレベルで生じるためである。タンパク質の構造を決定しているのは、結合して最終的なメッセンジャーRNAを生じるエクソン断片である。

RNA断片の秩序は容易に元に戻り、一時はつくられていなかったタンパク質の生産へとつながる。RNA配列は内的に、別の異なるタンパク質を合成すると決定する。タンパク質はこのように、生物の系統的な位置と必ずしも関係することなく出現する。見た目が全く異なっていることから全く違う綱や門に分類されている二つの生物でも、たまたまいくつかの遺伝子を共有している場合には古いタンパク質が突如再出現することがある。

同じことは、DNAレベルにおけるエクソンとイントロンの組み換えにもいえる。上述したように、エクソンの移動と組み換えによって新たな遺伝子がつくり出されることがあるのだ。他の遺伝子からエクソンを持ってくることができるため、このプロセスも可逆的である。このメカニズムは、同じタンパク質を突如再出現させることがある。

注目に値することとして、構造遺伝子に沿って位置するそれぞれのエクソンは、タンパク質全体のわずかな一部領域の生産をそれぞれが担っている。たとえば、ウシのプロトロンビンのフラグメント1遺伝子の中に存在する五つのエクソンはそれぞれがそのタンパク質中の明瞭な領域に対応している。このことによってエクソンの組み換えは促進される。それぞれの独立領域が規則正しく再集合できるからである(図4)(Blake et al., 1987)。

最近、一一七のイントロンを含むヒトのデュシェンヌ型筋ジストロフィーに関するDNA配列など、六〇を超える

イントロンを含む遺伝子が記載されたが、それはヒトのタイプⅦコラーゲンの遺伝子のケースでも同じであった(Koenig et al., 1987; Christiano et al., 1994)。機能的な遺伝子の中に小さなDNA配列がきわめて大量に含まれているということは、高等生物の進化の中で生じたエクソンとイントロンの組み換えは予想よりもかなり膨大なものなのかもしれない、ということを示唆している。

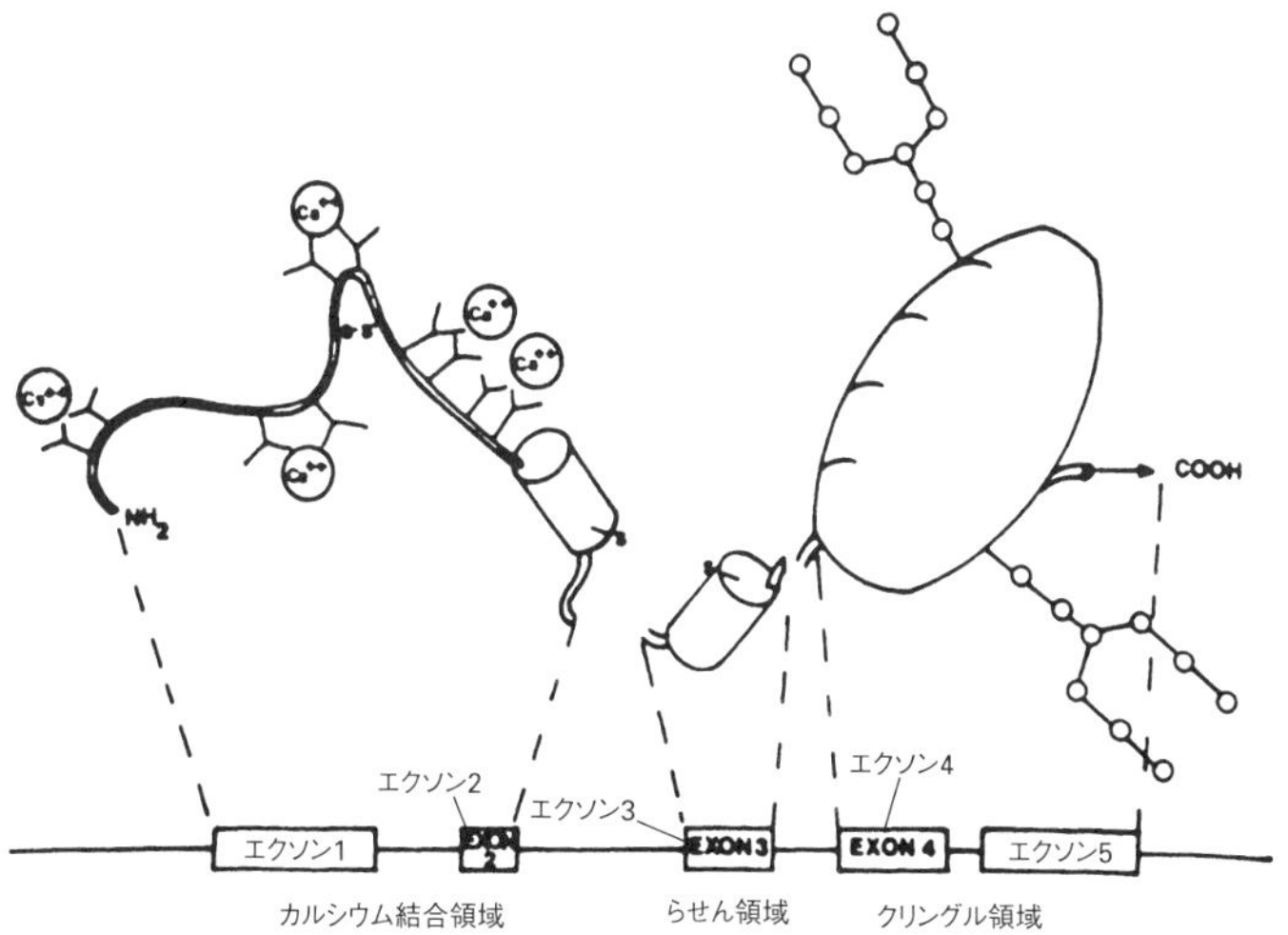

図4　ウシのプロトンビンのフラグメント1の三次元構造とその遺伝子の微細な構造との間に存在する関係を示す模式図。DNAのそれぞれのエクソン配列は、そのタンパク質の異なる構造領域に対応している。
Source: Blake et al., 1987
訳注: クリングル領域とは、タンパク質の二次構造の1種

第32章

分子と遺伝子の活性化カスケードは、止まることなく機能と構造の統合パッケージを生じる

分子カスケード――一つのホルモンが六種の分子を引き出す

細胞は以前考えられていたような「酵素の袋」ではなく、むしろ、様々な分子がはっきりとした化学反応の連続に関与する多くの区画に分割できることがわかってきた。このような反応の連続は、微小領域の内部ではきわめて明確に決められ、いわばカスケードに従ってある分子の生産に帰結する。

肝臓の細胞は、エピネフリン（アドレナリン）とグルカゴンというホルモンによって刺激される。その両者はグルコースの生産を活性化することができるが、この化学物質は不可変な六つの中間反応が連続した結果として生じる最終産物である。エピネフリンとグルカゴンは、細胞膜の外側に存在する特定のレセプターと相互作用を起こす。これは、活性化したアデニル酸シクラーゼがATP（アデノシン5'-三リン酸）を酵素によって分解する結果、cAMP（サイクリックアデノシン3'：5'-一リン酸）を生成する引き金となる。サイクリックAMPは次に、cAMP依存性のタンパク質リン酸化

酵素を活性化させ、それはさらにグルカゴンホスホリラーゼが関与する多くのタンパク質リン酸化反応へとつながる。次のステップでは、グリコーゲンがグルコース-1-リン酸へと分解され、それがさらにグルコースに変化する(図1)。

このカスケードには次のような特徴がある。

❶――事実上、すべてのステップに酵素触媒が関与している。

❷――すべての高分子は、不可変な反応の連続の中に明確な位置を持つ。

❸――特定のホルモンの一つがいったん作用すると、図1に示すように六つの異なる分子がつくられる。これは、全体としての生物が停止させたり変更を加えたりすることのできない様式で生じる。

❹――さらに、そのカスケードでは最初の分子シグナルは増幅される。レセプターに結合するホルモン一つに対して、生産されるグルコースは一億に達する。ホルモン濃度がちょっと変化するだけで、発生結果が大きく異なるものになるのはこのように明らかである(de Duve, 1984b)。

血液凝固は一〇種以上のタンパク質がかかわるカスケードによって生じる

体に傷を負った場合、血が凝固することで出血は止まる。このプロセスには一〇種以上のタンパク質がかかわっていて、それぞれカスケードの中で連続的に生じる。一つの活性型タンパク質が、次のタンパク質の活性化を触媒するのだ。中心的なカスケードは副次的な三つのカスケードの産物であり、その副次的なカスケード中の内因性経路と外因性経路には、プロアクチベータータンパク質前駆体とアクチベータータンパク質がかかわっている(図2)。血液凝固と線維素溶解過程の両者にかかわる酵素前駆体の多くには、共通のポリペプチド単位がある。このことから、このカスケードはそのタンパク質群自身の進化に内在する固有の分子的事象が決めていると推察される(図2)。その結果が、機能的に緊密に連結したタンパク質の不可分なパッケージなのである。このことは、逸脱が除かれ方向が決まった連鎖を生む(Blake et al., 1987; Stryer, 1988)。そのカスケードの特徴は、最初に必要となる酵素量がきわめて少ないということであるが、それは活性化プロセスにおける触媒の性質である。結果として外傷に対する反応はきわめて急速なものとなる。過度の定向性と速度が二つの主要な特徴である(Ryden and Hunt, 1993)。

その他のカスケード——一つのポリペプチドから形成される六つのホルモン

利用できる情報が多くなるに従って、細胞の活動を支配する分子カスケードがますます研究されるようになっている。脳の中央に位置する下垂体前葉は、メラノコルチコトロピンと呼ばれるシグナル誘導型のポリペプチドを生産し分泌する。このポリペプチドは最初のステップで二つの断片に分割され、ACTH(アドレノコルチコトロピン)とβ-LPH(リポトロピン)というホルモンに変化する。これらのペプチドは二つ目のステップでもう一度分割され、α-MSH(メラニン細胞刺激ホルモン)、β-MSH、β-エンドルフィンを生じる。最後の分割ではエンドルフィンからエンケファリンが放出される(図3)。

❶——六つのホルモンのアミノ酸の長さはすべて異なっている。最も小さいものの場合(エンケファリン)、構成しているのはたった五つのペプチドである。

❷——分割は、高分子中の特定部位で生じ、こういったホルモンの形成へと不可逆的につながるカスケード・プロセスである。

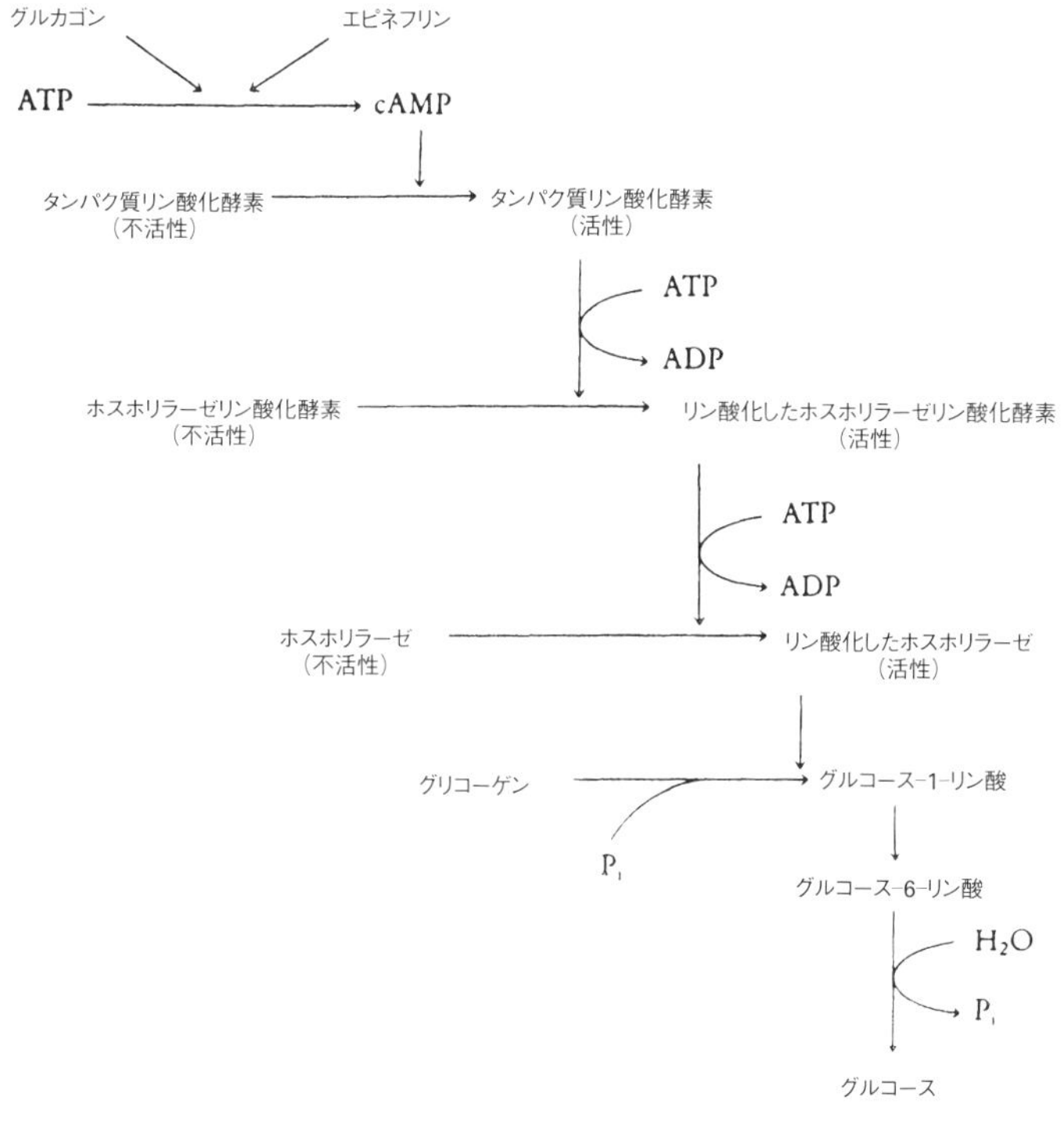

図1　グルカゴンとエピネフリンの2つのホルモンが肝細胞を刺激すると、分子カスケードが生じる。ATP（アデノシン 5'−3リン酸）は、細胞膜上のアデニル酸シクラーゼによってサイクリックAMP（アデノシン5'−1リン酸）に変化する。サイクリックAMPは次に、多くのリン酸化反応を開始させて最終的にはグリコーゲンをグルコースへと変換させる。
Source: de Duve, 1984b

❸——それらのホルモンは全く異なる器官に作用する。(i)腎臓に隣接する副腎皮質を刺激する。(ii)脂質代謝に作用する。(iii)皮膚の色素細胞に影響を及ぼす。(iv)モルヒネに似た様式で脳機能に影響を及ぼす。

まとめれば、このことが意味しているのは、構造と機能の統合パッケージは、単一のポリペプチドがまずつくられ、その結果としてつくり出される、ということである(de Duve, 1984b)。

細胞には自身の安全装置が備わる

秩序の二つめの源は一連の安全装置に由来している。特定のカスケードとその増幅メカニズムが失われると、細胞の分子装置は次のように反応することとなる。(1)ホルモンを破壊する。(2)ホルモンをある区画に隔離する。(3)拮抗的なホルモンを生産しはじめる。(4)レセプターを不活性化する。(5)ホスホジエステラーゼがサイクリックAMPを加水分解する。

次節では秩序の第三の源として、全体としてのゲノムの内部で、染色体に生じる一連の活性化と抑制に触れることとしよう。

遺伝子産物のカスケードは秩序ある発生のメカニズムである

遺伝子は互いに独立して機能しているわけではない。ここ数年の間におこなわれてきた詳細にわたる分子的分析によって、ある種の遺伝子群が次の遺伝子の転写にとって必要な様々なタンパク質をコードしていることが明らかに

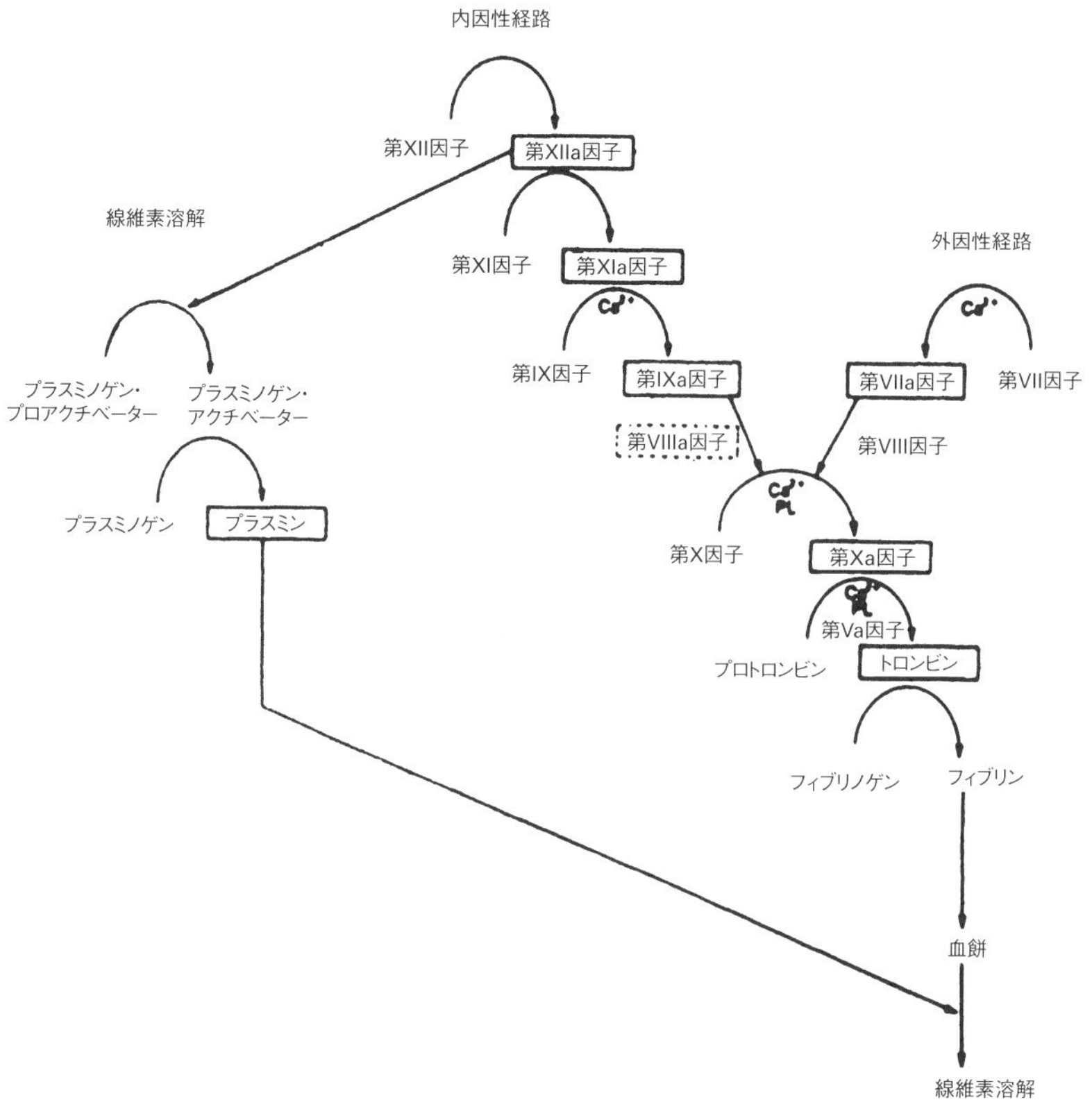

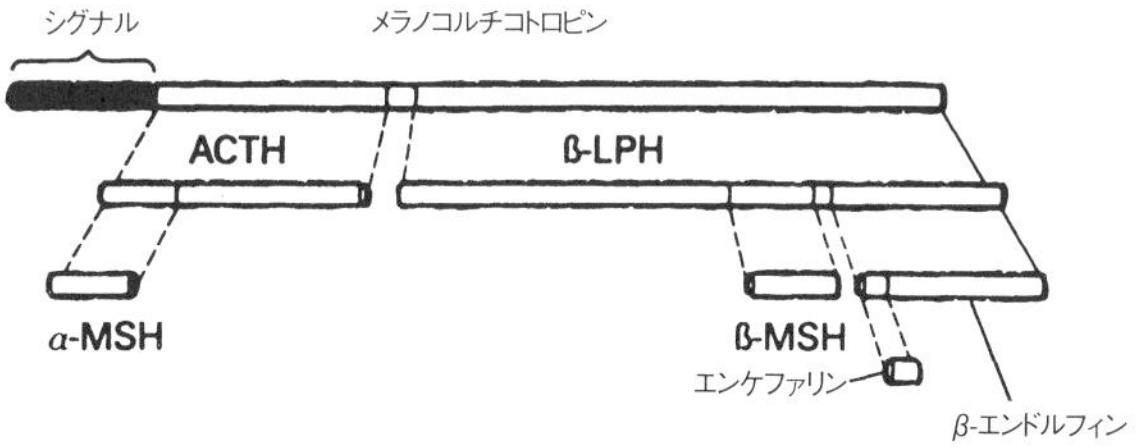

図2［**上**］　血液凝固と線維素溶解系に関与している分子のカスケード。酵素前駆体は枠なしで、活性型は枠で囲って示してある。PLはリン脂質をあらわす。　Source: Blake et al., 1987

図3［**下**］　1つのポリペプチドから、異なる器官を活性化させる6つのホルモンが生じる。メラノコルチコトロピンと呼ばれるホルモンは、アドレノコルチコトロピン（ACTH）とβ-LPH（リポトロピン）へと分割する。第2の分割は、α-MSH、β-MSH（メラニン細胞刺激ホルモン）、β-エンドルフィンの放出へとつながる。第3の分割によりエンケファリンが生産される。

なった。この相互依存性は、発生過程における決まった連鎖の中の特定の時期に遺伝子群が活性化（あるいは不活性化）されるため、同じくカスケードと呼ばれてきたものをつくり出す。その遺伝子カスケードは、ウイルスや動物の胚、高等動物の内分泌制御などのように、生物のいくつかのレベルで見られる。

ファージが感染する際の遺伝子の活性化カスケード

ファージとは細菌に感染するウイルスである。感染するとその細菌の機能は失われ、細菌をファージの子孫の生産へと向かわせる。

T4ファージやλファージなどのウイルスは三つの段階からなるカスケードに従って子孫をつくる。（1）最初の遺伝子群が転写される。（2）その中の一つもしくはいくつかの遺伝子は、第二段階の発現を制御する調節遺伝子である。（3）最後のこの遺伝子の一つもしくはいくつかは、第三段階の遺伝子発現に必要な調節遺伝子でもある。

転写の調整はウイルスのDNA領域に特異的に結合するタンパク質によっておこなわれ、その際アミノ酸と塩基との相互作用が関与する（Campbell, 1971; Ptashne, 1967a and b, 1978, 1986; Friedman and Gottesman, 1983; Wharton et al., 1984; Lewin, 1990）。

胚発生におけるカスケード

ショウジョウバエ*Drosophila*の胚が発生する時に生じる遺伝子カスケードは、ウイルスのカスケードと無関係ではない。どちらのケースでも、DNA結合タンパク質が調節因子として用いられている。

発生の調整に関与する遺伝子は、致死性の突然変異や分化を乱す突然変異を使えば同定できる。こういった突然変異は三つのグループに分類することができる。(1)卵母細胞が形成される際に(胚形成以前に)母体で発現する母性遺伝子。胚の極性と大きな領域に影響を与える。(2)分節遺伝子は受精後に発現し、体節の数を決定する。(3)ホメオティック遺伝子は、ある体節の機能を制御する。

この三つの遺伝子群は、胚の中の様々な部位の性質を次々に制限するカスケードの中で作用している。たとえば、胚の前部にある細胞の運命は、もう一つの遺伝子*hunchback*の転写の引き金となるbicoidタンパク質によって決定されている。カスケードのその他の部分は、*pair-rule*遺伝子の発現に不可欠な*gap*遺伝子によって実現されている。分節化と細胞分化に関与する遺伝子の発現は、階層的で連続的に調節されているのだ(Scott and Caroll, 1987; Ingham, 1988; Graham et al., 1989; Lewin, 1990)。

ヒトの発生中に新たな遺伝子がつくり出される

ヒトなど哺乳類の免疫グロブリンは、血液細胞(リンパ球)中のいくつかのDNA配列から組み立てられる。免疫グロブリンは、可変部と定常部から構成される抗体である。そのタンパク質中のこういった領域を生じる遺伝子は、ヒトの生殖細胞系列では、大きな距離を隔てて位置し、発現することはない。抗体がつくられるのは、(B細胞の)リンパ球のように、遺伝子が互いに近接している時のみである。しかし誕生時には、生物は特定の抗体を生産する機能的な遺伝子を持ってはいない。DNA配列の再編成の結果、新たな遺伝子が形成されて発現するのは体細胞が分化したあとである(Tonegawa, 1983; Flavell et al., 1986; Alt et al., 1987)。

その再編成には二つの特徴がある。一つに、それは一定のDNA配列が関与する秩序正しいプロセスである。もう一つに、それは特定のDNA領域の発現を変化させる。このようにそれは、染色体の内部配列の単純な修正によって新たな機能がつくり出されることの明快な例を提示している。

植物における調節事象のカスケード

シロイヌナズナ*Arabidopsis*などの植物は、雨や風などの環境の変化を感じとって、高さや茎の太さなどの構造的な特徴を変えることで、その変化に対応することができる。手短にいえば、刺激から一〇分から三〇分程度たつと、メッセンジャーRNAのレベルが約一〇〇倍にまで増加し、四つの遺伝子が発現される。そこには、カルシウムイオンとともにカルモジュリンとその近縁のタンパク質が関係する。その調節事象のカスケードでは、カルシウムイオンがカルモジュリンに結合し、そのことは次に様々な細胞プロセスの鍵となる調節因子として機能する酵素群に作用する(Braam and Davis, 1990)。

第33章 化学的周期性と生物学的周期性との関係

――形態と機能が従う原則はすべての組織レベルで同一である

（1）最初の決定因は内的なものである。すべての構成要素は内側から組み立てられている。エネルギーと物質はすでに素粒子へと実体化しているし、実体化し続けている。原子は電子を捕捉する核子［訳注：原子核を構成する陽子と中性子の総称］から生じ、その電子は周囲の軌道の中で互いに関係を持つようになる。結晶は、種となる中心点として機能する原子が核となって成長する。DNAが複製するのは、最初のプライマー分子が利用可能な時である。多細胞生物は、中心として機能する最初の受精卵一個から発生し、その生物の大量の細胞はその中心に由来する。

（2）自己集積は、さらに複雑な要素の産出に関連するメカニズムである。

素粒子には、自発的に自身を組織化する能力が備わっている。原子と高分子は、内的かつ自発的に組み立てられる。細胞レベルの場合、詳細に研究されてきたリボソームは単離状態にあるタンパク質と核酸から自動的に自己集積する

(Nomura, 1977; Röhl and Nierhaus, 1982; Sprin, 1986)。ウイルスは、ばらばらの構成要素である高分子から自己集積して、感染力を持つ粒子となる(Fraenkel-Conrat, 1962; Mindich et al., 1982)。細胞も、化学的なレセプターとメッセンジャーを利用して、組織や器官へと自己集積する能力を持っている。ヒドラの場合のように、離散した細胞から完全な生物へと自己集積できるものがいる(Bonner, 1952; Gierer, 1974)。ばらばらの細胞を自己集積させることで、ヒトの皮膚がつくり出されている(Dubertret et al., 1987)(表1)。

(3)素粒子と原子の調和は、自己集積の中で支配的となる経路を決定する。

クォークと反クォークが中間子を形成する場合のように、素粒子が自己集積する時には、その対称性とエネルギーがどのようなものが形成されるかを支配する。

リボソームを構成する五三のタンパク質を分離して自己集積させる時、その自己集積は一定の順序に従う。さらに、タンパク質の付加は、次のタンパク質との結合を促進する(Nomura, 1977)。これは、タマホコリカビ *Dictyostelium* という粘菌の細胞の自己集積の場合にもあてはまる。ばらばらになった細胞はアクラシンと呼ばれるメッセンジャー物質を分泌し、そのアクラシンは他の細胞の表面のレセプタータンパク質によって認識される。新たにつくり出される生物の中の様々な細胞が果たす機能は、集団の秩序によって決まる(Sussman, 1964; Bonner, 1983)。

(4)自己離散とは、自己組織化された構造と機能の崩壊と破壊につながる反作用的なプロセスである。

素粒子は他の粒子へと崩壊する。原子レベルで見られる同様の現象は、放射能という名前でよく知られており、そこでは原子が素粒子を放出して崩壊する。溶液中における結晶成長は自己集積と自己離散が同時に進行するプロセスである(Pauling, 1987)。DNAは自己集積する分子であるが、加熱されると崩壊する分子でもある。つまり、二重らせんの二本の鎖が互いに分離する。これは可逆的なプロセスである(Watson et al., 1987)。タンパク質は、インスリン前駆体が例示しているように、特定の機能を持つ小さなポリペプチド鎖に分解する(de Duve, 1984b)。細胞は組織へと自

レベル	例	参考文献
素粒子	中間子はクォークと反クォークが結合した結果である。	Pagels, 1982
原子	陽子、中性子、電子は原子へと自己集積する。	Pitt, 1988
結晶	原子は、イオン結合、共有結合、金属結合、分子間結合によって結晶へと自己集積する。	Jaffe, 1988
タンパク質	アスパラギン酸アミノ基転移酵素:12のばらばらな単位から、酵素を再構成することができる。	Bothwell and Schachman, 1974
膜	卵の無細胞抽出液から、核膜が自己集積する。	Dabauvalle et al., 1991
リボソーム	リボソームの3つのRNAと53のタンパク質を分離しても、活性のある粒子へと再集合する。正確な自己集積のための情報は分子構造の中に存在している。	Spirin, 1986
ヌクレオソーム	精製したDNAとヒストンが、ヌクレオソームと呼ばれる染色体にとって重要な構成要素へと自己集積する。	Oudet et al., 1975
ウイルス	タバコモザイクウイルスのRNAとタンパク質を分離しても、自己集積して感染力を持つウイルスを生む。	Mindich et al., 1982
生物	離散したアメーバ(*Dictyostelium discoideum*)の自己集積は完全な粘菌を生む。	Bonner, 1983
生物	ヒドラは、そのばらばらな細胞から自己集積することができる。	Gierer, 1974
生物	海産のカイメンは分離後、その細胞から生物全体を生じる。	Müller et al., 1976
哺乳類の器官	離散した肝臓の細胞を組織培養すると、自己集積する。結果として生じる肝臓は、その機能を再び獲得する。	Moscona, 1959
哺乳類の器官	ラットの生殖巣細胞をばらばらにしても、精巣と卵巣に再組織化する。	Ohno et al., 1978
ヒトの組織	ばらばらの細胞を自己集積させることでヒトの皮膚がつくられている。	Dubertret et al., 1987
ヒトの器官	ヒトの毛細血管の内皮細胞を組織培養すると、毛細血管へと自己集積する。	Folkman and Haudenschild, 1980

表1　自己集積は素粒子から生物にまで広がる

己集積するが、様々な化学物質の影響下では解離することもある。このことは、胚発生中は一般的な出来事である(Moscona and Hausman, 1977)。生物が避けることのできない死という現象は、細胞の解離という結果に直結している。

(5) 組み合わせの安定性と永続性は、主にエネルギーレベルが支配している。

素粒子の中でも長く存在するのは二〇種のみで、そのうち安定なのは四種(光子、電子、ニュートリノ、陽子)である。中性子が安定なのは原子核に結合した時だけである。エネルギー状態が安定性の支配要因なのだ(Pitt, 1988)。鉱物の場合、結晶の安定性は化学結合によって支配され、その化学結合を媒介しているのは結晶を構成する原子中の電子である(Jaffe, 1988)。ヒトのような高等生物の安定性は、食物を通じて得られるエネルギー量に完全に依存している。このエネルギー源をとり去ると即座に崩壊と破壊へとつながる。哺乳類の細胞培養では、そのレセプタータンパク質のエネルギー状態を変化させる化学物質によって、細胞を自己集積させたり自己離散させたりすることができる(Alberts et al., 1983)。

生物の進化で最も頻繁に見られる形と機能や、発生の間に支配的になる形と機能は、エネルギー的には最も安定なはずである。核酸がとりうる配座の数と種類は、ポテンシャルエネルギーの閾値によって制限されている。原子の回転が制限されるとともに、それに依存して、生じうる分子構造の変化の種類も制限される(Saenger, 1988)。

(6) 外部環境からどのような素粒子と原子がとり入れられるかは、内的なプロセスが決定する。

素粒子は、内的なエネルギー状態と分子の基本的な構成要素の対称性に従って、外部環境からとり入れられる。たとえば、水に独特な性質を広い意味で考えてみよ。そのような性質は細胞構造の基本的な決定要因である。単純な事実として、水に溶解している分子や溶解することのできる分子は細胞の進化に関与することができる。その一つの特徴として、細胞中における水の濃度はＤＮＡの構造を決定する(Rich et al., 1984)。光子などの素粒子の吸収は細胞の内部構造が決定する。植物細胞中の葉緑体は、葉に届く光子の数が少ない時には葉の表面側の細胞膜に沿って並ぶが、光が強くなると細胞の両側の壁へと移動する。葉緑体が吸収する光子の量を葉緑体の移動によって調節できるのだ(Denffer et al., 1971; Björkman, 1992)。哺乳類の細胞は、それが培養のものであれ*in vivo*(生体内)のものであれ、有害な化学物質にさらされた時には特定の遺伝子の数を増加させて反応し(増幅)、その有毒物質の細胞内への侵入を最小限に抑えたりブロックしたりする(Shark et al., 1990)。この事実は、葉緑体の場合と同じように見過ごすことはできない。

生物の周期性は、化学レベルの周期性の特徴を継承してきた

化学元素の周期性という概念につながったのは、当初は構造上の関係はないと思われた原子同士に突如同一の性質が見られるという発見と、そういった性質は規則正しい間隔であらわれるという発見である。原子量に従って元素を並べてみると、特徴的な性質が周期的にあらわれる。その例は、二、一〇、一八、三六、五四、八六という原子量の希ガス元素によって示されている。周期表に含まれている代表的な配列は、八つの元素からなる短い周期が二つと一八の元素からなる長い二つの周期で、そのあとに三二の元素の非常に長い周期が続いている(Pauling, 1949; Greenwood and Earnshaw, 1989)。

化学的な周期性の特徴をいくつか次に挙げる。

❶――同じ性質が繰り返される。

❷――その性質は比較的規則正しい間隔であらわれる。

❸――周期性は当初、同一の性質を持つ元素との構造的な関係性が理解されないまま認識された。当時、似たような

特徴の反復を説明できるメカニズムは知られていなかった。

❹―部分的な関係しかない元素には、そのような性質はない。

❺―ある原子群を特徴づけているのは、一つの性質だけではなくて、似たような諸性質全体である。

❻―大きな元素群が、周期表にうまくあてはまらない別の一群を構成している。

❼―発光の秩序は完全なものではなく、つまり例外的な状況が存在する。

❽―単純な性質も複雑な性質も周期性を示している。

❾―構造の異なる原子でも、その周期的な性質は階層性に従って決定されている。

❿―非常に単純な原子にも、非常に複雑な原子と同じように周期性を見ることができる。

こういった特徴は、基本的に生物学的なレベルで類似していることがわかる。

(1)全く異なる集団で構造的機能的に似たような性質が出現しているように、同じ性質が反復している。

(2)その性質は比較的規則正しい間隔で出現している。これはたとえば飛行があてはまる。しかし、間隔の長さを特定するのはいまだに容易ではない。その主な理由は、現在のところ遺伝子の制御と組み換えを支配する主要なメカニズムが理解されていないという事実である。構造が異なる場合にはその間隔も異なっている可能性があり、それは機能が異なる場合でも同じであると予想される。

(3)同じ性質が備わっている原子の間には当初、はっきりとした構造上の関係はなかった。それが明らかになったのは、その電子軌道が決定されてからである。これは、現在の生物学的なレベルの場合にもあてはまる。鍵となる原子に備わるどのような電子軌道が原因となって、異なる分子(タンパク質やその他の分子)の擬態を生み出し、そのことで同じ構造と機能の組み合わせを生んでいるのかは、まだ明らかになっていない。

(4)周期表の中で近接する化学元素の性質は異なっている。これはたとえば、II族の隣にあるI族の元素にあてはまる。状況は軟体動物の視覚の場合に似ていて、軟体動物の場合、オウムガイ*Nautilus*とタコ*Octopus*のように同じ綱で隣り合う近縁種に備わっているのが、動物界で知られている最も単純な眼と最も複雑な眼なのだ。

(5)周期表中の原子群に備わるのは、すべての性質のセットである。アルカリ金属(I族)は、(i)反応性に富み、(ii)柔らかい金属で、(iii)融点が低い。アルカリ土類金属(II族)はI族の隣に位置しているが、そこに備わるのはまた別の性質群である。それはアルカリ金属(I族)よりも、(i)反応性が低くて、(ii)より硬く、(iii)融点が高い。同じことは生物の性質にもあてはまる。羽そのものがコウモリや昆虫を飛行させることはない。飛行の周期性が実現するのは、適切な関節、筋肉、血流、エネルギー源、脳による調整が存在する時に限られる。

(6)ランタノイドあるいは「希土類元素」(原子番号が五八〜七一)には似たような性質が備わり、ランタン系列が構成される。アクチノイドあるいは「ウラン金属」(原子番号九〇〜一〇三)も似たような性質を持ち、アクチニウム系列を形成している。ランタノイドの外観は銀色で、金属の典型的な最密充填配列を取る。その化学的な性質は+3価の酸化状態に支配され、非常に反応性の高い金属である。アクチノイドもまた銀色で、金属の典型的な最密充填配列を取る。その化学的な性質は類似して、+3価の酸化状態に支配され、ほとんどの非金属と反応する。両系列とも空気中では錆びてしまう(第1章の図1 p.027)。この二つの系列は周期表の中では別枠でとり扱われていて、その元素群は並列に並べられているが、それらが共通の性質を持っていることがその理由である。たとえばセリウム(Ce)はトリウム(Th)に似た性質を持っている。この類似性は一四種の元素にまで及ぶ。ここで有胎盤類と有袋類を考えてみよう。彼らにはこの二系列の化学元素に似たような関係を見ることができる。これらの哺乳類は二つの平行な動物種系列を形成するのだ。彼らは生物の進化では別の事象なのにである。際立った事実は、彼らには同じ特徴の等価性を見ることができ、その結果、二つの系列に実質的に類似した種が生じているということにある。有胎盤類にも有袋類にも、哺乳類の特徴は備わっている。しかし、それぞれの生物群にはそれぞれに特有の性質がある。すべての有胎盤類には共通の性質があるし（たとえば胎盤）、ほとんどの有袋類にも共有の性質がある（たとえば育児嚢）。しかし彼らにも、二つの原子群の場合と同じように、両系列で完全に一致した動物種も含まれている。それは、サーベルキャット、ライオン、ネズミ、モグラなどである（表2）。

（7）現在のところ、生物学的周期性の規則性は部分的なものであるように思える。これは予想外のことではない。似たような性質を持つ化学物質の配列は、周期表の中に空欄を残すことでのみ可能であった。いくつかの原子は見つかっていないだけだと考えられた。このことは周期表の最初の利点であった。こういった例外の認識は、のちになって発見されることになる未発見の元素の予想へとつながったし、実際に予想はおこなわれている。もっとたくさんの化石種が発見され、遺伝子操作の助けを借りることで新たな生物がつくり出されると、生物の周期性はより理解されるようになり、もっとはっきりとしたパターンが次第にあらわれることだろう。しかし、原子の場合と同様に、生物の周期性が完全に規則的であると期待すべきではない。

（8）元素が持つ最も特徴的な性質は、その原子価である。これは単純な性質である。結合の種類のように複雑な性質もある。どちらにも周期的な傾向は見られる。生物の周期性は、発光現象のような単純な性質だけでなく（それはすでに鉱物にも見られる）、最も複雑な体の機能として考えることができる脳の機能に依存した飛行の場合にも明らかである。

（9）化学元素の性質が決まる際には、原子核の周囲の電子雲を形成するすべての電子が等しく重要なわけではない。原子の化学的な性質を決定する主要な要因は外殻の電子である。同じことは生物にも言える。細胞に含まれるすべての分子が等しく重要なわけではない。その主要な機能は核酸とタンパク質によって決定される。さらに、重要な要素

	機能						
	生物発光	無脊椎動物の発達した視覚	胎盤	陰茎	水棲生活への回帰	飛行	高度な知能
一般的に組織が複雑な順	発光細菌	立方クラゲ（刺胞動物）	有爪動物	扁形動物（ジョウチュウ）	淡水棲のマキガイ（腹足類）	昆虫	昆虫
	渦鞭虫類（原生動物）	マキガイ（軟体動物）	サメ[3]（魚類）	腹毛動物	淡水棲の昆虫	プテロサウルス（爬虫類）	頭足類（軟体動物）
	頭足類（軟体動物）	ホタテガイ（軟体動物）	両生類	鉤頭動物	ステレオスポンダイル（水棲の両生類）	硬骨魚類（魚類）	哺乳類
	ホタル	頭足類（軟体動物）	爬虫類	顎口動物	イクチオサウルス（水棲の爬虫類）	鳥類	
	コウチュウ（昆虫）	ウキゴカイ（環形動物）	硬骨魚類（魚類）	マキガイ綱（腹足類）	プレシオサウルス（水棲の爬虫類）	コウモリ	
	ヒトデ（棘皮動物）	エビ[2]（甲殻類）	顕花植物[5]	フジツボ目（蔓脚類）			
	魚類[1]	ヨコエビ[2]（甲殻類）	有胎盤哺乳類	有袋類	アザラシ（主に水棲の哺乳類）		
		アミメカゲロウ（脈翅類）（昆虫類[2]）		有胎盤類	カバ（主に水棲の哺乳類）		

有胎盤類系列[4]

サーベルタイガー	ライオン	ハイエナ	カワウソ	オオカミ	ネコ	ネズミ	モモンガ	ヒヨケザル	モグラ	トガリネズミ	アリクイ	サイ	イノシシ
Smilodon	*Panthera*	*Crocuta*	*Lutra*	*Canis*	*Felis*	*Mus*	*Anomalu-rus*	*Cynoce-phalus*	*Talpa*	*Sorex*	*Tamandua*	*Diceros*	*Sus*

有袋類系列

サーベルタイガー	ライオン	ハイエナ	オポッサム	オオカミ	ネコ	ネズミ	フクロムササビ	フクロモモンガ	モグラ	ファスコゲール	フクロアリクイ	サイ	ブタアシバンディクート
Thylaco-smilus	*Thylaco-leo*	*Borhya-ena*	*Chiro-nectes*	*Thylaci-nus*	*Sarco-philus*	*Darcy-cercus*	*Petau-roides*	*Petaurus*	*Notoryc-tes*	*Phasco-gale*	*Myrmeco-bius*	*Diproto-don*	*Chaero-pus*

注：詰め込みすぎるのを避けるため、この表には次の制約を課してある。

❶生物発光の分布は第6章の表1（p.091）に示してある。ここには最も顕著なグループのみを示した。

❷発達した眼を持つのは数種のエビとヨコエビのみである。アミメカゲロウは一例として示したにすぎず、その他の目の昆虫も発達した眼を持っている。

❸胎盤などのいくつかの機能は、グループ中のいくつかの種にのみ存在している。詳細は文中に示してある。

❹有胎盤類と有袋類の間の等価性を平行な2つの系列としてあらわしてある。その平行関係が、ランタン系列とアクチニウム系列（第1章、表1）という化学元素のものと同じであるためである。化学的なレベルでも生物学的なレベルでも、それぞれの系列の要素には共通の特徴が備わっているが、それらには厳密な対応関係を持つ両系統に共通する性質を見ることができる。

❺顕花植物は、魚類、両生類、爬虫類よりも複雑ではないが、表中ではそれらよりもあとに示してある。というのも、顕花植物はそれらの確立よりもあとに出現したためである。

❻高度な知能の例として挙げたのは、少数に限定してある。その他にも、表につけ加えることができるものが存在している。

表2　機能の周期表

なのは核酸に含まれている塩基である。細胞に見られる階層構造は、原子の中にすでに存在している。(10)周期性は原子や生物の複雑さに直接依存しているわけではない。原子は、水素の場合のように核内に一つの陽子しか持っていないこともあれば、ローレンシウムの場合のように一〇三もの陽子を持っていることもある。ヘリウムを考えてみよう。ヘリウムは二つの陽子を持っているが、その性質は五四の陽子を持っているキセノンと基本的には同じなのだ。同じことは動物の場合にも言える。動物のゲノムを構成するDNAは無脊椎動物だと少量であるが、ほとんどの脊椎動物では大量である。このように、繰り返し出現したとしてこれまで見てきた性質とDNA量との間にはっきりとした相関は存在しない。

主要な性質の系列は原子と生物の周期性とで共通しているという事実は、この二つのレベルの間に巨大なギャップが存在するにもかかわらず、その現象が維持されてきたことを示唆している。そのような証拠は自律進化という概念に信憑性を与えるものである。生物の進化の方向は、その自律進化に従って、原子レベルで生起した最初の変形プロセスが条件づけてきた(Lima-de-Faria, 1983, 1988)。

周期性を原子の性質の中で認識すると、最初はわかりにくくて真剣に考慮するにはあまりにも例外が多すぎる現象のように思われる。「オクターブの法則」に関するニューランズ(J. Newlands)の論文は、一八八三年に投稿されたが、それは却下され一笑に付された。当時、化学元素にそんな高度な秩序を見出すことができた化学者はほとんどいなかった(Pauling, 1949)。しかし、知識が増加するにつれて、周期性は化学的なプロセスのほとんどすべてを説明する中心的な現象として確立された(Sanderson, 1967)。現在に至っても、化学元素の周期表には依然、例外は存在している。それゆえ、生物の周期性を理解するのは困難であろうということと、見つかるのは明確さに欠ける集団とより多くの例外であろう、との予想は合理的である。

生物の周期性の要因である分子擬態は、電子構成の似る重要な原子が決めているのかもしれない

化学構成は異なるが、同じ形状で同じ晶系に属する結晶には、分子擬態を見ることができる。しかし、化学的な擬態はもっと初期のレベルつまり単一の原子に存在している。化学元素はその性質の類似性を基盤にして周期的な体系へと分類されてきたが、それを構成している陽子、中性子、電子の数は異なっている。このことの意義は、ある集団が似たような性質を持つ主要な原因は外殻に存在する電子の数である、ということにある(Jaffe, 1988)。これは、擬態は似たような電子的性質の産物である、ということを意味している。結晶形成におけるもっと複雑なレベルでは、単一の原子群がこの現象の要因となっていることがわかる。マグネシウムと鉄の炭酸塩は同一の結晶形状をなすが、そのパターンは分子中の炭酸塩が原因となって維持される。換言すれば、擬態の主要な要因は分子のある一部なのである。驚くべきことに、同じ状況は生物でも広く見ることができる。全く異なる高分子が同一のパターンや機能へとつながることがあるのだ。

六放射構造を持つ雪の結晶、中心の周辺に形成される硫ヒ鉄鉱の六つの結晶、六つの花弁を持つユリの花の花冠、六本の腕を持つヒトデ、放射状に配置した一二枚(2×6)の強膜輪の骨板を持つ爬虫類。これらはみな、異なる分子構成で内部に存在する似たような原子プロセスの表現型であろうと予想される。繰り返されるパターンの産出要因であるそのような特定の原子や鍵となる原子群は、「周期性中心(periodicity center)」とでも呼べるような分子を形成している(表3)。このことは、次の例を考えてみることでより深く理解されよう。六本の枝からなる水の結晶構造は、ヨードホルムのように全く異なる分子からもつくられる。このことは、生物の周期性に関するわれわれの理解にとって深遠な示唆をもたらしてくれる。明らかに、似たような形状や機能をもたらすために、全く同じ化学物質をつくり出す

必要はない。ヨードホルムは、水素、炭素、ヨウ素から構成されている。最初の二つの原子は、すべてのタンパク質に見られるものである。従って、植物や動物のタンパク質が、もっと単純な原子構成の化合物に存在するものと同じ性質をつくり出すことができるかもしれない、というのは驚くべきことではない。原子に見られる擬態は主に外殻に存在する電子の数によって決定されるために、互いを擬態する分子は「周期性中心」に、同じ数の外核電子を含む鍵原子を持っているはずだ、ということになる。

遺伝子は、以前の原子構成を擬態する特定の分子を生産することで、必然的に同一の構造パターンを再出現させる。エクソンとイントロンとの組み換えとRNAスプライシングの両者は、新しいタンパク質と古いタンパク質の出現へとつながる可能性がある。このことは、進化的なスケールにおける生物の位置とは無関係に、周期性を出現させうる主要メカニズムの一つを示している。

左右対称は、脊椎動物の体の進化を通じ、つまり魚からヒトに至るまで不変のままで維持された、という事実は、原子の秩序が生物進化を決めたという概念に合致する証拠である。左右対称は、原子の振る舞いを支配する規則の外では、決して永続しえなかったであろう。

第12章で指摘したように、動物や植物が無関係の生物に見られるような異なるDNA配列群を持っていることさえあるかもしれない。しかし、そんなに異なる遺伝子群でも、つくられたタンパク質(や、その他の分子)が似たような効果を持っている場合には、同じ構造や機能を生じることが可能だ。その一例が、ブドウ球菌のヌクレアーゼ、酵母のasp－tRNA合成酵素、コレラ様サイトトキシン、志賀様サイトトキシンという四つのタンパク質に見られる。そのアミノ酸配列に有意な類似性を見ることはできない。しかし、四つのタンパク質はすべて、たとえばオリゴヌクレオチドやオリゴ糖に結合するという同一の機能を持つ(Murzin, 1993)。

もう一つの例が一五種のタンパク質で見られる。これらのアミノ酸配列は全く異なっているのに、そのすべてがタ

	秩序正しく関係を持った要素の数								
	2	3	4	5	6	7	8	9	10
化学物質		環状メタケイ酸（3分子のSiO_4）	環状メタケイ酸（4分子のSiO_4）		環状メタケイ酸（6分子のSiO_4）		環状メタケイ酸（8分子のSiO_4）		
鉱物	硫銀ゲルマニウム鉱（左右相称の単一結晶）	硫銀ゲルマニウム鉱（3つの結晶、双晶）	十字石（十字形の双晶）	白鉄鉱（5つの結晶、双晶）	硫ヒ鉄鉱（6つの結晶、双晶）				
核酸					ポリ(dG-dC)・ポリ(dG-dC)（6つの要素）		D-DNA（8つの要素）	ポリ(A)（9つの要素）	B-DNA（10の要素）
花	ハクサンチドリ *Orchis morio*（左右相称の背側花弁）	サジオモダカ *Alisma plantago*（3枚の花弁）	イヌツゲ *Ilex aquifolium*（4枚の花弁）	バラ *Rosa pendulina*（5枚の花弁）	ツルボ *Scilla autumnalis*（6枚の花弁）	ホソバシャクヤク *Paeonia tenuifolia*（7枚の花弁）	ヨーロッパカエデ *Acer platanoides*（8枚の花弁）	シキミモドキ科 の1種 *Drimys winteri*（9枚の花弁）	トケイソウ *Passiflora caerulea*（10枚の苞葉）
果実	ヨーロッパカエデ *Acer platanoides*（2つの単位）	ベゴニア *Begonia*（3つの単位）	セイヨウクロウメモドキ *Rhamnus cathartica*（4つの単位）	グアバ *Psidium guajava*（5つの単位）	スターフルーツ *Damasonium alisma*（6つの単位）	ヤマゴボウ *Phytolacca clavigera*（7つの単位）	ダイウイキョウ *Illicium verum*（8つの単位）	マルクグラビア *Marcgravia nepenthoides*（9つの単位）	ゼニアオイ *Malva silvestris*（10の単位）
葉	イチョウ *Ginkgo biloba*（左右相称）	シロツメクサ *Trifolium repens*（3つの要素）	デンジソウ *Marsilea quadrifolia*（4つの要素）	ニゲラ *Nigella damascena*（5つの要素）		セイヨウトチノキ *Aesculus hippocastanum*（7つの要素）		ルピナス *Lupinus*（9つの要素）	ナスタチウム *Tropaeolum majus*（10の要素）
化石と現生のヒトデ	ヒトデのビピンナリア幼生（左右相称）	化石棘皮動物ウミツボミ綱（3本の腕）	化石棘皮動物ウミツボミ綱（4本の腕）	ヒトデ *Palmipes membranaceus*（5本の腕）	ヒトデ *Leptasterias hexactis*（6本の腕）	スナヒトデ *Luidia ciliaris*（7本の腕）		ヒトデ *Brisinga mediterranea*（9本の腕）	ニチリンヒトデ *Solaster papposus*（10本の腕）
その他の無脊椎動物	多くの無脊椎動物の体（左右相称）	棘皮動物ヨーロッパホンウニ *Echinus* のはさみ様構造（3つの要素）	ユウコウジョウチュウ *Taenia saginata*の頭部（4つの要素）	棘皮動物クモヒトデ *Ophionereis*（5本の腕）	腔腸動物ヤマトヒドラ *Hydra*（6本の触手）		原生動物 *Phractopelta tessatapsis*（8つの要素）	鉢虫綱ミズクラゲ *Aurelia*（9本の腕）	腔腸動物シロガヤ *Aglaophenia*（10本の触手）
脊椎動物	ほとんどの脊椎動物の体（左右相称）		ほとんどの脊椎動物の体（4本の肢）	ヤモリ *Gecko techadactylus*の足（5本の指、放射相称から左右相称）		化石爬虫類ウタツサウルス *Utatsusaurus*（7つの強膜輪骨板）		鞭毛軸糸（微小管からなる9本の周辺小管）	

注:空欄が示しているのは必ずしも、自然界にその数に関連したものが存在しないということではない。実際にないものもあるだろうが、単に数が少ないだけで、発見が困難であるにすぎないものもあるだろう。

表3　構造の周期表

ンパク質では最も標準的な特徴である八つのα－β－バレル構造を形成する。これは構造的な擬態の最も際立つケースである(Branden and Tooze, 1991)。

以上のことから、本質的には、もし似たような効果を持つ関連原子を含む分子の場合、「カーボンコピー」の出現が予想される。タンパク質に関してシュワベとトラヴァースが指摘した通り、大きく異なるアミノ酸配列からかなり似た構造が形成されうるし、生物の同一の機能には複数の構造的な解決策が存在する(Schwabe and Travers, 1993)。

──生物の周期性は一般的な規則に従う

こうした情報を集めてみることで、生物学的周期性という現象を包括的に図式化することができる。どのような性質を研究しようとも、周期性は同一のパターンに従う。このことから、生物の周期性の一般的な規則が形成され、それは次のように記すことができよう。形と機能の統合したパッケージは直近の祖先の主要な性質とは独立して生じ、生物の系統的な位置とは無関係に比較的規則正しい間隔をおいて繰り返し出現し、環境に広く見られる主たる要素と必ずしも直接的な関係を持つわけではない。

この規則には条件がある。

条件1：構造と機能の両者は、統合されたパッケージとしてあらわれる。このことはその二つが生化学的なカスケードの結果であるということを示しているが、それは特に、その二つが同時に出現して機能的な相互関係を持つ不可欠の構成要素であるためだ。

条件2：直近の祖先の性質は、周期性の出現と直接的な関係を持つわけではない。それにもかかわらず、その性質はその形成を促進させるようなものでなければならない。ある細胞と遺伝構成がその出現を促す傾向にある一方、そうでないものも存在する。

条件3：これまで見てきたほとんどの性質が繰り返し出現している、という規則性は印象的である。しかし、この現象に光があてられたのは最近になってからであるため、現在のところ間隔の長さを厳密に決めることはできない。間隔の長さは化学元素の段階ですでに様々であることから、このことは驚くまでもない。

条件4：系統学的な位置は、形と機能の出現を制限する要素ではない。しかし、出現する構造の複雑さには生物によって制限が課されている。原生生物は多細胞性の器官を生む位置にはいないが、いったん無脊椎動物の段階に到達すれば、少なくとも多くのケースでは複雑さに関する制限は消滅する。

条件5：内的な環境と外的な環境は必ずしも周期性の出現の決定的な要因ではないが、その一因としては働いている。たとえば、出現の引き金を引いたり、特定の方向へ導いたりすることはある。

化学元素の周期律は元来、次のように表現されていた。「元素の性質は、その原子量の周期的な関数である」(Greenwood and Earnshaw, 1989)。原子量はのちになって、原子を形成する陽子、中性子、電子の数と関連づけられた。生物の周期性に関する規則もこのように、単純化して再形式化できるだろう。生物の性質はその主要分子に含まれる原子構成の周期的な関数である。その性質は、最終的な分析では鍵となるその原子の外殻の中にある電子の数に依存している、と予想できる。このように、周期性は細胞中のすべての分子の構成に起因しているのだが、主に由来しているのは核酸とタンパク質の構成であると予想される。

第34章 周期性は、生物の新たな変形の予想へとつながる

そして生み出されるのは論理的な描写である。

——科学の予想は暫定的なものである

科学の予想は水晶球を通した予知とは違う。それは、特定のスキームに従って得られたデータの集合の所産である。

その用語の本来の意味でいえば、予想可能なものは何一つ存在しない。われわれは、利用することができる情報の断片を新しい方法で組み合わせて利用するだけである。そうやって前に進めた見解は、その時に利用できる証拠と技術を反映していて、将来の研究の暫定的なガイドラインとして考えられるにすぎないものである。

化学元素の周期性の確立は当初、未知の元素があったために困難であった。体系の中のこの「ブラックホール」の認識は、未知の元素が一〇種存在しているとの予言につながった。事実、それらはあとになって発見されたのだ。しかしその他にも予測されていなかったような元素も見つかっている。次々と発見された希ガスや多くのランタノイド元

素の存在を予言することは不可能だった(Greenwood and Earnshaw, 1989)。このように、原子の場合でさえその予言は限定的なものであった。生物学的なレベルで可能な予言はさらに少数であるし、生物の研究にはいまのところ予期できるよりももっと多くの驚嘆が存在するであろう、ということに疑問の余地はない。

医学、畜産業、農業で要望の大きい遺伝子操作は生物の変形へとつながる

一般的に、がんや重篤なウイルス感染のような病気をもっと効果的に治療する、という公的な需要がある。迅速に結果を得るための努力として、こういった分野には基礎研究や応用研究のための助成金が精力的に注がれている(Varmus, 1988)。AIDSの研究はその最適な例であろう。それに加えて、自然環境の破壊が多国籍企業の研究を畜産業と農業へと向かわせている(Lichtenstein and Draper, 1986; Hiatt et al., 1989)。

遺伝子操作と遺伝子治療は、分子生物学の研究室では標準的な手法になってきている。目的とする遺伝子のDNA断片を特定の組織や器官をターゲットにして送り込むことは可能だし、その細胞の染色体に組み込むことで遺伝構成を予測どおりに変化させることができる(Palmiter and Brinster, 1986)。バイオテクノロジーは、ヒトの多くの病気を治療したり改善したりするための研究において、主要な武器として用いられはじめている。そしてそれはまた、有用な性質を新しい組み合わせで持つ動物種や植物種をつくるために向けられている(Van der Putten et al., 1985)。

われわれは、こういった問題の早急な解決を求めることによって、同時に生物学的な革命に通ずる道を開きつつある。このことは、ヒト、動物、植物の間の境界を定めにくくなるような、多生物社会の創造へとつながるだろう。単に、それらの生物群の間で遺伝子をやり取りするためだ。必然的に、思いもよらないような深刻な倫理的問題が生じることになる。驚くべきことかもしれないが、われわれはすでにこの革命の真っただ中にいる(Lima-de-Faria, 1991c; Lee, 1991)。

その一例として、無脊椎動物から顕花植物に移されたある遺伝子を挙げることができる。第6章で述べたように、生物発光は真正細菌から脊椎動物にわたる生物に見ることができる。しかし、哺乳類のように発光能を全く欠く綱もある。生物発光を示す顕花植物も知られてはいない。しかし、ホタルのように強力に発光する昆虫も数種存在している。ホタル *Photinus pyralis* のルシフェラーゼ遺伝子が、タバコ *Nicotiana tabacum* に組み込まれた。手短に説明すると、その遺伝子のDNAのクローンをプロモーターとプラスミドに結合させることで、タバコの実生に導入できるようになる。その遺伝子組み換え植物は発光能力を獲得し、光の放射は器官特異的で主に子葉に位置することとなった(Ow et al., 1986; Millar et al., 1992)。

遺伝子工学により、アザラシとクジラを再びつくり出すことができるかもしれない

アザラシとクジラはどちらも、流線型の体を持つ半水生あるいは完全水生の有胎盤哺乳類である。彼らは、水中に生息した祖先に由来しているのではなく、完全に陸生の動物を起源としている。クジラはシカ(有蹄類)の祖先に起源を持つと考えられている一方、アザラシはカワウソやイヌ(食肉類)の祖先に起源を持つと考えられている。この見解は、様々な研究から得られた証拠にもとづいているが、その中でもとりわけDNA-DNAハイブリダイゼーションの成果は大きい(Janvier, 1984; Macdonald, 1984; Arnason and Widegren, 1986)。

種(しゅ)の水への回帰というこの変化は新しい性質を大量に必要とはしなかった。哺乳類は誕生時に半仮死状態の期間を経る。ヒトとアザラシを用いておこなわれた研究が示すところによると、この二つの種では、利用可能な空気量が減少すると血流と心拍数が変化するが、そこには同一のホルモンが関与している(Lagerkrantz and Slotkin, 1986)。このメカニズムのおかげで、ヒトの幼児は出産が長びいても生き抜くことができるし、アザラシは五〇分を超えて水中に留ま

ることができるのだ。アザラシの流体力学的な体型もまた早くから、魚類だけではなくて水生の爬虫類にも生じていた。このように、陸生の有胎盤類の水生体型への変化はおそらく、比較的急速なプロセスであったのだろうが、それは、主要な構造的機能的解決法のいくつかが進化の初期段階ですでに利用することができたか、その時点でつくり出されたためであろう。クジラの最古の化石は現生種とそっくりだが、このことは変化が極めて急激であったことを示している。われわれはこのように、比較的急速な少数の遺伝子操作という手段によって、シカをクジラに変化させたり、イヌをアザラシに変化させたりするところにいるのかもしれない(Lima-de-Faria, 1988; 1991b)。

有袋類を水生に変える

有胎盤類と有袋類に見られる平行進化は周期性の印象的な一例であるが、その等価性は完全なものではない。有袋類には、アザラシもクジラも、あるいはそれに類する動物も存在しない。これは、周期表の真の「ブラックボックス」である。その理由の一つは、有袋類の誕生のタイミングなのかもしれない。有袋類は、胚発生の初期段階で誕生し、母体の育児嚢の中で発生を完了させる。このことから、水生生活には不可欠であるが有袋類に備わってはいない特徴である長期間にわたる仮死状態に耐える能力を欠いているのかもしれない。

しかし、カンガルーは泳ぎがうまい。さらに、ミズオポッサム(有袋類)は半水生で、有胎盤類のカワウソの体と同じ特徴が備わっている。ミズオポッサムは水中でその育児嚢を閉じるのに対し、カワウソは潜水する時にその耳と鼻孔を閉じる(Macdonald, 1984)。このことは、適切な遺伝子工学を用いることで有袋類のアザラシや有袋類のクジラをつくれる可能性を示唆している。

有袋類は滑空するが有袋類のコウモリは存在しない

フクロムササビ *Petauroides volans* やフクロモモンガ *Petaurus breviceps* のように、有袋類には滑空能力を持つものがいる。この両者には前足と後足の間に張られた皮膜が備わっている。彼らは、大陸モモンガやフィリピンヒヨケザルのような有胎盤種と同じくらい効率的に滑空するのだ。しかし有袋類には有胎盤類であるコウモリに匹敵するような飛行種は存在していない。このことは、この二つの集団の間の等価性におけるもう一つの「ブラックボックス」である。

滑空と飛行と間のギャップは当初はそれほど大きなものには思えないかもしれない。しかし飛行では新しい構造群と機能群が組み合わさっている。そこには、別の骨格、新しい関節、新しい筋肉、脳による調節、速やかに供給されなければならない大量のエネルギーの介入が必要とされる。しかし、遺伝子スプライシングやエクソンとイントロンの組み換えに関するさらに詳細な知識が得られることによって、有袋類のコウモリをつくり出す方法が生み出される、という可能性は排除されてはいない。

生物学的周期表の空欄を埋める

異なる哺乳類種間でおこなったDNA-DNAハイブリダイゼーションによって知られるようになったことだが、ヒトとコウモリには共通のDNA配列がある(McCarthy, 1969; King and Wilson, 1975; Davidson and Britten, 1979; Nagl, 1986; Lima-de-Faria et al., 1986; Loomis, 1988)。コウモリの翼は陸生種の体に単につけ加えられたのではない。それは次に挙げる二つの明瞭な事象によって示されている。(1)出現は急速で直接的であった。(2)飛行は、でたらめな生物学的事象ではなく、互いに関連する一連のプロセスの結果であると考えられる。これらには、相互に依存しあった構造群と機能群が完全なセットとして関与している。

ヒトの染色体とその他の哺乳類のDNA配列を決定するという米国科学アカデミーの決断は、ゲノム配列のマッピングに向けた前例のない国際的なとり組みへとつながっている(Roberts, 1988a and b)。酵母の三番染色体の完全なDNA配列はすでに明らかになっていて(Oliver et al., 1992)、ヒトのゲノム配列は予想よりも随分早く決定されそうである〔訳注：ヒトゲノム計画は二〇〇三年にすでに完了している〕。ヒトの二十一番染色体は、すでに完全に配列が決定されている(Chumakov et al., 1992)。これと同様に、コウモリのDNA配列が決定されれば、翼というパッケージの産出に関与している構造遺伝子と調節DNA配列が何であるのかを理解することが可能になるだろう、と考えるのは合理的である。

研究室では、人工的な酵母染色体がつくり出されているし、ヒトの遺伝子を運ぶ酵母染色体も得られている(Murray and Szostak, 1987; Burke et al., 1987)。ヒトの染色体の構造に関しては、近年その理解は急速に進み、ヒトの人工的な染色体の合成を主要な目標とする研究室もいくつか出てきている(Lima-de-Faria, 1991a)。コウモリとヒトの染色体構造に関する充分な知識にもとづいて遺伝子操作をおこなえば、翼を持ったヒトをつくり出すことは不可能ではないかもしれない。コウモリと、ヒトを含めた霊長類との関係は、分子レベルで精力的に研究されている最中である(Sarich, 1993)。

古生物学者たちが再三にわたり指摘してきたことだが、化石記録の中に多数存在する未解決の問題の要因は、遷移段階を示す生物の化石の欠如である。化石記録が示すもう一つの重要な側面は、硬質な部位を持つ動物門は約六億年前のカンブリア紀に突然出現した、ということである。それ以降には主要なボディプランはほとんど出現していないと考えられている。のちの進化は主に、この基本的テーマの変異から構成されているのだ(Levinton, 1992)。

結論としては、バイオテクノロジーは、周期性に関連する情報に導かれて、新しい集団の出現やその遷移段階に関与した生物に関する問題を明らかにするのに役立つといえよう。事態のそのような記述は、化石生物と現生生物の周期表に存在する空欄のいくつかを埋めることになるだろう。

第35章 まとめと結論

化学元素の性質が比較的規則正しい間隔で反復していることは、化学元素を原子量の小さい順に並べてみることで明らかになった。元素の周期表の確立へとつながったのは、この思いもよらない周期性だった。この現象を確立するのには一〇〇年以上が必要とされた。このことが最初に示唆されたのは一七七二年で、当時、ド・モルヴォーによって化学的に単純な物質の表が作成されている。その後、原子量は全く異なるものの、似たような性質を持つ元素がいろいろと記載された。メンデレーエフによる周期表の発表は、一八七一年を待たなければならなかった。その時彼は、自身で改良した原子表に欠けている六つの元素の存在を予想した。その元素はただちに発見され、結果として化学元素の規則正しい周期性が確立された。

しかし、その現象を説明するメカニズムは明らかになってはいなかった。再び、ボーアが原子構造に関する自身の理論にもとづいて周期表中の原子を記述した一九一三年と一九二二年まで待たなければならなかったのだ。性質の類似性をもたらしているのは主に、原子の外殻に存在する電子の数である。その周期性は特に、原子量がそれぞれ二、一〇、一八、三六、五四、八六であるヘリウム(He)、ネオン(Ne)、アルゴン(Ar)、クリプトン(Kr)、キセノン(Xe)で明確である。これらはみな希ガスであり、同じ性質が備わっている。ヘリウムは最も単純な原子の一つだし、ラドンは最も複雑な原子の一つなのにそうなのである。最も重要な発見は、原子の複雑さの程度にかかわらず同一の性質が繰り返される、ということである。ある性質の反復を示す周期長は、化学元素が二から三二の間で変化しうる。化学的な周期性は最も実りの多い発見であって、そのために、今日の化学で遭遇する多くの現象を説明できるようになっていることがわかる。現在になっても依然、周期表には簡単には説明できない例外が存在している。最も規則的な現象にも逸脱する要素は存在しているが、そうでなければ、進化が起こることはなかったであろう。

元素の周期性は、鉱物の性質の周期性を決定してきた。電子の支配は、原子の振る舞いだけではなく、原子がいかにして鉱物へとまとめられるかにまで及んだ。そのために、周期性が次のレベルの組織へと受け継がれた。構造のこの周期性は、関係のない化学要素が同一の晶系で結晶化することから明らかである。つまり、クラスの異なる鉱物で同一のパターンが再現するのだ。さらに、発光現象など鉱物に備わる同一の原始機能は、化学的な構成が異なる鉱物にも存在している。このように、構造的機能的な周期性の一次的な形式はすでに、この中間的なレベルの組織でも明らかである。

細胞を形成する原子は鉱物中に存在する原子と同一のもので、その多くの供給源は鉱物以外ないのだから、生物学的レベルに周期性が存在しているということは驚くまでもない。細胞は、鉄、マグネシウム、亜鉛、コバルトに対する遺伝コードを持ってはいない。それにもかかわらず、こういった元素は、ヘモグロビン中の鉄、クロロフィル中のマグネシウム、遺伝子調節タンパク質中の亜鉛、ビタミンB_{12}中のコバルトのように、細胞中で活性を持つ多くの高分子の不可欠な一部なのである。こういった分子の主要な機能をつかさどっているのは、分子に含まれているアミノ酸の長い鎖でもその他の分子でもなくて、鉱物に由来するこういった単一の原子なのである。同様に特記に値することとして、細胞中に存在する個々の原子は、鉱物中での性質や原始的な元素として持っている性質を維持している。

生物の周期性の特徴は、進化過程を通じて複雑になるにつれて、ある性質群が比較的規則正しい間隔で思いもかけず同じように再現されるところにある。その一例が飛行である。この機能は昆虫に起源を持つが、その他の無脊椎動物群にはあらわれることがなく、化石種の爬虫類に再現し、のちに鳥類で確立されている。それはまた、ある種の魚類に生じ、最終的にはコウモリに突然再現したが、その他の哺乳類の綱にあらわれることはなかった。周期性は、数百万年にもわたる進化の間で多くの種には欠けていた機能が突如出現することを明確に示している。遠く離れた無脊椎動物群に属している生物が、ヒトのような最も発達した哺乳類に見られるものと同一の機能を持っていることがあるが、両者の間には、それに対応する性質を持たない種が大量に存在している。

生物でも、化学元素と同様に一つの性質だけではなくて、統合されたいくつかの性質群全体が繰り返されている。飛行は羽の機能のみの産物ではなく、高度に統合された一連の機能と構造の産物として出現する。このことは、昆虫の飛行をコウモリの飛行と比較することで明らかにできる。この二つは、関与する組織と器官が異なっているにもかかわらず、著しく類似している。(1)飛行する動物の体は流線型である。(2)鳥類の羽毛と昆虫の剛毛は、体表面を滑らかにしている。(3)羽は、どちらの場合でも、重心の上に位置している。(4)鳥類の翼の骨は中空で、昆虫の翅の骨格部には気管が存在する。(5)どちらの羽の動作にも、特殊な筋肉が関与している。(6)どちらの生物群にも関節があり、そうでなければ羽をたたむことはできない。(7)昆虫と鳥類の両者は、グリコーゲンに由来する大量のエネルギーを使う。(8)鳥類と昆虫には気嚢が存在し、空気流を持続的に供給している。(9)飛行速度は、鳥類の場合には鼻孔で感知され、昆虫の場合には頭部の毛と触角で感知される。(10)鳥類と昆虫は、非常に複雑な飛行を用いる。(11)飛行プロセスでは、視覚、バランス、筋肉動作を通じて、神経系が主要な役割を担っている。このリストはさらに拡張できよう。飛行能を持つ爬虫類、魚類、コウモリでは、似たような解決策がつくられ、そのことがこの機能の再現へとつながってきた。

その他のいくつかの機能にも同じように周期的な出現を見ることができ、そこにも統合された組織と器官のパッケージが関与している。(1)無脊椎動物における複雑な視覚器官の形成は、立方クラゲのような単純な生物にも見られるし、頭足類では最も高度な形式を獲得している。(2)胎盤形成は、すでに有爪動物のような無脊椎動物でも見ることができるし、魚類、両生類、爬虫類にも再びあらわれて、最終的には有胎盤哺乳類で確立された。(4)陰茎の機能は、ヒトの場合と同様に、初期の無脊椎動物やその他の生物群で非常に発達している。(5)水生生活への回帰は、植物、無脊椎動物、哺乳類に関連する特徴である。(6)有胎盤哺乳類には、有袋類の構造的で生理的な一連の「カーボンコピー」が生じている。(7)高等な知能は隔たった生物群に生じている。

進化プロセスを通じた機能のこのような反復はいくつかの特徴を共有していて、そういった特徴が生物学的な周期性の確立へとつながった。その特徴を次に挙げる。(1)非常に単純な眼と非常に複雑な眼を持つ種が存在する軟体動物のケースように、機能は必ずしも直近の祖先や近縁種に見られるわけではない。(2)その出現は、中間的な形をともなうことがほとんどないか、あるいは全く突然である(たとえば、コウモリの飛行の出現)。(3)非常に隔たった生物群でさえ、このような性質群は基本的に同一である(たとえば、無脊椎動物と哺乳類の水への回帰)。(4)それは非常にはっきりとした限定的な生物群にあらわれる傾向がある(たとえば生物発光は、魚類には見られるが、その他の脊椎動物には見られない)。(5)それは比較的規則正しい間隔で生じるが、その間隔の長さは化学元素の場合ですでに見られたように様々である。(6)ある機能に見られる複雑さの度合いは、必ずしも生物の複雑さの程度とは関連しない(たとえば、昆虫の翅は一対か二対である一方、鳥類の場合は一対のみである)。(7)一般的な環境との必然的な関係は存在しない。いくつかのケースでは、環境が機能の再現の引き金になっている可能性があるが(水環境の場合)、正反対の状況を示す場合もある(たとえば、空中を飛行する魚類)。(8)全く異なる組織から、同じ器官が形成されることがある(たとえば、関係ないような細胞を起源とする胎盤がある)。(9)こういった機能のうちのいくつかでは、その出現がホルモンのカスケードによって決まっているということがよくわかっている。(10)こういった機能の中には、真正細菌のような非常に単純な生物へとさかのぼるだけではなく、鉱物にもすでに存在しているものがある(たとえば、発光現象)。(11)新しい構造や機能をつくるためには、必ずしも遺伝構成を変化させる必要はない。これはたとえば、同一の植物の様々な部位が流体力学的な形になって機能が変化する場合や、同一のウニ個体で左右相称から放射相称へと変形する場合に見られる。(12)同一の生物群内部において、ある機能が一度ならずも、二度三度と再現した(たとえば、滑空する有袋類)。(13)周期性を示す生物の機能には、単純なものも複雑なものもある。発光現象は最も単純なものの一つであり、知能は最も複雑なものの一つである。

動物学者たちは、昆虫の翅と鳥類の翼を相同ではないと考えてきた。この二つの構造は無関係と思えるほど異なっている、というのがその理由である。ショウジョウバエ*Drosophila*とニワトリの胚発生を遺伝学的に分析してみた結果、ハエとニワトリの羽の構造を決定しているのは同じ遺伝子であることが明らかになっている。さらに、この遺伝子を分子的に分析してみると、無脊椎動物でも脊椎動物でも、染色体上では同じ位置にあることが明らかになった。このように、それが似たようなDNA配列の規則正しい発現の産物であることから、相似は相同へと変化した。

同じことは無脊椎動物とヒトの眼に関してもいえる、ということが明らかになった。数千もの個眼からなる昆虫の複眼とヒトの眼を形づくる単一の球状構造の間には、遺伝的なレベルでの関係は存在しないと信じられていた。しかし、最近のショウジョウバエ、蠕虫(環形動物など)、頭足類、マウス、ヒトを使った遺伝的な分析によって、この場合も同一の遺伝子がすべての後生動物の眼の形成を担っている、ということが明らかになっている。その遺伝子のDNA配列は、そのタンパク質とともに分析されて、蠕虫からヒトにわたる眼の形成の基本的な類似性が確立された。

機能を構造から分離することができないのと同様、構造を機能から分離することはできない。物質とエネルギーのように、それらは同一の現象の両面なのだ。それらは単純化のために別々にとり扱われているにすぎない。周期性は、植物と動物で見られる諸形状でもさらに明白で、その形状はもっと前から結晶に存在していたものが拡張されたものであることがわかった。様々な対称性と構成要素の配置が、生物レベルにそのまま受け継がれた。最近になるまで、この二つの組織レベルの間の著しい類似性は偶然であって、進化的な意義はないと考えられていた。鉱物と生物の諸形状は関係のある数学的変換に従うと大昔に記述されたが、こういった結論は不適当なものとして破棄されてしまった。その類似性の背後に存在するメカニズムをつかさどるとして正確に記述できる物質的基盤は存在していなかった。しかし、われわれが今日置かれている状況は異なっている。鉱物の分子擬態や細胞にとって最も重要な高分子の分子擬態を発見した結果として、諸形状の再現はいまや原子的な用語を用いて理解することができる。どちらのレベルにおいても、原子構成の全く異なる分子が同一の形状や機能を生じ、つまりそれは互いに擬態し合っている。その一例が、アミノ酸配列の全く異なる一五種のタンパク質である。そのすべては、八本鎖のα-βバレルというタンパク質の最も規則的な性質をつくる。もう一つの例は、アミノ酸配列は異なっているが、同様に機能するブドウ球菌のヌクレアーゼ群に見られる。分子擬態は、それが小さな分子でも大きな分子でも、同一の構造や機能の再現の鍵となる原子や特定の原子群の産物であることがわかる。これが意味しているのは、遺伝子構成の異なる生物でも、同一の解決策を突如生み出すことができるし、炭酸塩、セルロース、キチン、タンパク質のように、全く異なる分子が似たような形状を出現させることができる、ということである。このことは、次に例示するように、鉱物から生物へと受け継がれた対称性において明白である。

左右相称は次のケースで生じている。(1)鉱物の硫銀ゲルマニウム鉱。(2)ハクサンチドリ *Orchis morio*。(3)イチョウ *Ginkgo biloba* の葉。(4)セイヨウカジカエデ *Acer pseudoplatanus* の果実。(5)ヒトデの胚。(6)ヒトなどの脊椎動物の体。三放射相称が見られるのは次のケース。(1)金紅石結晶の結合体。(2)サジオモダカ *Alisma plantago-aquatica* の花。(3)シロツメクサ *Trifolium repens* の葉。(4)ベゴニア *Begonia* の果実。(5)ヨーロッパホンウニ *Echinus esculentus*

（棘皮動物）のペンチ様構造。四放射相称は次のケースに存在している。（1）十字石の結晶。（2）セイヨウヒイラギ *Ilex aquifolium* の花。（3）デンジソウ *Marsilea quadrifolia* の葉。（4）セイヨウクロウメモドキ *Rhamnus cathartica* の果実。（5）ユウコウジョウチュウ *Taenia saginata* の頭部。五放射相称は次のケースで見られる。（1）五つの白鉄鉱結晶の結合体。（2）カモメヅル *Cynanchum vincetoxicum* の花。（3）ニゲラ *Nigella damascena* の果実の羽毛状の葉。（4）グアバ *Psidium Guajava* の果実。（5）化石種のウニ *Archaeocidaris wortheni*。六放射相称は次のケースで観察される。（1）方鉛鉱の結晶。（2）ツルボ *Scilla autumnalis* の花。（3）スターフルーツ *Damasonium alisma* の果実。（4）ヤマトヒドラ *Hydra* の触手。（5）ヒトデ *Leptasterias hexactis* の腕。

生物と鉱物の構造は、同様の対称性を示すだけではなく、似たような規則で結合した要素からなる構成も持つ。その規則を次に挙げる。（1）ほとんどの場合、中心領域からいくつかの単位が放射している。（2）その長さは通常、同一である。（3）同じ形になる傾向がある。（4）同じ色になる傾向がある。（5）単位の数が増えると再構成へとつながり、単位間のすべての平均距離が同一に保たれる。（6）重要なのは、様々な対称性の間にある中間的な解決策は排除されているように思えるということであり、それはさらに、鉱物による方向づけが強力なものであることを示唆している。（7）あらゆるレベルの組織には、結合する単位の数に最適なものがある。ケイ素原子では六、水分子では六、花弁では五、ヒトデの腕では五、昆虫の脚では六、クモの脚では八、八放サンゴの触手では八、脊椎動物の肢では四。昆虫の種はその他のすべての生物を合わせたものよりも多く（一〇〇万種以上）、その四億二五〇〇年にわたる進化にもかかわらず、その六本脚から離脱することはなかった。これは、六放射構造に捕われている水の結晶と同じである。こういったデータは、原子の同様の秩序を続く組織レベルが継承した結果として構造の周期性が生じた、という見解を裏づけるものである。

最近、ヒトの体と花の形状は同じ遺伝子によって決定されていることが明らかにされた。それはホメオティック遺伝子群で、分子レベルで詳細にわたって分析した結果、無脊椎動物からヒト、顕花植物にまで保存されていることが明らかになった。こういった研究は、生物の対称性の出現を担っているように見える純粋な原子プロセスの理解へとわれわれを誘ってくれる。遺伝子は、鉱物の対称性をすでに決定してきた原子の秩序の伝達者であって、担体にすぎない。さらに、分子擬態が生じていることから、生物が同一の構造をつくるためには、同一の遺伝子を持っている必要さえない可能性がある。

もう一つ考察すべきなのは、周期性における胚発生の役割である。このことは、生物学的な多くの状況において発生と進化の間に明確な境界を設けることができない、という事実によって明らかにされる。このことを示す一例がセンモウヒラムシ*Trichoplax*である。この生物は、実は別の動物門の成体であることが発見されるまでは、腔腸動物の幼生であると考えられていた。生殖のはじまりがこの境界の人為的な性格を明るみに出す唯一の要素ではない。もっと重要なのは、この二つのプロセスの間には分子レベルでの違いは存在しないということである。複製、転写、分子認識で用いられている分子機構は、発生と進化で同一なのである。細胞には大量のＲＮＡと膜に隔てられた特殊な細胞小器官がいろいろと備わっていることから、細胞は区画を区切ってそれぞれで機能する分子群をつくり出すことができたはずである。しかし二つのプロセスには、細胞に含まれるあらゆる分子が関与している。変態と呼ばれているのは、個体の内部で生起している進化である。事実、同種の幼生でもトロコフォアなどは、環形動物、ユムシ動物、星口動物、軟体動物という四つの異なる動物門へと成長することができる。発生は、形態形成の似たような時期に生殖を導入することで周期性の確立に貢献している可能性がある。

周期性に関係あるメカニズムを明らかにするために考慮すべきなのは分子擬態と形態形成だけではなく、染色体レベルにおけるその他のプロセスも考慮しなければならない。分子細胞遺伝学と分子生物学のこの一〇年間の発展は非常に急速なもので、突如明らかになった遺伝現象の理解が困難なほどである。

ヒトのタンパク質は、太古、中世、近代という三つのクラスに分類できる。最後のクラスには、モザイクタンパク質という特に興味深いクラスが存在している。このタンパク質はイントロンとエクソンの組み換えの産物として見ることができる。つまりそれらは、DNAのコード領域と非コード領域が再編成して、分断遺伝子中でのその数と位置が変化することによってつくられる。低濃度リポタンパク質(LDL)レセプターがその一例である。その一八のエクソンを詳細に分析してみることで、それは他の分断遺伝子に由来するエクソンが集まった結果であることが示されている。これが意味しているのは、イントロンとエクソンの最初の組み合わせを再び繰り返すことで様々なタンパク質をつくり出すことができる、ということである。

タンパク質の進化に関連のあるもう一つのメカニズムは、選択的RNAスプライシングである。この種の再編成は細胞中のDNA量を変化させることがない。そのかわりに、メッセンジャーRNAに修正を加えるだけである。このケースの一つがミオシン重鎖遺伝子である。もう一つが収縮性タンパク質であって、そこでは三〇を超すエクソンあるいはエクソン群が複式でスプライシングされることが知られている。生物はこのように、異なるタンパク質をつくり出すために、その遺伝子構成を変化させる必要はない。

ネズミマクムシ*Trypanosoma brucei*は単細胞性の寄生虫だが、その細胞表面の糖タンパク質遺伝子のメッセンジャーRNAは、異なる染色体に位置する二つのDNA配列の情報から構成される。供与イントロンと受容体、そしてエクソンとイントロンとの結合を通じて、新しい組み合わせのメッセンジャーRNAが形成され、タンパク質へと翻訳される。このプロセスは、この原生生物がさらされている環境とは独立して内的に決定され、ネズミマクムシの変異率は一回の細胞分裂あたり約10^{-6}〜10^{-7}程度である。

統合された構造と機能のパッケージが繰り返し出現していることがいくつかの器官で見つかっているが、この出現に関連するメカニズムには明確にする必要があるものがもう一つある。分子と遺伝子の活性化カスケードは、現在のところは準備段階ながら、そのような生物学的プロセスを説明してくれる。エピネフリンとグルカゴンのようなホルモンは、肝細胞のグルコース生産を活性化する。しかしこの化学物質は、六つの中間的な反応が不可変な順序で互いに連鎖した最終産物である。このカスケードでは、すべての分子が正確な位置を占め、ほぼすべての段階に酵素触媒が関与している。そのカスケードは、最初の分子シグナルの増幅という結果も引き起こす。一つのホルモン分子がグルコース一億分子につながるのだ。血液凝固では、一〇種のタンパク質が決まった順序で生産される。しかし、この最適な例は、脳内にある下垂体前葉が生産するポリペプチドであるメラノコルチコトロピンである。このポリペプチドは、そのそれぞれがアミノ酸鎖である六つのホルモンへと分割されるが、その中でも最も小さいものはたった五つのペプチドから構成される。その分割は分子中の特定の位置で生じる。周期性の理解にとって重要なのは、そのようなホルモン群のそれぞれは全く異なる器官に作用するということである。(1)腎臓に隣接する副腎皮質を活性化する。(2)脂質の代謝に作用する。(3)皮膚細胞に影響する。(4)モルヒネに似た様式で脳機能に影響を及ぼす。そのプロセスは全体的に統合された一貫したものである、ということは驚くまでもない。一連のホルモンカスケードによって四つの異なる器官の機能に影響を及ぼす単一の分子にその起源があるからである。遺伝子活性のカスケードも同様に、細部にわたって研究がおこなわれてきた。体節化と細胞分化に関係する遺伝子の発現は、階層的かつ連続的に調節を受ける。このことによって、体の構造と機能にはさらなる秩序が与えられる。こういった結果をまとめると、翼の構造、血管系、筋肉、グリコーゲンに由来するエネルギー、脳によるコントロールが協動して相互作用する結果としての飛行など、周期的に繰り返し出現する現象を理解するのが容易になる。

細胞内のすべての要素は、自己集積の結果として内的に形成される。素粒子は、自身を自発的に組織化する能力を持っている。原子群と高分子の集合も内的で自発的なものである。ウイルスは、自身の核酸とタンパク質が組み合わさることで自己集積し、感染力を持つ粒子をつくり上げる。ほとんどの細胞小器官は、リボソーム、ヌクレオソーム、膜などの分子的要素から自己集積する。生物にも、ばらばらになった細胞から体全体へと自己集積するものがいる。その例が、ヒドラ、カイメン、粘菌である。ヒトの皮膚は、ばらばらの細胞が自己集積することによってつくり出されている。さらに、タンパク質と核酸の進化は、その原子構造が導いていることを示す証拠が増えてきている。

最初は驚くかもしれないが、生物の周期性は化学レベルの周期性の特徴を受け継いでいる。その二つのレベルの間にある大きなギャップは、最初の現象を消し去りはしなかった。生物学的周期性と化学的周期性は、一〇を下らない特徴を共有しているのだ。その理由は、実は単純である。われわれが細胞レベルでとり扱っているのは、物質形成の曙においてすでに存在していたのと同じ原子なのである。

核酸とタンパク質を構成している原子は周期表中でランダムに位置しているわけではない、ということは重要な発見である。DNAとRNAを形成しているのは、水素(H)、酸素(O)、炭素(C)、窒素(N)、リン(P)だけである。タンパク質であるポリペプチドは、H、O、C、N、S(硫黄)のみから構成されている。これらの原子には次のような特徴が備わっている。(1)それは少数である。(2)そのうちの四つは、核酸とタンパク質で同一である。(3)その六つの原子の周期表での位置は、ばらばらではなく、右側に限られている。(4)それらはすべて非金属である。(5)それらは実は、周期系においては「ニッチ」を占めている。こういった性質から、原子レベルの周期性がいかにして、細胞レベルを支配する重要な分子を方向づけてきたか、ということが明らかになる。このように、生物の周期性は偶発的な現象ではなく、原子の周期性をずっと前から決めてきた秩序と深く結びついている。

生物レベルの周期長を決めるのは現在のところ困難である。それは、胚発生や染色体の構造などの多くの生物現象を決定する分子メカニズムについて、未知なことが膨大なためである。ある動物群では、染色体の数でさえ全くわかっていない。周期長の決定には、様々な要素が関与している可能性がある。可能性があるのは原子、遺伝、環境である。周期長は単純な原子レベルですでに多様である。生物がより複雑になると、無秩序ではなく、より多くの変異が生じると予想される。その理由は、この二つのレベルを形成している原子は同じものであり、その結果として、その電子構造が生み出す基本的な解決策以外のものは許容されないからである。

このような情報から、生物の周期性の一般的な規則をつくることができる。統合された形と機能のパッケージは、直近の祖先の主要な性質からは独立して生物に生じ、その生物の系統的な位置とは無関係に比較的規則正しい間隔で反復し、その環境の主要な要素と直接的な関係を持つことは必ずしもない。

分子擬態が生じることによって、遺伝子構成の異なる生物でも同じ解決策を突如生み出すことができる。生物学的周期性の出現が依存しているのは、必ずしも同一の遺伝子を持っている生物ではなく、主に鍵となる同種の原子から諸分子をつくり出す能力なのである。

周期性という概念を確立することで、生物の新たな変形を予想できるようになるだろうし、進化において分子が持つ秩序の存在にもとづく実験を計画できるようになるだろう。

3. Leppik (1977), p. 69.
4. Leppik (1977), p. 69.
5. Leppik (1977), p. 69.
6. Heywood (1978), p. 266.
7. Tieghem and Costantin (1918b), p. 590.
8. Elvers (1965), p. 289.

Figure 29.1. 1. Perrier (1936), p. 88.
2. After Beaver (1967). From Raff and Kaufman (1983), p. 169.
3. After Beaver (1967). From Raff and Kaufman (1983), p. 169.
4. After Beaver (1967). From Raff and Kaufman (1983), p. 169.
5. Perrier (1936), p. 310.
6. After Osterud (1918). From Raff and Kaufman (1983), p. 168.

Figure 29.2. 1. Pierantoni (1944), p. 734.
2. Perrier (1936), p. 311.
3. After Gregory (1900). From Hyman (1955), p. 246.
4. From Hyman (1955), p. 250.
5. From Hyman (1955), p. 252.
6. After Perrier. From Grassé (1948), p. 241.

Figure 30.1. 1. Slijper (1936), p. 93.
2. After Hamann. From Grassé (1948), p. 133.
3. After Blanchard. From Galiano (1929), p. 270.
4. Woods (1937), p. 144.
5. Buchsbaum (1951), p. 93.
6. Hanson (1977), p. 295.

Figure 30.2. 1. After Stempell. From Galiano (1929), p. 201.
2. Buschbaum (1951), p. 122.
3. Rabaud (1934), p. 573.
4. Grassé (1948), p. 664.
5. Rabaud (1932), p. 41.
6. Carroll (1987), p. 76.

Figure 30.3. 1. Carroll (1987), p. 252.
2. Colbert (1980), p. 117.
3. Carroll (1987), p. 257.
4. Carroll (1987), p. 297.

Figure 30.4. 1. Dana (1955), p. 185.
2. Böhmer (1974), p. 29.
3. Goebel (1933), p. 1657.

Figure 30.5. 1., 2. Klein and Hurlbut (1985), p. 264.
3., 4. After Von Goethe (1820). From Gustafsson (1979), p. 243.
5. After Müller. From Dawydoff (1928), p. 723.
6. After Wilson, D.P. From Barnes (1980), p. 929.
7. After Kyle. From Cuenot (1932), p. 488.
8. After Mast. From Cuenot (1932), p. 506.

Figure 31.1. A.P. Pugsley (1989), p. 2.
Figure 31.2. B. Lewin (1983), pp. 321, 322.
Figure 31.3. Van der Ploeg (1990), pp. 75–77.
Figure 31.4. Blake et al. (1987), p. 928.
Figure 32.1. de Duve, C. (1984b), p. 232.
Figure 32.2. Blake et al. (1987), p. 926.
Figure 32.3. C. de Duve (1984b), p. 275.

Figure 26.4.
1. From Saenger (1988), p. 286.
2. After Arnott et al. (1974). From Saenger (1988), p. 278.
3. After Saenger et al. (1975). From Saenger (1988), p. 303.
4. After Arnott et al. (1981). From Saenger (1988), p. 262.
5. After Arnott and Hukins (1972). From Saenger (1988), p. 257.
6. After O'Brien and MacEwan (1970). From Saenger (1988), p. 281.
7. After Olson (1977). From Saenger (1988), p. 329.

Figure 28.1.
1. Cabrera (1937), p. 118.
2. Gola et al. (1943), p. 924.
3. Cabrera (1937), p. 118.
4. Heywood (1978), p. 270.
5. Cabrera (1937), p. 198.
6. Heywood (1978), p. 182.

Figure 28.2.
1. Dana (1955), p. 191.
2. Wettstein (1944), p. 867.
3. Dana (1955), p. 191.
4. Jussieu (1873), p. 577.
5. Cabrera (1937), p. 45.
6. Heywood (1978), p. 196.

Figure 28.3.
1. After Mann et al. (1991), p. 158.
2. From Bowman et al. (1992).
3. From Desautels (1968), p. 163.
4. From Heywood (1978), p. 99.
5. From Kullinger and Medenbach (1988), p. 26.
6. From Heywood (1978), p. 103.

Figure 28.4.
1. Bentley and Humphreys (1962), p. 206.
2. Eames and MacDaniels (1925), p. 234.
3. Bentley and Humphreys (1962), p. 202.
4. Eames and MacDaniels (1925), p. 234.
5. Rinne (1922), p. 90.
6. Tieghem and Costantin (1918a), p. 105.

Figure 28.5.
1. Wettstein (1944), p. 467.
2. Strasburger (1943), p. 647.
3. Palhinha and Cunha (1939), p. 561.
4. Heywood (1978), p. 47.
5. Jussieu (1873), p. 115.
6. Tieghem and Costantin (1918a), p. 359.
7. Heywood (1978), p. 212.
8. Tieghem and Costantin (1918a), p. 361.

Figure 28.6.
1. Jussieu (1873), p. 399.
2. Wettstein (1944), p. 691.
3. Wettstein (1944), p. 788.
4. Wettstein (1944), p. 739.
5. Heywood (1978), p. 270.
6. Heywood (1978), p. 72.

Figure 28.7.
1. Wettstein (1944), p. 642.
2. Heywood (1978), p. 88.
3. Strasburger (1943), p. 604.
4. Wettstein (1944), p. 632.
5. Wettstein (1944), p. 694.
6. Wettstein (1944), p. 830.

Figure 28.8.
1. Dana (1955), p. 180.
2. Dana (1955), p. 185.

7. Romoser (1973), p. 354.

Figure 20.3.
1. Perrier (1936), p. 522.
2. Aron and Grassé (1939), p. 818.
3. Romoser (1973), p. 361.
4. Aron and Grassé (1939), p. 820.
5. Romoser (1973), p. 371.
6. Romoser (1973), p. 363.
7. Romoser (1973), p. 363.

Figure 20.4.
1. After Dawydoff (1928). From Aron and Grassé (1939), p. 710.
2. After Dawydoff (1928). From Aron and Grassé (1939), p. 710.
3. Yung (1920), p. 146.
4., 6. After Dawydoff (1928). From Aron and Grassé (1939), p. 710.
5. Yung (1920), p. 140.
7. Yung (1920), p. 139.

Figure 21.1.
1. Perrier (1936), p. 498.
2. Perrier (1936), p. 498.
3. Perrier (1936), p. 490.
4. Perrier (1936), p. 513.
5. Romoser (1973), p. 351.
6. Pierantoni (1944), p. 643.

Figure 22.1.
1. After Hartmeyer. From Aron and Grassé (1939), p. 852.
2. Perrier (1936), p. 611.
3. After Delsman. From Prenant (1936), p. 41.
4. After Lohmann. From Pierantoni (1944), p. 766.
5. Rugh (1951), p. 158.
6. Olsson and Schumann (1945), p. 42.

Figure 22.2. From Curry-Lindahl and Tinggaard (1965), pp. 178, 179.

Figure 24.1.
1. Rinne (1922), p. 62.
2. After Nathansohn. From Maximov (1938), p. 128.
3. Cuénot (1932), p. 207.
4. Sandars (1937), p. 82.
5. After Schmalhausen (1949). From Pritchard (1986), p. 63.

Figure 24.2.
1. Klein and Hurlbut (1985), p. 267.
2. Wilson (1925), p. 1060.
3. After Bonnier. From Palhinha and Cunha (1939), p. 362.
4. After Brauer. From Cuénot (1932), p. 593.

Figure 24.3.
1. After Schnorr. From Rinne (1922), p. 117.
2. After Abonyi. From Bohn (1935), pp. IV-49.
3. After Stockard. From Buchsbaum (1951), p. 148.
4. After Keller. From Maximov (1938), p. 381.

Figure 24.4.
1. After Nassau (1980a and b). From Klein and Hurlbut (1985), p. 212.
2., 3. From Atkins (1987). Figure cis-retinal on page 147 and Figure of trans-retinal on page 148.
4., 5. Wigglesworth (1970), p. 97.
6. After Mast. From Veil (1938), p. 51.

Figure 25.1. Alberts et al. (1983), p. 474.

Figure 26.1.
1. Bentley and Humphreys (1962), p. 36.
2. Bentley and Humphreys (1962), p. 37.
3. Bentley and Humphreys (1962), p. 37.

Figure 26.2.
1. From Smalley (1991), p. 22.
2. From Hawkins et al. (1991), p. 313.
3. From Hawkins et al. (1991), p. 312.

Figure 26.3. Greenwood and Earnshaw (1989), p. 403.

Figure 15.3. 1. From Rinne (1922), p. 32.
2. After Lutman. From Palhinha and Cunha (1939), p. 481.
3. After Flemming (1881). From Wilson (1925), p. 125.
4. From Dana (1955).
5. From Palhinha and Cunha (1939), p. 396.
6. After Terni (1914). From Sharp (1934), p. 87.

Figure 15.4. 1. Klein and Hurlbut (1985), p. 34.
2. After Schorr (1957). From Eisenbeis and Wichard (1987), p. 276.
3. After Stratz. From Petrén (1964), p. 17.

Figure 15.5. 1. Rinne (1922), p. 105.
2. After Maksymowych (1973). From Dale (1982), p. 23.
3. McMahon and Bonner (1983), p. 52.

Figure 15.6. 1. Bentley and Humphreys (1962), pp. 184, 209.
2. After Heslop-Harrison and Heslop-Harrison (1958). From Dale (1982), p. 46.
3. After Glücksohn. From Weiss (1939), p. 65.

Figure 15.7. 1. Cabrera (1937), p. 122.
2. Medenbach and Sussieck-Fornefeld (1983), p. 132.
3. Raff and Kaufman (1983), p. 225.
4. After Spemann (1919). From Wilson (1925), p. 1054.
5. Frisch (1938), p. 321.
6. After Bateson (1894). From Darlington (1953), p. 259.

Figure 15.8. 1. After Pasteur (1857). From Blaringhem (1923), p. 53.
2. After Child. From Buchsbaum (1951), p. 146.
3. After Richters. From Aron and Grassé (1939), p. 233.
4. Weiss (1939), p. 472.

Figure 15.9. 1., 2. After Kern and Gindt (1958). From Klein and Hurlbut (1985), p. 98.
3. Jones (1934), p. 21.
4. Dale (1982), p. 30.
5. From Mintz and Illmensee (1975), p. 3586.

Figure 15.10. 1.–4. Klein and Hurlbut (1985), p. 376.
5.–7. Sinnott and Dunn (1939), p. 88.
8.–10. After Morgan (1928). From Sinnott and Dunn (1939), p. 48.

Figure 15.11. 1.–3. Klein and Hurlbut (1985), p. 330, p. 85.
4. Medenbach and Sussieck-Fornefeld (1983), pp. 128, 130.
5.–7. After Heribert-Nilsson (1918).
8.–10. After Wichler (1913). From Guyénot (1942), p. 518.

Figure 18.1. 1. After Escherich. From Bohn (1935), pp. IV-81.
2. After Regan. From Bohn (1934b), pp. VI-44.
3. After Baltzer. From Prenant (1935), p. 50.

Figure 20.1. 1. After Hemplelmann. From Pierantoni (1944), p. 513.
2. After Fraipont. From Barnes (1980), p. 494.
3. After Baltzer. From Dawydoff (1928), p. 173.
4. After Greef. From Yung (1920), p. 262.
5. After Gerould. From Dawydoff (1928), p. 317.
6. After Keferstein. From Hertwig (1928), p. 311.
7. After Wilson. From Dawydoff (1928), p. 696.
8. Pierantoni (1944), p. 695.

Figure 20.2. 1. After Berlese. From Aron and Grassé (1939), p. 817.
2. Perrier (1936), p. 487.
3. Perrier (1936), p. 487.
4. Romoser (1973), p. 349.
5. Romoser (1973), p. 349.
6. Romoser (1973), p. 354.

Figure 10.1. Wells (1983), p. 337.
Figure 10.2. Pope (1986), p. 53.
Figure 11.1. 1. Vainshtein et al. (1982), p. 6.
2. After Cruickshank (1961), from Saenger (1988), p. 85.
Figure 11.2. After Benfy (1964), from Jaffe (1988), p. 11.
Figure 11.3. 1. From Klein and Hurlbut (1985), p. 314.
2. From Klein and Hurlbut (1985), p. 314.
3. From Klein and Hurlbut (1985), p. 409.
4. From Klein and Hurlbut (1985), p. 407. After F. Liebau (1959), *Acta Crystallographica*, vol. 12, p. 180.
Figure 12.1. 1. Pauling (1949), p. 202.
2. Pauling (1949), p. 202.
3. Heywood (1978), p. 142.
4. Heywood (1978), p. 209.
5. Galiano (1929), p. 214.
6. Galiano (1929), p. 214.
7. Curry-Lindahl and Tinggaard (1965), p. 24.
8. Halstead (1978), p. 98.
Figure 13.1. From Calvin (1983), p. 8.
Figure 13.2. 1. After Wada and Grenway. From Wilbur, K.M. 1972: in Florkin, M. and Scheer, B.T. (1972), p. 105. Obtained from Barnes, R.D. (1980), p. 393.
2. From Matheja and Degens (1968), p. 225.
Figure 14.1. 1. Mason (1987), p. 31.
2. Furth (1980), p. 15.
3. Shubnikov and Koptsik (1974), Quartz crystals p. 54.
4. Pauling (1949), p. 515.
Figure 14.2. 1. Wang et al. (1982). From Watson et al. (1987), p. 253.
2. After Church. From Denffer et al. (1971), p. 127.
3. From Sturtevant and Beadle (1940), p. 329.
4. From Müntzing (1961), p. 54.
Figure 14.3. 1. From Dyson (1953), p. 20.
2. From Boutaric (1938), p. 864.
3. After Willier and Rawles (1935). From Weiss (1939), p. 396.
4. From Boutaric (1938), p. 867.
5. From Frisch (1938), p. 320.
Figure 14.4. 1. Jaffe (1988), p. 92.
2. Greulach (1973), p. 320.
3. After Hinchliffe and Johnson (1980). From Müller (1990), p. 105.
4. Lima-de-Faria (1954), p. 359.
Figure 14.5. 1. Rinne (1922), p. 128.
2. After Becker (1974). From Berrill and Karp (1976), p. 505.
3. After Waller. From Cluzet and Ponthus (1939), p. 295.
4. After Lissman (1963). From Eckert and Randall (1978), p. 217.
Figure 15.1. 1. After Miller and Bakken (1972). From Bostock and Sumner (1978), p. 160.
2. Herskowitz (1977), p. 88.
3. After Goebel (1933). From Hertwig (1929a), p. 363.
4. Burnie (1988), p. 10.
5. Bentley and Humphreys (1962), p. 214.
6. Russell-Hunter (1979), p. 353.
Figure 15.2. 1. After Iijima et al. (1973). From Klein and Hurlbut (1985), p. 9.
2., 3. After Auber (1969). From Alberts et al. (1983), p. 551.
4. Klein and Hurlbut (1985), p. 427.
5. After Craig, R. From Alberts et al. (1983), p. 551.

Figure 6.1. 1. Cabrera (1937), p. 145.
2. Cabrera (1937), p. 151.
3. Combes (1938), p. 21.
4. Francé (1943), p. 192.
5. Frisch (1938), p. 223.
6. Bohn (1934b), p. VI-42.

Figure 6.2. Period Luminescence.

Figure 6.3. Withers (1992), p. 70.

Figure 7.1. 1. Frisch (1938), p. 291.
2. Orr and Pope (1986), p. 169.
3. After Noble and Noble (1976). From Barnes (1980), p. 233.
4. After Turner and Bagnara (1976). From Romer and Parsons (1978), p. 300.
5. After Stubbings, H.G. (1975). From Barnes, R.D. (1980).

Figure 7.2. 1. From Pierantoni (1944), p. 530.
2. After Schmarda. From Hertwig (1928), p. 446.
3. After Belar. From Niklitschek (1943), plate 11.
4. From Maximov (1938), p. 421.

Figure 7.3. Period Penis.

Figure 8.1. 1. Rinne (1922), p. 130.
2. After Schenck (1915). From Schmalhausen (1949), p. 197.
3. After Young (1962). From Gould (1977), p. 323.
4. Rinne (1922), p. 130.
5. After Schenck (1915). From Schmalhausen (1949), p. 197.
6. After Young (1962). From Gould (1977), p. 323.

Figure 8.2. 1. Pierantoni (1944), p. 694.
2. Niklitschek (1943), p. 227.
3. Hertwig (1928), p. 619.
4. Beazley (1980), p. 163.
5. Freeman (1972), p. 23.
6. Beazley (1980), p. 187.

Figure 8.3. 1. Commercial photograph.
2. Savage and Long (1986), p. 98.
3. Curry-Lindahl and Tinggaard (1965), p. 57.
4. Freeman (1972), p. 45.

Figure 8.4. 1. Beazley (1980), p. 118.
2., 3. Matthews and Carrington (1972), p. 26.
4. Beazley (1980), p. 187.
5. Macdonald (1984), p. 139.
6. Macdonald (1984), p. 139.
7. Freeman (1972), p. 50.

Figure 8.5. 1. Matthews and Carrington (1972), p. 183.
2. Freeman (1972), p. 51.
3. Freeman (1972), p. 51.

Figure 8.6. 1. Freeman (1972), p. 52.
2. Freeman (1972), p. 52.
3. Macdonald (1984), p. 510.

Figure 8.7. Period Return to Aquatic Life.

Figure 9.1. 1. Halstead (1978), p. 79.
2. Macdonald (1984), p. 824.
3. Freeman (1972), p. 47.
4. Macdonald (1984), p. 859.
5. Sandars (1937), p. 98.
6. Macdonald (1984), p. 842.

図版出典

原著への参照が文末にないすべての図は、オリジナルのグラフと図版である。
図版に用いた各々の図の原典は以下の通りである。それぞれの図の最初の数字は、それを示した章を表している。

Figure 1.1. Sanderson (1967), p. 14.
Figure 1.2. From Greenwood and Earnshaw (1989), p. 28.
Figure 3.1. Period Flight.
Figure 3.2.
1. From Francé (1943), p. 208.
2. After Snodgrass (1935). From Borror, et al. (1976), p. 58.
3. Perrins (1976), p. 15.

Figure 3.3.
1. Brumpt (1936), p. 1356.
2. Boule and Piveteau (1935), p. 493.
3. Beazley (1974), p. 154.
4. Freeman (1972), p. 20.
5. Perrins (1976), p. 28.

Figure 3.4.
1. Pringle (1975), p. 2.
2. Perrins (1976), p. 30.
3. Beazley (1980), p. 166.
4. Pennycuick (1972). From Savage and Long (1986), p. 107.

Figure 3.5.
1. Boulenger (1937), p. 123.
2. Pierantoni (1944), p. 908.

Figure 3.6.
1. After Whinter and Bruun. From Hanström and Johnels (1962), p. 309.
2. After Whinter and Bruun. From Hanström and Johnels (1962), p. 310.
3. From McMahon and Bonner (1983), p. 183.

Figure 3.7.
1. Macdonald (1984), p. 234.
2. Macdonald (1984), p. 183.
3. Macdonald (1984), p. 164.
4. After Goode. From Romer and Parsons (1978), p. 56.
5. Langlebert (1901), p. 267.

Figure 4.1.
1. Niklitschek (1943), p. 320.
2. Rabaud (1932), p. 154.
3. Rabaud (1932), p. 151.
4. Rabaud (1932), p. 158.

Figure 4.2.
1. Vogelmann et al. (1989), p. 419.
2. After Stahl. From Palhinha and Cunha (1939), p. 389.
3. Romoser (1973), p. 137.
4. Stavenga et al. (1977), p. 74.

Figure 4.3. Period Vision.
Figure 4.4. Period Vision.
Figure 4.5.
1. Rabaud (1932), p. 155.
2. Rabaud (1932), p. 156.
3. Rabaud (1932), p. 159.
4. Rabaud (1932), p. 139.

Figure 5.1.
1. Beazley (1980), p. 167.
2. Rabaud (1934), p. 660.
3. Rabaud (1934), p. 659.
4. Frisch (1938), p. 344.

Figure 5.2. Period Placenta.
Figure 5.3. Dorrington (1979), p. 74.

Proc. Natl. Acad. Sci. USA 87, 7090–7094.
Young, J.Z. (1962). The Life of Vertebrates. Clarendon Press, Oxford.
Yung, E. (1920). Traité de Zoologie des Animaux Invertébrés (Achordata). Atar, Genève.
Zambryski, P. (1988). Basic processes underlying *Agrobacterium*-mediated DNA transfer to plant cells. Ann. Rev. Genet. 22, 1–30.
Zambryski, P. (1989). *Agrobacterium*-plant cell DNA transfer. In: Mobile DNA (Berg, D.E. & Howe, M.M., Eds.), pp. 309–334. American Society For Microbiology, Washington, DC.

abridged. 2nd Ed. Collins World.
Wehner, R. & Müller, M. (1993). How do ants acquire their celestial ephemeris function? Naturwissenschaften 80, 331–333.
Weinberg, E.D. (1989). Cellular regulation of iron assimilation. Quart. Rev. Bio. 64(3), 261–290.
Weinberg, S. (1977). The First Three Minutes. A Modern View of the Origin of the Universe. William Collins and Sons, Glasgow.
Weiss, P. (1939). Principles of Development. A Text in Experimental Embryology. Henry Holt and Company, New York.
Wells, M. (1983). Cephalopods do it differently. New Scientist 100, 332–337.
Westheimer, F.H. (1986). Polyribonucleic acids as enzymes. Nature 319, 534–536.
Wettstein, R. (1944). Tratado de Botánica sistemática. Editorial Labor, S.A., Barcelona.
Wharton, R.P., Brown, E.L., & Ptashne, M. (1984). Substituting an alfa-helix switches the sequence-specific DNA interactions of a repressor. Cell 38, 361–369.
Wheeler, H. (Ed.) (1939). The Miracle of Life. Odhams Press Limited, London.
White, B.A. & Nicoll, C.S. (1981). Hormonal control of amphibian metamorphosis. In: Metamorphosis: A Problem in Developmental Biology (Gilbert, L.I. & Frieden, E., Eds.), pp. 363–396. Plenum Press, New York.
Whittaker, E.J.W. & Muntus, R. (1970). Ionic radii for use in geochemistry. Geochim. et Cosmochim. Acta 34, 952–953.
Whitten, D.G.A. & Brooks, J.R.V. (1988). The Penguin Dictionary of Geology. Penguin Books, London.
Wichler, C. (1913). Untersuchungen über den Bastard *Dianthus armeria* x D. *deltoides*, nebst Bemerkungen über einige andere Artkreuzungen der Gattung *Dianthus*. Zeits. ind. Abst. Vererb. 10, 177–232.
Wigglesworth, V.B. (1970). Insect Hormones. Oliver & Boyd, Edinburgh.
Williams, R.J. & Lansford, E.M. (1967). The Encyclopedia of Biochemistry. Reinhold Publishing Corporation, New York.
Willier, B.H. & Rawles, M.E. (1935). Organ-forming areas in the early chick blastoderm. Proc. Soc. Exp. Biol. 32, 1293–1296.
Wilson, A.C. (1976). Gene regulation in evolution. In: Molecular Evolution (Ayala, F.J., Ed.), pp. 225–234. Sinauer Associates, Sunderland, MA.
Wilson, E.B. (1925). The Cell in Development and Heredity. 3rd Ed. Macmillan Publishing Company, New York.
Wineland, D.J., Bergquist, J.C., Itano, W.M., Bollinger, J.J., & Manney, C.H. (1987). Atomic-ion coulomb clusters in an ion trap. Phys. Rev. Lett. 59(26), 2935–2938.
Withers, P.C. (1992). Comparative Animal Physiology. Saunders College Publishing, Philadelphia.
Wolffe, A.P. & Brown, D.D. (1988). Developmental regulation of two 5 S ribosomal RNA genes. Science 241, 1626–1632.
Wondratschek, H. (1987). Determination of ionic radii from cation-anion distances in crystal structures. Am. Mineral. 72, 82.
Woods, H. (1937). Palaeontology. Invertebrate. 7th Ed. Cambridge University Press, Cambridge.
Wright, K. (1989). A breed apart. Finicky flies lend credence to a theory of speciation. Sci. Am. 260(2), 13–14.
Wright, S. (1934a). An analysis of variability in number of digits in an inbred strain of guinea pig. Genetics 19, 506–536.
Wright, S. (1934b). The results of crosses between inbred strains of guinea pigs, differing in numbers of digits. Genetics 19, 537–551.
Yaoita, Y., Shi, Y.-B., & Brown, D.D. (1990). *Xenopus laevis* alpha and beta thyroid hormone receptors.

Tieghem, P. van & Costantin, J. (1918a). Eléments de Botanique. Vol. I. Botanique Générale. Masson et Cie, Paris.

Tieghem, P. van & Costantin, J. (1918b). Eléménts de Botanique. Vol. II. Botanique Spéciale. Masson et Cie, Paris.

Töndury, G. (1968). Band I. Bewegungsapparat. Knochen-Gelenke-Muskeln. Rauber/Kopsch. Lehrbuch und Atlas der Anatomie des Menschen. In drei Bänden. Georg Thieme Verlag, Stuttgart.

Tonegawa. S. (1983). Somatic generation of antibody diversity. Nature 302, 575–581.

Turner, C.D. & Bagnara, J.T. (1976). General Endocrinology. 6th Ed. W.B. Saunders Company, Philadelphia.

Tyler, A. (1955). Gametogenesis, fertilization, and parthenogenesis. In: Analysis of Development (Willier, B.H., Weiss, P.A., & Hamburger, V., Eds.), pp. 170–212. W.B. Saunders Company, Philadelphia.

Vainshtein, B.K., Fridkin, V.M., & Indenbom, V.L. (1982). Modern Crystallography II. Structure of Crystals. Springer-Verlag Berlin.

Van der Ploeg, L.H.T. (1990). Antigenic variation in African trypanosomes: Genetic recombination and transcriptional control of VSG genes. In: Gene Rearrangement (Hames, B.D. & Glover, D.M., Eds.), pp. 51–97. Oxford University Press, New York.

Van der Putten, H., Botteri, F.M., Miller, A.D., Rosenfeld, M.G., & Fan, H. (1985). Efficient insertion of genes into the mouse germ line via retroviral vectors. Proc. Natl. Acad. Sci. USA 82, 6148–6152.

Varmus, H. (1988). Retroviruses. Science 240, 1427–1435.

Vavilov, N.I. (1922). The law of homologous series in variation. J. Gen. Vol. XII, 47–89.

Vaynshteyn, B.K. (1988). The theory of symmetry. Symmetrical equality principle in the growth of biological macromolecules and biocrystals. In: Modern Crystallography (Vaynshteyn, B.K. & Chernov, A.A., Eds.), pp. 1–33. Nova Science Publishers, Commack, NY.

Veil, C. (1938). L'influence du milieu sur la couleur des animaux. In: La Biologie (Bonnardel, R., et al., Eds.), pp. 49–56. Palais de la Découverte, Masson et Cie, Paris.

Vogelmann, T.C., Bornman, J.F., & Josserand, S. (1989). Photosynthetic light gradients and spectral régime within leaves of *Medicago sativa*. Phil. Trans. R. Soc. Lond. B 323, 411–421.

Von Baeyer, H.C. (1986). Physics finds a childhood. The Sciences Jul/Aug. 8–10.

Von Baeyer, H.C. (1992). Taming the Atom. The Emergence of the Visible Microworld. Random House, New York.

von Ubisch, L. (1943). Über die Bedeutung der Diminution von Ascaris megalocephala. Acta Biotheoret. 7, 163–182.

Walcott, C., Gould, J.L., & Kirschvink, J.L. (1979). Pigeons have magnets. Science 205, 1027–1028.

Walker, C. (1974). Introduction: The world of birds. In: The World Atlas of Birds, pp. 10–33. Mitchell Beazley Publishers Limited, London.

Wampler, J.E. (1978). Measurements and physical characteristics of luminescence. In: Bioluminescence in Action (Herring, P.J., Ed.), pp. 1–48. Academic Press, New York.

Wang, A.H. -J., Fujii, S., Van Boom, J.H., & Rich, A. (1982). Right-handed and left-handed double-helical DNA: Structural studies. Cold Spring Harbor Symp. Quant. Biol. 47, 33–44.

Wareing, P.F. & Phillips, I.D.J. (1978). The Control of Growth and Differentiation in Plants. 2nd Ed. Pergamon Press, Oxford.

Watson, J.D., Hopkins, N.H., Roberts, J.W., Steitz, J.A., & Weiner, A.M. (1987). Molecular Biology of the Gene, volume I. 4th Ed. The Benjamin/Cummings Publishing Company, Inc., Menlo Park, CA.

Webster, N. (1976). Webster's New Twentieth Century Dictionary of the English Language. Un-

Die Naturwiss. VII, 32.

Spirin, A.S. (1986). Ribosome Structure and Protein Biosynthesis. Benjamin/Cummings Advanced Book Program, Menlo Park, CA.

Springer, M.S. & Kirsch, J.A.W. (1993). A molecular perspective on the phylogeny of placental mammals based on mitochondrial 12S rDNA sequences, with special reference to the problem of the Paenungulata. J. Mam. Evol. 1(2), 149–166.

Stark, G.R., Debatisse, M., Wahl, G.M., & Glover, D.M. (1990). DNA amplification in eukaryotes. In: Gene Rearrangement (Hames, B.D. & Glover, D.M., Eds.), pp. 99–149. IRL Press at Oxford University Press, Oxford.

Stavenga, D.G. (1989). Pigments in compound eyes. In: Facets of Vision (Stavenga, D.G. & Hardie, R.C., Eds.), pp. 152–172. Springer-Verlag, Berlin.

Stavenga, D.G. & Kuiper, J.W. (1977). Insect pupil mechanisms. I. On the pigment migration in the retinula cells of Hymenoptera (suborder Apocrita). J. Comp. Physiol. 113, 55–72.

Stavenga, D.G., Numan, J.A.J., Tinbergen, J., & Kuiper, J.W. (1977). Insect pupil mechanisms. II. Pigment migration in retinula cells of butterflies. J. Comp. Physiol. 113, 73–93.

Stern, H. & Hotta, Y. (1978). Regulatory mechanisms in meiotic crossing-over. Annu. Rev. Plant Physiol. 29, 415–436.

Stix, H., Stix, M., & Abbott, R.T. (1978). The Shell. Abrams, New York.

Strasburger, E. (1943). Tratado de Botánica. Manuel Marín, Barcelona.

Struhl, G. & White, R.A.H. (1985). Regulation of the *Ultrabithorax* gene of *Drosophila* by other bithorax complex genes. Cell 43, 507.

Stryer, L. (1988). Biochemistry. 3rd Ed. W.H. Freeman and Company, New York.

Strynadka, N.C.J. & James, M.N.G. (1989). Crystal structures of the helix-loop-helix calcium-binding proteins. Annu. Rev. Biochem. 58, 951–998.

Stubbe, H. (1966). Genetik und Zytologie von *Antirrhinum* L. sect. *Antirrhinum* G. Fischer, Jena.

Stubbings, H.G. (1975). *Balanus balanoides*. Liverpool University Press, Liverpool.

Sturtevant, A.H. & Beadle, G.W. (1940). An Introduction to Genetics. W.B. Saunders Company, Philadelphia.

Südhof, T.C., Goldstein, J.L., Brown, M.S., & Russel, D.W. (1985a). The LDL receptor gene: A mosaic of exons shared with different proteins. Science 228, 815–822.

Südhof, T.C., Russel, D.W., Goldstein, J.L., & Brown, M.S. (1985b). Cassette of eight exons shared by genes for LDL receptor and EGF precursor. Science 228, 893–895.

Sussman, M. (1964). Growth and Development, 2nd. ed. Prentice-Hall, New York.

Sutherland, G.R. & Richards, R.I. (1994). Dynamic Mutations. Am. Sci. 82(2), 157–163.

Swinburne, T.R. (1986). Stimulation of disease development by siderophores and inhibition by chelated iron. In: Iron, Siderophores, and Plant Diseases (Swinburne, T.R., Ed.), pp. 217–226. Plenum Press, New York.

Tansley, K. (1965). Vision in Vertebrates. Science Paperbacks and Chapman and Hall Ltd., London.

Taylor, G.R. (1983). The Great Evolution Mystery. Secker & Warburg, London.

Terni, T. (1914). Condriosomi, idiozoma e formazioni periidiozomiche nella spermatogenesi degli Anfibii. (Ricerche sul Geotriton fuscus.) Arch. Zellf. 12, 1–96.

Thangue, N.B. La & Rigby, P.W.J. (1988). Trans-acting protein factors and the regulation of eukaryotic transcription. In: Transcription and Splicing (Hames, B.D. & Glover, D.M., Eds.), pp. 1–42. IRL Press, Oxford, WA.

Thompson, D.W. (1952). On Growth and Form, Vol. I. Cambridge University Press, Cambridge.

Thornley, J.H. (1976). Mathematical Models in Plant Physiology.Academic Press, London.

Schmidtke, J., Becak, W., & Engel, W. (1976). The reduction of genic activity in the tetraploid amphibian Odontophrynus americanus is not due to loss of ribosomal DNA. Experientia 32, 27–28.

Schopf, J.W. (1978). The evolution of the earliest cells. Sci. Am. 239(3), 85–104.

Schorr, H. (1957). Zur Verhaltensbiologie und Symbiose von *Brachypelta aterrima* Först. (Cydnidae, Heteroptera). Z. Morph. Ökol. Tiere 45, 561–601.

Schumann, W. (1973). Mineral och bergarter. Mineral, ädelstenar, bergarter, malmer. P.A. Norstedt & Söners förlag, Stockholm.

Schwabe, J.W.R. & Travers, A.A. (1993). What is evolution playing at? Curr. Bio. 3(9), 628–630.

Scott, M.P. & Caroll, S.B. (1987). The segmentation and homeotic gene network in early Drosophila development. Cell 51, 689–698.

Segrè, E. (1980). From X-Rays to Quarks. Modern Physicists and their Discoveries. W.H. Freeman and Company, San Francisco.

Shannon, R.D. & Prewitt, C.T. (1969). Effective ionic radii in oxides and fluorides. Acta Crystallogr. Sect. B, 25, 925–945.

Sharp, D.W.A. (1988). The Penguin Dictionary of Chemistry. Penguin Books, London.

Sharp, L.W. (1934). Introduction to Cytology. 3rd Ed. McGraw-Hill Book Company, Inc. New York.

Shi, Y.-B. & Brown, D.D. (1990). Developmental and thyroid hormone-dependent regulation of pancreatic genes in *Xenopus laevis*. Genes and Development 4, 1107–1113.

Shoji, A. & Ozawa, E. (1985). Requirement of Fe ion for activation of RNA polymerase. Proc. Jap. Acad., Ser. B, 61, 494–496.

Shoji, A. & Ozawa, E. (1986). Necessity of transferrin for RNA synthesis in chick myotubes. J. Cell. Physiol. 127, 349–356.

Shore, D. & Nasmyth, K. (1987). Purification and cloning of a DNA binding protein from yeast that binds to both silencer and activator elements. Cell 51, 721.

Shubnikov, A.V. & Koptsik, V.A. (1974). Symmetry in Science and Art (Harker, D., Ed.). Plenum Press, New York.

Shuvalov, L.A., (Ed.) (1988). Modern Crystallography IV. Physical Properties of Crystals. Springer-Verlag, Berlin.

Singer, R.H. (1993). RNA zipcodes for cytoplasmic addresses. Current Biology 3(10), 719–721.

Sinnott, E.W. & Dunn, L.C. (1939). Principles of Genetics. 3rd Ed. McGraw-Hill Book Company, Inc., New York.

Slijper, E.J. (1936). Die Cetaceen. Vergleichend-Anatomisch und Systematisch. Martinus Nijhoff, Haag.

Sluyser, M., Geert, A.B., Brinkmann, A.O., & Blankenstein, R.A. (1993). Preface. In: Zinc-finger Proteins in Oncogenesis. DNA-binding and Gene Regulation. Annals of the New York Academy of Sciences. Vol. 684. The New York Academy of Sciences, New York.

Smalley, R.E. (1991). Great balls of carbon. The story of buckminsterfullerene. The Sciences, March/April 1991, 22–28.

Smith, C.W.J., Patton, J.G., & Nadal-Ginard, B. (1989). Alternative splicing in the control of gene expression. Annu. Rev. Genet. 23, 527–577.

Snodgrass, R.E. (1935). Principles of Insect Morphology. McGraw-Hill, New York.

Sommer, H., Beltrán, J.-P., Huijser, P., Pape, H., Lonnig, W.-E., Saedler, H., & Schwarz-Sommer, Z. (1990). *Deficiens*, a homeotic gene involved in the control of flower morphogenesis in *Antirrhinum majus*: The protein shows homology to transcription factors. EMBO J. 9, 605–613.

Sonneborn, T.M. (1950). *Paramecium* in modern biology. Bios. 21, 31–43.

Spatz, H.C. & Crothers, D.M. (1969). The rate of DNA unwinding. J. Mol. Biol. 42, 191–219.

Spemann, H. (1919). Experimentelle Forschungen zum Determinations- und Individualitäts-Problem.

3491–3504.
Raff, R.A. & Kaufman, T.C. (1983). Embryos, Genes, and Evolution. The Developmental-Genetic Basis of Evolutionary Change. Macmillan Publishing Co., Inc., New York.
Rich, A., Nordheim, A., & Wang, A.H.-J. (1984). The chemistry and biology of left-handed Z-DNA. Ann. Rev. Biochem. 53, 791–846.
Rimington, C. & Kennedy, G.Y. (1962). Porphyrins: Structure, distribution and metabolism. In: Comparative Biochemistry vol. 4 (Florkin, M. & Mason, H.S., Eds.), pp. 557–607. Academic Press, New York.
Rinne, F. (1922). Das Feinbauliche Wesen der Materie nach dem Vorbilde der Kristalle. 3rd Ed. Verlag von Gebrüder Borntraeger, Berlin.
Roberts, L. (1988a). Academy backs genome project. Science 239, 725–726.
Roberts, L. (1988b). Chromosomes: The ends in view. Science 240, 982–983.
Rockstein, M. (1974). The Physiology of Insecta, vol. III, 2nd Ed. Academic Press, New York.
Röhl, R. & Nierhaus, K.N. (1982). Assembly map of the large subunit (50S) of *Escherichia coli* ribosomes. Proc. Natl. Acad. Sci. USA 79, 729–733.
Röhme, D. (1981). Evidence for a relationship between longevity of mammalian species and lifespans of normal fibroblasts *in vitro* and erythrocytes *in vivo*. Proc. Natl. Acad. Sci. USA 78, 5009–5013.
Romer, A.S. & Parsons, T.S. (1978). The Vertebrate Body. Shorter Version. 5th Ed. W.B. Saunders Company, Philadelphia.
Romoser, W.S. (1973). The Science of Entomology. Macmillan Publishing Co., Inc., New York.
Rose, S.M. (1970a). Regeneration. Appleton-Century-Crofts, New York.
Rose, S.M. (1970b). Differentiation during regeneration caused by repressors in bioelectric fields. Amer. Zool. 10, 91–100.
Ross, H.H. (1962). How to Collect and Preserve Insects. Circular 39, Illinois Natural History Survey, Urbana.
Rugh, R. (1951). The Frog. Its Reproduction and Development. The Blakiston Company, Philadelphia.
Russell-Hunter, W.D. (1979). A Life of Invertebrates. Macmillan Publishing Co., Inc., New York.
Rydén, L.G. & Hunt, L.T. (1993). Evolution of protein complexity: The blue copper-containing oxidases and related proteins. J. Mol. Evol. 36, 41–66.
Saenger, W. (1988). Principles of Nucleic Acid Structure. Springer-Verlag, New York.
Saenger, W., Riecke, J., & Suck, D. (1975). A structural model for the polyadenylic acid single helix. J. Mol. Biol. 93, 529–534.
Sandars, E. (1937). A Beast Book for the Pocket. The Vertebrates of Britain Wild and Domestic other than Birds and Fishes. Oxford University Press, Humphrey Milford, London.
Sanderson, R.T. (1967). Inorganic Chemistry. Reinhold Pub. Co., New York.
Sarich, V.M. (1993). Mammalian systematics: Twenty-five years among their albumins and transferrins. In: Mammal Phylogeny. Placentals (Szalay, F.S., Novacek, M.J., & McKenna, M.C., Eds.), pp. 103–114. Springer-Verlag, New York.
Savage, R.J.G. & Long, M.R. (1986). Mammal Evolution. An Illustrated Guide. British Museum (Natural History), London.
Schenck, H. (1915). Handwörterbuch der Naturwissenschaften. Wasserpflanzen X. Jena.
Scherthan, H., Arnason, U., & Lima-de-Faria, A. (1987). The chromosome field theory tested in muntjac species by DNA cloning and hybridization. Hereditas 107, 175–184.
Scherthan, H., Arnason, U., & Lima-de-Faria, A. (1990). Location of cloned, repetitive DNA sequences in deer species and its implications for maintenance of gene territory. Hereditas 112, 13–20.
Schmalhausen, I.I. (1949). Factors of Evolution. The Theory of Stabilizing Selection. The Blakiston Company, Philadelphia.

Pauling, L. & Corey, R.B. (1953). Compound helical configurations of polypeptide chains: Structure of proteins of the alfa-keratin type. Nature 171, 59–61.

Pauling, L. & Hayward, R. (1964). The Architecture of Molecules. W.H. Freeman and Company, San Francisco.

Pays, E., Guyaux, M., Aerts, D., Van Meirvenne, N., & Steinert, M. (1985). Telomeric reciprocal recombination as a possible mechanism for antigenic variation in trypanosomes. Nature (London) 316, 562–564.

Pennycuick, C.J. (1972). Animal Flight. Studies in Biology No. 33, Edward Arnold, London.

Perkin, W.H. & Kipping, F.S. (1932). Organic Chemistry. Lippincott, Philadelphia.

Perrier, R. (1936). Cours Elémentaire de Zoologie. Masson et Cie, Paris.

Perrins, C. (1976). Bird Life. An Introduction to the World of Birds. Elsevier–Phaidon, London.

Petrén, T. (1964). Lärobok i Anatomi. Del I. Rörelseapparaten. Aktiebolaget Nordiska Bokhandelns Förlag, Stockholm.

Pierantoni, U. (1944). Tratado de Zoologia. (Spanish ed.) Editorial Labor, S.A., Barcelona.

Pitt, V.H. (1988). The Penguin Dictionary of Physics. Laurence Urdang Associates Ltd., Penguin Books, New York.

Ponticelli, A.S., Schultz, D.W., Taylor, A.F., & Smith, G.R. (1985). Chi-dependent DNA strand cleavage by RecBC enzyme. Cell 41, 145–151.

Pope, J. (1986). Do Animals Dream? The Natural History Museum London, Michael Joseph, London.

Prenant, M. (1935). Leçons de Zoologie. Annélides. Actualités Scientifiques et Industrielles 196. Hermann et Cie, Paris.

Prenant, M. (1936). Leçons de Zoologie. Prochordés Tuniciers. Actualités Scientifiques et Industrielles 380. Hermann et Cie, Paris.

Press, F. & Siever, R. (1982). Earth. 3rd Ed. W.H. Freeman and Company, New York.

Pringle, J.W.S. (1975). Insect Flight. Oxford Biology Readers: 52 (Head, J.J., Ed.), pp. 1–16. Oxford University Press, London.

Pritchard, D.J. (1986). Foundations of Developmental Genetics. Taylor & Francis, London.

Ptashne, M. (1967a). Isolation of the lambda phage repressor. Proc. Natl. Acad. Sci. USA 57, 306–313.

Ptashne, M. (1967b). Specific binding of the lambda phage repressor to lambda DNA. Nature 214, 232–234.

Ptashne, M. (1978). Lambda repressor function and structure. In: The Operon (Miller, J.H. & Reznikoff, W.S., Eds.), pp. 325–343. Cold Spring Harbor Laboratory.

Ptashne, M. (1986). A Genetic Switch. Cell Press & Blackwell Scientific Publications, San Francisco.

Pugsley, A.P. (1989). Protein Targeting. Academic Press, Inc., New York.

Quiring, R., Walldorf, U., Kloter, U., & Gehring, W.J. (1994). Homology of the *eyeless* gene of *Drosophila* to the *Small eye* gene in mice and *Aniridia* in humans. Science 265, 785–789.

Quirk, S., Bell-Pedersen, D., & Belfort, M. (1989). Intron mobility in the T-even phages: High frequency inheritance of group I introns promoted by intron open reading frames. Cell 56, 455–465.

Rabaud, E. (1932). Zoologie Biologique. Fascicule I Morphologie generale et systeme nerveux. Gauthier-Villars et Cie, Paris.

Rabaud, E. (1934). Zoologie Biologique. Fascicule III: Les Phénomènes de Reproduction. Gauthier-Villars, Paris.

Rabbitts, T.H. (1978). Evidence for splicing of interrupted immunoglobulin variable and constant region sequences in nuclear RNA. Nature 275, 291–296.

Radman, M. & Wagner, R. (1988). The high fidelity of DNA duplication. Sci. Am. 259(2), 24–30.

Rae, P.M.M., Kohorn, B., & Wade, R. (1980). The 10 kb Drosophila virilis 28S rDNA intervening sequence is flanked by a direct repeat of 14 base pairs of coding sequence. Nucl. Acids Res. 8, of eukaryotic cells. Biol. Zbl. 103, 357–435.

Ny, T., Elgh, F., & Lund, B. (1984). The structure of the human tissue-type plasminogen activator gene: Correlation of intron and exon structures to functional and structural domains. Proc. Natl. Acad. Sci. USA 81, 5355–5359.

O'Brien, E.J. & MacEwan, A.W. (1970). Molecular and crystal structure of polynucleotide complex: Polyinosinic acid plus polydeoxycytidylic acid. J. Mol. Biol. 48, 243–261.

Ohno, S., Muramato, J., Klein, J., & Atkin, N.B. (1969). Diploidtetraploid relationship in Clupeoid and Salmonid fish. Chromosomes Today 2, 139–147.

Ohno, S., Nagai, Y., & Ciccarese, S. (1978). Testicular cells lysostripped of H-Y antigen organize ovarian follicle-like aggregates. Cytogenet. Cell Genet. 20, 351–364.

Okazaki, R., Okazaki, T., Sakabe, K., Sugimoto, K., & Sugino, A. (1968a). Mechanism of DNA chain growth. I. Possible discontinuity and unusual secondary structure of newly synthesized chains. Proc. Natl. Acad. Sci. USA 59, 598–605.

Okazaki, R., Okazaki, T., Sakabe, K., Sugimoto, K., Kainuma, R., Sugino, A., & Iwatsuki, N.T. (1968b). *In vivo* mechanism of DNA chain growth. Cold Spring Harbor Symp. Quant. Biol. 33, 129–143.

Oliver, S.G., van der Aart, Q.J.M., & Agostoni-Carboni, M. et al. (1992). The complete DNA sequence of yeast chromosome III. Nature 357, 38–46.

Olson, W.K. (1977). Spatial configuration of ordered polynucleotide chains: A novel double helix. Proc. Natl. Acad. Sci. USA 74, 1775–1779.

Olsson, V. & Schumann, G. (1945). Lilla Djurboken. AB Lindqvists Förlag, Stockholm.

Orr, R. & Pope, J. (1986). Mammals of Britain & Europe. Peerage Books, London.

Osterud, H.L. (1918). Preliminary observations on the development of *Leptasterias hexactis*. Publ. Puget Sound Biol. Sta. 2, 1–15.

Oudet, P., Gross-Bellard, M., & Chambon, P. (1975). Electron microscopic and biochemical evidence that chromatin structure is a repeating unit. Cell 4, 281–300.

Ow, D.W., Wood, K.V., DeLuca, M., De Wet, J.R., Helinski, D.R., & Howell, S.H. (1986). Transient and stable expression of the firefly luciferase gene in plant cells and transgenic plants. Science 234, 856–859.

Pace, N.R., Olsen, G.J., & Woese, C.R. (1986). Ribosomal RNA phylogeny and the primary lines of evolutionary descent. Minireview. Cell 45, 325–326.

Pagels, H.R. (1982). The Cosmic Code. Quantum Physics as the Language of Nature. Michael Joseph, London.

Palhinha, R.T. & Cunha, A.G. (1939). Curso de Botanica. J. Rodrigues & C., Lisbon.

Palmiter, R.D. & Brinster, R.L. (1986). Germ line transformation of mice. Annu. Rev. Genet. 20, 465–499.

Pasteur, L. (1847). Application de la Polarisation Rotatoire des Liquides à la Solution de Diverses Questions de Chimie.Bachelier, Paris.

Pasteur, L. (1857). Etudes sur les modes d'accroissement des cristaux et sur les causes des variations de leurs formes secondaires. Ann. Ch. et Phys., 3e sér., t. XLIX, p. 5. Paris.

Pasteur, L. (1858). Mémoire sur la fermentation appelé lactique. Ann. Ch. et Phys. 3e sér., t. LII, p. 405. Paris.

Patterson, C. (1987). Molecules and Morphology in Evolution: Conflict or compromise? Cambridge University Press, Cambridge.

Pauling, L. (1949). General Chemistry. W.H. Freeman and Company, San Francisco.

Pauling, L. (1960). The Nature of the Chemical Bond. 3rd ed. Cornell University Press, Ithaca, NY.

Pauling, L. (1987). Determination of ionic radii from cation-anion distances in crystal structures: Discussion. Am. Mineral. 72, 1016.

Mossberg, B. & Nilsson, S. (1977). Nordens orkidéer. J.W. Cappelens Förlag A.S., Oslo.
Müller, G.B. (1990). Developmental mechanisms at the origin of morphological novelty: A side-effect hypothesis. In: Evolutionary Innovations (Nitecki, M.H., Ed.), pp. 99–130. The University of Chicago Press, Chicago.
Müller, W.E.G., Müller, I., Kurelec, B., & Zahn, R.K. (1976). Species-specific aggregation factor in sponges. IV. Inactivation of the aggregation factor by mucoid cells from another species. Exp. Cell Res. 98, 31–40.
Mulvey, J. (1979). The new frontier of particle physics. Nature 278, 403–409.
Müntzing, A. (1961). Genetic Research. A Survey of Methods and Main Results. LTs Förlag, Stockholm.
Murray, A.W. & Szostak, J.W. (1987). Artificial chromosomes. Sci. Am. 257(5), 60–70.
Murray, P. & Murray, L. (1963). The Art of the Renaissance. Frederick A. Praeger, New York.
Murzin, A.G. (1993). OB(oligonucleotide/oligosaccharide binding)-fold: Common structural and functional solution for non-homologous sequences. EMBO J. 12(3), 861–867.
Nachtigall, W. (1974). Insects in Flight. A Glimpse Behind the Scenes in Biophysical Research. George Allen & Unwin Ltd., London.
Nagl, W. (1973). The angiosperm suspensor and the mammalian trophoblast: organs with similar cell structure and function? Soc. Bot. Fr. Mém. Coll. Morphol., 1973, 289–302.
Nagl, W. (1976). Zellkern und Zellzyklen. Verlag Eugen Ulmer, Stuttgart.
Nagl, W. (1986). Molecular phylogeny. In: Patterns and Processes in the History of Life (Raup, D.M. & Jablonski, D., Eds.), pp. 223–232. Dahlem Konferenzen 1986. Springer-Verlag, Berlin.
Nakaya, U. (1954). Snow Crystals. Natural and Artificial. Harvard University Press, Cambridge.
Napier, J.R. & Napier, P.H. (1985). The Natural History of the Primates. British Museum (Natural History), London.
Nasmyth, K. & Shore, D. (1987). Transcriptional regulation in the yeast life cycle. Science 237, 1162–1170.
Nassau, K. (1978). The origins of color in minerals. The American Mineralogist, 63, 219–229.
Nassau, K. (1980a). The causes of color. Scientific American 243(4), 106–123.
Nassau, K. (1980b). Gems Made by Man. Chilton Book Co., Radnor, PA.
Needham, A.E. (1965). The Uniqueness of Biological Materials. Pergamon Press, Oxford.
Needham, J. (1950). Biochemistry and Morphogenesis. University Press, Cambridge.
Nelson, R.J., Ziegelhoffer, T., Nicolet, C., Werner-Washburne, M., & Craig, E.A. (1992). The translation machinery and 70 kd heat shock protein cooperate in protein synthesis. Cell 71, 97–105.
Nicolas, A., Treco, D., Schultes, N.P., & Szostak, J.W. (1989). An initiation site for meiotic gene conversion in the yeast *Saccharomyces cerevisiae*. Nature 338, 35–39.
Nielsen, H. (1990). Introns and ribozyme activity in the ciliate Tetrahymena. Licentiatrapport. Biokemisk Institut B, Panum Instituttet, Copenhagen.
Niklitschek, A. (1943). Técnica de la Vida. Iniciación al Estudio de la Biología. Iberia–Joaquin Gil, Barcelona.
Nilsson, D.-E. (1989). Vision optics and evolution. Nature's engineering has produced astonishing diversity in eye design. BioScience 39(5), 298–307.
Nilsson, D.-E. (1990). From cornea to retinal image in invertebrate eyes. TINS 13(2), 55–64.
Nitzelius, T. & Vedel, H. (1966). Skogens Träd och Buskar i Färg. Almqvist och Wiksell, Stockholm.
Noble, E.R. & Noble, G.A. (1976). Parasitology. 4th Ed. Lea & Febiger, Philadelphia.
Nomura, M. (1977). Some remarks on recent studies on the assembly of ribosomes. In: Nucleic Acid-Protein Recognition (Vogel, H.J., Ed.), pp. 443–467. Academic Press, New York.
Nover, L., Hellmund, D., Neumann, D., Scharf, K.-D., & Serfling, E. (1984). The heat shock response

McCarthy, B.J. (1969). The evolution of base sequences in nucleic acids. In: Handbook of Molecular Cytology (Lima-de-Faria, Ed.), pp. 3–20. North Holland Publishing Company, Amsterdam.

McClintock, B. (1950). The origin and behavior of mutable loci in maize. Proceedings of the National Academy of Sciences 36, 347.

McClintock, B. (1978). Mechanisms that rapidly reorganize the genome. In: Stadler Symposium, Vol. 10 (Reder, G.P., Ed.), pp. 25–48. University of Missouri Press, Columbia.

McClintock, B. (1980). Modified gene expressions induced by transposable elements. In: Mobilization and Reassembly of Genetic Information (Scott, W.A. et al., Eds.), pp. 11–19. Academic Press, New York.

McFarland, D. (Ed.) (1981). The Oxford Companion to Animal Behaviour. Oxford University Press, Oxford.

McGinnis, W., & Kuziora, M. (1994). The molecular architects of body design. Sci. Am. 270(2), 36–42.

McMahon, T.A. & Bonner, J.T. (1983). On Size and Life. Scientific American Library, Scientific American Books, Inc., New York.

McNamara, K. (1989). The great evolutionary handicap. New Scientist, 16 September, 47–51.

McPheron, B.A., Smith, D.C., & Berlocher, S.H. (1988). Genetic differences between host races of *Rhagoletis pomonella*. Nature 336, 64–66.

McPherson, A. (1989). Macromolecular crystals. The growth of crystals is now the key to deducing the structure of large molecules. Sci. Am. 260(3), 42–49.

Medenbach, O. & Sussieck-Fornefeld, C. (1983). Minerais (Translation of: Mineralien). Mosaik Verlag, Munich.

Meyerowitz, E.M. (1994). The genetics of flower development. Sci. Am. 271(5), 40–47.

Millar, A.J., Short, S.R., Chua, N.-H., & Kay, S.A. (1992). A novel circadian phenotype based on firefly luciferase expression in transgenic plants. The Plant Cell 4, 1075–1087.

Miller, O.J. & Bakken, A.H. (1972). Gene transcription in reproductive tissues. In: Karolinska Symposia on Research Methods in Reproductive Endocrinology, 5th Symposium, pp. 155–173. Karolinska Institutet, Stockholm.

Miller, O.L. (1981). The nucleolus, chromosomes, and visualization of genetic activity. J. Cell Biol. 91, 15–27.

Mindich, L., Bamford, D., McGraw, T., & Mackenzie, G. (1982). Assembly of bacteriophage PRD1: particle formation with wild-type and mutant viruses. J. Virol. 44(3), 1021–1030.

Mintz, B. (1978). Mutagenized teratocarcinoma cells as probes of mammalian differentiation. Plenary Sessions Symposia, Abstracts, p. 65. XIV International Congress of Genetics, Moscow.

Mintz, B. & Illmensee, K. (1975). Normal genetically mosaic mice produced from malignant teratocarcinoma cells. Proc. Natl. Acad. Sci. USA 72(9), 3585–3589.

Mlodzik, M. & Gehring, W.J. (1987). Expression of the *caudal* gene in the germ line of Drosophila: Formation of an RNA and protein gradient during early embryogenesis. Cell 48, 465–478.

Monod, J., Changeux, J.-P., & Jacob, F. (1963). Allosteric proteins and cellular control systems. J. Mol. Biol. 6, 306–329.

Moret, L. (1940). Manuel de Paléontologie Animale. Masson et Cie, Paris.

Morgan, T.H. (1928). The Theory of the Gene. (2nd ed). Yale University Press, New Haven.

Morton, D.J. (1964). The Human Foot, its Evolution, Physiology and Functional Disorders. Hafner, New York.

Moscona, A.A. (1959). Tissues from dissociated cells. Sci. Am. 200(5), 132–144.

Moscona, A.A. & Hausman, R.E. (1977). Biological and biochemical studies on embryonic cell-cell recognition. In: Cell and Tissue Interactions (Lash, J.W. & Burger, M.M., Eds.), pp. 173–185. Raven Press, New York.

New York.
Lima-de-Faria, A. (1991a). A kit to produce an artificial human chromosome. In: Fundamentals of Medical Cell Biology, vol. 1. Evolutionary Biology (Bittar, E.E., Ed.), pp. 115–161. JAI Press, Greenwich, CT.
Lima-de-Faria, A. (1991b). The autoevolution of the human species. In: Fundamentals of Medical Cell Biology, vol. 1. Evolutionary Biology (Bittar, E.E., Ed.), pp. 273–310. JAI Press, Greenwich, CT.
Lima-de-Faria, A. (1991c). The new ethics in a multibiological society. Polish Bot. Stud. 2, 21–22.
Lima-de-Faria, A., Arnason, U., Widegren, B., Isaksson, M., Essen-Möller, J., & Jaworska, H. (1986). DNA cloning and hybridization in deer species supporting the chromosome field theory. BioSystems 19, 185–212.
Lindahl, T. (1982). DNA repair enzymes. Ann. Rev. Biochem. 51, 61–87.
Line, L. & Reiger, G. (1980). The Audubon Society Book of Marine Wildlife. Harry N. Abrams, Inc., New York.
Lissman, H.W. (1963). Electrical Location by Fishes. Scientific American Inc. New York.
Loomis, W.F. (1988). Four Billion Years: An Essay on the Evolution of Genes and Organisms. Sinauer Associates, Sunderland, MA.
Lowenstam, H.A. (1981). Minerals formed by organisms. Science 211, 1126–1131.
Lund, E.J. (1921). Experimental control of organic polarity by the electrical current. J. Exp. Zool. 54, 471–491.
Lyttle, T.W. (1991). Segregation distorters. Annu. Rev. Genet. 25, 511–557.
Macdonald, D. (Ed.) (1984). The Encyclopaedia of Mammals: Vols. 1 and 2. George Allen & Unwin, London.
Maksymowych, R. (1973). Analysis of Leaf Development. Cambridge University Press, Cambridge.
Mandelbrot, B.B. (1983). The Fractal Geometry of Nature. W.H. Freeman and Company, New York.
Mann, S., Heywood, B.R., Rajam, S., & Walker, J.B.A. (1991). Structural and stereochemical relationships between Langmuir monolayers and calcium carbonate nucleation. J. Phys. D: Appl. Phys. 24, 154–164.
Margoliash, E. & Smith, E.L. (1965). Structural and functional aspects of cytochrome C in relation to evolution. In: Evolving Genes and Proteins (Bryson, V. & Vogel, H.J., Eds.), pp. 221–242. Academic Press, New York.
Margulis, L. & Schwartz, K.V. (1982). Five Kingdoms. An Illustrated Guide to the Phyla of Life on Earth. W.H. Freeman and Company, San Francisco.
Martin, G., Josserand, S.A., Bornman, J.F., & Vogelmann, T.C. (1989). Epidermal focussing and the light microenvironment within leaves of *Medicago sativa*. Physiologia Plantarum 76, 485–492.
Mason, S.F. (1987). Universal dissymmetry and the origin of biomolecular chirality. BioSystems 20, 27–35.
Masterton, W.L. & Hurley, C.N. (1993). Chemistry. Principles and Reactions. 2nd Ed. Saunders College Publishing, Philadelphia.
Matheja, J. & Degens, E.T. (1968). Molekulare Entwicklung mineralisations-fähiger organischer Matrizen. In: Neues Jahrbuch für Geologie und Paläontologie, Monatshefte (Lotze, Fr. & Schindewolf, O.H., Eds.), pp. 215–229. E. Schweizerbart'sche Verlagsbuchhandlung, Stuttgart.
Matthews, L.H. & Carrington, R. (1972). Världens Djurliv. Reader's Digest AB, Stockholm.
Matthews, R.W. & Matthews, J.R. (1978). Insect Behavior. John Wiley & Sons, New York.
Maximov, N.A. (1938). Plant Physiology. (Harvey, R.B. & Murneek, A.E., Eds.), Second English Ed. McGraw-Hill Book Company, Inc., New York.
Mazurs, E.G. (1974). Graphic Representation of the Periodic System during One Hundred Years. University of Alabama Press, Birmingham.

Harbor Laboratory.
Koenig, M., Hoffman, E.P., Bertelson, C.J., Monaco, A.P., Feener, C., & Kunkel, L.M. (1987). Complete cloning of the Duchenne muscular dystrophy (DMD) cDNA and preliminary genomic organization of the DMD gene in normal and affected individuals. Cell 50, 509–517.
Kornberg, A. (1980). DNA Replication. W.H. Freeman, San Francisco.
Kudo, R.R. (1971). Protozoology. Charles C. Thomas, Publisher, Springfield, IL.
Kullinger, B. & Medenbach, O. (1988). Mineralrikets överdåd: Ökenros, agat, svavelkis. Forskning och Framsteg 6: 26–29.
LaBarbera, M. (1985). Foreword. In: Larval Forms and Other Zoological Verses (Garstang, W., Ed.), pp. vii–x. University of Chicago Press, Chicago.
Lagercrantz, H. & Slotkin, A. (1986). The "stress" of being born. Sci. Am. 254(4), 92–102.
Lahue, R.S., Au, K.G., & Modrich, P. (1989). DNA mismatch correction in a defined system. Science 245, 160–164.
Landsmann, J., Dennis, E.S., Higgins, T.J.V., Appleby, C.A., Kortt, A.A., & Peacock, W.J. (1986). Common evolutionary origin of legume and non-legume plant haemoglobins. Nature 324, 166–168.
Langlebert, J. (1901). Histoire Naturelle. 63d Ed. Delalain Frères, Paris.
Langman, J. (1969). Medical Embryology. Human Development—Normal and Abnormal. 2nd ed. The Williams & Wilkins Company, Baltimore.
Lawrence, P.A. (1992). The Making of a Fly. The Genetics of Animal Design. Blackwell Scientific Publications, Oxford.
Lee, T.F. (1991). The Human Genome Project. Cracking the Genetic Code of Life. Plenum Publishing Corporation, New York.
Lehninger, A.L. (1975). Biochemistry. 2nd ed. Worth Publishers Inc., New York.
Leppik, E.E. (1977). The evolution of capitulum types of the Compositae in the light of insect-flower interaction. In: The Biology and Chemistry of the Compositae, vol. I (Heywood, V.H., Harborne, J.B., & Turner, B.L., Eds.), pp. 61–89. Academic Press, London, New York.
Lerner, A.B. (1967). Skin pigmentation. In: The Encyclopedia of Biochemistry (Williams, R.J. & Lansford, E.M., Eds.), pp. 750–752. Reinhold Publishing Corporation, New York.
Levinton, J.S. (1992). The big bang of animal evolution. Sci. Am. 267(5), 52–59.
Levine, M.S. & Harding, K.W. (1989). Drosophila: The zygotic contribution. In: Genes and Embryos (Glover, D.M. & Hames, B.D., Eds.), pp. 39–94. IRL Press at Oxford University Press, Oxford, New York.
Lewin, B. (1983). Genes. John Wiley & Sons, New York.
Lewin, B. (1990). Genes IV. Oxford University Press, Oxford, New York.
Lichtenstein, C. & Draper, J. (1986). Genetic engineering of plants. In: DNA Cloning, Volume II (Glover, D.M., Ed.), pp. 67–119. Oxford IRL Press.
Liebau, F. (1959). Über die Kristallstruktur des Pyroxmangits (Mn, Fe, Ca, Mg) Si O_3. Acta Cryst. 12, 177–181.
Lima-de-Faria, A. (1954). Chromosome gradient and chromosome field in Agapanthus. Chromosoma 6, 330–370.
Lima-de-Faria, A. (1973). Equations defining the position of ribosomal cistrons in the eukaryotic chromosome. Nature New Biology 241, 136–139.
Lima-de-Faria, A. (1980). Classification of genes, rearrangements and chromosomes according to the chromosome field. Hereditas 93, 1–46.
Lima-de-Faria, A. (1983). Molecular Evolution and Organization of the Chromosome. Elsevier, New York.
Lima-de-Faria, A. (1988). Evolution without Selection. Form and Function by Autoevolution. Elsevier,

Hinde, R. (1981). Social organization. In: The Oxford Companion to Animal Behaviour (McFarland, D., Ed.), pp. 518–527. Oxford University Press, Oxford.

Hinegardner, R.T. (1975). Morphology and genetics of sea urchin development. Amer. Zool. 15, 679–689.

Hinegardner, R. & Rosen, D.E. (1972). Cellular DNA content and the evolution of teleost fishes. Am. Nat. 106, 621–644.

Holland, P. (1992). Homeobox genes in vertebrate evolution. Bioessays 14, 267–273.

Holmes, S. (1979). Henderson's Dictionary of Biological Terms. Ninth Edition. Longman, London, New York.

Hozumi, N. & Tonegawa, S. (1976). Evidence for somatic rearrangement of immunoglobulin genes coding for variable and constant regions. Proc. Natl. Acad. Sci. USA 73, 3628–3632.

Hutchison, C.A., III, Hardies, S.C., Loeb, D.D., Shehee, W.R., & Edgell, M.H. (1989). LINEs and related retroposons: Long interspersed repeated sequences in the eucaryotic genome. In: Mobile DNA (Berg, D.E. & Howe, M.M., Eds.), pp. 593–617. American Society for Microbiology, Washington, DC.

Hyman, L.H. (1955). The Invertebrates: Echinodermata. The coelomate Bilateria, vol. IV. McGraw-Hill Book Company, Inc., New York.

Iijima, S., Cowley, J.M., & Donnay, G. (1973). High resolution electron microscopy of tourmaline crystals. Tshermaks Mineral. Petrog. Mitt. 20, 216–224.

Imlay, J.A. & Linn, S. (1988). DNA damage and oxygen radical toxicity. Science 240, 1302–1642.

Ingham, P.W. (1988). The molecular genetics of embryonic pattern formation in *Drosophila*. Nature 335, 25–34.

Inoué, S. & Okazaki, K. (1977). Biocrystals. Sci. Am. 236(4), 83–92.

Iyer, S.S. & Xie, Y.-H. (1993). Light emission from silicon. Science 260, 40–46.

Jaffe, H.W. (1988). Introduction to Crystal Chemistry. Student Edition. Cambridge University Press, Cambridge.

Janvier, Ph. (1984). Cladistics: theory, purpose, and evolutionary implications. In: Evolutionary Theory: Paths into the Future (Pollard, J.W., Ed.), pp. 39–75. John Wiley and Sons, New York.

Jeffery, W.R. (1985). The location of maternal mRNA in eggs and embryos. BioEssays 1(5), 196–199.

Jofuku, K.D., den Boer, B.G.W., Van Montagu, M., & Okamuro, J.K. (1994). Control of Arabidopsis flower and seed development by the homeotic gene APETALA2. The Plant Cell 6, 1211–1225.

Jones, W.N. (1934). Plant Chimaeras and Graft Hybrids. Methuen & Co. Ltd., London.

Jussieu, de, M.A. (1873). Cours Elémentaire D'Histoire Naturelle. Botanique. Langlois et Leclercq, Fortin, Masson, Paris.

Katz, B. & Miledi, R. (1966). Input/output relation of a single synapse. Nature 212, 1242–1245.

Kern, R. & Gindt, R. (1958). Contribution à l'étude des accolements réguliers des feldspaths potassiques et des plagioclases. Bull. Soc. franç. Min. Crist. 81, 263–266.

King, J.E. (1964). Seals of the World. The British Museum (Natural History), London.

King, M.C. & Wilson, A.C. (1975). Evolution at two levels in humans and chimpanzees. Science 188, 107–116.

Klein, C. & Hurlbut, C.S., Jr. (1985). Manual of Mineralogy. Twentieth Edition. John Wiley & Sons, New York.

Klug, A. & Rhodes, D. (1987). "Zinc fingers": A novel protein motif for nucleic acid recognition. Trends Biochem. Sci. 12, 464–469.

Knight, C. & Knight, N. (1973). Snow crystals. Sci. Am. 228(1), 100–107.

Kobayashi, I., Stahl, M.M., & Stahl, F.W. (1984). The mechanism of the Chi-*cos* interaction in RecA-RecBC-mediated recombination in phage lambda. Cold Spring Harbor Symposia on Quantitative Biology, vol. XLIX. Recombination at the DNA Level, pp. 497–506. Cold Spring

Gustafsson, Å. (1979). Linnaeus' peloria: the history of a monster. Theor. Appl. Genet. 54, 241–248.

Gustafsson, Å. & Mergen, F. (1964). Some principles of tree cytology and genetics. Unasylva 18(2–3), Numbers 73–74, pp. 7–20.

Guyénot, E. (1942). L'Hérédité. G. Doin & Cie, Paris.

Haeckel, E. (1875). Ziele und Wege der heutigen Entwickelungsgeschichte. Dufft, Jena.

Halder, G., Callaerts, P., & Gehring, W.J. (1995). Induction of ectopic eyes by targeted expression of the *eyeless* gene in *Drosophila*. Science 267, 1788–1792.

Halstead, L.B. (1978). The Evolution of the Mammals. Peter Lowe. Eurobook Limited, Oxford.

Hames, B.D. & Glover, D.M. (Eds.) (1990). Gene Rearrangement. IRL Press at Oxford University Press, Oxford.

Hanson, E.D. (1977). The Origin and Early Evolution of Animals. Wesleyan University Press, Middletown, CT.

Hanström, B. & Johnels, A.G. (1962). Benfiskar. In: Djurens Värld, Band 6, Fiskar: 2 (Hanström, B., Ed.), Förlagshuset Norden AB, Malmö.

Hardy, A. (1985). Introduction. In: Larval Forms and Other Zoological Verses (W. Garstang), The University of Chicago Press, Chicago.

Härkönen, T. (1986). Guide to the Otoliths of the Bony Fishes of the Northeast Atlantic. Danbiu ApS. Biological Consultants.

Harvey, R.P. & Melton, D.A. (1988). Microinjection of synthetic Xhox-1A homeobox mRNA disrupts somite formation in developing Xenopus embryos. Cell 53, 687–697.

Haseltine, W. (1983). Ultraviolet light repair and mutagenesis revisited. Cell 33, 13–17.

Hawkins, J.M., Meyer, A., Lewis, T.A., Loren, S., & Hollander, F.J. (1991). Crystal structure of Osmylated C_{60}: Confirmation of the soccer ball framework. Science 252, 312–313.

Heribert-Nilsson, N. (1918). Experimentelle Studien über Variabilität, Spaltung, Artbildung und Evolution in der Gattung *Salix*. Lunds Univ. Arsskr., 14, 1–145.

Hermann, H.R. (1979). Insect sociality—an introduction. In: Social Insects. Volume 1. (Hermann, H.R., Ed.), pp. 1–33. Academic Press, New York.

Herskowitz, I.H. (1977). Principles of Genetics. 2nd Edition. Macmillan Publishing Co., Inc., New York.

Hertwig, O. (1929a). Génesis de los Organismos. Tomo I. Primera Edición. Espasa-Calpe, S.A.

Hertwig, O. (1929b). Génesis de los Organismos. Tomo II. Espasa-Calpe, S.A.

Hertwig, R. (1928). Trattato di Zoologia. Dottor Francesco Vallardi, Milano.

Herzberg, O. & James, M.N.G. (1985). Structure of the calcium regulatory muscle protein troponin-C at 2.8 Å resolution. Nature 313, 653–659.

Heslop-Harrison, J. & Heslop-Harrison, Y. (1958). Studies on flowering-plant growth and organogenesis, III. Leaf shape changes associated with flowering and sex differentiation in *Cannabis sativa*. Proc. Roy. Irish Acad. 59B, 257–283.

Heywood, V.H. (1978). Flowering Plants of the World. Oxford University Press, Oxford.

Hiatt, A., Cafferkey, R., & Bowdish, K. (1989). Production of antibodies in transgenic plants. Nature 342, 76–78.

Hill, A. (1990). Entropy production as the selection rule between different growth morphologies. Nature 348, 426–428.

Hill, J. (1965). Environmental induction of heritable changes in *Nicotiana rustica*. Nature 207, 732–734.

Hill, R.J. & Stollar, B.D. (1983). Dependence of Z DNA antibody binding to polytene chromosomes on acid fixation and DNA torsional strain. Nature 305, 338–340.

Hinchliffe, J.R. & Johnson, D.R. (1980). The Development of the Vertebrate Limb. Clarendon Press, Oxford.

Chicago and London.
Garstang, W. (1985). Larval Forms and Other Zoological Verses. The University of Chicago Press, Chicago and London.
Gernez, D. (1868). Sur la cristallisation des substances hémiédriques. C. R. Ac. Sc., t. LXVI, p. 353. Paris.
Gernez, D. (1876). Sur les circonstances de la production des deux variétés prismatique et octaédrique du Soufre. C. R. Acad. Sc., t. LXXXVIII, p. 217. Paris.
Gernez, D. (1877). Influence qu'exerce une action mécanique sur la production des divers hydrates dans les solutions sursaturées. C. R. Ac. Sc., t. LXXXIV, p. 1389. Paris.
Ghiselin, M.T. (1988). The origin of molluscs in the light of molecular evidence. In: Oxford Surveys in Evolutionary Biology (Harvey, P.H. & Partridge, L., Eds.), pp. 66–95. Oxford University Press.
Giannoni, G., Padden, F., & Keith, H.D. (1969). Crystallization of DNA from dilute solution. Proc. Natl. Acad. Sci. USA 62, 964–971.
Gierer, A. (1974). Hydra as a model for the development of biological form. Sci. Am. 231(6), 44–54.
Gilbert, W. (1978). Why genes in pieces? Nature 271, 501.
Gilbert, W. (1986). The RNA world—origin of life. Nature 319, 618.
Gilbert, W., Marchionni, M., & McKnight, G. (1986). On the antiquity of introns. Cell 46, 151.
Gitschier, J., Wood, W.I., Goralka, T.M., Wion, K.L., Chen, E.Y., Eaton, D.H., Vehar, G.A., Capon, D.J., & Lawn, R.M. (1984). Characterization of the human factor VIII gene. Nature 312, 326–330.
Glover, D.M. & Hames, B.D. (1989). Genes and Embryos. IRL Press at Oxford University Press, Oxford.
Goebel, K. (1933). Organographie der Pflanzen, Dritter Teil, Samenpflanzen. Gustav Fischer, Jena.
Goethe, J.W. von (1820). Nacharbeiten und Sammlungen. In: I.W. Troll: Goethes Morphologische Schriften, Jena.
Gola, G., Negri, G., & Cappelletti, C. (1943). Tratado de Botánica. Editorial Labor, S.A., Barcelona.
Goldfarb, D.S. (1992). Review: Are the cytosolic components of the nuclear, ER, and mitochondrial import apparatus functionally related? Cell 70, 185–188.
Goodman, M., Czelusniak, J., & Beeber, J.E. (1985). Phylogeny of primates and other eutherian orders: a cladistic analysis using amino acid and nucleotide sequence data. Cladistics 1(2), 171–185.
Gould, J.L., Kirschvink J.L., & Deffeyes, K.S. (1978). Bees have magnetic remanence. Science 201, 1026–1028.
Gould, S.J. (1977). Ontogeny and Phylogeny. The Belknap Press of Harvard University Press, Cambridge, London.
Graham, A., Papalopulu, N., & Krumlauf, R. (1989). The murine and Drosophila homeobox gene complexes have common features of organization and expression. Cell 57, 367–378.
Granick, S. (1965). Evolution of heme and chlorophyll. In: Evolving Genes and Proteins (Bryson, V. & Vogel, H.J., Eds.), pp. 67–88. Academic Press, New York.
Grassé, P.-P. (1948). Traité de Zoologie. Anatomie, Systématique, Biologie. Tome XI. Echinodermes, Stomocordés, Procordés. Masson et Cie, Paris.
Gravis, A. (1920). Eléments de Morphologie végétale. Vaillant-Carmanne, Liège, Vigot Frères, Paris.
Grechushnikov, B.N. (1988). Optical properties of crystals. In: Modern Crystallography IV. Physical Properties of Crystals (Shuvalov, L.A., Ed.), pp. 405–512. Springer-Verlag, Berlin.
Green, M.R. (1986). Pre-mRNA splicing. Ann. Rev. Genet. 20, 671–708.
Greenwood, N.N. & Earnshaw, A. (1989). Chemistry of the Elements. Pergamon Press, Oxford.
Gregory, W.K. (1974). Evolution Emerging. vol. II. Arno Press, New York.
Greulach, V.A. (1973). Plant Function and Structure. Macmillan Publishing Co., Inc., New York.
Grim, R.E. (1968). Clay Mineralogy. 2nd Ed. McGraw-Hill Book Co., New York.

244, 3045–3052.
Engström, A. & Finean, J.B. (1958). Biological Ultrastructure. Academic Press Inc., New York.
Feder, J.L., Chilcote, C.A., & Bush, G.L. (1988). Genetic differentiation between sympatric host races of the apple maggot fly *Rhagoletis pomonella*. Nature 336, 61–64.
Fehilly, C.B., Willadsen, S.M., & Tucker, E.M. (1984). Interspecific chimaerism between sheep and goat. Nature 307, 634–636.
Fersht, A. (1977). Enzyme Structure and Mechanism. W.H. Freeman and Company, Reading, San Francisco.
Fieldes, M.A. (1994). Heritable effects of 5-azacytidine treatments on the growth and development of flax (*Linum usitatissimum*) genotrophs and genotypes. Genome 37, 1–11.
Fiorito, G. & Scotto, P. (1992). Observational learning in *Octopus vulgaris*. Science 256, 545–547.
Flavell, R.A., Allen, H., Burkly, L.C., Sherman, D.H., Waneck, G.L., & Widera, G. (1986). Molecular Biology of the H-2 histo-compatibility complex. Science 233, 437–443.
Flemming, W. (1881). Beiträge zur Kenntniss der Zelle und ihre Lebenserscheinungen I, II, III, Archiv für Mikroskopische Anatomie (Bonn) XVI, XIX, XX (1879, 1880, 1881).
Florkin, M. & Scheer, B.T. (1972). Chemical Zoology. Vol. 7. Academic Press, New York.
Folkman, J. & Haudenschild, C. (1980). Angiogenesis *in vitro*. Nature 288, 551–556.
Fox, H. (1981). Cytological and morphological changes during amphibian metamorphosis. In: Metamorphosis: A Problem in Developmental Biology (Gilbert, L.I. & Frieden, E., Eds.), pp. 327–362. Plenum Press, New York.
Fraenkel-Conrat, H. (1962). Design and Function at the Threshold of Life: The Viruses. Academic Press, New York.
Francé, R.H. (1943). La Maravillosa Vida de los Animales. Una Zoologia Para Todos. Editorial Labor, S.A., Barcelona.
Frankel, R.B., Blakemore, R.P., & Wolfe, R.S. (1979). Magnetite in freshwater magnetotactic bacteria. Science 203, 1355–1356.
Freeman, R. (1972). Classification of the Animal Kingdom. An Illustrated Guide. Hodder and Stoughton Ltd., The Reader's Digest Association Ltd.
Friday, A. & Ingram, D.S. (1985). The Cambridge Encyclopedia of Life Sciences. Cambridge University Press, Cambridge.
Friedberg, E.C. (1985). DNA Repair. Freeman, New York.
Friedman, D.I. & Gottesman, M. (1983). Lytic mode of lambda development. In: Lambda II (Hendrix, R.W., Roberts, J.W., Stahl, F.W., & Weisberg, R.A., Eds.), pp. 21–51. Cold Spring Harbor Laboratory.
Frisch, K.V. (1938). Noi e la Vita. Biologia Moderna per Tutti. Editore Ulrico Hoepli Milano.
Furth, A.J. (1980). Lipids and Polysaccharides in Biology. The Institute of Biology's Studies in Biology no. 125. Edward Arnold, London.
Galiano, E.F. (1929). Los Fundamentos de la Biología. Editorial Labor, S.A., Barcelona, Buenos Aires.
Garcia-Bellido, A. (1975). Genetic control of wing disk development in *Drosophila*. Ciba Found. Symp. 29, Cell Patterning, 161–182.
Garstang, W. (1922). The theory of recapitulation: a critical re-statement of the biogenetic law. Linn. Soc. J. Zool. XXXV, 81–101.
Garstang, W. (1928a). The morphology of the Tunicata, and its bearings on the phylogeny of the Chordata. Quart. J. Micr. Sci. LXXII, 51–187.
Garstang, W. (1928b). The origin and evolution of larval forms. Presidential Address, Section D., British Ass., Glasgow.
Garstang, W. (1929). The origin and evolution of larval forms. Section D. Zoology. In: Larval Forms and Other Zoological Verses (Garstang, W., Ed.), pp. 77–98. The University of Chicago Press,

Symposia on Quantitative Biology, vol. LII. Evolution of Catalytic Function, pp. 907–913. Cold Spring Harbor Laboratory.

Dorrington, J. (1979). Pituitary and placental hormones. In: Mechanisms of Hormone Action, Reproduction in Mammals, Book 7 (Austin, C.R. & Short, R.V., Eds.), pp. 53–80. Cambridge University Press, Cambridge.

Dorst, J. & Dandelot, P. (1988). A Field Guide to the Larger Mammals of Africa. Collins, London.

Drake, J.W. (1969). Comparative rates of spontaneous mutation. Nature 221, 1132.

Dreller, C. & Kirchnert, W.H. (1993). How honeybees perceive the information of the dance language. Naturwissenschaften 80, 319–321.

Driever, W. & Nüsslein-Volhard, C. (1988a). A gradient of *bicoid* protein in Drosophila embryos. Cell 54, 83–93.

Driever, W. & Nüsslein-Volhard, C. (1988b). The *bicoid* protein determines position in the *Drosophila* embryo in a concentration-dependent manner. Cell 54, 95–104.

Drost-Hansen, W. & Singleton, J.L. (1989). Liquid asset. How the exotic properties of cell water enhance life. The Sciences, September/October 1989, 38–42.

Dubertret, L., Coulomb, B., Saiag, PH., & Touraine, R. (1987). Les peaux artificielles vivantes. La Recherche 18(185), 149–155.

DuBois, A.M. (1933). Chromosome behavior during cleavage in the eggs of Sciara coprophila (Diptera) in relation to the problem of sex determination. Z. Zellforsch. 19, 595–614.

Duclaux, J. (1936). Actualités Scientifiques et Industrielles 350. Leçons de Chimie Physique. Appliquée a la Biologie, VII. Diffusion dans les Gels et les Solides. Hermann & Cie, Paris.

Dujon, B. (1989). Group I introns as mobile genetic elements: facts and mechanistic speculations—A review. Gene 82, 91–114.

Duncan, I. (1987). The bithorax complex. Ann. Rev. Genet. 21, 285–319.

Dyer, A.F. (1979). Investigating Chromosomes. Edward Arnold, London.

Dyson, F.J. (1953). Field theory. In: Particles and Fields, Readings from Scientific American, 1980, pp. 17–21. W.H. Freeman and Company, San Francisco.

Eames, A.J. & MacDaniels, L.H. (1925). An Introduction to Plant Anatomy. McGraw-Hill Book Company, Inc., New York.

Eckert, R. & Randall, D. (1978). Animal Physiology. W.H. Freeman, San Francisco.

Edelstein, S.J. (1973). Introductory Biochemistry. Holden-Day, San Francisco.

Edenberg, H.J. & Huberman, J.A. (1975). Eukaryotic chromosome replication. Annu. Rev. Genet. 9, 245–284.

Eibl-Eibesfeldt, I. (1970). Amor e Odio, Historia Natural dos Padroes Elementares do Comportamento. Livraria Bertrand, Lisboa.

Eisenbeis, G. & Wichard, W. (1987). Atlas on the Biology of Soil Arthropods. Springer-Verlag, Berlin.

Eisenberg, J.M. (1981). A Collector's Guide to Sea Shells of the World. McGraw-Hill Book Company, New York, London.

Ellfolk, N. (1972). Leghaemoglobin, a plant hemoglobin. Endeavour 31, 139–142.

Elvers, I. (1965). Vår Flora i Färg. Almqvist & Wiksell, Stockholm.

Engberg, J. (1985). The ribosomal RNA genes of Tetrahymena: structure and function. Review Article. Eur. J. Cell Bio. 36, 133–151.

Engel, W., Schmidtke, J., & Wolf, U. (1975). Diploid-tetraploid relationships in teleostean fishes. In: Isozymes Vol. IV Genetics and Evolution (Markert, C.L., Ed.), pp. 449–462. Academic Press, New York.

Englund, P.T., Kelly, R.B., & Kornberg, A. (1969). Enzymatic synthesis of deoxyribonucleic acid. XXXI. Binding of deoxyribonucleic acid to deoxyribonucleic acid polymerase. J. Biol. Chem.

Curry-Lindahl, K. & Tinggaard, K.A. (1965). Djuren i Färg. Däggdjur, Kräldjur, Groddjur. Almqvist & Wiksell, Stockholm.

Dabauvalle, M.-C., Loos, K., Merkert, H., & Scheer, U. (1991). Spontaneous assembly of pore complex-containing membranes ("annulate lamellae") in *Xenopus* egg extract in the absence of chromatin. J. Cell Bio. 112(6), 1073–1082.

Dahlberg, J.E. (1977). RNA primers for the reverse transcriptases of RNA tumor viruses. In: Nucleic Acid-Protein Recognition (Vogel, H.J., Ed.), pp. 345–358. Academic Press, New York, San Francisco, London.

Dale, J.E. (1982). The Growth of Leaves. The Institute of Biology's Studies in Biology no. 137. Edward Arnold, London.

Dana, E.S. (1955). A Textbook of Mineralogy with an extended treatise on Crystallography and Physical Mineralogy. 4th ed. John Wiley & Sons, Inc., New York, Chapman & Hall, Limited, London.

Darlington, C.D. (1937). Recent Advances in Cytology. 2nd Ed. J. & A. Churchill Ltd, London.

Darlington, C.D. (1953). The Facts of Life. George Allen & Unwin Ltd., London.

Darlington, C.D. & Ammal, E.K.J. (1945). Chromosome Atlas of Cultivated Plants. George Allen & Unwin Ltd., London.

Davidson, E.H. & Britten, R.J. (1979). Regulation of gene expression: possible role of repetitive sequences. Science 204, 1052–1059.

Dawydoff, C. (1928). Traité d'Embryologie Comparée des Invertébrés. Masson et Cie, Paris.

De Beer, G. (1958). Embryos and Ancestors. Oxford at the Clarendon Press.

De Duve, C. (1984a). A Guided Tour of the Living Cell, vol. I. Scientific American Library, Scientific American Books, Inc., New York.

De Duve, C. (1984b). A Guided Tour of the Living Cell, vol. II. Scientific American Library, Scientific American Books, Inc., New York.

Degens, E.T., Deuser, W.G., & Haedrich, R.L. (1969). Molecular structure and composition of fish otoliths. Marine Biol. 2, 105–113.

De Jussieu, M.A. (1873). Cours Elémentaire Histoire Naturelle. Botanique. Organes et Fonctions de la Végétation. Langlois et Leclercq, Fortin, Masson, Paris.

Denffer, D. von, Schumacher, W., Mägdefrau, K., & Ehrendorfer, F. (1971). Strasburger's Textbook of Botany, New English Edition. Longman, London and New York.

De Robertis, E.M., Oliver, G., & Wright, C.V.E. (1990). Homeobox genes and the vertebrate body plan. Sci. Am. 263(1), 26–32.

Desautels, P.E. (1968). The Mineral Kingdom. Ridge Press Book/Madison Square Press, Grosset and Dunlap, New York.

Dickerson, R.E. (1980). Cytochrome c and the evolution of energy metabolism. Sci. Am. 242(3), 99–110.

Dickerson, R.E. & Geis, I. (1979). Chemistry, Matter, and the Universe. An Integrated Approach to General Chemistry. Benjamin/Cummings, Menlo Park.

Dilworth, M.J. & Coventry, D.R. (1977). Stability of leghaemoglobin in yellow lupin nodules. In: Recent Developments in Nitrogen Fixation (Newton, W., Postgate, J.R., & Rodriguez-Barrueco, C., Eds.), pp. 431–442. Academic Press, New York.

Donelson, J.E. & Turner, M.J. (1985). How the trypanosome changes its coat. Sci. Am. 252(2), 32–39.

Doolittle, R.F., Feng, D.F., Johnson, M.S., & McClure, M.A. (1986). Relationships of human protein sequences to those of other organisms. Cold Spring Harbor Symposia on Quantitative Biology, vol. LI. Molecular Biology of *Homo sapiens*, pp. 447–455. Cold Spring Harbor Laboratory.

Doolittle, W.F. (1987). What introns have to tell us: Hierarchy in genome evolution. Cold Spring Harbor

Cantor, C.R. & Schimmel, P.R. (1980). Biophysical Chemistry. Part III: The Behavior of Biological Macromolecules. Freeman, San Francisco.

Carpenter, F.M. (1973). Geological history and evolution of insects. In: Syllabus. Introductory Entomology (Tipton, V.J., Ed.), pp. 78–88. Brigham Young University Press, Provo.

Carroll, R.L. (1987). Vertebrate Paleontology and Evolution. W.H. Freeman and Company, New York.

Catterall, W.A., Seagar, M.J., Takahashi, M., & Nunoki, K. (1989). Molecular properties of dihydropyridine-sensitive calcium channels. In: Calcium Channels: Structure and Function. Annals of the New York Academy of Sciences, Vol. 560 (Wray, D.W., Norman, R.I., & Hess, P., Eds.), pp. 1–14. The New York Academy of Sciences, New York.

Challis, J.R.G. (1979). Prostaglandins. In: Mechanisms of Hormone Action, Reproduction in Mammals, Book 7 (Austin, C.R. & Short, R.V., Eds.), pp. 81–116. Cambridge University Press, Cambridge.

Chambon, P. (1981). Split genes. Sci. Am. 244(5), 48–59.

Champoux, J.J. & Dulbecco, R. (1972). An activity from mammalian cells that untwists superhelical DNA—a possible swivel for DNA replication. Proc. Natl. Acad. Sci. USA 69, 139–146.

Changeux, J.-P. (1985). Neuronal Man. The Biology of Mind. Oxford University Press, New York, Oxford.

Chistyakov, I.G. & Pikin, S.A. (1988). Liquid crystals. In: Modern Crystallography IV. Physical Properties of Crystals (Shuvalov, L.A., Ed.), pp. 513–578. Springer-Verlag, Berlin, Heidelberg, New York.

Christiano, A.M., Hoffman, G.G., Chung-Honet, L.C., Lee, S., Cheng, W., Uitto, J., & Greenspan, D.S. (1994). Structural organization of the human type VII collagen gene (COL7A1), composed of more exons than any previously characterized gene. Genomics 21, 169–179.

Chumakov, I., Rigault, P., Guillou, S., et al. (1992). Continuum of overlapping clones spanning the entire human chromosome 21q. Nature 359, 380–387.

Cluzet, J. & Ponthus, P. (1939). Précis de Physique Médicale. G. Doin & Cie, Paris.

Coen, E.S., Romero, J.M., Doyle, S., Elliott, R., Murphy, G., & Carpenter, R. (1990). *Floricaula*: A homeotic gene required for flower development in *Antirrhinum majus*. Cell 63, 1311–1322.

Colbert, E.H. (1980). Evolution of the Vertebrates. A History of the Backboned Animals through Time. 3rd ed. John Wiley & Sons, New York.

Combes, R. (1938). La biologie végétale. In: La Biologie (Palais de la Découverte, Mason & Cie, M., Eds.), pp. 9–22. Paris.

Cormier, M.J. (1974). Flashing sea pansies and glowing midshipmen. Natural History, Vol. LXXXIII, No. 3.

Crouse, H.V. (1961). X-ray effects on sex of progeny in Sciara coprophila. Biol. Bull. Woods Hole 120, 8–10.

Crouse, H.V. (1965). Experimental alterations in the chromosome constitution of Sciara. Chromosoma 16, 391–410.

Crouse, H.V. (1979). X heterochromatin subdivision and cytogenetic analysis in Sciara coprophila (Diptera, Sciaridae). II. The controlling element. Chromosoma 74, 219–239.

Crow, J.F. (1979). Genes that violate Mendel's rules. Sci. Am. 240(2), 104–113.

Crozier, R.H. (1979). Genetics of sociality. In: Social Insects, Vol. I (Hermann, H.R., Ed.), pp. 223–286. Academic Press, New York.

Cruickshank, D.W. (1961). The role of 3d-orbitals in π-bonds between (a) silicon, phosphorus, sulfur, or chlorine and (b) oxygen or nitrogen. J. Chem. Soc. 1961, 5486–5504.

Cuénot, L. (1932). La Genèse des Espèces Animales. Librairie Félix Alcan, Paris.

Cullis, C.A. (1977). Molecular aspects of the environmental induction of heritable changes in flax. Heredity 38(2), 129–154.

Boulenger, E.G. (1937). World Natural History. B.T. Batsford Ltd. London.

Boutaric, A. (1938). Précis de Physique d'après les Théories Modernes. G. Doin & Cie, Paris.

Bowman, J.L., Sakai, H., Jack, T., Weigel, D., Mayer, U., & Meyerowitz, E.M. (1992). SUPERMAN, a regulator of floral homeotic genes in *Arabidopsis*. Development 114, 599–615.

Braam, J. & Davis, R.W. (1990). Rain-, wind-, and touch-induced expression of calmodulin and calmodulin-related genes in Arabidopsis. Cell 60, 357–364.

Brachet, J. (1957). Biochemical Cytology. Academic Press Inc., New York.

Brack, C., Hirama, M., Lenhard-Schuller, R., & Tonegawa, S. (1978). A complete immunoglobulin gene is created by somatic recombination. Cell 15, 1–14.

Bramwell, M. (Ed.) (1974). The World Atlas of Birds. Mitchell Beazley Publishers Limited, London.

Brand, A.H., Micklem, G., & Nasmyth, K. (1987). A yeast silencer contains sequences that can promote autonomous plasmid replication and transcriptional activation. Cell 51, 709.

Branden, C. & Tooze, J. (1991). Introduction to Protein Structure. Garland Publishing, Inc., New York and London.

Brash, D.E. & Haseltine, W.A. (1982). UV-induced mutation hotspots occur at DNA damage hotspots. Nature 298, 189–192.

Breitbart, R.E., Andreadis, A., & Nadal-Ginard, B. (1987). Alternative splicing: A ubiquitous mechanism for the generation of multiple protein isoforms from single genes. Annu. Rev. Biochem. 56, 467–495.

Britten, R.J. & Kohne, D.E. (1969). Repetition of nucleotide sequences in chromosomal DNA. In: Handbook of Molecular Cytology (Lima-de-Faria, A., Ed.), pp. 21–36. North Holland Publishing Company, Amsterdam, London.

Brønstedt, H.V. (1970). Planarian Regeneration. Pergamon Press, Elmsford, NY.

Brumpt, E. (1936). Précis de Parasitologie. II. Collection de Précis Médicaux, Masson & Cie.

Buchsbaum, R. (1951). Animals without Backbones. Vol. I. Penguin Books, Harmondsworth, Middlesex.

Bullock, T.H. & Horridge, G.A. (1965). Structure and Function in the Nervous Systems of Invertebrates, Vols. I and II. Freeman and Company, San Francisco.

Burke, D.T., Carle, G.F., & Olson, M.V. (1987). Cloning of large segments of exogenous DNA into yeast by means of artificial chromosome vectors. Science 236, 806–812.

Burnie, D. (1988). Träd. Fakta i Närbild. Bonniers Junior Förlag AB, Stockholm.

Burns, R.G. (1970). Mineralogical Applications of Crystal Field Theory. Cambridge University Press, London.

Burton, R. (1987). Egg. Nature's Miracle of Packaging. William Collins, London.

Bynum, W.F., Browne, E.J., & Porter, R. (1981). Dictionary of the History of Science. (Bynum, W.F., Browne, E.J., & Porter, R., Eds.), Macmillan, London.

Cabrera, A. (1935). Historia Natural. Vol. I. Zoología (Vertebrados). Instituto Gallach, Barcelona.

Cabrera, A. (1937). Historia Natural, Geologia, Vol. 4. Instituto Gallach, Barcelona.

Cairns, J., Overbaugh, J., & Miller, S. (1988). The origin of mutants. Nature 335, 142–145.

Calvin, M. (1983). The path of carbon: From stratosphere to cell. In: Advances in Gene Technology: Molecular Genetics of Plants and Animals (Downey, K., Voellmy, R.W., Ahmad, F., & Schultz, J., Eds.), pp. 1–35. Miami Winter Symposia, Vol. 20. Academic Press, New York.

Campbell, A. (1971). Genetic Structure. In: The Bacteriophage Lambda. (Hershey, A.D., Ed.), pp. 13–44. Cold Spring Harbor Laboratory, New York.

Campbell, A.K. (1988). Chemiluminescence. Principles andApplications in Biology and Medicine. Ellis Horwood, VCH.

Cantor, C.R. (1981). DNA choreography. Cell 25, 293–295.

Bernardi, G. & Bernardi, G. (1986). Compositional constraints and genome evolution. J. Mol. Evol. 24, 1–11.

Berrill, N.J. & Karp, G. (1976). Development. McGraw-Hill, New York.

Bienfait, H.F. (1985). Regulated redox processes at the plasmalemma of plant root cells and their function in iron uptake. J. Bioenerg. Biomembr. 17, 73–83.

Björkman, O. (1992). Protective chloroplast movement in high light. In: Carnegie Institution of Washington. Year Book 91, The President's Report, July 1991–June 1992. p. 119, Baltimore.

Blake, C.C.F. (1978). Do genes-in-pieces imply proteins-in-pieces? Nature 273, 267.

Blake, C.C.F., Harlos, K., & Holland, S.K. (1987). Exon and domain evolution in the proenzymes of blood coagulation and fibrinolysis. Cold Spring Harbor Symposia on Quantitative Biology, Vol. LII. Evolution of Catalytic Function, pp. 925–931. Cold Spring Harbor Laboratory.

Blaringhem, L. (1923). Pasteur et le Transformisme. Masson et Cie, Editeurs, Libraires de l'Académie de Médecine, Paris.

Bloss, F.D. (1971). Crystallography and Crystal Chemistry. An Introduction. Holt, Rinehart and Winston, Inc., New York.

Blumenthal, A.B., Kriegstein, H.J., & Hogness, D.S. (1973). The units of DNA replication in *Drosophila melanogaster* chromosomes. Cold Spring Harbor Symp. Quant. Biol. 38, 205–223.

Boggs, R.T., Gregor, P., Idriss, S., Belote, J.M., & McKeown, M. (1987). Regulation of sexual differentiation in *D. melanogaster* via alternative splicing of RNA from the transformer gene. Cell 50, 739–747.

Böhmer, V. (1974). Skön Motion. Lunds Stadsbibliotek, Wahlström & Widstrand.

Bohn, G. (1934a). Leçons de Zoologie et Biologie Générale. III, Les Invertébrés (Coelentérés et Vers). Actualités Scientifiques et Industrielles 133. Hermann et Cie, Editeurs, Paris.

Bohn, G. (1934b). Leçons de Zoologie et Biologie Générale. VI. Vertébrés Inférieurs (Poissons, Batraciens, Reptiles). Actualités Scientifiques et Industrielles 183. Hermann et Cie, Editeurs, Paris.

Bohn, G. (1935). Leçons de Zoologie et Biologie Générale. IV. Les Invertébrés. Arthropodes, Mollusques et Echinodermes. Actualités Scientifiques et Industrielles 242. Hermann et Cie, Paris.

Bohr, V.A. & Wasserman, K. (1988). DNA repair at the level of the gene. Trends Biochem. Sci. 13, 429–432.

Bolk, L. (1926). On the problem of anthropogenesis. Proc. Section Sci. Kon. Akad. Wetens. Amsterdam 29, 465–475.

Bonnardel, R., Bull, L., Combes, R., Fessard, A., Laugier, H., Magne, H., Piéron, H., Plantefol, L., Rabaud, E., & Mlle Veil, C. (1938). La Biologie. Palais de la Découverte, Masson et Cie, Paris.

Bonner, J.T. (1952). Morphogenesis. An Essay on Development. Princeton University Press, Princeton, NJ.

Bonner, J.T. (1983). Chemical signals of social amoebae. Sci. Am. 248(4), 106–112.

Borror, D.J., DeLong, D.M., & Triplehorn, C.A. (1976). An Introduction to the Study of Insects. 4th Ed. Holt, Rinehart and Winston, New York.

Borst, P. (1986). Discontinuous transcription and antigenic variation in trypanosomes. Ann. Rev. Biochem. 55, 701–732.

Bostock, C.J. & Sumner, A.T. (1978). The Eukaryotic Chromosome. North-Holland Publishing Company, Amsterdam.

Bothwell, M. & Schachman, H.K. (1974). Pathways of assembly of aspartate transcarbamoylase from catalytic and regulatory subunits. Proc. Natl. Acad. Sci. USA 71, 3221–3225.

Boule, M. & Piveteau, J. (1935). Les Fossiles. Eléments de Paléontologie. Masson & Cie, Editeurs, Paris.

and testicular feminized (Tfm/y♂) mice. Endocrinology 103, 760–770.
Auber, J. (1969). La myofibrillogenèse du muscle strié. I. Insects. J. de Microsc. 8(2), 197–232.
Azorin, F. & Rich, A. (1985). Isolation of Z-DNA binding proteins from SV40 minichromosomes: Evidence for binding to the viral control region. Cell 41, 365–374.
Babin, C. (1980). Elements of Palaeontology. John Wiley & Sons, Chichester, New York, Brisbane, Toronto.
Ballhausen, C.J. (1962). Introduction to Ligand Field Theory. McGraw-Hill, New York.
Barnes, R.D. (1980). Invertebrate Zoology, 4th ed. Saunders College, Philadelphia.
Bateson, W. (1894). Materials for the Study of Variation. University Press, Cambridge.
Baur, E. (1930). Einführung in die Vererbungslehre. Verlag von Gebrüder Borntraeger, Berlin.
Beatty, R.A. (1967). Parthenogenesis in vertebrates. In: Fertilization, Vol. I (Metz, C.B. & Monroy, A., Eds.), pp. 413–440. Academic Press, New York.
Beaver, H.H. (1967). Morphology. In: Treatise on Invertebrate Paleontology. Part S, Echinodermata I, Vol. II (Moore, R.C., Ed.). Courtesy of the Geological Society of America and University of Kansas.
Beazley, M. (Ed.) (1974). The World Atlas of Birds. Mitchell Beazley Publishers Limited, London.
Beazley, M. (1980). The Atlas of World Wildlife. Rand McNally & Company, The Netherlands.
Beçak, W., Beçak, M.L., & Ruiz, I.R.G. (1978). Gene regulation in polyploid amphibians. In: XIV International Congress of Genetics, Contributed Paper Sessions, Abstracts, Part II, Moscow 1978, p. 147. Nauka, Moscow.
Becker, R.D. (1974). The significance of bioelectric potentials. Bioelectrochemistry and Bioenergetics 1, 187–199.
Bell, L.R., Maine, E.M., Schedl, P., & Cline, T.W. (1988). Sex-lethal, a drosophila sex determination switch gene, inhibits sex-specific RNA splicing and sequence similarity to RNA binding proteins. Cell 55, 1037–1046.
Bell, P.R. & Woodcock, C.L.F. (1971). The Diversity of Green Plants, 2nd ed. Edward Arnold, London.
Bender, W., Akam, M., Karch, F., Beachy, P.A., Peifer, M., Spierer, P., Lewis, E.B., & Hogness, D.S. (1983). Molecular genetics of the bithorax complex in *Drosophila melanogaster*. Science 221, 23–29.
Benfy, T. (1964). Spiral periodic chart. In: Chemistry (Benfy, T., Ed.), p. 14. Amer. Chem. Soc., Washington, D.C., 37(6), 14.
Benne, R. & Van der Spek, H. (1992). L'Editing des messages génétiques. La Recherche—245 Juillet-Aoùt 23, 846–854.
Bentley, W.A. & Humphreys, W.J. (1962). Snow Crystals. Dover Publications, Inc., New York.
Benzer, S. (1955). Fine structure of a genetic region in bacteriophage. Proc. Natl. Acad. Sci. USA 41, 344–354.
Benzer, S. & Freese, E. (1958). Induction of specific mutations with 5-bromouracil. Proc. Natl. Acad. Sci. USA 44, 112–119.
Berg, J.M. (1988). Proposed structure for the zinc-binding domains from transcription factor IIIA and related proteins. Proc. Natl. Acad. Sci. USA 85, 99–102.
Bergeron, R.J. (1986). Iron: a controlling nutrient in proliferating processes. Trends Biochem. Sci. 11, 133–136.
Berleth, T., Burri, M., Thoma, G., Bopp, D., Richstein, S., Frigerio, G., Noll, M., & Nüsslein-Volhard, C. (1988). The role of localization of *bicoid* RNA in organizing the anterior pattern of the *Drosophila* embryo. EMBO J. 7, 1749–1756.
Bernal, J.D. (1965). Molecular matrices for living systems. In: The Origins of Prebiological Systems (Fox, S.W., Ed.), pp. 65–88. Academic Press, New York and London.

参考文献

Abercrombie, M., Hickman, C.J., & Johnson, M.L. (1951). A Dictionary of Biology. Penguin Books, Harmondsworth, Middlesex.

Affolter, M., Schier, A., & Gehring, W.J. (1990). Homeodomain proteins and the regulation of gene expression. Curr. Opin. Cell Biol. 2, 485–495.

Alberts, B., Barry, J., Bittner, M., Davies, M., & Hama-Inaba, H., Liu, C.C., Mace, D., Moran, L., Morris, C.F., Piperno, J., & Sinha, N.K. (1977). *In vitro* DNA replication catalyzed by six purified T4 bacteriophage proteins. In: Nucleic Acid-Protein Recognition (Vogel, H.J., Ed.), pp. 31–63. Academic Press, New York, San Francisco, London.

Alberts, B., Bray, D., Lewis, J., Raff, M., Roberts, K., & Watson, J.D. (1983). Molecular Biology of the Cell. Garland Publishing, Inc., New York.

Alberts, B., Bray, D., Lewis, J., Raff, M., Roberts, K., & Watson, J.D. (1989). Molecular Biology of The Cell, 2nd ed. Garland Publishing, Inc., New York & London.

Allen, O.E. (1984). Planeten Jorden—Atmosfären. Bokorama.

Alt, F.W., Blackwell, T.K., & Yancopoulos, G.D. (1987). Development of the primary antibody repertoire. Science 238, 1079–1087.

Amaldi, G. (1966). The Nature of Matter. The University of Chicago Press, Chicago, London.

Anderson, K.V., Bokla, L., & Nüsslein-Volhard, C. (1985). Establishment of dorsal-ventral polarity in the *Drosophila* embryo: the induction of polarity by the *Toll* gene product. Cell 42, 791–798.

Andrèsen, N. (1942). Cytoplasmic components in the amoeba *Chaos chaos* Linné. Compt. Rend. Trav. Lab. Carlsberg, Sér. Chim. 24, 138–184.

Angenent, G.C., Busscher, M., Franken, J., Mol, J.N.M., & van Tunen, A.J. (1992). Differential expression of two MADS box genes in wild-type and mutant Petunia flowers. The Plant Cell 4, 983–993.

Antoine, M. & Niessing, J. (1984). Intronless globin genes in the insect *Chironomus thummi thummi*. Nature 310, 795–798.

Arnason, U. (1985). Valen—mera hjort än lejon? Forskning och Framsteg 1985(6), 16–21.

Arnason, U. & Widegren, B. (1986). Pinniped phylogeny enlightened by molecular hybridizations using highly repetitive DNA. Mol. Biol. Evol. 3(4), 356–365.

Arnott, S., Chandrasekaran, R., Day, A.W., Puigjaner, L.C., & Watts, L. (1981). Double helical structures for polyxanthylic acid. J. Mol. Biol. 149, 489–505.

Arnott, S., Chandrasekaran, R., Hukins, D.W.L., Smith, P.J.C., & Watts, L. (1974). Structural details of a double-helix observed for DNA's containing alternating purine-pyrimidine sequences. J. Mol. Biol. 88, 523–533.

Arnott, S. & Hukins, D.W.L. (1972). Optimised parameters for A-DNA and B-DNA. Biochem. Biophys. Res. Commun. 47, 1504–1510.

Arnott, S. & Hukins, D.W.L. (1973). Refinement of the structure of B-DNA and implications for the analysis of X-ray diffraction data from fibers of biopolymers. J. Mol. Biol. 81, 93–105.

Aron, M. & Grassé, P. (1939). Précis de Biologie Animale. Masson et Cie, Editeurs, Paris.

Asimov, I. (1992). Atom: Journey Across the Subatomic Cosmos. Truman Talley Books, Plume, New York.

Atkins, P.W. (1987). Molecules. Scientific American Library, New York.

Attardi, B. & Ohno, S. (1978). Physical properties of androgen receptors in brain cytosol from normal

Pauling, L. (1960) ▶L. ポーリング『化学結合論』小泉正夫 訳 1962(共立出版)
Pauling, L. & Hayward, R. (1964) ▶L. ポーリング・R. ヘイワード『分子の造型:やさしい化学結合論』木村健二郎・大谷寛治 訳 1974(丸善)
Pope, J. (1986) ▶J. ポープ『動物は夢をみるか?』小原秀雄 監訳 1988(東京書籍)
Ptashne, M. (1986) ▶M. プタシュネ『図解遺伝子の調節機構:λファージの遺伝子スイッチ:発生・分化の基本原理を解き明かす』堀越正美 訳 2006(オーム社)
Romer, A.S. & Parsons, T.S. (1978) ▶A.S. ローマー・T.S. パーソンズ著『脊椎動物のからだ:その比較解剖学(第5版)』平光厲司 訳 1983(法政大学出版局)
Saenger, W. (1988) ▶W. ゼンガー『核酸構造』西村善文 訳 1987(シュプリンガー・フェアラーク東京)
Sanderson, R.T. (1967) ▶R.T. サンダーソン『無機化学 上・下』藤原鎮男 監訳,野村昭之助・関根達也・山崎昶 訳1969-1970(廣川書店)
Savage, R.J.G & Long, M.R (1986) ▶R. サベージ著・M. ロング図『図説哺乳類の進化』瀬戸口烈司 訳 1991(テラハウス)
Segre, E. (1980) ▶E. セグレ『X線からクォークまで:20世紀の物理学者たち』久保亮五・矢崎裕二 訳 1982(みすず書房)
Stix, H., Stix, M. & Abbott, R.T. (1978) ▶H. スティックス・M. スティックス・R.T. アボット著,H. ランドショフ撮影『貝:その文化と美』奥谷喬司 訳 1980(朝倉書店)
Stryer, L. (1988) ▶J. M. バーグ・J. L. ティモクスコ・L. ストライヤー『ストライヤー生化学(第6版)』入村達郎・岡山博人・清水孝雄 監訳 2008(東京化学同人)
Thompson, D. W. (1952) ▶W. ダーシー・トムソン『生物のかたち』(抄訳)柳田友道・遠藤勲ほか 訳 1973(東京大学出版会)
Von Baeyer, H.C. (1992) ▶ハンス・フォン・バイヤー『原子を飼いならす:見えてきた極小の世界』高橋健次 訳 1996(草思社)
Wareing, P.F. & Phillips, I.D.J. (1978) ▶P.F. ウェアリング・I.D.J. フィリップス『植物の成長と分化』古谷雅樹 監訳,渡辺正勝ほか 訳 1983(学会出版センター)
Watson, J.D. et al. (1978) ▶J.D. ワトソンほか『遺伝子の分子生物学(第5版)』中村桂子監訳,滋賀陽子ほか 訳 2006(東京電機大学出版局)
Weinberg, S. (1977) ▶S.ワインバーグ『宇宙創成はじめの3分間』小尾信彌 訳 2008(筑摩書房)
Wigglesworth, V.B. (1970) ▶V.B. ウィグレスワース『昆虫ホルモン』伊藤智夫・小林勝利 訳 1971(南江堂)

邦訳参考文献

邦訳が出版されている参考文献を以下に挙げる。以下の方針に従って、できるだけ網羅するようリストアップした。

◉基本的に邦訳の最新版を挙げた。

◉ただし原著者が版を使い分けている場合には,対応する版の邦訳を挙げてある。

◉対応する版の邦訳がない場合には最も近い版のものを挙げ,その旨を記した。

◉1945年以降に出版された邦訳に限定した。

Alberts et al.（1983）▶B. アルバーツほか『細胞の分子生物学（第1版）上・下』中村桂子・松原謙一 監訳,今成啓子ほか 訳 1985（教育社）

Alberts et al.（1989）▶B. アルバーツほか『細胞の分子生物学（第2版）』中村桂子・松原謙一 監修,大隅良典・小倉明彦ほか 監訳,今成啓子ほか 訳 1990（教育社）

Asimov, I.（1992）▶I. アシモフ『アシモフの原子宇宙の旅』野本陽代 訳 1992（二見書房）

Atkins, P.W.（1987）▶P.W. アトキンス『分子と人間』千原秀昭・稲葉章 訳 1990（東京化学同人）

Branden, C. & Tooze, J.（1991）▶C. ブランデン・J. トゥーズ『タンパク質の構造入門』勝部幸輝・福山恵一・竹中章郎・松原央 訳 2000（ニュートンプレス）

Changeux, J.-P.（1985）▶J-P. シャンジュー『ニューロン人間』新谷昌宏 訳 2002（みすず書房）

Colbert, E.H（1980）▶E.H. コルバート・M. モラレス・E.C. ミンコフ『脊椎動物の進化（第5版）』田隅本生 訳 2004（築地書館）

De Duve, C.（1984a）,（1984b）▶C. ド=デューブ『細胞の世界を旅する 上・下』八杉貞雄・大久保精一・八杉悦子 訳 1990（東京化学同人）

Fersht, A.（1977）▶A. ファーシュ『タンパク質の構造と機構』桑島邦博・有坂文雄・熊谷 泉・倉光成紀 訳 2006（医学出版）

Gould, S.J.（1977）▶S.J. グールド『個体発生と系統発生』仁木帝都・渡辺政隆 訳 1987（工作舎）

Heywood, V.H.（1978）▶V.H. ヘイウッド『花の大百科事典』大澤雅彦監訳,黒沢高秀・福田健二 編訳,尾崎煙雄ほか 訳 2008（朝倉書店）

Langman, J.（1969）▶T.W. サドラー『ラングマン人体発生学（第9版）』安田峯生 訳 2006（メディカル・サイエンス・インターナショナル）

Lehninger, A.L.（1975）▶A.L. レーニンジャー・D.L. ネルソン・M.M. コックス『レーニンジャーの新生化学（第4版）』山科郁男監修,川嵜敏祐・中山和久 編集 2007（廣川書店）

Lewin, B.（1983）▶B. ルーイン『遺伝子（第2版）』松原謙一・小川英行 訳 1986（東京化学同人）【引用されているのは第1版】

Lewin, B.（1990）▶B. ルーイン『遺伝子（第4版）』榊佳之・向井常博・菊地韶彦 訳 1993（東京化学同人）

Lima-de-Faria, A.（1988）▶A. リマ=デ=ファリア『選択なしの進化』池田清彦 監訳,池田正子・法橋登 訳 1993（工作舎）

Line, L. & Reiger, G.（1980）▶L. ライン原著,G. レイガー編著『海の野生動物:オーデュボンソサイエティブック』藤川正信 訳 1981（旺文社）

Loomis, W.F.（1988）▶W.F.ルーミス『遺伝子からみた40億年の生命進化』中村運 訳 1990（紀伊國屋書店）

Mandelbrot, B.B.（1983）▶B.B. マンデルブロ『フラクタル幾何学』広中平祐 監訳 1985（日経サイエンス）

Margulis, L. & Schwartz, K.V（1982）▶L. マルグリス・K.V. シュヴァルツ『五つの王国:図説・生物界ガイド』川島誠一郎・根平邦人 訳 1987（日経サイエンス社）

McFarland, D.（Ed.）（1981）▶D. マクファーランド編『オックスフォード動物行動学事典』木村武二 監訳 1993（どうぶつ社）

McMahon, T.A. & Bonner, J.T.（1983）▶T.A. マクマホン・J.T. ボナー『生物の大きさとかたち:サイズの生物学』木村武二・八杉貞雄・小川多恵子 訳 2000（東京化学同人）

Napier, J.R. & Napier, P.H.（1985）▶J.R. ネイピア・P.H. ネイピア『世界の霊長類』伊沢紘生 訳 1987（どうぶつ社）

Pagels, H.R.（1982）▶（原著第一部）H.R. パージェル『量子の世界』黒星瑩一 訳 1983（地人書館）／（原著第二部・第三部）H.R.パージェル『物質の究極』黒星瑩一 訳 1984（地人書館）

Pauling, L.（1949）▶L. ポーリング『一般化学（第3版）』関集三・千原秀昭 訳 1974（岩波書店）

Tarsius spectrum[スラウェシメガネザル]……125
Tayassu tajacu[クビワペッカリー]……117
Thylacinus cynocephalus[フクロオオカミ]……125
Thylacoleo carnifex[フクロライオン]……124-125
Thylacosmilus[チラコスミラス]……124-125, 127, 351
Trichechus manatus[アメリカマナティー]……115
Trichoplax adhaerens[センモウヒラムシ]……226-227, 371
Trifolium repens[シロツメクサ]……292, 355, 369
Triturus taeniatus[ヨーロッパイモリ]……195
Tropaeolum majus[ナスタチウム]……292, 355
Trypanosoma brucei[ネズミマクムシ]……329-331, 372
Tubularia[クダウミヒドラ]……175, 304
T細胞のレセプター遺伝子……326

U-Z

Ursus maritimus[ホッキョクグマ]……113
Utatsusaurus[ウタツサウルス]……308, 311, 355
Xanthium strumarium[オナモミ]……193
Z-DNA……164, 167, 280
Zea mays[トウモロコシ]……181, 213
Zostera[アマモ]……101

P

Paeonia tenuifolia［ホソバシャクヤク］……355
Pakicetus［パキケタス］……111, 114
Palmipes membranaceus［ヒトデの1種］……301, 355
Panicum mileaceum［キビ］……095
Panthera leo［ライオン］……124-125, 350-351
Panthera tigris［トラ］……113
Paralichthys albiguttus［ヒラメ］……317
Paramecium［ゾウリムシ］……064
Parexocoetus mento atlanticus［バショウトビウオ］……049
Passiflora caerulea［トケイソウ］……288-289, 306, 355
Patella［ツタノハガイ］……062, 064, 067
Perca fluviatilis［パーチ］……051
Peripatus［カギムシ］……074, 095
Petauroides volans［フクロムササビ］……124-125, 127-128, 362
Petaurus breviceps［フクロモモンガ］……124-125, 128, 362
Petunia［ペチュニア］……314
Phascogale calura［ファスコゲール（アカオファスコゲール）］……125, 351
Phascolosoma punta-arenae［サメハダホシムシ］……233
Phasmidohelea wagneri［ハエの1種］……042
Phoca vitulina［ゼニガタアザラシ］……113
Phocaena phocaena［ネズミイルカ］……307
Phractopelta tessarapsis［放散虫］……307, 355
Phrynosoma solare［ツノトカゲ］……193
Physeter catodon［マッコウクジラ］……084, 090, 111
Phytolacca clavigera［ヤマゴボウ］……293, 355
Picea abies［ドイツトウヒ］……185
Pieris［シロチョウ］……258, 260
Pipa americana［コモリガエル］……077, 080
Pipa pipa［スリナムのコモリガエル］……075
Plateosaurus［プラテオサウルス］……308, 311
Polycitor［ヘンゲボヤ］……243
Polygonum amphibium［エゾノミズタデ］……102
Polygordius neapolitanus［イイジマムカシゴカイ］……233
Polypodium vulgare［エゾデンダ］……185
Porichthys［イサリビガマアンコウ］……089
Potamogeton gramineus［エゾヒルムシロ］……101
Protopsis［渦鞭毛虫］……061
Pseudorca crassidens［オキゴンドウ］……051
Psidium guajava［グアバ］……293, 355, 370
Pteropus edulis［オオコウモリ］……047
Pulex irritans［ヒトノミ］……235
Pygoscelis antarctica［ヒゲペンギン］……109
Pyrophorus noctilucus［ヒカリコメツキ］……085

R

Rana esculenta［ヨーロッパトノサマガエル］……246
Rana temporaria［ヨーロッパアカガエル］……243, 245
Ranunculus aquatilis［キンポウゲ］……103
Ranunculus peltatus［キンポウゲ］……101
Renilla［ウミシイタケ］……089
Rhagoletis pomonella［ミバエ］……214
Rhamnus cathartica［セイヨウクロウメモドキ］……293, 355, 370
Rhamphorhynque［翼竜］……041
Rhyacophila fenestra［ナガレトビケラ］……234
RNA（トランス・スプライシング）……330-331
　（転写）……182, 184-186
　（選択的RNAスプライシング）……019, 324, 326-327, 372
　（分子の合成）……183-184
RNAポリメラーゼ……184-186
Rosa pendulina［バラ］……154-155, 355

S

Saccharomyces cerevisiae［酵母］……261
Sagittaria sagittifolia［セイヨウオモダカ］……105, 312
Salicornia［アッケシソウ］……258-259
Salix［ヤナギ］……200, 205
Sarcophilus harrisii［タスマニアデビル］……125, 351
Schizaster［ブンブクチャガマ］……236
Sciara［ギョウレツウジバエ］……208
Scilla autumnalis［ツルボ］……286-287, 355, 370
Scolopendra morsitans［タイワンオオムカデ］……095
Sepia［コウイカ］……067
Sericaria mori［オークカイコ］……239
Smilodon［スミロドン］……124-125, 127, 351
Solaster papposus［ニチリンヒトデ］……355
Solea vulgaris［シタビラメ］……054
Sorex araneus［ヨーロッパトガリネズミ］……125, 351
Stromateoides［マナガツオ］……317
Sus scrofa［イノシシ］……125, 351

T

Taenia saginata［ユウコウジョウチュウ］……307, 355, 370
Talpa europaea［ヨーロッパモグラ］……125, 127
Tamandua tetradactyla［ミナミコアリクイ］……125
Taraxacum［タンポポ］……256-257, 290

Echiurus［キタユムシ］……233
Enhydra lutris［ラッコ］……113
Erythropsidinium［ナガジタメダマムシ］……061
Escherichia coli［大腸菌］……181, 213, 216
Euglena viridis［ミドリムシ］……057, 062, 064
Euparkeria［ユーパルケリア］……311
Eusmilus［ユースミルス］……124-125
Exocoetus callopterus［トビウオの1種］……045
ey 遺伝子……071-072

F

Fasciola hepatica［カンテツ］……092-093, 096
Felis silvestris［ヤマネコ］……124-125
Fittonia［アミメグサ］……057-058
Folia aethiopica［オタマボヤの仲間］……243
Freyella［ハネウデボソヒトデ］……303

G

Galerita［クビボソゴミムシ］……234
Gallus gallus［ニワトリ］……198, 203
Gecko techadactylus［ヤモリ］……355
Geotriton fuscus［イモリ］……189
Gigantactis vanhöffoeni［シダアンコウ］……257
Ginkgo biloba［イチョウ］……292, 355, 369

H

Hedera helix［セイヨウキヅタ］……102, 249
Helianthus angustifolius［ヒマワリの1種］……297
Helianthus annuus［ヒマワリ］……290, 296
Heliaster［ニチリンヒトデ］……298
Helix pomatia［リンゴマイマイ］……109
Heterandria formosa［モスキートフィッシュ］……080
Hippocampus［タツノオトシゴ］……075, 077, 080
Hura crepitans［フラ（オチョ）］……295
Hydrophilus piceus［ガムシ］……234

I

Ilex aquifolium［セイヨウヒイラギ］……285-286, 370
Illicium verum［ダイウイキョウ］……295, 355

L

Lactuca［アキノノゲシ］……290
Lemna trisulca［ヒンジモ］……059
Leptasterias hexactis［ヒトデ］……301, 355, 370
Limnaea［モノアラガイ］……104, 167
Limnaea stagnalis［ヨーロッパモノアラガイ］……109
Linaria vulgaris［ホソバウンラン］……315, 317
Linckia［アオヒトデ］……195, 199
Linum usitatissimum［アマ］……262-263, 265
Luidia ciliaris［スナヒトデ］……300, 302-303, 355
Lupinus［ルピナス］……292, 355
Lutra lutra［ユーラシアカワウソ］……125, 351

M

Malva silvestris［ゼニアオイ］……295, 355
Marcgravia nepenthoides［マルクグラビア］……295, 355
Marsilea quadrifolia［デンジソウ］……292, 355, 370
Medicago sativa［ウマゴヤシ（アルファルファ）］……058-060
Megaceryle maxima［オオヤマセミ］……041
Meganeura［巨大トンボ］……039
Mixosaurus［ミクソサウルス］……308
Mnemiopsis［カブトクラゲの近縁］……089
Murex［アクキガイ］……064
Mus musculus［ハツカネズミ］……125, 154-155
Musca domestica［イエバエ］……235
Mustela erminea［オコジョ］……254-255
Mygnimia aviculus［スズメバチ］……154-155
Myopus schisticolor［モリレミング］……209
Myrmecobius fasciatus［フクロアリクイ］……125-126
Myrmeleon formicarius［コウスバカゲロウ］……224, 238-239
Myrmica scabrinodis［クシケアリの仲間］……042

N

Napoleona imperialis［ナポレオナ］……288-289
Nautilus［オウムガイ］……067, 349
Nereis［フツウゴカイ］……256-257
Nicotiana rustica［マルバタバコ］……262
Nicotiana tabacum［タバコ］……360
Nigella damascena［ニゲラ］……292, 355, 370
Notoryctes typhlops［フクロモグラ］……125-127
Nototrema marsupiatum［カエルの1種］……077

O

Obelia［オベリア（ヒドロ虫）］……175, 304
Odinia elegans［ウデボソヒトデの1種］……303
Odobenus rosmarus［セイウチ］……094, 112-113, 116
Oikopleura［オタマボヤ］……243
Ophisthocomus hoazin ［ツメバケイ ］……047
Ophrys［ラン］……153
Ophtalmosaurus［海産爬虫類］……311
Orchis morio［ハクサンチドリ］……284-285, 355, 369
Oxalis adenophylla［カタバミ］……154-155

Aspergillus[コウジカビ]……328
Aster[シオン]……290
Asteria glacialis[マヒトデ]……236
Astropecten irregularis[モミジガイ]……317
Ateles paniscus[クロクモザル]……125
Aurelia[ミズクラゲ]……355
Avena sativa[カラスムギ]……254-255

B

Balaena glacialis[セミクジラ]……051
Balaenoptera borealis[イワシクジラ]……111
B-DNA……279, 355
Begonia[ベゴニア]……293, 355, 369
Bidens bipinnata[コバノセンダングサ]……297
Bombyx mori[カイコ]……224
Bonellia[ボネリムシ]……224-225
Borhyaena[フクロハイエナ(ボルヒエナ)]……125
Brisinga mediterranea[ヒトデ]……303, 355
Buccinum undatum[ヨーロッパバイ]……092
Busycon[サカマキボラ]……092
Bryomorphe zeyheri[キクの仲間]……297

C

Calliphora[オオクロバエ]……043
Caluromysiops irrupta[セジロウーリーオポッサム]……125
Campanula rotundifolia[イトシャジン]……249
Canis lupus lupus[タイリクオオカミ]……125
Cannabis sativa[アサ]……194-195, 249
Caulerpa prolifera[イワヅタ]……095, 098
Ceratias holboelli[ビワアンコウ]……225
Chaeropus ecaudatus[ブタアシバンディクート]……125, 351
Chelonia mydas[アオウミガメ]……109
Chiton[ヒザラガイ]……228
Chrysanthemum segetum[アラゲシュンギク]……315
Chrysops discalis[メクラアブ]……041
Closterium ehrenbergii[ミカヅキモ]……189
Clytia[ウミコップ]……089
Coloborhombus fasciatipennis[コウチュウの1種]……154-155
Corydalis cornutus[オオアゴヘビトンボ]……234
Cosmarium[ツヅミモ]……189
Crocuta crocuta[ブチハイエナ]……125, 351
Crossaster papposus[フサトゲニチリンヒトデ]……299, 303
Cucumaria planci[キンコ]……236
Cyclobatis[化石種のエイ]……307, 309
Cydnus aterrimus[カメムシの仲間]……191
Cynanchum vincetoxicum[カモメヅル]……286-287, 370
Cynocephalus volans[フィリピンヒヨケザル]……124-125, 362
Cypridina[ウミホタル]……089, 091
Cypselurus heterurus[ツクシトビウオ]……049

D

Dactylopterus orientalis[セミホウボウ]……041, 050
Dasycercus cristicaudata[ネズミクイ]……125, 154-155
D-DNA……279, 355
Dentalium[ヤカドツノガイ]……228, 233
Dianthus[カワラナデシコ]……200, 205
Diceros bicornis[クロサイ]……125, 351
Dictyostelium[タマホコリカビ]……344-345
Didelphis albiventris[シロミミオポッサム]……125
Dillenia indica[ビワモドキ]……295
Diplocardai[発光ミミズ]……089
Diplotrema[ムカシフトミミズ]……089
Diprotodon[ディプロトドン]……125
DNA(グアニンとシトシンの量と温度)……213
　(右旋性と左旋性)……163-164
　(規則正しい構造)……217, 280
　(擬態)……156
　(構造)……280
　(構造と水)……100,178-179
　(再編成)……018, 324, 326, 341, 372
　(自己集積と自己離散)……343-345
　(修復)……215, 218
　(重複)……324
　(進化)……213
　(染色体場)……172, 174
DNAとRNAのハイブリッド……179, 280
DNAのホットスポット……212
DNAの性質と水……178-179
DNAの複製と結晶の複製……180-183
DNAの複製と酵素……215-216
DNAポリメラーゼ……181
Drimys winteri[シキミモドキ科の1種]……355
Drosera rotundifolia[マルバモウセンゴケ]……292
Drosophila[ショウジョウバエ]……054, 071, 171, 198, 203, 208-209, 312, 326-328, 340-341, 368

E

Echinus esculentus[ヨーロッパホンウニ]……307, 355, 369

ラン *Ophrys*(ハチの擬態)……153
卵(形態形成場)……170-171
(脊椎動物の卵と左右対称性)……310
ランタノイド[希土類元素]……030, 141, 349, 358

り

リチウム……025, 028
立方クラゲ……062, 064, 351, 367
リボソーム(自己集積)……243-244
リボソームRNA……174, 185, 216-218, 262-263, 265, 328
リポトロピン[LPH]……336, 339
硫カドミウム鉱……151
硫銀ゲルマニウム鉱……281, 284-285, 369
(構造の周期性)……355
硫酸アンモニウム……154-155
硫酸カリウム……154-155
硫酸カルシウム……100
硫酸銅……151
硫ヒ鉄鉱……286-287, 353, 355
菱亜鉛鉱……189-190
量子……138
量子場……166
両生類(再生)……195, 199
(双生)……194, 197
(胎盤)……075-077, 079-080
(幼生)……241-243, 245
(陸の征服と水への回帰)……106, 119
菱面体……272
リン……026
輪形動物……062, 064, 087, 091
リンゴマイマイ *Helix pomatia*……109
リン酸カルシウム……160

る

類人猿……229
ルシフェラーゼ……084, 360
ルシフェリン……084
ルテニウム……028
ルビジウム……025, 028-029
ルピナス *Lupinus*……292, 355

れ

レア……042
霊長類……124-125, 363
レチナール……060, 258, 260
レプトン……138, 147

ろ

ローレンシウム……352
ロブスター……065, 086-087
濾胞刺激ホルモン……081

わ

ワカメ(支持組織)……096
ワニ……046, 108

A

Acanthaster[オニヒトデ]……303
Acer platanoides[ヨーロッパカエデ]……286-287, 355
Acer pseudoplatanus[セイヨウカジカエデ]……293, 369
Achillea odorata[ノコギリソウ]……297
Acrobates pygmaeus[チビフクロモモンガ]……128
Actinia[ウメボシイソギンチャク]……309
A-DNAの構造……279
Aesculus hippocastanum[セイヨウトチノキ]……292, 355
Agapanthus umbellatus[ムラサキクンシラン]……172-173
Aglaophenia[シロガヤ]……304, 355
Alces alces[ヘラジカ]……111
Alisma plantago-aquatica[サジオモダカ]……284-285, 355, 369
Amblystoma[トラフサンショウウオ]……105, 121, 224, 231
Ammobroma sonorae[アンモブローマ]……295
Amoeba[アメーバ]……056, 062, 064, 345
Aniridia 遺伝子……071
Anomalurus peli[オオウロコオリス]……127
Antirrhinum majus[キンギョソウ]……314-315
Apis mellifera[(セイヨウ)ミツバチ]……132, 248, 235
Aptenodytes patagonica[キングペンギン]……109
Arabidopsis thaliana[シロイヌナズナ]……288-289, 314, 342
Araschnia[アカマダラ]……254-255
Araucaria excelsa[コバノナンヨウスギ]……167
Archaeocidaris wortheni[ウニ]……307, 370
Archaeopteryx[始祖鳥]……046
Arctocephalus pusillus[ミナミアフリカオットセイ]……113
Argyropelecus[ナガムネエソ]……085
Artemia salina[アルテミア]……258-259
Arum hygrophilum[アルム]……312-313
Ascidiella aspersa[ホヤの1種]……309

ヤナギ *Salix*(雑種)……200, 205
ヤマゴボウ *Phytolacca clavigera*……293, 355
ヤマネコ *Felis silvestris*……124-125
ヤモリ *Gecko techadactylus*……355

ゆ

ユークリプタイト……034
ユウコウジョウチュウ *Taenia saginata*……307, 355, 370
有櫛動物(生物発光)……087, 089, 091
(眼)……062, 064
ユースミルス *Eusmilus*……124-125
優性な雑種……200, 202-204
有性生殖……198, 204, 208, 210, 212, 218, 227
有爪動物……063, 074, 079, 087, 091, 351, 367
有胎盤類……073, 076, 078-081, 154-155
(陰茎)……094, 097-098
(有袋類との比較)……123-129, 219, 349-351, 361-362
有袋類……123-129, 154-155, 218, 349-351, 367
(陰茎)……097
(滑空)……362, 369
(水生)……361
(胎盤)……076, 078-080
(二つの陰茎)……094, 098
(二つの膣)……094
有蹄動物……112, 360
ユーパルケリア *Euparkeria*……311
ユーラシアカワウソ *Lutra lutra*……124-125, 351
ユウロピウム……030
雪の結晶……183, 194-195, 271-274, 276, 291, 353
癒着した双生……194, 197
輸卵管……074-075

よ

陽子……028-029, 138, 140, 142-143, 150, 153, 157, 276, 343, 345, 347, 352-353, 357
陽性度……030
幼生(ウニ)……232, 236, 315
(カエル)……224, 242-243, 245-246, 250
(昆虫)……224, 232-235, 238-240, 250
(同タイプの幼生からの異なる目、綱、門に属する成体の発生)……232-236
(トロコフォア)……232-233, 371
(尾索動物と両生類の比較)……241-245
(ヒトデ)……232, 235, 315, 317
(ホヤ)……241-245
(両生類)……241-243, 245
幼生から成体への変形……227-229, 231
(カエル)……242-243, 245-246, 250
(ホヤ)……245
幼生と生殖……230-231
幼生と成体の関係……237-240
(アホロートル[サンショウウオ])……105, 224
(アミメカゲロウ目)……232, 234, 238-239
(カイコ)……239
(コウスバカゲロウ)……224, 238-239
(構造的·機能的差異)……238
(昆虫)……224, 238-240
(チョウ)……238-240
(トンボ)……224, 238-240
(ノミ)……233, 235
(変態)……121, 223-224, 226-227, 240-242, 246, 250, 299, 371
幼生の進化……227-228
ヨウ素……025, 153, 354
溶媒和[能]……179-180
羊膜……074
葉緑体……057-060, 321, 323, 346-347
葉緑体の移動……060
ヨードコハク酸イミド……189-190
ヨードホルム……153, 353-354
ヨーロッパアカガエル *Rana temporaria*……243, 245
ヨーロッパイモリ *Triturus taeniatus*……195
ヨーロッパカエデ *Acer platanoides*……286-287, 355
ヨーロッパトガリネズミ *Sorex araneus*……125, 351
ヨーロッパトノサマガエル *Rana esculenta*……246
ヨーロッパバイ *Buccinum undatum*……092
ヨーロッパホンウニ *Echinus esculentus*……307, 355, 369
ヨーロッパモグラ *Talpa europaea*……125, 127
ヨーロッパモノアラガイ *Limnaea stagnalis*……109, 167
予想(暫定的な科学の予想)……358-359
(生物の新たな変形の予想)……358-363

ら

ライオン *Panthera leo*……124-125, 350-351
ライムギ……172
ラジウム……026, 030, 151
らせん……167, 245, 249, 288, 294, 296, 298, 333
らせん構造(核酸)……164, 178-179, 216-217, 279-280, 344
らせん表……028, 141
ラッコ *Enhydra lutris*……113
ラドン……025-026, 365

ミドリムシ *Euglena viridis*……057, 062, 064
ミナミアフリカオットセイ *Arctocephalus pusillus*……113
ミナミコアリクイ *Tamandua tetradactyla*……125
ミバエ *Rhagoletis pomonella*……214

む

ムカシフトミミズ *Diplotrema*……089
ムササビ（滑空）……040, 124
無脊椎動物（脚の数）……305
（陰茎）……093-094, 097
（擬態）……155
（構成要素の統合）……299-305
（周期性）……351-352, 355, 357
（水生への回帰）……104, 119-120
（胎盤）……074-076, 078-080
（飛行）……036-037, 038, 040, 042-044, 053
（眼）……058, 060-062, 064, 066, 070-072
ムラサキクンシラン *Agapanthus umbellatus*……172-173

め

眼（アクキガイ）……064
（イカ）……066-067
（遺伝的相同性）……070-072, 368
（ウキゴカイ）……057, 062, 065
（渦虫類）……062, 064
（オウムガイ）……062, 067, 349
（カニ）……065
（環形動物）……057, 062, 065, 069
（吸虫類）……062, 064
（魚類の眼の形成阻害）……258-259
（クモ）……062-063, 065, 070
（コウイカ）……067
（甲殻類）……062-063, 065, 070
（昆虫）……058-060, 062-063, 065, 068-072, 351, 369
（刺胞動物）……062, 064
（十脚類）……065, 070
（種類）……061, 064-066
（タコ）……061-062
（多足類）……063, 065
（多板類）……062, 064
（多毛類）……062, 065
（ツタノハガイ）……062, 064, 067
（頭足類）……062, 065-067, 069, 071-072
（トカゲ）……057, 070
（独立した進化）……068-070
（ナマコ）……063, 065
（軟甲類）……063, 065
（軟体動物）……061-062, 064-065, 067, 069
（ヒト）……066-067, 069-072, 368
（ヒトデ）……063, 065
（ヒドロクラゲ）……064
（ヒル）……062, 065
（貧毛類）……062, 065
（複雑な進化）……068-070
（不在）……060-061, 064-066
（扁形動物）……062, 064, 069
（マキガイ）……062, 065
（ミドリムシ）……057, 062, 064
（ヤツメウナギ）……069
（有櫛動物）……062, 064
（立方クラゲ）……062, 064, 367
（ロブスター）……065
眼が欠如した動物門……065
メクラアブ *Chrysops discalis*……041
メタケイ酸塩……277-278, 355
メタスコレサイト……177
メッセンジャーRNA……018, 121, 325-326, 342, 372
（新しいタンパク質の産出）……329-332
（細胞内の住所）……321-322
（卵における勾配）……171
メラニン……084, 256
メラニン細胞刺激ホルモン……336, 339
メラノコルチコトロピン……019, 336, 339, 373
免疫グロブリン……252, 326, 341

も

網膜（細胞の向き）……066
モグラ……040, 125-127, 350-351
モザイクタンパク質……018
（新しいモザイクタンパク質の形成）……320-333
モスキートフィッシュ *Heterandria formosa*……080
モノアラガイ *Limnaea*……104, 109, 167
モミ（木の枝の成長）……183-186
モミジガイ *Astropecten irregularis*……317
モリレミング *Myopus schisticolor*（染色体）……209
モルモット……316
モル体積……028-029

や

ヤカドツノガイ *Dentalium*（トロコフォア幼生）……233
（幼生の変化）……228
ヤスデ……063, 087, 091
ヤスデ類……091

（甲殻類）……250, 258-259
（個体内部での進化）……223-224, 226
（昆虫）……240, 250
（節足動物）……250
（ヒトデ）……299
（ホルモンによる制御）……250

ほ

方鉛鉱……286-287, 370
方解石……034
（結晶パターン）……144
（構造）……159-160
（雑種）……200, 205
（双晶）……194, 197, 281
（発光）……085
放散虫 *Phractopelta tessarapsis* ……307, 355
放射性崩壊……140
放射相称動物……302
芒硝石……297
ホウ素……028
ホソバウンラン *Linaria vulgaris*……315, 317
ホソバシャクヤク *Paeonia tenuifolia*……355
ホタル（生物発光）……087, 091, 351, 360
蛍石……034, 083, 085, 151-152, 258, 260
ホッキョクグマ *Ursus maritimus*……113
哺乳類（陰茎）……093-094, 096
（滑空）……124, 128, 362, 368
（擬態）……129, 154-155
（細胞の自己集積）……346-347
（水生への回帰）……104, 106, 110-121, 265-266, 360-361
（胎盤）……073-074
（互いのカーボンコピーとしての有胎盤類と有袋類）……123-129
（鳥類との翼の比較）……046-048
（飛行）……037, 040-041, 044, 046-047, 053-054
（眼）……066, 071-072, 351, 368
（有胎盤類と有袋類の等価性）……123-129, 349-351
ボネリムシ *Bonellia*……224-225
ホメオティック遺伝子……054, 312, 314, 341, 370
ホヤ……062-063, 066, 071, 171, 231, 245, 309
（幼生）……241-243
ホヤの1種 *Ascidiella aspersa*……309
ボラサイト［方硼石］……254-256
ポリヌクレオチド……279-280
ホルモン（魚の体色変化）……258, 260
（分子カスケード）……334-339
（変形）……121-122, 224, 229, 242, 249-250
（変態コントロール）……250

ま

マウス……072, 252, 314, 328, 368
（*Small-eye*遺伝子）……071
（キメラ）……196, 201
マキガイ……062, 065, 087, 097, 351
マグネシウム……019, 026, 030, 150, 152, 158, 162, 365
（炭酸塩）……353
マッコウクジラ *Physeter catodon*……084, 090, 111
マナガツオ *Stromateoides*……317
マナティー……115-116
マヒトデ *Asteria glacialis*……236
マルクグラビア *Marcgravia nepenthoides*……295, 355
マルバタバコ *Nicotiana rustica*（遺伝子の安定的変化）……262
マルバモウセンゴケ *Drosera rotundifolia*……292
マンガン……028, 152
蔓脚類［フジツボ］……063, 065, 093-094, 097, 351

み

ミカヅキモ *Closterium ehrenbergii*……189
ミクソサウルス *Mixosaurus*……308
水（遺伝子活性の変化）……265
（塩濃度とアルテミアの品種）……258-259
（結晶）［雪・氷］……153, 183, 185-186, 194-195, 271-274, 276, 288, 291, 318, 353, 371
（結晶学的成果）……271-274
（結晶サイズの普遍性）……276
（結晶の枝）……153, 194, 272-274, 276, 353
（結晶の解明されていない性質）……274, 276
（結晶の形状の不変性と変異）……271-272, 274
（結晶の成長）……102, 152, 185-186, 193-195, 201
（結晶の副枝）……272, 276
（結晶の融合）……274
（鉱物や高分子の構造を変化させる水）……100
（細胞の機能を決定する要因）……179-180
（タンパク質とDNAの性質を支配する細胞内の水）……178-180
（ビシナルな）……179-180
ミズオポッサム……124-125, 361
ミズクラゲ *Aurelia*……062, 304, 355
ミツバチ［セイヨウミツバチ］ *Apis mellifera*……132, 235, 248-249

紐形動物……062, 071-072, 087, 091, 097
ヒラメ *Paralichthys albiguttus*……317
ヒル……062, 065
鰭脚類……113, 116
ピロ電気……176
ビワアンコウ *Ceratias holboelli*……225
ビワモドキ *Dillenia indica*……295
貧毛類(陰茎)……097
　(生物発光)……087, 091
　(眼)……062, 065
ヒンジモ *Lemna trisulca*……059

ふ

ファージ……340
ファスコゲール[アカオファスコゲール] *Phascogale calura*……125, 351
フィリピンヒヨケザル *Cynocephalus volans*……124-125, 362
フェロモン……261-262
複相性……249
腹足類(陰茎)……093, 096-097
　(生物発光)……091
　(変態)……228
　(水への回帰)……104, 109, 119
腹毛動物……091-092, 097, 351
フクロアリクイ *Myrmecobius fasciatus*……125-126
フクロオオカミ *Thylacinus cynocephalus*……125
フクロハイエナ[ボルヒエナ] *Borhyaena*……125
フクロムササビ *Petauroides volans*……124-125, 127-128, 362
フクロモグラ *Notoryctes typhlops*……125-127
フクロモモンガ *Petaurus breviceps*……124-125, 128, 362
フクロライオン *Thylacoleo carnifex*……124-125
フサトゲニチリンヒトデ *Crossaster papposus*……299, 303
フジツボ……063, 065, 093-094, 097, 351
ブタアシバンディクート *Chaeropus ecaudatus*……125, 351
ブチハイエナ *Crocuta crocuta*……125, 351
フツウゴカイ *Nereis*(卵割)……256-257
フッ素……025, 084, 151-152, 160, 260
プテロサウルス……037, 040, 042, 053, 219, 351
　(鳥類との飛行の比較)……048
フラ[オチョ] *Hura crepitans*……295
フラーレン……275-276
プライマー……181-183, 343
プラスミノゲンアクチベーター……324, 328, 339
プラチナ……034
プラテオサウルス *Plateosaurus*……308, 311
フランシウム……025, 028-029
プレシオサウルス……107, 114, 119-120, 351
プロゲステロン……081
プロスタグランジン……081
プロトロンビン……332, 339
ブロメライト……151
プロモーター……184-185, 261, 360
分子(規則正しく付加された構成要素)……270-280
　(構造の周期性)……270-280
分子カスケード……019, 334, 336-337
分子擬態……151, 314, 353, 369, 371, 375
　(鍵となる原子)……153, 348, 353-354, 357, 369, 375
　(鉱物)……151
　(電子的メカニズム)……151-152
分子細胞遺伝学……016-017, 371
分子生物学……017, 164, 182, 359, 371
分子時計……327
分断遺伝子……018, 372
フントの規則……138
ブンブクチャガマ *Schizaster*……236

へ

平行進化……017, 361
β—エクジソン……250
β—エンドルフィン……336, 339
ベータグロビン遺伝子……325
ヘクソクタヘドロン[四八面体]……198, 203
ベゴニア *Begonia*……293, 355, 369
ペチュニア *Petunia*……314
ペッカリー……112, 117-118
ヘビ(胎盤)……075, 078
ヘム……158-159
ヘモグロビン……019, 157-158, 327, 365
　(植物とヒト)……154
　(水生動物)……110
ヘラジカ *Alces alces*……111
ヘリウム……025-026, 028, 030, 140, 352, 365
ベリリウム……026, 150
ペンギン(陸生から水生への変化)……109
　(流体力学的な形態と機能)……108, 110
扁形動物……086-087, 091, 351
　(陰茎)……092, 096-097
　(眼)……062, 064, 069
ヘンゲボヤ *Polycitor*……243
変態(カエル)……224, 243, 245-246

非金属……025-026, 349, 374
ヒゲクジラ……051, 111, 114, 119
ヒゲペンギン *Pygoscelis antarctica*……109
飛行……018, 036-055
(機能的なプロセス)……040, 042
(コウモリ)……037-038, 040-042, 045-048, 050, 053, 349, 351, 362-363, 366-367
(コウモリと鳥の比較)……046-048
(構造的なプロセス)……040, 042
(昆虫)……039-041, 054, 351, 366, 368
(昆虫と鳥の比較)……043-046
(周期性)……037, 041, 045, 053-055, 266, 349, 351
(出現時期)……038, 040
(独立した出現)……038, 040, 266
(鳥)……037, 040-042, 054, 351, 366-368
(鳥とコウモリの比較)……046-048
(鳥と昆虫の比較)……043-046
(鳥とプテロサウルスの比較)……048
(爬虫類)……037, 040-041, 048, 053, 366
(複雑さ)……036, 038, 042-044, 055
(プテロサウルスと鳥の比較)……048
鼻孔(カイギュウ)……118
(カワウソ)……125, 361
(クジラ)……104, 114
(鳥)……044, 366
(鰭脚類)……116
(ホッキョクグマ)……113
飛行する魚……037, 041, 050, 052-053, 367
(出現)……040
(二枚の翼)……049-050
(四枚の翼)……049-050, 052
飛行と滑空……362
飛行のための筋肉……042-044, 048, 050, 052
(昆虫)……039, 044
(鳥)……039, 044, 048
飛行プロセスに不可欠な要素……042-043
尾索動物……061, 070, 224, 231, 241-242
(幼生から成体への変形)……245
(両生類との幼生の比較)……241-245
ヒザラガイ *Chiton*……228
被子植物の単相期と複相期……248
ビシナルな水……179-180
ヒストン……329, 345
ビスマス……026, 033
ヒ素……026, 033, 286
ビタミン……019
ビタミンB12……365
ピットバイパー……075
ヒト(陰茎)……093-094, 096, 098
(規則的なパターン変化ををともなう成長)……190-192
(細胞の自己集積)……344, 346
(左右対称性)……310, 312-313
(進化における幼若の変形)……228-229
(心臓電流)……176-177
(双晶)……310, 312-313
(双生)……194, 197
(対称性とホメオティック遺伝子)……314
(胎盤)……074, 077, 081
(タンパク質の年代による分類)……321-322
(突然変異)……214
(発生段階)……242, 244, 247
(発生中につくり出される新たな遺伝子)……341-342
(ヒトと昆虫の眼の遺伝的相同性)……070-072, 368
(ヒトと植物のタンパク質)……154
(ヒトと植物のへモグロビン)……154
(ヒトとチンパンジーの相同性)……229
(ヒトと頭足類の眼)……066-067
ヒトデ(腕の数)……299-301, 303
(化石種)……299-301
(機能の周期性)……351
(構造の周期性)……355
(構造の変化)……300, 302
(生物発光)……086-087, 091
(対称性)……299-301, 303, 370
(変態)……299
(末端領域の再生)……195, 199
(眼)……063, 065
(幼生)……232, 299, 301-302, 315, 317
(幼生の対称性の変化)……315-316
ヒトデ *Brisinga mediterranea*……303, 355
ヒトデ *Leptasterias hexactis*……301, 355, 370
ヒトデ *Palmipes membranaceus*……301, 355
ヒトノミ *Pulex irritans*……235
ヒドラ……175, 302, 318, 374
(自己集積)……344-345
(触手)……304, 355, 370
(神経網)……307
ヒドロクラゲ……064, 304
被嚢類……062, 066, 071, 171, 309
(卵)……309
皮膚(ヒトの皮膚の自己集積)……344-345, 374
ヒマワリ(花序)……290, 297
ヒマワリ *Helianthus annuus*……290, 296
ヒマワリの1種 *Helianthus angustifolius*……297

は

歯(結晶化学)……160
葉(形状変化)……249
　(構成要素)……290, 298
　(周期性)……355, 369-370
　(全体的なパターンを維持したままの成長)……192, 193
　(パターン)……103, 105
　(光受容)……056-060
場(因果的関連)……175
　(形態形成場)……170-171
　(結晶)……168, 173
　(鉱物の)……168-170
　(磁場)……166, 168-170
　(重力場)……166
　(植物)……172-173
　(生物の構造における)……164
　(染色体)……172-175
　(電場)……166, 175-177
　(動物)……170-173
　(動物胚)……170
　(特徴)……174-175
　(物理現象における)……164
　(量子場)……166
パーチ *Perca fluviatilis*……051
ハイエナ……124-125, 351
倍数性……326
胚の場……169-172
胚発生(カスケード)……340-341
　(前後軸)……312, 314
ハエ……050, 060, 071, 202, 368
　(飛べないハエ)……042
　(幼虫)……235, 237
ハエの1種 *Phasmidohelea wagneri*……042
ハエ目……069, 232, 235
パキケタス *Pakicetus*……111, 114
白亜紀……040, 046, 123
ハクサンチドリ *Orchis morio*(花の対称性)……284-285, 355, 369
ハクジラ……051, 111, 114, 119
白鉄鉱……144, 286-287, 355, 370
バショウトビウオ *Parexocoetus mento atlanticus*……049
ハチ(個体変異)……226
　(単相と複相)……249
　(知能)……131-132
　(蠕虫型幼虫)……232
鉢虫類……230, 355
爬虫類(陰茎)……097-098
　(強膜輪)……306, 308, 311, 353, 355
　(水生への回帰)……101, 106-109, 114, 119-121, 361
　(双生)……194, 197
　(胎盤)……075-076, 078-079, 367
　(飛行)……037, 040-041, 048, 053, 366
ハチ目……069, 131, 155, 232, 235
ハツカネズミ *Mus musculus*……125, 154-155
発光……034, 083-091
　(鉱物)……083
　(周期性)……085, 088, 090-091, 348, 351
発光器官……084-085, 088-089, 257, 266
発光細菌……085, 087, 089, 091, 351
発光ミミズ *Diplocardia*……089
発生……(周期性への関与)……251-252
　(分子機構)……222-223
発生段階……230-231, 236
発生のメカニズムとしてのカスケード……340, 373
バッタ……040, 045, 069
八放サンゴ……304-305, 318, 370
バテライト……288-289
花(キク科の花の構造)……290, 292
　(キク科の花の変形)……296-298
　(構造)……290
　(構造の周期性)……355, 369-370
　(鉱物との変形の比較)……284-288
　(対称性)……284-286
　(配置)……294, 296
　(配列指定)……314
羽(遺伝子)……054, 368
　(相似と相同)……042, 054
　(飛行)……040-042
　(飛行する魚)……049-050, 052
ハネウデボソヒトデ *Freyella*……303
バラ *Rosa pendulina*……154-155, 355
バリウム……026, 030, 150-152
ハロゲン……025
ハロゲン化鉱物……032
半金属……033
板形動物……226-227
バンディクート……076, 125, 351

ひ

光感受性……056-062, 064, 069, 260
ヒカリコメツキ *Pyrophorus noctilucus*……085
光受容器……064, 066, 069
光と生物の色の変化……258, 260

トカゲ(眼)……057, 070
(成長)……192-193
(胎盤)……075, 078
毒石[ファーマコライト]……282
トケイソウ *Passiflora caerulea*……288-289, 306, 355
突然変異……071, 171-173, 262, 341
(原核生物)……212-214
(真核生物)……212-214
(対称性の変化)……314-316
(動的な)……214
(ヒト)……214
(方向性)……212-219
(有益な)……212
ドデカヘドロン(正一二面体)……198, 203
トビウオの1種 *Exocoetus callopterus*……045
トビケラ[目]……232, 234
トマト……314
トラ *Panthera tigris*……113
トラフサンショウウオ *Amblystoma* (形態と水)……105
(水生型の幼生と陸生型の成体)……105, 121, 224, 226
(幼生の生殖器官)……231
トラペゾヘドロン[二四面体]……198, 203
トランスデューシン……261-262
トリウム……349
トリオースリン酸異性化酵素……321, 327
トルマリン……187-188
トロコフォアから発生する異なる門の成体……232-233, 371
トンボ……038-040, 069
(陰茎)……094, 097
(幼虫と成虫)……224, 234, 238-240
トンボ目(陰茎)……094
(背眼)……069
(幼生と成体の関係)……238-240

な

ナガジタメダマムシ[海洋プランクトン] *Erythropsidinium*……061
ナガムネエソ *Argyropelecus*……085
ナガレトビケラ *Rhyacophila fenestra*……234
ナスタチウム *Tropaeolum majus*……292, 355
ナトリウム……025, 028-029, 158, 200
ナポレオナ *Napoleona imperialis*……288-289
ナマコ(眼)……063, 065
(生物発光)……087, 091
(幼生)……232, 236
軟甲類(眼)……063, 065
軟体動物(陰茎)……092-093, 096-098
(鰓)……185-186
(貝殻)……160-162, 164, 167
(色素細胞)……309
(生物発光)……087-088, 091
(トロコフォア幼生)……232-233, 371
(眼)……061-062, 064-065, 067, 069, 366
(幼生の変化)……228

に

肉食……242, 245-246
(水生への回帰)……111
(有袋類と有胎盤類)……124-126
ニゲラ *Nigella damascena*……292, 355, 370
二酸化炭素に対する耐性……110
偽の花……294, 296
ニチリンヒトデ *Heliaster*……298
ニチリンヒトデ *Solaster papposus*……355
二枚貝の生物発光……091
ニュートリノ……138, 346
(右旋性と左旋性)……138, 163
ニワトリ(肢)……171, 173
ニワトリ *Gallus gallus*(交雑)……198, 203

ぬ

ヌクレオソーム……329
(自己集積)……345, 373
ヌクレオチド……156, 164, 181, 216-217, 279-280, 331, 355

ね

ネオン……025-026, 365
ネコ(有袋類と有胎盤類)……125, 351
ネズミ[ハツカネズミ](キメラ)……154-155
(有袋類と有胎盤類)……124-125, 350-351
ネズミイルカ *Phocaena phocaena*……307
ネズミクイ *Dasycercus cristicaudata*……125, 154-155
ネズミマクムシ *Trypanosoma brucei*……329-331, 372
熱ショックタンパク質……264
熱発光……083
根の構造……288, 290-291
粘菌……087, 091
(細胞の自己集積)……344-345, 374

の

ノコギリソウ *Achillea odorata*……297
ノミ目……069, 232, 235

（異なる構造で機能が同じ）……156, 354
（自己集積）……343-346
（自己離散）……344
（進化）……324, 326-327, 372
（生成）……154, 156
（太古のタンパク質）……321, 327, 372
（多様性）……324, 326-328
（タンパク質の性質と水）……178-179
（中世のタンパク質）……321, 372
（ヒト）……321-322, 326, 372
（ヒトと植物）……154
（標的部位）……320-321, 323
タンポポ *Taraxacum*……256-257, 290

ち

窒素……026, 142, 153, 262, 265, 280, 374
チトクロム c 遺伝子……328
知能……130-133, 351, 367-368
チビフクロモモンガ *Acrobates pygmaeus*……128
中眼……070
中間子……140, 344-345
中性子……028, 142-143, 150, 157, 343,345-346, 353, 357
チョウ……050, 059, 069, 227, 258, 260
（温度による変異）……254-255
（染色体の分配）……209
（幼生と成体）……238-240
チョウ目……069, 238-240
鳥類（陰茎）……097-099
（コウモリとの飛行の比較）……046, 048
（昆虫との飛行の比較）……038, 043-046
（潜水）……108, 110
（翼の筋肉）……044, 048
（飛べない鳥類）……042
（飛行）……037, 040, 054, 366-368
（プテロサウルスとの飛行の比較）……048
（流体力学的な形態と機能）……108, 110
鳥類の翼と哺乳類の翼の類似性……047
チラコスミラス *Thylacosmilus*……124-125, 127, 351
チロキシン……224, 226, 250
チンパンジー……132, 229

つ

ツクシトビウオ *Cypselurus heterurus*……049
ツタノハガイ *Patella*……062, 064, 067
ツヅミモ *Cosmarium*……189
ツノトカゲ *Phrynosoma solare*……193
ツバメの尾［鉱物学］……281
ツメバケイ *Ophisthocomus hoazin*……047
ツルボ *Scilla autumnalis*……286-287, 355, 370

て

ティティウス・ボーデの法則……136
ディプロトドン *Diprotodon*……125
低密度リポタンパク質［LDL］レセプター……322, 328
鉄……019, 034, 144, 152, 157, 166, 168-169, 284, 286, 288, 353, 365
（触媒作用）……158-159
鉄イオン……158-159
デュシェンヌ型筋ジストロフィー……332
電気（鉱物、細胞、生物による）……175-176
電気ウナギ……176
電気エイ［シビレエイ］……176
電子……034, 138, 142-143, 146, 150-153, 156, 166, 168-170, 174, 188, 222, 343, 345-346, 353-354
（外殻の電子）……028, 030, 150, 350, 354, 357, 364-365
電子雲……137, 139, 350
電子軌道……025, 348
電子構造……024-025, 028, 152, 375
デンジソウ *Marsilea quadrifolia*……292, 355, 370
電子の理論……028
転写……071, 081, 100, 154, 157, 182, 184-186, 223, 251, 322, 325, 330-332, 338-341, 371
転写制御因子……157
電場……166, 175-177

と

ドイツトウヒ［モミ］ *Picea abies*……183-186
銅……030, 033-034, 157-158
（炭酸塩）……288-289
同位体……028
同一の結晶構造……151
同重核……028
糖新生……334-335, 337, 373
頭足類（生物発光）……087, 091
（知能）……130-132, 351
（眼）……062, 065-067, 069, 071-072, 351, 367-368
同中性子体……028
動物（擬態）……153-155
（雑種）……198, 200-204
（場）……170-173
トウモロコシ *Zea mays*……181, 213
（DNA複製）……181
（突然変異）……213

(細胞分裂)……189
(水力学的骨格)……095-096, 098
側単眼……068, 240
組織性プラスミノゲンアクチベーター……324, 328, 339
組織の自己集積……344-346
素粒子(右旋性と左旋性)……163
(自己集積)……344-345
(自律進化)……138, 140
素粒子物理学……016, 140

た

ダイウイキョウ *Illicium verum*……295, 355
体温調節……264-265
胎児化……229
対称性(結晶)……146-148, 151
(腔腸動物)……302,305
(鉱物)……284-291,297, 369-371
(五放射相称)……286, 314-315, 370
(三放射相称)……284, 315, 369
(植物)……283-298
(生物の構造)……369-371
(素粒子)……138, 140
(葉)……290, 292
(ヒトデ)……299-303, 305
(四放射相称)……315, 370
(六放射相称)……274, 291, 315, 370
対数らせん……294, 296, 298
胎生のサンショウウオ……075
大腸菌 *Escherichia coli*……216
(DNA複製)……181
(突然変異)……213
胎盤(アマガエル)……078
(ピットバイパー)……075
(カエル)……075, 077
(カギムシ)……074
(魚類)……075-080
(クスリトカゲ)……075
(クモ)……074
(コモリガエル)……077, 080
(硬骨魚)……075, 078-080
(サソリ)……074
(サメ)……075, 078-079
(サンショウウオ)……075
(周期的胎盤)……073-082, 266, 350-351, 367
(植物)……073-074, 076, 078-080
(スリナムのコモリガエル)……075
(タツノオトシゴ)……075, 077, 080
(トカゲ)……075, 078
(爬虫類)……075-076
(バンディクート)……076
(ヒト)……077, 081
(ヘビ)……075, 078
(哺乳類)……074, 079
(無脊椎動物)……074, 076, 078-080
(モスキートフィッシュ)……080
(有爪動物)……074, 079
(有袋類)……076
(両生類)……075-077, 079-080
胎盤の出現とホルモンカスケード……081-082
胎盤の定義……073
ダイヤモンド……034, 276
(温度と結晶化)……256-257
(構造)……316-317
太陽系……136-138
タイリクオオカミ *Canis lupus lupus*……125
タイワンオオムカデ *Scolopendra morsitans*……095
タコ……349
(眼)……061-062
(知能)……130-131
タスマニアデビル *Sarcophilus harrisii*……125, 351
多足類(外骨格)……096
(眼)……063, 065
(幼生)……228
ダチョウ……042, 108
タツノオトシゴ *Hippocampus*(胎盤)……075, 077, 080
タバコ *Nicotiana tabacum*(ルシフェラーゼ遺伝子の組み込み)……360
タバコモザイクウイルス……345
多板類[ヒザラガイ]……062, 064, 228
タマホコリカビ *Dictyostelium*……344-345
多毛類(陰茎)……097
(生物発光)……087, 091
(眼)……062, 065
単眼……064, 240
炭酸カルシウム……161-162
炭素……028, 034, 140, 142, 153, 163, 165, 188, 280, 316-317, 354, 374
(原子の結合の左旋性と右旋性)……165
(原子の二〇面球体)……275-276
単相期……248-249
タンタル石……144-145
タンパク質(α-β-バレル構造)……156, 356, 369
(新しいタンパク質)……327, 329-331, 354, 372
(擬態)……154, 156
(近代のタンパク質)……321, 372
(構成元素)……157

（刺胞動物）……087, 091
（周期性）……085, 088, 091, 219, 348, 350-351, 360, 365-368
（出現）……084, 086
（脊椎動物）……087-088, 091
（蠕虫）……084, 086
（測定）……086
（頭足類）……087, 091
（ナマコ）……087, 091
（軟体動物）……087-088, 091
（二枚貝）……091
（波長）……086, 088-089
（発光細菌）……084, 087, 089, 091
（ヒトデ）……086-087, 089, 091
（紐形動物）……087, 091
（腹足類）……091
（ホタル）……087, 089, 091
（ミミズ）……089
（ヤスデ）……087, 091
（有櫛動物）……087, 089, 091
生物発光と環境……257, 266
生物発光の化学的プロセス……084
生物発光の特徴……086-088
セイヨウオモダカ *Sagittaria sagittifolia*……105, 312
セイヨウカジカエデ *Acer pseudoplatanus*……293, 369
セイヨウキヅタ *Hedera helix*……102, 249
セイヨウクロウメモドキ *Rhamnus cathartica*……293, 355, 370
セイヨウトチノキ *Aesculus hippocastanum*……292, 355
セイヨウヒイラギ *Ilex aquifolium*……285-286, 370
石英……144
（右旋性と左旋性）……163, 165
（全体的なパターンを維持した成長）……192-193
（双晶）……194, 197
（電流）……176
脊索……224, 241-243, 245-246
脊索動物……053, 061-063, 066, 070, 091, 241, 243
（進化）……231
石炭紀……039
脊椎動物（遺伝子のイントロン）……328-329
（温度による変異）……254-255
（擬態）……155
（構成要素の付加）……306-318
（構造の周期性）……354-355
（骨格を欠く運動器官）……051-052, 054
（左右対称）……310-312
（水への回帰）……104, 106-122, 265-266
（生物発光）……086-089, 091
（祖先としてのホヤの幼生）……231
（対称性の変化）……316
（翼と遺伝子）……054
セシウム……025, 028-029
セジロウーリーオポッサム *Caluromysiops irrupta*……125
セセリチョウ……240
セッコウ……100, 105, 281
節足動物（飛行）……038, 053
（変態）……250
（変態のホルモンによるコントロール）……250
ゼニアオイ *Malva silvestris*……295, 355
ゼニガタアザラシ *Phoca vitulina*……113
背びれ……051-052, 107, 114, 116, 118, 120-121
セミクジラ *Balaena glacialis*……051
セミホウボウ *Dactylopterus orientalis*……041, 050
セリウム……349
セリ科……296
遷移金属……084, 141, 173
線維素溶解……335, 339
染色体（交叉）……209-211
（独立した分配）……208-209
（配列）……363
（振る舞い）……208-211
（分離）……209
染色体場……172-174
潜水する鳥……108, 110
蠕虫……092, 096, 125, 314, 368
（生物発光）……084, 086
センモウヒラムシ *Trichoplax adhaerens*……226-227, 371
前立腺……093, 096

そ

ゾウ……112, 115-116
双構造……144, 194, 197, 312
槽歯類……040
双晶（体の左右対称性）……310, 312-313
（鉱物）……189, 190, 194, 197, 281-282, 310, 312-313, 316, 355
（鉱物の双晶化メカニズム）……282-283
双生……194, 197
双生児……164, 167
曹長石……151
総排泄腔……098
ゾウリムシ *Paramecium*……064
藻類（形態）……101

（根の構造）……288, 290
（場）……172-173
（変形と結晶の物理化学的な性質）……283
（ホメオティック遺伝子）……312, 314
（幼若形）……248-250
（流線型構造）……100-101
（六放射相称の根）……291
食物摂取……214-215
自律［的］進化……016, 019, 137, 140, 164, 215, 217-218, 352
シルル紀……068
シロアリ……069, 125, 131-133, 138, 223, 225
シロイヌナズナ *Arabidopsis thaliana*（調節事象のカスケード）……342
（花）……288-289, 314
シロガヤ *Aglaophenia*……304, 355
シロチョウ *Pieris*……258, 260
シロツメクサ *Trifolium repens*……292, 355, 369
シロミミオポッサム *Didelphis albiventris*……125
進化……016
（分子が示す自律的進化）……217-218
（分子機構）……222-223
（分子時計）……327
進化生物学……016
ジンクフィンガータンパク質……157
真正細菌……037, 079, 084, 086, 088-089, 097, 119, 212, 214, 218, 327-328, 360, 368
心臓……169, 245-246
（ヒトの心臓電流）……176-177
心電図……176-177
針葉樹……038, 185, 195, 199

す

水生生活への回帰……100-122, 265, 351, 360-361, 367
水素……028, 139-140, 142, 147, 153, 160, 270, 274, 276, 280, 284, 352, 354, 374
水素結合……143, 153, 160, 178-179, 182, 216
水力学的骨格……094-096
スウェーデンボルグ石……151
スカンジウム……024
スコレサイト……177
スズメバチ……132
（擬態）……153-155
（単相性と複相性の個体）……249
スズメバチ *Mygnimia aviculus*……154-155
スターフルーツ *Damasonium alisma*……293, 355, 370
ストロンチウム……026, 030, 150, 152
スナヒトデ *Luidia ciliaris*……300, 302-303, 355
スミロドン *Smilodon*……124-125, 127, 351
スラウェシメガネザル *Tarsius spectrum*……125
スリナムのコモリガエル *Pipa pipa*……075

せ

セイウチ *Odobenus rosmarus*……094, 112-113, 116
星口動物……063, 087, 091, 232-233, 371
生体（自己集積）……343-346
成長（規則的なパターン変化）……190-191
（全体的なパターンの維持）……192-193
（分岐）……192, 194-195
生物（色の変化）……258
（電気）……175-176
（末端領域の再生）……195, 199
生物学的擬態……153-156
生物学的周期性……350, 365
（一般的な規則）……356-357, 375
（間隔の長さ）……357
（原則）……343-347
（収斂）……017
（不完全さ／例外）……350
生物学的周期性と化学レベルの周期性の特徴……347-352
生物学的周期性と元素の周期性……347-352, 356, 366, 370, 374
生物学的周期表（空欄）……350, 355, 362-363
生物学的な革命……359
生物学的な変形……224, 226-229, 231, 238, 283
生物発光（イカ）……084, 086, 091
（イサリビガマアンコウ）……089
（渦鞭毛虫）……084, 087, 091
（ウミコップ）……089
（ウミシイタケ）……089
（ウミホタル）……089, 091
（エビ）……084, 087, 091
（海綿動物）……087, 091
（環形動物）……087, 091
（キノコ／菌類）……084, 086-087, 091
（魚類）……084-089, 091, 257
（クモヒトデ）……089
（クラゲ）……084, 086-087, 089, 091
（原生動物）……087, 091
（甲殻類）……087-089, 091
（甲虫）……086-087
（昆虫）……084-088, 091
（細菌）……084, 086-089, 091

153, 158-160, 168, 173, 187-188, 247, 256, 271, 274, 276-278, 280, 284, 374

し

シオン *Aster*……290
視覚(環境)……070, 266
(周期性)……056-072, 349, 351, 367
シキミモドキ科の1種 *Drimys winteri*……355
自己集積……142-143, 182
(DNA)……343-344
(ウイルス)……344
(器官)……343-346
(結晶)……343-346
(原子)……343-346
(元素)……140, 142-143, 147
(生体)……343-346
(組織)……140, 344-346
(素粒子)……343-344
(タンパク質)……343-346
(ヌクレオソーム)……345, 373
(粘菌の細胞)……344-345, 374
(ヒトの細胞)……344
(ヒトの皮膚)……344-345, 374
(ヒドラ)……344-345
(哺乳類の細胞)……346-347
(リボソーム)……343-345
自己離散(DNA)……344
(結晶)……344
(元素)……140, 142-143, 147
(タンパク質)……344
始新世……040, 046, 111
ジスルフィド結合……327
自然発生説……237
始祖鳥 *Archaeopteryx*……046
シダ(葉)……185-186
シダアンコウ *Gigantactis vanhöffoeni*……257
シタビラメ *Solea vulgaris*……054
十脚類……065, 070, 087, 091
磁鉄鉱……034, 166, 169, 183
ジベレリン……103, 122, 186, 250
ジベレリン酸……249
刺胞動物……097, 351
(生物発光)……091
(眼)……062, 064
四面体……139, 276, 278
斜長石-微斜長石結晶……196, 201, 282
蛇紋石……187-188
雌雄同体……092-094
周期性中心(分子)……353-354
周期性のメカニズム……320, 371-372, 374
周期表(元素)……018, 024-030, 033, 143, 150-152, 188, 348-350, 352, 364-365, 374
(元素グループ·族)……025-026, 033, 150-152, 188, 349
十字石……196, 201, 282, 284-285, 355, 370
十字石-藍晶石の結晶……196, 201, 282
終止コドン……183
重晶石……083, 312
臭素……025
重リンゴ酸アンモニウム(結晶)……195, 199
(結晶化)……100
収斂……017
ジュゴン……112, 115-116
酒石酸カリウム……202
ジュラ紀……046
準鉱物……178
松果眼……069-070
ショウジョウバエ *Drosophila*(bicoidタンパク質)……171, 340-341
(*eyeless*遺伝子)……71
(RNA分布)……171
(遺伝子の相同)……054, 368
(イントロン)……328
(雑種)……198, 203
(染色体の振る舞い)……208-209
(選択的RNAスプライシングとタンパク質の多様性)……326-328
(タンパク質分布)……171
(胚発生におけるカスケード)……340-341
(ミオシン重鎖遺伝子)……326
触媒……018, 084, 158-159, 178, 327, 335-336, 373
植物(遺伝子組み換え)……360
(規則正しい変形)……283-298
(擬態)……153-154
(雑種)……198, 200, 202-203, 205
(植物と水)……095-096
(水中型と水上型)……103
(水力学的骨格)……095-096
(生殖)……248-251
(生殖のはじまりの決定要因)……249-250
(成長における勾配と場)……172
(染色体の振る舞い)……209-210
(対称性)……312-316
(胎盤)……073-074, 076, 078-080
(単相期と複相期)……248
(調節事象のカスケード)……342

（秩序の細胞への継承）……178-205
（電気）……175-177
（場）……168-170
（発光）……083, 085
（ハロゲン化鉱物）……032
（分子擬態）……151, 369, 371
（分子構成を変化させない形態変異）……152
（分類）……032-033
（変形）……146
（ホウ酸塩鉱物）……032
（末端領域の再生）……195, 199
（硫塩鉱物）……032
（硫化鉱物）……032
（硫酸塩鉱物）……032
（リン酸塩鉱物）……032
高分子……019, 144, 158, 164, 182, 184, 280, 310, 336, 343-344, 352, 355, 365, 369, 373
（構造と水）……100
酵母［菌］……156, 265, 355, 363
酵母（イントロン）……328
（遺伝子発現を変化させる環境からの分子シグナル）……261-262
酵母 *Saccharomyces cerevisiae*……261
コウモリ……112, 349, 351, 362-363
（飛行）……018, 037-038, 040-042, 050, 053, 366-367
（飛行の鳥との比較）……045-048
（翼）……046-048
ゴキブリ……040
黒鉛……276, 316-317
コケ（単相期と複相期）……248
コケ植物……060, 248
古細菌……328
古生代……038
骨格構造の結晶化学……160, 162
コバノセンダングサ *Bidens bipinnata*……297
コバノナンヨウスギ *Araucaria excelsa*……167
コバルト……019, 144, 158, 365
コモリガエル *Pipa americana*……077, 080
コラーゲン……084, 160, 321
（タイプⅦコラーゲンの遺伝子）……333
コルンブ石……144-145
昆虫（脚の数）……305
（遺伝子中のイントロン）……328
（陰茎）……094, 097
（寄生による食物摂取と遺伝構成）……214-215
（視覚の周期性）……068
（社会性）……131-132
（成長の規則正しいパターン変化）……191
（生物発光）……084-089, 091
（鳥類との飛行の比較）……043-046
（翅の遺伝子）……054, 368
（飛行）……038, 040, 054, 351, 366, 368
（飛行筋）……039, 044
（飛行筋の結晶構造）……187-188
（ヒトの眼との遺伝的相同性）……070-072, 368
（複眼）……058-060, 065, 069, 071, 368
（ホルモンによる変態コントロール）……250
（眼）……058-060, 062-063, 065, 068-072, 351, 368
（幼生と成体）……238
（幼虫·幼生）……224, 233-235, 239
（陸生と水生）……104

さ

サーベルキャット［タイガー］……124-127, 219, 350-351
サイ……126, 351
細菌（生物発光）……084, 086-089, 091
差異のある死……218-219
細胞（安全装置）……338
（真核細胞）……182, 264, 323, 331
（電気）……175-76
（水）……178-180
細胞分化……172, 175, 328, 341, 373
細胞分裂……189-190, 330, 372
細胞膜……179, 321, 323, 334, 337, 346
サカマキボラ *Busycon*……092
ざくろ石……198, 203
サジオモダカ *Alisma plantago-aquatica*……284-285, 355, 369
サソリ……074
雑種……198, 200, 202-205
（結晶）……198, 205
（鉱物）……198, 200, 202-203, 205
（植物）……198, 200, 202-203, 205
（動物）……198, 200, 202-203
（優性現象）……200, 202
雑種形成の原子的原理……202, 204
ザトウクジラ……093
サメ……075, 078-079, 088, 351
サメハダホシムシ *Phascolosoma punta-arenae*……233
サンゴ……230, 302, 304-305, 318, 370
サンショウウオ（双生）……194, 197
三畳紀……048, 069, 107, 308
酸素……074-075, 084, 101, 104, 110, 120, 139, 151,

(自己集積)……343-346
(分子的擬態と原子)……353-354, 369
原子価……030, 350
原子擬態……018, 150
原子構成……152, 254, 256, 354, 357, 369
原子番号……024, 026, 028-029, 316, 349
原子量……017, 024, 026, 347, 357, 364
減数分裂……173, 202, 208-211
(分子的プログラム)……210
(方向性)……208-209, 218
原生動物(機能の周期性)……351
(構造の周期性)……355
(視覚[眼点])……056-058, 061-062, 064, 069
(生物発光)……087, 091
元素(細胞の構成元素)……157-158
(自己集積と自己離散)……140, 142-143, 147
(周期性)……024-031, 141, 347
(周期表)……016, 024-029, 150-152, 188, 348-350, 352, 364-365, 374
(進化)……140, 142
(体積)……028
(電子構造)……024-025, 028, 153, 375
(電子と鉱物の形成)……142-143
(変化)……142

こ

5-アザシチジン……262
紅亜鉛鉱……151
コウイカ *Sepia*(眼)……067
甲殻類(X器官)……350
(Y腺)……350
(陰茎)……094, 097-098
(触角)……305
(精子)……309
(生物発光)……087-089, 091
(変態·変化)……250, 258-259
硬骨魚類……051, 266, 351
(胎盤)……075, 078-079
(飛行)……037, 040
交叉……202, 209-211, 218
光子……083, 086, 089, 138, 346-347
コウジカビ *Aspergillus*……328
甲状腺ホルモン(カエル)……121-122, 242
コウスバカゲロウ *Myrmeleon formicarius*……224, 238-239
コウセッコウ……100, 105
酵素……019, 110, 126, 156, 158-159, 214, 216, 321, 327-328, 334-337, 339, 342, 345, 354, 372
構造的擬態……153, 156, 356
構造と機能の周期性……018, 034, 270-318
構造と機能は同一の現象の二つの側面……270
構造の周期性……355
構造の周期性と原子の秩序……354, 371
構造変化の規則……316, 318
コウチュウ……069, 091, 155, 351
(シミ型幼虫)……232, 234
(生物発光)……086-087
コウチュウの1種 *Coloborhombus fasciatipennis*……154-155
腔腸動物……060, 064-065, 069, 230, 355, 371
(触手の分布)……302, 304
(体腔の区画)……304-305
(プラヌラ幼生)……226-227
コウトウチュウ……092
鉱物(色の変化)……254-255, 258, 260
(温度による性質の変化と原子構成)……254-256
(環境による変化)……254-260
(規則正しい変形)……281-283
(機能の周期性)……034
(キメラ)……196, 201
(ケイ酸塩鉱物)……032
(形成)……142-143
(形態を変化させない化学的変異)……152
(結晶系)……034
(原子的特性の生物構造への影響)……159-162
(元素鉱物)……032
(元素の周期性)……033-034
(構造の周期性)……034
(構造変化と水)……100
(鉱物と花の変形)……284-288
(高分子の触媒作用の鍵)……158
(雑種)……198, 200
(酸化鉱物)……032
(支配的なアニオン)……032
(周期性)……019, 032-034, 365
(硝酸塩鉱物)……032
(進化)……145
(進化の原理)……146-147
(進化の例)……144
(双晶)……189, 190, 194, 197, 281-282, 310, 312-313, 316, 355
(双晶化メカニズム)……282-283
(対称性)……283-284, 286, 288
(対称性の変化)……316-317
(タングステン酸塩鉱物)……032
(炭酸塩鉱物)……032

金属結合……034, 143, 345
筋肉(ウサギ)……187-188
(結晶構造)……187-188
キンポウゲ *Ranunculus aquatilis*……103
キンポウゲ *Ranunculus peltatus*……101
金緑石……282, 297
菌類(真菌)……037, 079, 132-133, 217, 264
(イントロン)……328
(生物発光)……084, 086-087, 091

く

グアバ *Psidium guajava*……293, 355, 370
クォーク……138, 140, 147, 344-345
クシクラゲ……062, 064
(触手の分布)……302, 304, 309
クシケアリの仲間 *Myrmica scabrinodis*……042
孔雀石……288-289
クジラ(尾びれ)……051-052, 054, 114
(形態学)……106
(呼吸)……104
(骨格を欠く運動器官)……051-052
(進化)……112, 360-361
(祖先)……110-111, 360
(肺)……104, 112
(流線型の体)……114
クジラ[イルカ](尾びれの動脈)……307
クスリトカゲ(胎盤)……075
クダウミヒドラ *Tubularia*……175, 304
クビボソゴミムシ *Galerita*……234
クビワペッカリー *Tayassu tajacu*……117
クモ(脚の数)……305, 318, 370
(胎盤)……074
(眼)……062-063, 065, 070
クモヒトデ……063, 065, 302, 355
(構造の変化)……302
(生物発光)……089
クラゲ(触手の分布)……302, 304
(生物発光)……084, 086-087, 091
クリプトン……025-026, 365
クロクモザル *Ateles paniscus*……125
クロサイ *Diceros bicornis*……125, 351
クロム……030, 170, 173
クロロフィル……019, 058-059, 365

け

ケイ酸亜鉛鉱……034
形態形成……072, 162, 249, 371
形態形成場……170-171
ケイ酸アルミニウム……151
ケイ酸塩……032, 187-188
ケイ素……028, 144, 278, 284
(原子)……187-188, 277-278, 318, 370
血液凝固……324, 328, 335, 339, 373
血液凝固第VIII因子……328
結合……143
(イオン結合)……143, 345
(化学結合)……143, 346
(共有結合)……033, 143, 345
(金属結合)……034, 143, 345
(原子間結合)……143
(ジスルフィド結合)……327
(水素結合)……143, 153, 160, 178-179, 182, 216
(ファンデルワールス結合)……143
結合のタイプ……030
結晶(安定性)……143
(擬態)……153-155
(結合プロセス)……281-282
(原子構造)……016
(氷/水)……153, 183, 194, 271-273, 288, 318, 353, 370
(雑種)……196, 198, 200-205
(自己集積)……344-345
(自己離散)……344
(斜方晶系)……034, 100, 105, 144, 154, 159, 254, 256
(成長)……190-194, 102, 185, 152, 195, 201, 282, 344
(双晶)……189-190, 194, 197, 281-282, 310, 312-313, 316, 355
(単斜晶系)……034, 100, 105, 145, 256
(電気)……175-176
(等軸晶系)……034
(物理化学的性質と生物の変形)……283
(ヨードホルム)……153
結晶化(鉱物)……146
結晶化学……142, 160, 168, 274
結晶格子……151, 194, 274
結晶上の結晶成長……196, 201, 282
結晶の性質と原子の性質……143-144
結晶の複製とDNAの複製……180-183
結晶の分類……146
結晶場……168, 170, 173
齧歯類……124-125
ゲルマニウム……024
原子(構成要素の付加)……270-280
(構造の周期性)……270-280

カモメヅル *Cynanchum vincetoxicum*……286-287, 370
カラスムギ *Avena sativa*(温度による性質の変化)……254-255
体の対称性……299-300, 310, 316
ガラパゴスコバネウ *Phalacrocorax harrisi*……108
カリウム……025, 028-029, 158, 200
ガリウム……024
カルカンタイト……151
カルシウム……026, 030, 150-152, 161-162, 333, 342
(アミノ酸による支配)……159-161
(原子的性質)……159-162
(方解石と霰石中の)……159-160
カレイ……258
カワウソ……112, 360
カワラナデシコ *Dianthus*……200, 205
環境(適応)……262, 264
(役割)……019
環境と遺伝子……261
環境と鉱物……255
環境と視覚……070
環境と周期性……265-267
環形動物(生物発光)……087, 091
(トコロフォア幼生)……232-233
(眼)……057, 062, 065, 069
肝細胞……335, 337, 345, 373
完成した解決法……019
肝臓……044, 182, 245, 334, 345
カンテツ *Fasciola hepatica*……092-093, 097
緩歩動物……063, 087, 091, 264

き

記憶……131, 247
希ガス……025, 027, 141, 347, 358, 365
器官(自己集積)……343-346
キク亜科……296
キク科(花序)……294, 296-297, 315
(擬花)……294
(花の構造)……290
(花の変形)……296
キクの仲間 *Bryomorphe zeyheri*……297
キセノン……025-026, 352, 365, 439
擬態(DNA)……154, 156
(結晶)……153-154
(原子)……018, 150, 354
(構造的擬態)……153, 356
(鉱物の分子擬態)……151
(植物)……153-154, 290, 315
(スズメバチ)……153-155
(生物学的)……153-156
(脊椎動物)……154-155
(定義)……150
(動物)……153-155
(分子)……151, 314, 348, 353-354, 369, 371, 375
(哺乳類)……129, 154-155
(無脊椎動物)……155
(ラン)……153-154
キタユムシ *Echiurus*……233
希土類元素[ランタノイド]……030, 141, 349, 358
機能の周期性……034, 351, 366-368
キビ *Panicum mileaceum*……095
キメラ……196, 201
球状の生物形態……278
吸虫類(眼)……062, 064
凝固カスケード……335, 339, 373
ギョウレツウジバエ *Sciara*……208
棘皮動物(陰茎)……097
(構成要素)……301, 307
(構造)……299, 302-355
(生物発光)……087, 091, 351
(眼)……060, 063, 065, 069-070
(幼生)……232, 236
巨大トンボ *Meganeura*……039
魚類(骨板が備わる眼)……306, 308
(性差)……224
(生物発光)……084-089, 091, 257, 266
(体色変化)……258, 260
(対称性)……312, 317
(胎盤)……075-080
(電気発生)……176-177
(眼の形成阻害)……258-259
金……033-034
銀……033-034
銀河……165, 167
キンギョソウ *Antirrhinum majus*……314-315
キングペンギン *Aptenodytes patagonica*……109
キンコ *Cucumaria planci*……236
金紅石……310, 313, 369
(赤鉄鉱との組み合わせ構造)……288, 291
銀星石……288-289
金属……019, 025
(希土類金属)……030, 141, 349, 358
(金グループ)……033
(細胞中)……157
(自然金属)……033
(遷移金属)……084, 141, 173

オオウロコオリス *Anomalurus peli*……127
オオカミ(有袋類と有胎盤類)……124-125, 351
オーキシン……184-186
オオクロバエ *Calliphora*……043
オオコウモリ *Pteropus edulis*……047
オオヤマセミ *Megaceryle maxima*……041
岡崎フラグメント……181
オキゴンドウ *Pseudorca crassidens*……051
オークカイコ *Sericaria mori*……239
オコジョ *Mustela erminea*……254-255
オスミウム……028, 275
オタマジャクシ……075, 121, 241-243, 245, 250
オタマボヤ *Oikopleura*……243
オタマボヤの仲間 *Folia aethiopica*……243
オタマボヤ綱……242-243
オナモミ *Xanthium strumarium*……193
オニヒトデ *Acanthaster*……303
オバルブミン遺伝子……328
オベリア *Obelia*[ヒドロ虫]……175, 304
オポッサム……124-125, 351, 361
(シロミミオポッサム)……125
(セジロウーリーオポッサム)……125
(ミズオポッサム)……124-125, 361
温度(グアニンとシトシンの量)……213
(性質の変化)……254-256

か

カ(染色体の分配)……209
ガ(幼虫と成虫の関係)……239-240
カーボンコピー……156, 356, 367
(有袋類と有胎盤類)……123, 126-127
(ヨードホルムの結晶は氷の結晶)……153
カイギュウ(進化)……115-116, 118-120
(祖先)……112
カイコ(幼虫と成虫)……224, 239
カイコ *Bombyx mori*……224
灰重石……034
灰長石……151
回転双晶……194
カイメン……062, 087, 097, 345, 374
海綿動物……062, 087, 091, 097
カエル(甲状腺ホルモン)……121-122, 242
(成体)……224, 242
(胎盤)……075, 077
(変態)……224, 243, 245-246
(幼生)……224, 242, 250
カエルの1種 *Nototrema marsupiatum*……077
化学的周期性……365, 374
(規則)……347-348
(構造)……353, 355
(図示)……028-030
(生物学的周期性との関係)……343-357
(特性)……343-357
(例外)……030-031
科学の予想……358-359
化学発光……086
カギムシ *Peripatus* (水力学的骨格)……095-096
(胎盤)……074
核(細胞質内での位置)……171
角運動量……137
顎口動物……062, 064, 091-092, 097, 351
核酸(規則正しい構造)……280
核種……028
カゲロウ……038, 043
果実(構成要素)……290, 292-293, 295, 369-370
(構造の周期性)……355
下垂体……336, 373
カスケード(遺伝子)……338, 340-342, 372-373
(遺伝子発現)……122
(エネルギー転移)……084
(原子的事象)……181
(生化学的)……081, 088, 356
(発生)……222
(分子)……019, 334-339, 372-373
(ホルモン)……081-082,121, 368, 373
化石記録の欠落……363
化石種のエイ *Cyclobatis*……309
形を決める圧力……256-257
形を決める原子構造……256
カタツムリ[有肺類](交尾)……093-094, 096
(陸生化)……104, 109
カタバミ *Oxalis adenophylla*……154-155
カタラーゼ……158-159
滑空……043-044, 052-053, 368
(飛行と滑空)……362
(ムササビ)……040
滑空する動物(構造と機能の反復)……128
(有袋類と有胎盤類)……124-125, 127-128
カニ……065, 086
カバ……117-120, 351
カバ(祖先・進化)……112, 118
(流体力学的な形態と機能)……108
カブトクラゲの近縁 *Mnemiopsis*……089
ガムシ *Hydrophilus piceus*……234
カメムシの仲間 *Cydnus aterrimus*……191
カモ……108, 110

遺伝子治療……359
遺伝子の領域……174
遺伝的変化……258, 261-263, 265
遺伝的変化の方向……218
イトシャジン *Campanula rotundifolia*……249
イトトンボ……240
イノケイ酸塩鉱物……144-145
イノシシ……112, 125-126, 351
イノシシ *Sus scrofa*……125, 351
イモリ……169, 182, 189, 197
（足指の分岐）……194-195
（電場）……177
イモリ *Geotriton fuscus*……189
色の変化……257-258, 260
イワシクジラ *Balaenoptera borealis*……111
イワヅタ *Caulerpa prolifera*……095, 098
陰茎（陰茎と膣）……092, 094
（骨格）……094
（周期性）……092-099, 351, 367
（進化）……098-099
（針状体）……092, 094
（水力学的骨格）……094
（ヒト）……093-094, 096, 098
（ヒトと無脊椎動物の類似性）……094, 096
（二つの陰茎）……094, 098
インターフェロン……329
インドール-3-酢酸……184
イントロン……018, 251, 322, 324-325, 330-333, 354, 362, 372
（削除）……329
（数と進化）……328-329
（不在）……328
イントロンとエクソンの組み換え……322, 324-325, 330-333, 362, 372
（可逆性）……332

う

ウイルス……329, 340, 345, 359, 373
（自己集積）……344-345
ウキゴカイ……057, 062, 065, 351
ウサギ（筋肉）……187-188
ウサギ（毛色と温度）……254-256
ウシのプロトロンビンのフラグメント1遺伝子……332
渦鞭毛虫（眼点）……061
（生物発光）……084, 087, 091
渦虫類（眼）……062, 064
ウタツサウルス *Utatsusaurus*……308, 311, 355
ウデボソヒトデの1種 *Odinia elegans*……303
ウニ（遺伝子と鉱物の協調）……162
（化石種）……307, 370
（幼生）……232, 236, 315
（幼生の対称性の変化）……368
ウニ *Archaeocidaris wortheni*……307, 370
ウマゴヤシ［アルファルファ］ *Medicago sativa*（表皮細胞）……058-060
ウミガメ……108-109, 119
ウミコップ *Clytia*……089
ウミシイタケ *Renilla*……089
ウミツボミ綱……301, 355
ウミホタル *Cypridina*……089, 091
ウミユリ……063, 066, 302
ウメボシイソギンチャク *Actinia*……309
ウラン金属……349
ウルツ鉱……151
ウロコオリス……124-125, 127
うろこの形成……160, 162

え

エイ（水中飛行）……049, 052, 266
（電気）……176
泳行する鳥……108-110
栄養芽層……074
エクジソン……250
エクソン……018, 322, 324-326, 330-333, 354, 362, 372
エストロゲン……081
エゾデンダ *Polypodium vulgare*……185
エゾヒルムシロ *Potamogeton gramineus*……101
エゾノミズタデ *Polygonum amphibium*……102
エネルギーレベル……028, 346
エビ（生物発光）……084, 087, 091
エピタクシー……282
鰓……075, 080, 104, 107, 112
（軟体動物）……185-186
塩化ナトリウム……143, 180, 182-183, 258-259
塩化バリウム……151
塩化マグネシウム……258-259
塩基性度……030
エンケファリン……336, 339
塩素……025, 143, 151-152

お

黄鉄鉱……034, 144
黄鉄ニッケル鉱……144
オウムガイ *Nautilus*……062, 067, 349
オオアゴヘビトンボ *Corydalis cornutus*……234

索引

原著の索引を基本とし、一部項目を統合・省略・追加した。

あ

亜鉛……019, 157-158, 365
アオウミガメ *Chelonia mydas*……109
アオヒトデ *Linckia*……195, 199
アカマダラ *Araschnia*……254-255
アキノノゲシ *Lactuca*……290
アクキガイ *Murex*(眼)……064
アクチノイド……141, 349
アクチン……188, 321
アサ *Cannabis sativa*……194-195, 249
アザラシ……110, 118-119
(陰茎)……094
(運動器官)……113
(進化)……360-361
(水力学的形態と機能)……361
(祖先)……108, 112
アシカ……112-113, 119
(運動器官)……113
(祖先)……116
アスパラギン酸アミノ基転移酵素……345
アスベスト……187-188, 278
アッケシソウ *Salicornia*……258-259
圧電気……176
圧力変化による変形……256-257
アドレノコルチコトロピン……336
アニオン(支配的な)……032
アパタイト……160
アホロートル……105
アマ *Linum usitatissimum*……262-263, 265
アマガエル……078
アマモ *Zostera*……101
アミメカゲロウ目……063, 069, 351
(シミ型幼虫)……232, 234
(幼生と成体の関係)……238-239
アミメグサ *Fittonia*……057-058
アメーバ *Amoeba*……056, 062, 064, 345
アメリカマナティー *Trichechus manatus*……115
アラゲシュンギク *Chrysanthemum segetum*……315
アラニン(左旋形と右旋形)……165
霰石……159-160, 282
アリ(高等な知能)……131-132
(単相と複相)……249
(飛べない翅)……042
アリクイ(進化)……126
(単孔類)……126
(有袋類と有胎盤類)……125-126, 351
アルカリ金属……025-026, 028, 349
アルカリ土類金属……026, 349
アルコール脱水素酵素……328
アルゴン……025-026, 365
アルテミア *Artemia salina*……258-259
α—エクジソン……250
アルミニウム……028, 142, 284
アルム *Arum hygrophilum*……312-313
アンチモン……026, 033
安定性(化合物など)……030
アンモブローマ *Ammobroma sonorae*……295

い

イイジマムカシゴカイ *Polygordius neapolitanus*……233
イエバエ *Musca domestica*……235
硫黄……151, 153, 157, 286, 327, 374
イカ(軸索)……131
(生物発光)……084, 086, 091
(眼)……066-067
イクチオサウルス……107, 112, 114, 116, 119-121, 351
(眼の強膜輪)……308
イサリビガマアンコウ *Porichthys*……089
イソギンチャク……062, 064, 230
(触手)……302, 304, 309
(体腔区分)……304-305
イチョウ *Ginkgo biloba*……292, 355, 369
イッテルビウム……030
遺伝暗号……157
遺伝構成の変化……223-224
遺伝子(構造遺伝子)……154, 157, 213, 314, 324-325, 328, 332, 363
(染色体場)……174
(対称性)……312, 314-316
(保存)……154
(哺乳類と昆虫の眼の遺伝子)……070-072, 367
(ホメオティック遺伝子)……054, 312, 314, 341, 370
遺伝子産物(カスケード)……340, 373
遺伝子スプライシング……251, 362
遺伝子操作……350, 359, 361, 363
遺伝子調節タンパク質……365

訳者あとがき

土　明文

本書はA・リマ＝デ＝ファリア著、"Biological Periodicity"、副題"Its Molecular Mechanism and Evolutionary Implications"(JAI PRESS INC., 1995)の全訳である。リマ＝デ＝ファリアには専門書も含めて六作ほどの著作があるが、一般向けの本作は既に邦訳の出ている『選択なしの進化』(工作舎)の続編という位置づけになる。

内容については本文に譲るが、本書は「アンチ・ネオダーウィニズム」に重点が置かれていた『選択なしの進化』とは異なり、リマ＝デ＝ファリア独自の進化論をなんとか体系化するために、全く新しい存在論を構築しようとする方向性が強くなっている。既存の科学では、生物と非生物との間に深くて大きな裂け目が存在するために、その二つの世界を横断するリマ＝デ＝ファリアの思想を表現するための基盤としては十分ではない。既存の科学を超えた「何か」が必要なのである。リマ＝デ＝ファリアが求め、展開しようとした「何か」を受け入れるかどうかはもちろん、読者の皆さんの判断しだいである。

訳出にあたっては、「mineral」という単語をどう訳すか最後まで迷った。最初は「無機物」と訳すべきに思えた。というのも、進化現象を生物界だけに閉じ込めておくのではなく、「無機物」から「有機物」にまで通底する首尾一貫したメカニズムに目をやらなければならないという筆者の主旨が明確になると考えたからだ。しかし「鉱物」と訳すべきだとも思えた。本文中で「mineral」は、方解石や蛍石などの具体的な鉱石の総称として用いられていることが多かったためだ。しかし「鉱物」は概念としてあまりにも生々しすぎ、形而上学的な意味合いの強い「無機物」がやはり適切なのではないかとも考えた。さらに文脈によって訳し分けようとも考えたが、最終的には一部を除き「鉱物」と統一して訳すことに決めた。それは、リマ＝デ＝ファリアの世界観のバックグラウンドにリンネの三界説「鉱物界」「植物界」「動物界」が強く感じられ、その頭の中には恐らく「鉱物」→「植物」→「動物」という進化の流れがあると考えたからである。読者の皆さんには、その点に留意していただけると幸いである。

本書にはきわめて多岐にわたる内容が含まれており、また私の力不足もあって、原著者の真意が十分伝わらない部分やあやまりが含まれていると思う。気付いたことがあれば、ご指摘頂けるとありがたい。

最後に、工作舎の米澤さんには、多岐にわたる生物名の調査や索引の整理など、いろいろと無理難題も聞いていただき、本当にお世話になった。この場をお借りしてお礼を申し上げたい。また私事ながら、北里大学の佐藤さんご夫妻には公私にわたってさまざまな援助を頂いた。どんなに感謝しても感謝しきれない。

二〇一〇年一月

積極的な欠如——監修者あとがき

松野孝一郎

リマ＝デ＝ファァリアの『生物への周期律』を一読して、驚かされることがある。生物進化を主題としながら、チャールズ・ダーウィンと彼による自然選択が一切、引用されていない。この欠如は、明らかに著者の熟慮に基づく選択の結果である。このことは、前著『選択なしの進化』の表題からも、十分に察しがつく。そのことによって、かなりの数の読者を失う、との代償を払うことになりかねない。この代償の支払いを予め覚悟した上で、著者は本著の刊行に踏み切ったはずである。ここでは、第三者の立場から、著者の覚悟を弁明することを一、二、試みてみたい。

地球上で可能となった生物進化は、宇宙規模での物質進化の内に現れてきた、ささやかでありながら、興味深いエピソードの一つである。その宇宙規模の物質進化を反映する典型例が、地球生物の体内に見出される鉄原子である。血流を通して生物体内に酸素を運ぶタンパク分子、ヘモグロビンの中核には鉄原子が配されている。この鉄原子は他の多くの原子と同じく、初期宇宙で生じた超新星爆発をその起源、前史とする。一方、ヘモグロビンの細胞内での生合成はそれをコードする遺伝子によって支配されていながら、鉄原子そのものは当の遺伝子にはコードされていない。鉄原子とヘモグロビンとの親和性にあっては、鉄原子の性質がそのまま反映されることになる。ここで、鉄原子の性質を決めるのが、その最外殻にある電子の数と、そこでの電子軌道の形態である。このことに留意するならば、鉄原子に親和性を示すヘモグロビンにとっての決め手も、その分子にとっての外殻軌道電子のあり方に帰されることになる。鉄原子とヘモグロビンの電子の外殻軌道が密に混み合っているならば、マイナスに帯電した電子が互いに反発しあって、親和性を発揮することができない。また、この外殻軌道が互いに遠く、離れ離れになっているならば、両者の間に親和性の発揮のしようがない。この具体事例から、明らかになることが一つある。生体高分子の性質を決めるのも、原子と同じく、その外殻に位置する電子軌道ではないか、との推論がそれである。

分子にとっての外殻電子がその分子の性質を大きく左右すると見なすとき、参考になるのが、原子の最外殻電子が決めることになる原子の性質である。最外殻電子軌道の全てが電子で埋め尽くされた希ガスに属するヘリウム、ネオン、アルゴン、クリプトン、キセノン、ラドンにあっては、その原子量の違いにも拘わらず、不活性であることにおいて同一の性質を示す。この最外殻軌道に配された電子の数の違いに着目して原子の性質を包括的にまとめ上げるのを可能としたのが、メンデレーエフの周期律である。アルカリ金属に属するリチウム、ナトリウム、カリウム、ルビジウム、セシウム、フランシウムは最外殻軌道に電子を一個だけ配しており、その物性は類似している。同じく、アルカリ土類金属に属するベリリウム、マグネシウム、カルシウム、ストロンチウム、バリウム、ラジウムは最外殻軌道に二個の電子を配し、互いに似た物性を示す。アルカリ金属はアルカリ土類金属に比べて反応性に富み、かつ沸点が高いとの、共通した性質を示す。

ここで、著者リマ＝デ＝ファリアが着眼したのが、生体高分子の外殻の電子が支配することになる物性である。内殻に違いがあっても、外殻に配される電子の数が同じであれば、同じような物性、すなわち、同じような生物機能が期待されるのではないか、との着想が生まれることになる。これが、生物に適用されることになる周期律の基本的な考え方である。

生体高分子、特にタンパク分子の外殻軌道に配される電子によって、その分子の性質が大きく左右される、との周期律に基づく考え方は、もちろん、原子の場合に比較して、極めて未熟の段階にある。タンパク分子での外殻軌道上の電子の挙動は分子動力学の手法を用いても、殆ど未開拓のままである。そうでありながら、著者が表明したのは、生体高分子に周期律の考え方が適用可能であるならば、その結果は生物の進化に当然のことながら反映されているはずであって、化石資料からその状況証拠を読み取ることができる、とした大胆な見通しである。進化過程を通して、分子の内殻軌道に充填される電子の数に違いがあっても、外殻軌道に配される電子の数が同じであるならば、同じような生物機能の出現が期待される。このとき、内殻軌道に配される電子の数に変化が生じても、それは直接に、発現される生物機能に目立った変化を引き起こさないことになる。このことは、進化過程において年代を隔てて、ときおり同じ機能が出現することをうながす。リマ＝デ＝ファリアが周期律の考え方を生物に適用しようとしたのは、年代を隔てて現れることになる、同じような生物機能を指してのことである。この見解を弁護すべく、進化過程の記録から収集された、周期律の現れへの状況証拠となる膨大な量の事実の列挙と、そのデータベース化を目論んだのが、本著である。

進化を通して生物機能が周期的に現れた例の一つに、空を飛ぶことのできる動物がある。無脊椎動物のうち、羽を持つのは昆虫だけである。今から四億五〇〇〇万年前に現れた昆虫からトンボ、ゴキブリ、バッタという羽を持つ昆虫が現れたのは三億一〇〇〇万年前である。一方、爬虫類が空飛ぶ脊椎動物となったプテロサウルスが出現したのはおよそ二億三〇〇〇万年前であって、この出現は、進化系統樹上での位置関係に関するかぎり、羽を持った昆虫の出現とは無縁である。その羽を持った昆虫は現在に至るまで存続していながら、プテロサウルスは白亜紀に絶滅してしまった。さらに、空を飛ぶコウモリが出現したのは今から四〇〇〇万年前のことであって、滑空ではなく、空を飛ぶことのできる哺乳類はこのコウモリに限られる。

空を飛ぶことのできる無脊椎動物、爬虫類、哺乳類は、それぞれその出現において時間を大きく隔てながら、個々の生物体での構造および機能のレベルにおいて同じような解決策を採用していることが分かる。このことは、進化過程を担う運動を通して、同じような機能、例えば空を飛ぶことができるとする機能、が繰り返し周期的に現れてきたことを強く示唆する。ここで新たに問題になるのが、進化過程を担うもう一つの運動、すなわち一方向に向けての非周期的な進化運動との関係である。

リマ＝デ＝ファリアは進化過程を通して現れる周期性を重視したため、一方向に向けての非周期的な進化運動には同じ程度の関心を払ってはいない。ところが、ダーウィンと後のダーウィニストは進化過程を参照するとき、一転して、一方向に向けての非周期的な進化運動を重視する。それを簡潔に言い表したのが、自然選択と呼ばれる過程である。自然選択とは、有限かつ不測の環境の内にあって、過去の成功体験の影響下で実施される資源獲得競争が事後に示すことになる選択性のことである。しかし、この自然選択を分析的に理解することは不可能である。不測の環境、それに資源をそれとして認めるものは果たして何ものか、に前もって答えることができないからである。それを承知しつつ、曲がりなりにも、その問いに近づくための一つの策は、われわれがダーウィニストになるとの選択を通してである。関心の対象をこれまでに蓄積されてきた化石資料に限定するならば、その化石の読み取りを通して、地球環境の変化と生物種の交替がいかに関連していたかが自然選択を参照することによって、より明らかになる。環境、資源をそれとして見定める生物種が化石記録の上で明らかにされているからである。

温暖多湿な白亜紀から乾燥した第三紀に移行した、今からおよそ七〇〇〇万年前から六五〇〇万年前にかけて、それまで全盛を極めていた大型爬虫類に替って小型の哺乳類がその地位を脅かすようになった。この交替劇を、自然選択を参照して記述することにおいて、なにも不都合は発生しない。なにが先行し、なにがそれに後続したかが予め明らかになっているのであれば、自然選択を因果関係にかかわる原理として、それに適用しても問題は発生しない。しかし、自然選択を過去の記録に依存することのない、分析的な原理にまで持ち上げてしまうと、取り返しのつかない不都合が発生する。今、現在、われわれと共存している個々の生物種が、今後明らかになる自然選択の結果を支配する原因に通じていることはあり得ないし、またそのようにわれわれが想定することも叶うことではない。われわれの言語慣習の枠内では、因果律の適用に抗しがたい魅力を覚えながら、それを分析的に理解する限り、導かれるのは、結果は原因と恒等である、とすることのみである。

記録の上で有効である因果関係が、進化がまさに進行しつつある運動の現場では、適用可能とならない。運動の現場で進行しているのは、個々の生物有機体での物質代謝を司る物質交換である。リマ＝デ＝ファリアが関心を寄せたのは、この物質交換という運動を通して進化過程に現れることになる、生物機能に関しての周期性であった。この運動を通じて現れることになる周期性は、周期律をもたらす原子にとっても同様である。周期律に従う原子の生成現場は、超高温の星の内部で進行する熱核融合反応である。ここでの熱核融合反応が物質交換をもたらす化学反応に置き換えられたとき、生物に適用されると目される周期律が現れることになる。そのため、生物への周期律を唱えたからと云って、事後の自然選択を否定したことにはならない。進化運動の現場で自然選択を因果的に適用するのを自制しつつ、事後に自然選択に基づく結果の整理を可能とするところに、生物への周期律を参照することへの積極的な意義が見出される。もちろん、このプログラムの完遂には、著者が認めるように、今後少なくとも数十年以上にも及ぶ、関係者による真摯かつ鋭意な精査が必要となる。

［著者略歴］

アントニオ・リマ＝デ＝ファリア Antonio Lima-de-Faria

一九二一年七月四日、ポルトガルに生まれる。リスボン大学生物学科卒、ルンド大学大学院で遺伝学のPh.D.を取得。一九五四年よりスウェーデン国籍。フィラデルフィア癌研究所客員研究員、デューク大学、コーネル大学、エディンバラ大学の客員教授、ルンド大学教授および同大分子細胞遺伝学研究所所長を経て、同研究所名誉教授。スウェーデン王室・政府よりノーザンスター勲章を受賞。著書に『選択なしの進化』（原題"Evolution Without Selection"）（工作舎 1993）、『Molecular Evolution and Organization of the Chromosome』（1983）、『One Hundred Years of Chromosome Research and What Remains to be Learned』（2003）、『Praise of Chromosome "Folly"』（2008）等がある。

［監修者・訳者略歴］

松野孝一郎 Koichiro Matsuno

一九四〇年生まれ。東京大学工学部電子工学科卒、マサチューセッツ工科大学物理学科博士課程修了。マイアミ大学分子細胞進化研究所客員教授、長岡技術科学大学生物系（生物物理学）教授を歴任。専門分野は、生物インフォメーション過程、細胞運動性、運動性の起原進化、分子細胞進化、プロトバイオロジー、特にそのそれぞれについての理論的基盤。著書に『プロトバイオロジー——生物学の物理的基礎』（東京図書 1991）、『内部観測とは何か』（青土社 2000）、共著として『アフォーダンス』『カオス』『内部観測』（いずれも青土社 1997）がある。

土 明文 Akifumi Tsuchi

一九六九年、岡山生まれ。東京工業大学大学院生命理工学研究科修了。お茶の水女子大学、駿河台大学、中央大学非常勤講師。主な関心領域は、生物学哲学、理論生物学。訳書に『アフォーダンスの構想：知覚研究の生態心理学的デザイン』所収「知覚—行為サイクルの熱力学的根拠」（東京大学出版会）、『ダーウィンとデザイン』（共立出版）（共訳）がある。

生物への周期律

発行日――二〇一〇年三月三〇日
著者――アントニオ・リマ＝デ＝ファリア
監修――松野孝一郎
翻訳――土明文
編集――米澤敬
エディトリアル・デザイン――宮城安総＋佐藤ちひろ
協力――李栄恵＋松村美由起
印刷・製本――文唱堂印刷株式会社
発行者――十川治江
発行――工作舎 editorial corporation for human becoming
〒104-0052 東京都中央区月島 1-14-7-4F
phone: 03-3533-7051　fax: 03-3533-7054
URL: http://www.kousakusha.co.jp
e-mail: saturn@kousakusha.co.jp
ISBN978-4-87502-426-2

個体発生と系統発生

◆スティーヴン・J・グールド　仁木帝都＋渡辺政隆＝訳
科学史から進化論、生物学、生態学、地質学にわたる該博な知識と洞察を駆使して、進化をめぐるドラマと大進化の謎を解く。『パンダの親指』の著者が6年をかけて書き下ろした大著。
●A5判上製●656頁●定価　本体5500円＋税

動物の発育と進化

◆ケネス・J・マクナマラ　田隅本生＝訳
発育の速度とタイミングの変化は動物の形の進化に大きな影響を与えた。成体を対象とする自然淘汰・遺伝学では不完全だった進化論を補う理論「ヘテロクロニー（異時性）」、本邦初紹介！
●A5判上製●416頁●定価　本体4800円＋税

ダーウィン

◆A・デズモンド＋J・ムーア　渡辺政隆＝訳
世界を震撼させた進化論はいかにして生まれたのか？　激動する時代背景とともに、思考プロセスを活写する、ダーウィン伝記決定版。英米伊の数々の科学史賞を受賞した話題作。
●A5判上製／函入●1048頁（2分冊）●定価　本体18000円＋税

ダーウィンと謎のX氏

◆ローレン・アイズリー　垂水雄二＝訳
被告はダーウィン、容疑は自然淘汰に関するE・ブライスのアイデアの無断借用。ラマルク、ウォレス、ブライスなど、進化論をめぐる19世紀の自然学界の興奮が新たな視点を得て蘇る。
●四六判上製●400頁●定価　本体2816円＋税

ダーウィンの花園

◆ミア・アレン　羽田節子＋鵜浦　裕＝訳
進化論のダーウィンが生涯を通じて植物を愛し、その研究に多くの時間を費やしたことは意外に知られていない。植物と家族と友人との愛に恵まれた新しい素顔が見えてくる。
●A5判上製●392頁●定価　本体4500円＋税

ダーウィンの衝撃

◆ジリアン・ビア　富山太佳夫＝解題　渡部ちあき＋松井優子＝訳
『種の起源』は発表当時、一種の文学的テクストとして読まれた！　ダーウィンが用いた隠喩、プロットを詳細に分析し、19世紀末英文学に与えた影響を克明に探る。
●四六判上製●500頁●定価　本体4800円＋税

エラズマス・ダーウィン

◆デズモンド・キング＝ヘレ　和田芳久＝訳
医者、18世紀英国科学界の中心人物、先駆的発明家、女子教育改革家、英国ロマン派に影響を与えた詩人……進化論のC・ダーウィンの祖父の多彩な業績が初めて明かされる。
●A5判上製●522頁●定価　本体6500円＋税

ビュフォンの博物誌

◆G・L・L・ビュフォン　荒俣 宏＝監修　ベカエール直美＝訳
18世紀後半博物学の全盛時代を導き、後世の博物図鑑に多大な影響を与えた『博物誌』。全図版1123点3000余種をオールカラーで復刻、壮大なる自然界のパノラマが展開する。
●B5変型上製●372頁●定価　本体12000円＋税

大博物学者ビュフォン

◆ジャック・ロジェ　ベカエール直美＝訳
博物学の先駆者、王立植物園園長の『博物誌』は、グリムなどの時代の先人たちの絶賛を浴びた。激動する18世紀欧州の科学・文化・思想動向を背景に、ビュフォンの生涯を綴る。
●A5判上製●576頁●定価　本体6500円＋税

大博物学時代

◆荒俣 宏
幾多の「仮説と幻想」のドラマを生み、ライフサイエンスの源流となった18～19世紀の博物学が現代に蘇る。ビュフォン『博物誌』、キュビエ『動物界』などの貴重図版も多数収録。
●A5判上製●364頁●定価　本体3200円＋税

ロシアの博物学者たち

◆ダニエル・P・トーデス　垂水雄二＝訳
生命の進化のカギは、闘争よりも協調にあると考えた博物学者たち。植物学者ベケトフ、生理学者メチニコフ、魚類学者ケッスラーなど革命前夜の誇り高きロシア科学精神が蘇る。
●A5判上製●412頁●定価　本体3800円＋税

カオスの自然学

◆テオドール・シュベンク　J・クストー＝序　赤井敏夫＝訳
水や大気が生み出すさまざまな形態には、生命の誕生、群体のオーガニズム、言語の発生などの謎を解く鍵が秘められている。180点余の図版・写真による流れの万華鏡を収録。
●四六判上製●328頁●定価　本体2400円＋税